高职高专水利工程类专业"十二五"规划系列教材

水工建筑材料

主　编　胡敏辉　黄宏亮　武桂芝
副主编　龙立华　段凯敏　陈一华　胡莉萍
主　审　杨　艳

U0303382

华中科技大学出版社
中国·武汉

内 容 简 介

本书共分为 4 大项目,20 个任务。主要项目包括:认知水工建筑材料的基础知识;常用原材料的选择、检测与应用;中间产品的选择、检测与应用;其他原材料及中间产品的选择、检测与应用。本书主要介绍了工程中一般原材料和中间产品的主要特性、种类、技术指标、性能检测方法、应用特点和常用材料试验项目的操作方法及原则。

本书特点如下:第一,不仅介绍了常用水工建筑材料的知识,还涉及其他行业的建筑材料知识;第二,以 2012 年 9 月前已颁布的国家和行业最新标准为依据;第三,实践性强,在大多数任务中都编写了实训、试验任务,使读者能充分理解和掌握建筑材料的检测方法,具有实用性。

本书既可作为高职高专水利水电建筑工程、工业和民用建筑、市政工程等专业的教材,也可作为建筑工程技术人员和建筑材料实验人员的业务参考书。

图书在版编目(CIP)数据

水工建筑材料/胡敏辉,黄宏亮,武桂芝主编.—武汉:华中科技大学出版社,2013.3
ISBN 978-7-5609-8636-4

Ⅰ.①水… Ⅱ.①胡… ②黄… ③武… Ⅲ.①水工建筑物-建筑材料-高等职业教育-教材
Ⅳ.①TV6

中国版本图书馆 CIP 数据核字(2012)第 304613 号

水工建筑材料　　　　　　　　　　　胡敏辉　黄宏亮　武桂芝　主编

策划编辑:谢燕群　熊　慧
责任编辑:熊　慧
封面设计:李　嫚
责任校对:周　娟
责任监印:周治超
出版发行:华中科技大学出版社(中国·武汉)
　　　　　武昌喻家山　　邮编:430074　　电话:(027)81321913
录　排:武汉佳年华科技有限公司
印　刷:武汉市籍缘印刷厂
开　本:787mm×1092mm　1/16
印　张:21.5
字　数:540 千字
版　次:2017 年 2 月第 1 版第 3 次印刷
定　价:39.80 元

高职高专水利工程类专业"十二五"规划系列教材

编 审 委 员 会

主　任　汤能见

副主任（以姓氏笔画为序）

邹　林　汪文萍　陈向阳　徐水平　黎国胜

委　员（以姓氏笔画为序）

马竹青　吴　杉　宋萌勃　张桂蓉　陆发荣

易建芝　孟秀英　胡秉香　胡敏辉　姚　珧

桂剑萍　高玉清　颜静平

前　言

本书按照高等职业技术教育的要求和水利水电建筑及其相关专业的教学目标,采用项目导向、任务驱动的设计思路编写而成。首先根据项目确定典型任务是什么,然后根据典型任务确定应具备的职业能力,再提出具体的任务内容,使所学内容与今后从事的岗位要求实现"零距离"对接。

"水工建筑材料"是水利水电建筑工程专业必修的一门技术基础课。通过本课程的学习,学生可以理解有关建筑材料的基本概念、基本理论与试验方法,同时掌握常用材料质量鉴定的原理和技能,在材料应用上能根据工程要求合理选用、保管材料,并具有一定的基本试验操作能力。在编写过程中,注重知识的深度和广度,围绕职业活动,突出岗位操作能力,以职业活动为教学依据,与教学实践活动相结合,重视职业活动的真实性,坚持"够用、实用、能学、会用"的原则,重在培养学生的职业岗位能力。为了帮助读者更好地理解各种水工建筑材料的内容体系,每一个任务开头均提出了任务描述、任务目标,供读者参考;结尾也增加了知识拓展内容,介绍了目前建筑工程中新材料的发展和应用。

本书由长江工程职业技术学院胡敏辉任第一主编(项目2的任务1、任务6,项目4的任务4至任务6),长江工程职业技术学院黄宏亮任第二主编(项目2的任务2、任务3,项目4的任务2、任务3),华北水利水电学院水利职业学院武桂芝任第三主编(项目1的任务1、任务2,项目2的任务7)。湖北水利水电职业技术学院龙立华(项目3的任务2、任务3)、长江工程职业技术学院段凯敏(项目2的任务4,项目3的任务4、任务5)、长江工程职业技术学院陈一华(项目3的任务1,项目4的任务1)、三峡电力职业学院胡莉萍(项目2的任务5)任副主编。

由于编者水平有限,书中如有不足之处敬请广大读者批评指正。

编　者

2013 年 1 月

目　　录

项目 1 认知水工建筑材料的基础知识

建筑材料在建筑物中承受各种不同荷载的作用,要求具有相应的性质;同时,建筑物在使用过程中,还经常受到各种环境因素的作用,材料逐渐遭受破坏。因此,材料在满足建筑物所要求的功能性质的同时,还需具有抵抗这些破坏作用的性质,以保证在所处环境中经久耐用。

本项目主要介绍水工建筑材料的各种基本性质和检验标准,通过学习可以初步判断材料的性质和应用场合,为以后学习各种材料,正确选择、合理使用材料打下基础。

任务 1 水工建筑材料的分类、作用及检验与标准

【任务描述】

材料的性质是多方面的,不同材料又有其特殊性质。因此首先要清楚材料的类别和作用。材料的性质是指在负荷与环境因素联合作用下材料所表现的行为。因此,工程中讨论的材料的性质,都是在一定环境条件下测试的各种性能指标。只有熟悉材料性质的检测方法与检验标准,才能正确判断所选用的材料质量是否合格。

【任务目标】

能力目标

(1)会灵活运用材料检测的基本技术。

(2)会正确运用材料检验的标准。

知识目标

(1)了解建筑材料的分类。

(2)掌握材料检验的基本技术。

(3)清楚材料检验的技术标准。

技能目标

(1)能选用检验标准检测建筑材料是否合格。

(2)能掌握建筑材料试验的一般技术要求。

(3)能遵守职业道德规范,养成科学严谨、诚实守信的工作作风。

模块 1 建筑材料的分类与作用

1. 建筑材料的定义与分类

建筑材料是指各类建筑工程中所应用的材料及制品。它是一切工程建设的物质基础,其性能、种类、规格、使用方法是影响工程坚固、耐久等工程质量的关键因素。建筑材料质量的提高和新型建筑材料的开发与应用,直接影响着国民经济的发展及人类社会文明的进步。

1）建筑材料的定义

（1）广义定义：指建造建筑物和构筑物的所有材料，包括使用的各种原材料、半成品、成品等的总称（水利工程中把建筑材料分为原材料和中间产品两大类）。

（2）狭义定义：指直接构成建筑物和构筑物实体的材料。

一切建筑工程都是由各种各样的建筑材料组成的。

2）建筑材料的分类

（1）按化学成分分类。

建筑材料种类繁多，通常按其基本组成成分，分为无机材料、有机材料和复合材料三大类，如表 1-1-1 所示。

表 1-1-1　建筑材料的分类

无机材料	金属材料	黑色金属	钢、铁及其合金
		有色金属	铝、铜等及其合金
	非金属材料	天然石材	砂、石料及石材制品等
		烧土制品	砖、瓦、陶瓷等
		胶凝材料	石灰、石膏、水玻璃、水泥等
有机材料	植物材料		木材、竹材、植物纤维及其制品
	沥青材料		石油沥青、煤沥青及沥青制品
	合成高分子材料		建筑塑料、合成橡胶、建筑涂料、胶黏剂
复合材料	非金属与非金属材料复合		水泥混凝土、砂浆等
	无机非金属与有机材料复合		沥青混凝土、聚合物水泥混凝土、玻璃纤维增强塑料等
	金属材料与无机非金属材料复合		钢纤维增强塑料
	金属材料与有机材料复合		塑钢复合型材、轻质金属夹心板、铝箔面油毡

（2）按材料来源分类。

① 天然建筑材料，如常用的土料、砂石料、石棉、木材等及其简单采制加工的成品（如建筑石材等）。

② 人工材料，如石灰、水泥、沥青、金属材料、土工合成材料、高分子聚合物等。

（3）按功能分类。

建筑材料按其功能，分为结构材料、防水材料、胶凝材料、装饰材料、防护材料、隔热保温材料等。

① 结构材料，如混凝土、型钢、木材等。

② 防水材料，如防水砂浆、防水混凝土、镀锌薄钢板、紫铜止水片、膨胀水泥防水混凝土、遇水膨胀橡胶嵌缝条等。

③ 胶凝材料，如石膏、石灰、水玻璃、水泥、混凝土等。

胶凝材料是一种经自身的物理、化学作用，能由浆体（液体或半固体）变成坚硬的固体物质，并能将散粒材料（砂子、石子）或块状材料黏结成一个整体的物质。其中，石灰、石膏及水玻璃这些只能在空气中凝结硬化，并保持和提高自身强度的胶凝材料称为气硬性胶凝材料；而水泥不仅能在空气中还能在水中凝结硬化,这种保持和提高自身强度的胶凝材料称为水硬性胶凝材料。

④ 装饰材料,如天然石材、建筑陶瓷制品、装饰玻璃制品、装饰砂浆、装饰水泥、塑料制品等。

⑤ 防护材料,如钢材覆面、码头护木等。

⑥ 隔热保温材料,如石棉纸、石棉板、矿渣棉、泡沫混凝土、泡沫玻璃、纤维板等。

2. 建筑材料的作用

建筑材料与建筑设计、工程施工、结构维护之间存在着相互促进、相互依存的密切关系。建筑材料是各项基本建设的重要物质基础。在各项工程的建设中,各种建筑材料的用量相当大,如潘家口水库混凝土用量达 3 003 万立方米,葛洲坝水电站混凝土用量在 990 万立方米以上。据统计,在工程总价中,材料费所占比重可达 50%～70%。建筑材料的品种、规格、性能及质量,对建筑结构的形式、使用年限、施工方法和工程造价都有着直接的影响。建筑工程中许多技术问题的突破往往依赖于建筑材料问题的解决,而新的建筑材料的出现又往往促进了结构设计及施工技术的革新和发展。因此,加强建筑材料的研究,提高建筑材料生产和应用的技术水平,对于合理利用各种有限的自然资源、改善建筑物的使用功能、提高建筑工程的工业化和机械化水平、加快工程建设速度、降低工程造价,从而促进我国社会经济的发展,都具有十分重要的意义。

3. 现代建筑材料的特点及发展方向

1)现代建筑材料的特点

(1)轻质、高强。

(2)无污染,低能耗,可持续发展。

(3)智能化。应用高科技实现对材料及产品各种功能的可控可调;能感知外部刺激,能够判断并适当处理且本身可执行的新型功能材料。

2)现代建筑材料发展的方向

轻质、高强、多功能、绿色环保。

模块 2　掌握建筑材料的检验方法与标准

1. 建筑材料检验的重要性

在工程施工中,对所用建筑材料进行合格性检查,是保证工程质量的最基本环节。根据有关规定,无出厂合格证明或没有按规定复检的原材料,不得用于工程施工;在施工现场配制的材料,均应在实验室确定配合比,并在现场抽样检验;各项建筑材料的检验结果是工程施工及工程质量验收必备的技术依据。因此,在工程的整个施工过程中,要始终贯穿材料的检验工作,它是一项经常化的、责任性很强的工作,也是控制工程施工质量的重要手段之一。

2. 建筑材料检验的基本技术

1)检验步骤

(1)取样。在进行试验前,首先要选取试样,试样必须具有代表性。取样原则为随机取样,即在若干堆(捆、包)材料中,对任意堆放材料随机抽取试样。

(2)仪器的选择。试验仪器设备的精度要与试验规程的要求一致,并且有实际意义。试验需要称量时,称量要有一定的精确度,如试样称量精度要求为 0.1 g,则应选择感量为 0.1 g 的天平。对试验机量程也有选择要求,根据试件破坏荷载的大小,仪器指针应停在试验机读盘的第二、三象限内。

(3)试验。试验前一般应将取得的试样进行加工或成形,以制备满足试验要求的试样和试件。试验应严格按照试验规程进行。

(4)试验计算与评定。对各次试验结果进行数字处理时,一般取 n 次平行试验结果的算术平均值作为试验结果。试验结果应满足精确度与有效数字的要求。

试验结果经计算处理后应给予评定,确定是否满足标准要求或评定其等级,在某种情况下还应对试验结果进行分析,并得出结论。

2）检验条件

同一材料在不同的试验条件下会得出不同的试验结果,因此要严格控制试验条件,以保证检验结果的可比性。

(1)温度。实验室的温度对某些试验结果影响很大,如石油沥青的针入度、伸长率试验,一定要控制在 25℃ 的恒温水浴中进行。

(2)湿度。试验时试件的湿度也会明显影响试验数据,试件的湿度越大,测得的强度越低。因此,试件的湿度应控制在规定的范围内。

(3)试件的尺寸与受荷面的平整度。同一种材料的小试件强度比大试件强度高。相同受压面积的试件,高度低的比高度高的试件强度高。因此,试件尺寸应符合规定。

试件受荷面的平整度也会影响测试强度,试件受荷面粗糙,会引起应力集中,降低试件强度,所以试件表面要磨平。

(4)加荷速度。加荷速度越快,试件的强度越高。因此,对材料的力学性能进行试验时,都有加荷速度的规定。

3）检验报告

试验的主要内容都应在实验报告中反映,报告的形式可以不尽相同,但其内容都应包括:试验名称、内容、目的与原理,试样编号,测试数据与计算结果,结果评定与分析,试验条件与日期,试验人、校核人、技术负责人签名等内容。

试验报告是经过数据整理、计算、编制的结果,而不是原始记录,也不是试验过程的罗列。经过整理计算后的数据可用图、表等表示,达到一目了然的效果。为了编写出符合要求的试验报告,在整个试验过程中必须认真做好有关现象、原始数据的记录,以便分析、评定检测结果。

4）检验的数据处理与分析

(1)检验的数据数值修约进舍规则。

① 拟舍弃数字的最左一位数字小于 5 时,则舍去,即保留的各位数字不变。例如,将 12.1498 修约到个位数,得 12;将 12.1498 修约到 1 位小数,得 12.1。

② 拟舍弃数字的最左一位数字大于 5,或者是 5,而且后面的数字并非全部为 0 时,则进 1,即保留的末位数字加 1。例如,将下列数字按 0.1 单位修约:

　　　　　　　　25.25001　　49.9534　　128.459　　0.95001

修约后　　　　25.3　　　　50.0　　　128.5　　　1.0

③ 拟舍弃数字的最左一位数字为 5,而后面无数字或全部为 0 时,若所保留的末位数字为奇数(1、3、5、7、9)则进 1,为偶数(2、4、6、8、0)则舍弃。例如,修约间隔为 0.1,则

拟修约数值	修约值
1.050	1.0
0.35	0.4
1.250	1.2
1.75	1.8

④ 负数修约时，先将它的绝对值按上述三条规定进行修约，然后在修约值前面加上负号。

⑤ 对数值的修约，若有必要，也可采用 0.5 单位修约或 0.2 单位修约的方法进行。

具体方法参见《数据修约规则与极限数值的标示和判定》(GB/T 8170—2008)。

⑥ 上述数值修约规则(有时称为"奇升偶舍"法)与常用的"四舍五入"法区别在于，用"四舍五入"法对数值进行修约时，从很多修约后的数值中得到的均值偏大。而用上述的修约规则，进舍的状况具有平衡性，进舍误差也具有平衡性，若干数值经过这种修约后，修约值之和变大的可能性与变小的可能性是一样的。

(2) 检验的数据分析。

建筑材料检测评定过程中，常用统计分析的方法对检测数据进行分析，常用的统计参数有算术平均值、标准差和变异系数。

① 算术平均值 $\overline{X}$。算术平均值简称均值，表示系列数据的平均情况，反映系列数据整体水平的高低。其计算式为

$$\overline{X} = \frac{X_1 + X_2 + X_3 + \cdots + X_n}{n} = \frac{\sum\limits_{i=1}^{n} X_i}{n} \tag{1-1-1}$$

式中：$\overline{X}$ 为算术平均值；n 为样本量；X_i 为单个样本值。

② 标准差 σ。标准差是反映数据离散程度的参数，通常是在均值相同的情况下，用于对比不同系列数据的离散程度。σ 越小，离散性越小。其计算式为

$$\sigma = \sqrt{\frac{\sum\limits_{i=1}^{n}(X_i - \overline{X})^2}{n-1}} = \sqrt{\frac{\sum\limits_{i=1}^{n} X_i^2 - n\overline{X}}{N-1}} \tag{1-1-2}$$

③ 变异系数 δ。

变异系数也是反映数据离散程度的参数，通常是在均值不相同的情况下，用于对比不同系列数据的离散程度。δ 越小，离散性越小。其计算式为

$$\delta = \frac{\sigma}{\overline{X}} \tag{1-1-3}$$

3. 建筑材料检验的技术标准

技术标准主要是对产品与工程建设的质量、规格及其检验方法等所做的技术规定，是从事生产、建设、科学研究工作与商品流通的一种共同的技术依据。

1) 技术标准的分类

技术标准通常分为基础标准、产品标准和方法标准等三类。

(1) 基础标准。基础标准是指在一定范围内作为其他标准的基础，并普遍使用的具有广泛指导意义的标准，如《水泥的命名定义和术语》(GB/T 4131—1997)。

(2) 产品标准。产品标准是衡量产品质量好坏的技术依据，如《通用硅酸盐水泥》(GB

175—2007)。

(3) 方法标准。方法标准是指以试验、检查、分析、抽样、统计、计算、测定作业等各种方法为对象制定的标准,如《水泥胶砂强度检验方法(ISO 法)》(GB/T 17671—1999)及《水泥标准稠度用水量、凝结时间、安定性检验方法》(GB/T 1346—2011)。

2)技术标准的等级

根据发布单位与适用范围,建筑材料技术标准分为国家标准、行业标准(含协会标准)、地方标准和企业标准四级。各种标准代号如表 1-1-2 所示。

各级标准分别由相应的标准化管理部门批准并颁布,国家质量监督检验检疫总局是国家标准化管理的最高机关。国家标准和部门行业标准都是全国通用标准,分为强制性标准和推荐性标准;省、自治区、直辖市有关部门制定的工业产品的安全、卫生要求等地方标准在本行政区内是强制性标准;企业生产的产品没有国家标准、行业标准和地方标准的,企业应制定相应的企业标准作为组织生产的依据。企业标准由企业组织制定,并报请有关主管部门审查备案。鼓励企业制定各项技术指标均严于国家、行业、地方标准的企业标准在企业内使用。

表 1-1-2　各种标准代号

标准种类		代　号	表示内容	表示顺序
1	国家标准	GB GB/T	强制性标准 推荐性标准	代号、标准编号、发布年代 如(GB 175—2007)
2	行业标准 (部标准)	按原部标准代号	SL　水利行业标准 DL　电力行业标准 JC　建材行业标准 JG　建工行业标准 JT　交通行业标准	代号、标准编号、发布年代 如(SL 352—2006)
3	地方标准	DB DB/T	地方强制性标准 地方推荐性标准	代号、行政区号、标准编号、发布年代 如(DB 14323—2009)
4	企业标准	QB	企业标准	代号/企业代号、顺序号、发布年代 如(QB/203413—2009)

工程中可能涉及国际和其他国家的技术标准有:在世界范围内统一执行的标准为国际标准,代号为 ISO;美国材料试验标准,代号为 ASTM;日本工业标准,代号为 JIS;德国工业标准,代号为 DIN;英国标准,代号为 BS;法国标准,代号为 NF 等。

思　考　题

1. 建筑材料可划分为哪些类别?各有什么特点?

2. 什么是胶凝材料?它有哪些类型?

3. 什么是建筑材料标准?我国技术标准的等级分为哪几级?

【知识拓展】　绿色建材

(1)以低资源、低能耗、低污染为代价生产的高性能传统建筑材料,如用现代先进工艺和技术生产的高质量水泥。

（2）能大幅降低建筑能耗（包括生产和使用过程中的能耗）的建材制品，如具有轻质、高强、防水、保温、隔热、隔声等功能的新型墙体材料。

（3）有更高使用效率和优异材料性能，从而能降低材料消耗的建筑材料，如高性能水泥混凝土、轻质高强混凝土。

（4）具有改善居室生态环境和保健功能的建筑材料，如抗菌、除臭、调温、调湿、屏蔽有害射线的多功能玻璃、陶瓷、涂料等。

（5）能大量利用工业废弃物的建筑材料，如净化污水、固化有毒有害工业废渣的水泥材料。

任务 2　建筑材料的物理、力学、化学和耐久性能

【任务描述】

建筑材料在使用过程中要承受不同的作用，如荷载的作用，周围环境介质的物理、化学和生物作用等。这就要求材料具有相应的性质以保证其经久耐用。只有掌握了材料的性能，才能在工程设计与施工中合理地选用材料。本任务主要讲述水工建筑材料的主要共性，即建筑材料的基本性质。

【任务目标】

能力目标

（1）会根据已知条件对材料的物性参数进行相应的计算。

（2）会根据材料检测出的荷载计算其强度。

（3）从影响材料强度的因素出发，知道怎样做才能使材料的强度检测结果更准确。

（4）能通过对表征材料基本性质参数的认识，进一步了解材料。

知识目标

（1）掌握表示材料物理性质的参数及其含义。

（2）掌握材料强度的计算及影响强度的因素。

（3）理解材料耐久性的含义。

技能目标

（1）能对材料检验工作的整个流程做常规的技术指导。

（2）能根据建筑物及所处环境正确选择材料。

（3）能对材料的检测、选择、配制、应用提供理论依据。

模块 1　材料的物理性质

1. 材料的基本物理性质

1）材料的体积构成及含水状态

（1）材料的体积构成。

块体材料在自然状态下的体积是由固体物质体积及其内部孔隙体积组成的，如图 1-2-1 所示。材料内部的孔隙按孔隙特征又可分为开口孔隙和闭口孔隙两类。闭口孔隙不吸进水

分,开口孔隙与材料周围的介质相通,材料在浸水时易被水饱和。

散粒体材料是指具有一定粒径材料的堆积体,如工程中常用的砂、石子等。其体积构成包括固体物质体积、颗粒内部孔隙体积及固体颗粒之间的空隙体积,如图 1-2-2 所示。

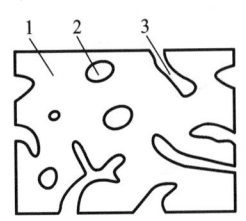

图 1-2-1　块状材料体积构成示意

1—固体(实体);2—闭口孔隙;3—开口孔隙

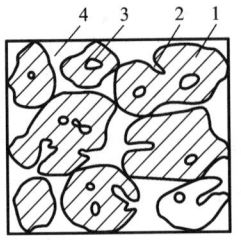

图 1-2-2　散粒体材料体积构成示意

1—颗粒中的固体物质;2—颗粒中的开口孔隙;

3—颗粒中的闭口孔隙;4—颗粒间的空隙

(2) 材料的含水状态。

材料在大气或水中会吸附一定的水分,根据材料吸附水分的情况,材料的含水状况分为干燥状态、气干状态、饱和面干状态及湿润状态 4 种,如图 1-2-3 所示。材料的含水状态会对材料的多种性质产生影响。

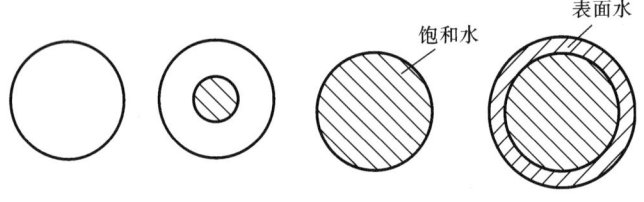

(a) 干燥状态　　(b) 气干状态　　(c) 饱和面干状态　　(d) 湿润状态

图 1-2-3　材料的含水状态

2) 与密度有关的性质

密度是指材料的质量与其体积之比。根据材料所处状态,密度可分为密度、表观密度和堆积密度等三类。

(1) 密度。干燥材料在绝对密实状态下,单位体积的质量称为密度,即

$$\rho = \frac{m}{V} \qquad (1\text{-}2\text{-}1)$$

式中:ρ 为密度,单位为 g/cm^3;m 为材料实体积的质量;V 为材料在绝对密实状态下的体积,即材料内固态物质的实体积,也可称为绝对体积。

注意　① 干燥状态的材料,烘干(烘箱)或干燥(干燥器)求取。

② 单位为 g/cm^3,一般不用 kg/m^3。

③ 实体积的测定:在建筑材料中,除金属、玻璃、沥青等少数材料外,都含有一些孔隙(砖、石膏)。为了测得含孔材料的密度,应把材料磨成细粉(粒径稍小于 0.20 mm),除去孔隙,经干燥后用密度瓶(李氏瓶)测定其实际体积。其中,材料磨得越细,所测得的体积越接近绝对体积。近于绝对密实(混凝土、砂、石)的材料,直接以排水法测定;少数外形规则的绝对密实材料(金属、玻璃等)可根据外形尺寸求得体积。

(2) 表观密度。在自然状态下,材料单位表观体积的质量,称为表观密度,即

$$\rho_0 = \frac{m}{V_0} \tag{1-2-2}$$

式中:ρ_0 为表观密度,单位为 g/cm³ 或 kg/m³;V_0 为表观体积;m 为材料表观质量。

注意　① 表观体积＝实体积＋闭口体积＋开口体积。

② 单位为 g/cm³ 或 kg/m³ 均可。

③ 表观密度与材料的含水状态有关,一般含水量增加,表观密度增加。除有特别说明外,一般指干燥状态时的表观密度。

④ 表观体积的测定方法:形状规则的材料,用尺子测量;形状不规则的材料,加工成规则的形状,用尺子测量;不必加工的材料,如吸水率(如砂、石)很小,可直接用排液法(排水法或排油法)测量,否则将材料表面封蜡,再用排水法测量。

由于材料含有水分时,材料的质量及体积均会发生改变,故在测定材料的表观密度时,须注明其含水状态。

(3) 堆积密度。堆积密度是指粉状或粒状材料在堆积状态下单位体积(开口孔隙＋闭口孔隙＋实体＋颗粒间的空隙)的质量,即

$$\rho_0' = \frac{m}{V_0'} \tag{1-2-3}$$

式中:ρ_0' 为散粒材料的堆积密度,单位为 g/cm³ 或 kg/m³;m 为散粒材料的质量,单位为 g 或 kg;V_0' 为材料在自然状态下的堆积体积,单位为 cm³ 或 m³。它反映散粒堆积的紧密(压实)程度及可能的堆放空间。

注意　① 堆积体积＝所有颗粒实体积＋所有颗粒孔隙体积＋颗粒之间的空隙体积。

② 堆积密度包括松装堆积密度和紧装堆积密度。在自然状态下的堆积密度称为松装堆积密度,一般称堆积密度;在捣实状态下的堆积密度称为紧装堆积密度。

③ 单位为 kg/m³,一般不用 g/cm³。

④ 堆积体积测定时,以散粒材料所占容器的容积作为堆积体积。

⑤ 堆积密度与含水状态有关,一般指材料干燥时的堆积密度。

干燥状态下有　　　　　密度＞表观密度＞堆积密度

常用材料的密度、表观密度及堆积密度如表 1-2-1 所示。

表 1-2-1　常用材料的密度、表观密度及堆积密度

材　　料	密度/(g/cm³)	表观密度/(kg/m³)	堆积密度/(kg/m³)
花岗岩	2.6~2.8	2 500~2 700	—
碎石(石灰岩)	2.6	—	1 400~1 700
砂	2.6	—	1 450~1 650
黏土	2.6	—	1 600~1 800
黏土空心砖	2.5	1 000~1 400	—
水泥	3.1	—	1 200~1 300
普通混凝土	—	2 100~2 600	—
钢材	7.85	7 850	—
木材	1.55	400~800	—
泡沫塑料	—	20~50	—

3）材料的密实度与孔隙率

（1）密实度。密实度是指材料体积内被固体物质所充实的程度，以 D 表示，有

$$D=\frac{V}{V_0}\times100\%=\frac{\rho_0}{\rho}\times100\%\qquad(1\text{-}2\text{-}4)$$

密实度反映了材料的致密程度，含有孔隙的固体物质的密实度均小于 1。

（2）孔隙率。孔隙率是指材料体积内，孔隙体积（$V_孔$）占材料总体积的百分比，以 P 表示，有

$$P=\frac{V_孔}{V_0}=\left(\frac{V_0-V}{V_0}\right)\times100\%=\left(1-\frac{V}{V_0}\right)\times100\%=\left(1-\frac{\rho_0}{\rho}\right)\times100\%\qquad(1\text{-}2\text{-}5)$$

材料的密实度和孔隙率之和等于 1，即 $D+P=1$。孔隙率的大小直接反映了材料的致密程度。材料的许多性质如强度、热工性质、声学性质、吸水性、吸湿性、抗渗性、抗冻性等都与孔隙率有关。这些性质不仅与材料的孔隙率大小有关，而且与材料的孔隙特征有关。孔隙特征是指孔隙的种类（开口孔隙与闭口孔隙）、孔隙的大小及孔的分布是否均匀等。

按孔隙尺寸大小，可把孔隙分为微孔（孔径＜100nm）、毛细孔（孔径为 100～1000nm）和大孔（孔径＞1000nm）三种。

按孔隙之间是否相互贯通，孔隙分为孤立孔隙和连通孔隙两种。

按孔隙与外界之间是否连通，孔隙分为开口孔隙、闭口孔隙两种。

开口毛细孔隙越多，材料吸水性大；开口孔隙越多，材料抗渗、抗冻性越差；闭口孔隙越多，材料抗渗、抗冻性和隔热性越好。

4）材料的填充率与空隙率

（1）填充率。填充率是指散粒体材料在某堆积体积内，被其颗粒填充的程度，以 D' 表示，有

$$D'=\frac{V_0}{V_0'}\times100\%=\frac{\rho_0'}{\rho_0}\times100\%\qquad(1\text{-}2\text{-}6)$$

（2）空隙率。空隙率是指散粒体材料在某堆积体积内，颗粒之间的空隙体积（$V_空$）占堆积体积的百分数，以 P' 表示，有

$$P'=\frac{V_空}{V_0'}=\left(\frac{V_0'-V_0}{V_0'}\right)\times100\%=\left(1-\frac{V_0}{V_0'}\right)\times100\%=\left(1-\frac{\rho_0'}{\rho_0}\right)\times100\%\qquad(1\text{-}2\text{-}7)$$

材料的填充率和空隙率之和等于 1，即 $D'+P'=1$。空隙率的大小反映了散粒体材料的颗粒之间相互填充的致密程度，在混凝土配合比设计时，可作为控制混凝土骨料级配及计算含砂率的依据。

[案例 1] 已知某种建筑材料试样的孔隙率为 24%，此试样在自然状态下的体积为 40 cm³，质量为 85.50 g，吸水饱和后的质量为 89.77 g，烘干后的质量为 82.30 g。试求该材料的密度、表观密度、开口孔隙率、闭口孔隙率、含水率。

解　密度＝干质量/密实状态下的体积＝82.30/[40×(1−0.24)] g/cm³＝2.7 g/cm³

开口孔隙率＝开口孔隙的体积/自然状态下的体积＝(89.77−82.3)/40×100%＝18.7%

闭口孔隙率＝孔隙率−开口孔隙率＝(0.24−0.187)×100%＝5.3%

表观密度＝干质量/表观体积＝82.3/[40×(1−0.187)] g/cm³＝2.53 g/cm³

含水率＝水的质量/材料干质量＝(85.5−82.3)/82.3×100%＝3.9×100%

2. 材料与水有关的性质

1）亲水性与憎水性

材料在使用过程中常常会遇到水,不同的材料遇水后和水的作用情况是不同的。根据材料能否被润湿,将材料分为亲水性材料和憎水性材料两类。

在材料、空气、水三相交界处,沿水滴表面作切线,切线与材料和水接触面的夹角 θ,称为润湿角。θ 越小,浸润性越强,当 θ 为零时,材料完全被水润湿。一般认为,当 $\theta \leqslant 90°$ 时,水分子之间的内聚力小于水分子与材料分子之间的吸引力,此种材料称为亲水性材料;当 $\theta > 90°$ 时,水分子之间的内聚力大于水分子与材料分子之间的吸引力,材料表面不易被水湿润,称为憎水性材料,如图 1-2-4 所示。建筑材料中水泥制品、玻璃、陶瓷、金属材料、石材等无机材料和部分木材等为亲水性材料;荷叶、沥青、油漆、塑料、防水油膏等为憎水性材料。憎水性材料能阻止水分进入材料内部的毛细孔中,常用做防水材料。

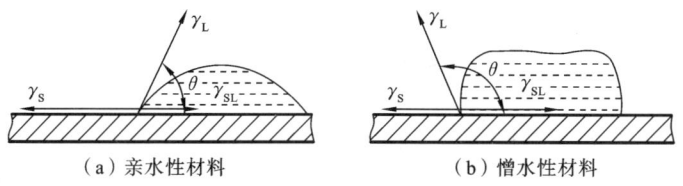

（a）亲水性材料　　　　　（b）憎水性材料

图 1-2-4　材料的润湿示意图

2）吸湿性

吸湿性是材料在自然状态下的潮湿空气中吸收水分的性质,用含水率表示。对某一固定材料而言,含水率是一个变值。材料开口毛细孔数量越多,吸湿性越强。

其含水率为

$$W = \frac{m_1 - m_0}{m_0} \times 100\% \tag{1-2-8}$$

式中:m_1 为材料湿质量;m_0 为材料干质量。

材料中所含水分与周围空气的湿度相平衡时的含水率为平衡含水率。

潮湿材料在干燥空气中放出水分的性能称为还湿性。

注意:材料的含水率除了与材料的组成、构造有关以外,还与所处环境的温度和湿度有关。一般环境温度越低,相对湿度越大,材料的含水率越大。

3）吸水性

吸水性是材料在水中吸收水分的性质,用吸水率表示,反映材料饱水(吸水饱和)状态下吸收水分的能力,对某一固定材料而言为一恒值。

质量吸水率为材料饱水时,吸收水分的质量占材料干质量的百分率,即

$$W_{吸} = \frac{m_2 - m_0}{m_0} \times 100\% \tag{1-2-9}$$

式中:$W_{吸}$ 为材料质量吸水率;m_2 为材料在饱水状态下的质量。

体积吸水率为材料饱水时,吸收水分的体积占材料干表观体积的百分率,即

$$W'_{吸} = \frac{m_2 - m_0}{\rho_水 \times V_0} \times 100\% = \frac{m_2 - m_0}{\rho_水 \times (m_0/\rho_0)} \times 100\% = W \times \frac{\rho_0}{\rho_水} \tag{1-2-10}$$

式中:$W'_{吸}$ 为材料体积吸水率;V_0 为材料干表观体积;ρ_0 为材料干表观密度。

注意　（1）开口毛细孔越多,吸水率越大。

（2）一般情况下，体积吸水率等于开口孔隙率。

（3）当材料吸湿达到饱和状态时的含水率即为吸水率。

（4）各种材料的吸水率相差很大，如花岗岩等致密岩石的吸水率仅为 $0.5\%\sim0.7\%$，普通混凝土的为 $2\%\sim3\%$，黏土砖的为 $8\%\sim20\%$，而木材或其他轻质材料的吸水率可大于 100%。

材料吸水后，自重增加，强度降低，保温性能下降，抗冻性能变差，有时还会发生明显的体积膨胀及变形。

4）耐水性

耐水性是材料长期在水作用下不被破坏，强度也不明显下降的性质。耐水性可用软化系数来表示。

软化系数为

$$K_R = \frac{f_b}{f_g} \tag{1-2-11}$$

式中：f_b 为材料饱水状态下的抗压强度；f_g 为材料干燥状态下的抗压强度；$K_R > 0.85$ 的材料为耐水材料，该值越小耐水性越差。

注意　（1）一般来说，材料吸水后，强度会降低，故 $K_R = 0\sim1$。

（2）长期处于水中或潮湿环境中的重要结构，必须选用 $K_R > 0.85$ 的材料。受潮较轻或次要结构材料，其 K_R 也不宜小于 0.75。

5）抗渗性

抗渗性是指材料抵抗压力水渗透的能力。材料的抗渗性通常用渗透系数或抗渗等级表示。渗透系数的表达式为

$$K = \frac{Qd}{AtH} \tag{1-2-12}$$

式中：K 为材料渗透系数，cm/s；Q 为透水量，cm^3；d 为试件厚度，cm；A 为透水面积，cm^2；t 为透水时间，s；H 为静水压力水头，cm。

渗透系数 K 的物理含义是：一定时间内，在一定的水压作用下，单位厚度的材料，单位面积上的透水量。K 值越小，材料的抗渗能力越强。

抗渗等级常用于混凝土和砂浆等材料，是指在规定试验条件下，材料所能承受的最大水压力，用符号"W"来表示。如混凝土的抗渗等级为 W6、W8、W12，表示其分别能承受 0.6 MPa、0.8 MPa、1.2 MPa 的水压力而不渗水。

材料抗渗性的好坏，与材料的孔隙率和孔隙特征有密切的关系。材料越密实，闭口孔隙越多，孔径越小，越难渗水；具有较大孔隙率，且孔连通、孔径较大的材料抗渗性较差。

对于地下建筑物、屋面、外墙及水工构筑物等，因常受到水的作用，所以要求材料有一定的抗渗性。对于专门用于防水的材料，则要求具有较高的抗渗性。

6）抗冻性

抗冻性是指材料在饱水状态下，经受多次冻融循环而不破坏，其强度也不显著降低的性质。

材料在吸水后，如果在负温下受冻，水在毛细孔内结冰，体积膨胀约 9%，冰的冻胀压力将造成材料的内应力，使材料遭到局部破坏。随着冻结和融化的循环进行，材料表面将出现裂纹、剥落等现象，造成质量损失、强度降低。这是材料内部孔隙中的水分结冰，使体积增大，对

孔壁产生很大的压力,冰融化时压力又骤然消失所致。无论是冻结还是融化都会在材料冻融交界层间产生明显的压力差,并作用于孔壁使之破坏。

抗冻性用抗冻等级来表示。抗冻等级表示饱水后的材料在规定的条件下所能经受的最大冻融循环次数,用符号"F"来表示。如混凝土的抗冻等级为 F50、F100,分别表示在标准试验条件下,经过 50 次、100 次的冻融循环后,其质量损失、强度降低不超过规定值。抗冻等级越高,材料的抗冻性能越好。

材料的抗冻性主要与其孔隙率、孔隙特征、含水率及强度有关。抗冻性良好的材料,抵抗温度变化、干湿交替等破坏作用也较强。对于室外温度低于 -15 ℃的地区,建筑物的主要材料必须进行抗冻性试验。

注意　影响材料抗冻性的因素如下。

(1) 孔隙充水程度。孔隙未充满水,即使受冻也不一定会被破坏,因为孔隙中有多余的空间容纳结冰时产生的膨胀。

(2) 开口孔隙率越大,则抗冻性越差。

(3) 极细孔隙中水的冰点降低,不会降低材料抗冻性。

根据热力学理论,孔中的水是否结冰,还取决于孔的孔径。孔径为 10 nm 时,水在 -5 ℃时结冰;而孔径为 3.5 nm 时,水在 -20 ℃时才结冰。

(4) 闭口孔隙率越大,则抗冻性好。

[案例 2]　加气混凝土砌块吸水分析。

现象　某施工队原使用普通烧结黏土砖砌墙,后改为表观密度为 700 kg/m³ 的加气混凝土砌块。在抹灰前采用同样的方式往墙上浇水,发现原使用的普通烧结黏土砖易吸足水量,而加气混凝土砌块虽表面浇水不少,但实则吸水不多,试分析原因。

分析　加气混凝土砌块虽多孔,但其气孔大多数为"墨水瓶"结构,肚大口小,毛细管作用差,只有少数孔是水分蒸发形成的毛细孔。因此吸水及导湿性能差,材料的吸水性不仅要看孔的数量多少,还要看孔的结构。

模块 2　材料的力学性质

材料的力学性质是指材料在外力作用下的变形性质和抵抗破坏的性质。

1. 材料的强度

1) 强度

强度是指材料抵抗外力破坏的能力。当材料承受外力作用时,内部就产生应力。外力逐渐增加,应力也相应加大,直到质点间不能再承受作用力时,材料即被破坏。此时极限应力值就是材料的强度。

材料的强度按外力作用方式的不同,分为抗压强度、抗拉强度、抗弯强度、抗剪强度等,如表 1-2-2 所示。

不同种类的材料具有不同的强度特点,如砖、石材、混凝土和铸铁等材料具有较高的抗压强度,而抗拉、抗弯强度均较低;钢材的抗拉及抗压强度大致相同,而且都很高;木材的抗拉强度大于抗压强度。应根据材料在工程中的受力特点合理选用。

相同种类的材料,由于其内部构造不同,其强度也有很大差异。孔隙率越大,材料强度越低。

表 1-2-2　常用材料的抗压强度、抗拉强度、抗弯强度　　　　　单位：MPa

材　　　料	抗 压 强 度	抗 拉 强 度	抗 弯 强 度
花岗岩	100～250	5～8	10～14
烧结多孔砖	7.5～30	—	1.6～4.0
混凝土	10～100	1～8	—
松木（顺纹）	30～50	80～120	60～100
建筑钢材	240～1 500	240～1 500	—

　　另外，试验条件的不同对材料强度值的测试结果会产生较大影响。试验条件主要包括试验所用试件的形状、尺寸、表面状态、含水率及环境温度和加荷速度等几方面。一般情况下含水分时的材料强度低于干燥状态时的材料强度。

　　受试件与承压板表面摩擦的影响，棱柱体长试件的抗压强度较立方体短试件的抗压强度低；大试件由于材料内部缺陷出现机会的增多，其强度会较小试件的低一些；表面凹凸不平的试件受力面较平整试件受力面受力不均，强度较低；试件含水率的增大，环境温度的升高，都会使材料强度降低；由于材料是其变形达到极限变形而破坏的，而应变发生总是滞后于应力发展，故加荷速度越快，所测强度值也越高。因此测定强度时，应严格遵守国家规定的标准试验方法。

　　几种材料的强度如表 1-2-3 所示。

表 1-2-3　静力强度计算公式

强度类型	计 算 简 图	计算公式	说　　　明
抗压强度 f_c		$f_c = \dfrac{P}{A}$	
抗拉强度 f_t		$f_t = \dfrac{P}{A}$	P——破坏荷载，N A——受力面积，mm^2 l——跨度，mm b——断面宽度，mm h——断面高度，mm f——静力强度，MPa
抗剪强度 f_v		$f_v = \dfrac{P}{A}$	
抗弯强度 f_{tm}		$f_{tm} = \dfrac{3Pl}{2bh^2}$	

2）强度等级及比强度

为生产及使用的方便，以力学性质为主要性能指标的材料常按材料强度的大小分为不同的强度等级。强度等级越高的材料，所能承受的荷载越大。混凝土、砌筑砂浆、普通砖、石材等脆性材料，主要用于抗压，故以其抗压强度来划分等级，而建筑钢材主要用于抗拉，故以其抗拉强度来划分等级。

比强度是指材料单位质量的强度，常用来衡量材料轻质高强的性质。比强度高的材料具有轻质高强的特性，可用做高层、大跨度工程的结构材料。

2. 材料的弹性与塑性

材料在外力的作用下会发生形状、体积的改变，即变形。当外力除去后，能完全恢复原有形状的性质，称为材料的弹性，这种变形，称为弹性变形。

弹性变形的大小与外力成正比，比例系数 E 称为弹性模量。在材料的弹性范围内，弹性模量是一个常数，即

$$E = \frac{\sigma}{\varepsilon} \qquad (1\text{-}2\text{-}13)$$

式中：E 为材料的弹性模量，MPa；σ 为材料所受的应力，MPa；ε 为材料的应变，无量纲。

弹性模量是材料刚度的度量，E 值越大，材料越不容易变形。

材料在外力作用下产生变形，但不破坏，除去外力后材料仍保持变形后的形状、尺寸的性质，称为材料的塑性，这种变形称为塑性变形。

完全的弹性材料是没有的，有的材料在受力不大的情况下，表现为弹性变形，但受力超过一定限度后，则表现为塑性变形，如低碳钢材；有的材料在受力后，弹性变形和塑性变形同时产生，如果取消外力，则弹性变形部分可以恢复原形，而塑性变形部分则不能恢复原形，如混凝土。

3. 材料的脆性与韧性

脆性是指材料在外力作用下，无明显塑性变形而突然破坏的性质。具有这种性质的材料称为脆性材料。

脆性材料的抗压强度比其抗拉强度往往要高很多倍，这对承受振动作用和抵抗冲击荷载是不利的，所以脆性材料一般只适用于承受静压力的结构或构件，如砖、石材、混凝土、铸铁等。

韧性是指材料在冲击或振动荷载作用下，能够吸收较大的能量，同时也能产生一定的变形而不破坏的性质。材料的韧性是通过冲击试验来检验的，因而又称为冲击韧性。建筑钢材、木材、沥青、橡胶等属于高韧性材料。桥梁、路面、吊车梁及某些设备基础等有抗震要求的结构，应考虑材料的冲击韧性。

4. 材料的硬度与耐磨性

硬度是指材料表面抵抗其他较硬物体压入或刻画的能力。不同材料，其硬度的测定方法也不同，常用的有压入法（布氏硬度法）和刻画法。金属、木材等材料常用压入法测定，以单位压痕面积上所受的压力来表示。天然矿物材料的硬度按刻画法分为10级，由软到硬依次为滑石、石膏、方解石、萤石、磷灰石、正长石、石英、黄玉、刚玉、金刚石。一般硬度较大的材料耐磨性较强，但不易加工。工程中有时用硬度来间接推算材料的强度，如回弹法用于测定混凝土表

面硬度,间接推算混凝土强度。

耐磨性是材料表面抵抗磨损的能力。材料的硬度大、韧性好、构造均匀密实时,其耐磨性较强。多泥沙河流上水闸的消能结构,要求使用耐磨性较强的材料。

[案例3]　测试强度与加荷速度。

现象　人们在测试混凝土等材料的强度时可以观察到,同一试件,加荷速度过快,所测强度值偏高。

原因分析　材料的强度除与其组成结构有关以外,还与测试条件有关。当加荷速度过快时,荷载的增长速度大于材料裂缝扩展速度,测出的值就会偏高。为此,在材料的强度测试中,一般都规定其加荷速度范围。

模块3　材料的其他性质

1. 化学性质

化学性质是指材料在生产、使用过程中发生化学反应,使材料的内部组成和构造发生变化的性质。建筑材料的各种性质都与其化学组成及结构有关,多数材料也是利用化学性质进行生产、施工和使用的。一些材料的生产,如水泥、钢筋等,就是利用化学反应生产的材料。一些材料的施工,也是利用化学反应使其方便施工或是达到相应性能的,如水泥的水化硬化、石灰成品的碳化等。一些材料在使用过程中,还会受到各种酸、碱、盐及其水溶液、各种腐蚀性气体的化学性腐蚀和氧化等侵蚀作用,其组成或结构逐渐产生质的变化,影响材料的正常使用,甚至造成工程结构的破坏,如水泥石的盐类腐蚀、钢筋的锈蚀、沥青材料的老化等。为了提高材料抵抗侵蚀的能力,人们常利用材料的化学性质来改善其性能,如在硅酸盐水泥中掺入混合材料以提高水泥的耐侵蚀性,在钢材中加入合金元素以提高其耐锈蚀能力,将化学防腐剂施加于木材中以提高它的防腐能力等。

2. 耐久性

耐久性是指材料在使用过程中,能长期抵抗各种环境因素作用而不被破坏,且能保持原有性质的性能。各种环境因素的作用可概括为物理作用、化学作用和生物作用三个方面。

物理作用包括干湿变化、温度变化、冻融变化、溶蚀、磨损等。这些作用会引起材料体积的收缩或膨胀,导致材料内部裂缝的扩展,长时间或反复多次的作用会使材料逐渐被破坏。

化学作用包括酸、碱、盐等物质的溶解及有害气体的侵蚀作用,以及日光和紫外线等对材料的作用。这些作用使材料逐渐变质破坏,例如,钢筋的锈蚀、沥青的老化等。

生物作用包括昆虫、菌类等对材料的作用,虫蛀、腐蚀将使材料被破坏,例如,木材及植物纤维材料的腐烂等。

实际上,材料的耐久性是多方面因素共同作用的结果,即耐久性是一个综合性质,无法用一个同一指标去衡量所有材料的耐久性,而只能对不同的材料提出不同的耐久性要求。水工建筑物常用材料的耐久性主要包括抗渗性、抗冻性、大气稳定性、抗化学侵蚀性等。

对材料耐久性的判断,需要在其使用条件下进行长期的观察和测定,通常是根据对所有材料的使用要求,在实验室进行有关的快速试验,如干湿循环、冻融循环、加湿与紫外线干燥循环、碳化、盐溶解浸渍与干燥循环、化学介质浸渍等。

思　考　题

1. 某岩石在气干、绝干、水饱和状态下测得的抗压强度分别为 172 MPa、178 MPa、168 MPa。该岩石可否用于水下工程？

2. 已知卵石的表观密度为 2.6 g/cm³，把它装入一个 2 m³ 的车厢内，装平时共 3 500 kg。求该卵石的空隙率。若用堆积密度为 1 500 kg/m³ 的砂子，填充上述车内卵石的全部空隙，共用砂子多少千克？

3. 某工地砂样 500 g，烘干后称其质量为 490 g，求含水率。

4. 有一尺寸为 150 mm×150 mm×150 mm 的混凝土试块，测其抗压破坏荷载为 680 kN，求此混凝土试块的抗压强度。

5. 试述抗冻等级 F50、抗渗等级 W8 的含义。

项目 2　常用原材料的选择、检测与应用

任务 1　钢筋的选择、检测与应用

【任务描述】

钢筋工序是钢筋混凝土工程中的关键工序之一,而钢筋的质量是钢筋工序质量的保证,因此为确保工程质量,要根据总监理工程师签发的设计图纸,正确选择所需各型钢筋,并依据施工合同文件中的相关要求,对进场的钢筋质量进行检测、检验,以判断本批次材料是否合格。

【任务目标】

能力目标

（1）在工作中能正确使用试验仪器对钢筋外观、重量、力学指标进行检测,并依据国家标准对钢材质量性能作出正确的评价。

（2）在工作中能依据工程所处环境条件,正确贮存、运用钢材。

知识目标

（1）熟悉钢材的分类、级别及表示方法。

（2）掌握钢筋的拉伸性能、弯曲(冷弯)性能的检测方法。

（3）了解钢材的主要技术性能指标。

（4）了解所含化学成分对钢材性能的影响。

技能目标

（1）能按国家标准要求进行钢筋的取样、试件的制作。

（2）能正确操作试验仪器对钢材各项技术性能指标进行检测。

（3）能依据国家标准对钢筋质量作出准确的评价。

（4）正确阅读、填写钢筋质量检测报告单。

模块 1　钢筋的选择

钢筋是用途最广泛、用量最大的一种建筑钢材,只有熟悉钢材的分类、特性及运用原则,才有利于理解钢筋的选择、检测与应用。

1. 钢材基本知识

钢材是以铁为主要元素,含碳量一般在 2% 以下,并含有其他元素的材料。建筑钢材是指建筑工程中使用的各种钢材,包括钢结构用各种型材(如圆钢、角钢、工字钢、钢管)、板材及线材(混凝土结构用钢筋、钢丝、钢绞线等)。钢材是在严格的技术条件下生产的材料,它有如下的优点:材质均匀,性能可靠,强度高,具有一定的塑性和韧性,具有承受冲击和振动荷载的能力,可焊接、铆接或螺栓连接,便于装配。其缺点是:易锈蚀,耐火性差,生产能耗大,维修费用

大。含碳量在 2 ％以上的铁碳合金称为生铁。生铁含碳量高,硬而脆,几乎没有塑性,现最大用途是用于炼钢。

建筑用钢材是构成土木工程物质基础的四大类材料(钢材、水泥混凝土、木材、塑料)之一。

17 世纪 70 年代,人类开始大量应用生铁作建筑材料,到 19 世纪初发展到用熟铁(用生铁精炼而成的比较纯的铁,它是强度低、塑韧性好的低碳钢的一种俗称)建造桥梁、房屋等。这些材料因强度低、综合性能差,在使用上受到限制,但已是人们采用钢铁结构的开始。19 世纪中期以后,钢材的规格品种日益增多,强度不断提高,相应地连接等工艺技术也得到发展,为建筑结构向大跨重载方向发展奠定了基础,带来了土木工程的一次飞跃。19 世纪 50 年代出现了新型的复合建筑材料——钢筋混凝土。至 20 世纪 30 年代,高强钢材的出现又推动了预应力混凝土的发展,开创了钢筋混凝土和预应力混凝土占统治地位的新的历史时期,使土木工程发生了质的变化。

1）钢材的冶炼

钢材的冶炼就是将熔融的生铁进行氧化,使碳的含量降低到规定范围,其他杂质含量也降低到允许范围之内的生产方法。

根据炼钢设备所用炉种不同,炼钢的方法主要可分为平炉炼钢、氧气转炉炼钢和电炉炼钢三种。

（1）平炉炼钢。

平炉是较早使用的炼钢炉种。它以熔融状态或固体状生铁、铁矿石或废钢铁为原料,以煤气或重油为燃料,利用铁矿石中的氧或鼓入空气中的氧使杂质氧化。因为平炉的冶炼时间长,便于化学成分的控制和杂质的去除,所以平炉钢的质量稳定而且比较好,但由于炼制周期长、成本较高,此法逐渐被氧气转炉法取代。

（2）氧气转炉炼钢。

以熔融的铁水为原料,由转炉顶部吹入高纯度氧气,能有效地去除有害杂质,并且冶炼时间短(20～40 min),生产效率高,因此氧气转炉钢质量好,成本低,应用广泛。

（3）电炉炼钢。

电炉以电为能源迅速将废钢、生铁等原料熔化,并精炼成钢。电炉又分为电弧炉、感应炉和电渣炉等。因为电炉熔炼温度高,便于调节控制,所以电炉钢的质量最好,主要用于冶炼优质碳素钢及特殊合金钢,但成本较高。

冶炼后的钢水中含有以 FeO 形式存在的氧,FeO 与碳作用生成 CO 气泡,并使某些元素产生偏析(分布不均匀),影响钢的质量。因此必须进行脱氧处理,方法是在钢水中加入锰铁、硅铁或铝等脱氧剂。锰、硅、铝与氧的结合能力大于氧与铁的结合能力,生成的 MnO、SiO_2、Al_2O_3 等氧化物成为钢渣被排除。

2）钢材的分类

钢材的种类繁多,为了便于选用,现将钢的一般分类归纳如下。

（1）按化学成分分类。

钢可分为碳素钢和合金钢两类。碳素钢的化学成分主要是铁,其次是碳,故也称为铁碳合金;合金钢是指在炼钢过程中,有意识地加入一种或多种能增强钢材性能的合金元素而制的钢种。常用合金元素有硅、锰、钛、钒、铌、铬等。两类钢的分类如表 2-1-1 和表 2-1-2 所示。

表 2-1-1　碳素钢分类表

序　号	分　类	碳的含量/（%）
1	低碳钢★	<0.25
2	中碳钢	0.25～0.60
3	高碳钢	>0.60

注　★为建筑工程中运用最多的钢种，表 2-1-2 同。

表 2-1-2　合金钢分类表

序　号	分　类	合金总的含量/（%）
1	低合金钢★	<5
2	中合金钢	5～10
3	高合金钢	>10%

（2）按冶炼时脱氧程度分类。

冶炼时脱氧程度不同，钢的质量差别很大。以此为标准，钢通常可分为四种，如表 2-1-3 所示。

表 2-1-3　冶炼时脱氧程度分类表

序　号	类　别	脱氧程度	代号	应用范围
1	沸腾钢	加入锰铁进行脱氧，不完全	F	成本低、产量高，质量较差，广泛用于一般建筑工程
2	镇静钢	用锰铁、硅铁和铝铁进行脱氧，完全	Z	质量好，主要用于预应力混凝土工程
3	半镇静钢	介于上面两种钢之间	b	质量较好
4	特殊镇静钢	脱氧程度最彻底	TZ	质量最好，用于特别重要的结构

（3）按品质分类。

根据钢中硫、磷有害杂质的含量，钢材可分为普通钢、优质钢、高级优质钢和特级优质钢等，如表 2-1-4 所示。

表 2-1-4　品质分类表

序　号	类　别	磷（P）的含量/（%）	硫（S）的含量/（%）	备　注
1	普通钢	0.045	0.050	
2	优质钢	0.035	0.035	
3	高级优质钢	0.030	0.030	牌号后加"高"或"A"
4	特级优质钢	0.025	0.020	牌号后加"E"

（4）按用途分类。

① 结构钢，主要用于工程结构及制造机械零件，一般为低、中碳钢。

② 工具钢，主要用于制造各种刀具、量具及模具，一般为高碳钢。

③ 特殊钢，具有特殊的物理、化学及力学性能，如不锈钢、耐热钢、耐酸钢、耐磨钢、磁性钢等。

3）钢材的加工

冶炼生产的钢,除极少量直接用做铸件外,绝大部分都是先浇铸成钢锭,然后再加工制成各种钢材。将钢锭加热到 1150～1300 ℃后进行热轧,所得的产品为热轧钢材。将钢锭先热轧,经冷却至室温后再进行冷轧的产品为冷轧钢材。一般建筑钢材以热轧钢材为主。钢管是用钢板加工焊制而成的。无缝钢管是对实心钢坯进行穿孔,经热轧、挤压、冷轧、冷拔等工艺而制得的。

2. 钢材的主要技术性能

钢材的技术性能包括力学性能、工艺性能和化学性能等。力学性能主要包括拉伸性能、冲击韧性、疲劳强度、硬度等;工艺性能是钢材在加工制造过程中所表现的特性,包括冷弯性能、焊接性能、热处理性能等。只有了解、掌握钢材的各种性能,才能正确、经济、合理地选择和使用各种钢材。

1）力学性能

测定钢材的力学性能前首先要制作试件。

标准试件:按照一定的要求,对表面进行车削加工后的试件。

非标准试件:不经过加工,直接在线材上切取的试件,如钢筋试件,详见钢筋检测部分内容。

（1）拉伸性能。

钢材的拉伸性能典型地反映在广泛使用的软钢（低碳钢）拉伸试验时得到的应力与应变的关系上。钢材从拉伸到拉断,在外力作用下的变形可分为四个阶段,即弹性阶段（OB）、屈服阶段（BC）、强化阶段（CD）和颈缩阶段（DE）,如图 2-1-1 所示。

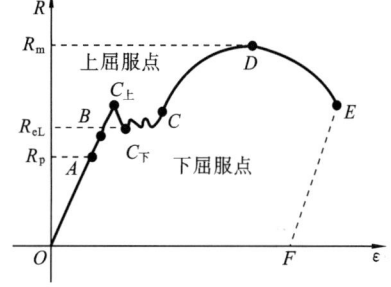

图 2-1-1　低碳钢材拉伸过程的 R-ε 图

注　R_p 为比例极限,MPa,它与弹性极限数值相近;R_{eL} 为下屈服强度,MPa;R_m 为抗拉强度或强度极限,MPa。

① 弹性阶段。

在 OB 范围内应力与应变成正比例关系,如果卸去外力,试件则恢复原来的形状,这个阶段称为弹性阶段。

弹性阶段的最高点 A 所对应的应力值称为弹性极限 R_P。当应力稍低于 B 点时,应力与应变成线性正比例关系,其斜率称为弹性模量,用 E 表示。弹性模量反映钢材的刚度,即产生单位弹性应变时所需要应力的大小。

② 屈服阶段。

在应力超过弹性极限 R_p 后,应力和应变不再成正比关系,应力在 $C_上$ 和 $C_下$ 小范围内波动,而应变迅速增长。在 R-ε 关系图上出现了一个接近水平的线段。试件出现塑性变形,BC 称为屈服阶段,$C_下$ 所对应的应力值称为屈服极限 R_{eL}。

钢材受力达到屈服强度后,变形即迅速发展,虽然尚未破坏,但已不能满足使用要求。所以设计中一般以屈服强度作为钢材强度取值的依据。

对于在外力作用下屈服现象不明显的钢材（中、高碳钢）,规定用条件屈服强度 $R_{p0.2}$ 来代替屈服强度。条件屈服强度是使硬钢产生 0.2% 塑性变形时的应力,如图 2-1-2 所示。

③ 强化阶段。

在应力超过屈服强度后,钢材内部组织产生晶格扭曲、晶粒破碎等原因,阻止了塑性变形的进一步发展,钢材抵抗外力的能力重新提高。在 R-ε 关系图上形成 CD 段的上升曲线,这一

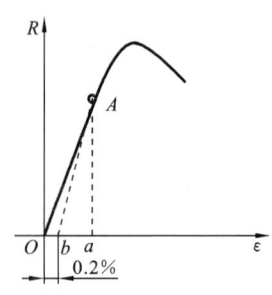

图 2-1-2　中、高碳钢材拉伸
过程的 R-ε 图

注　Oa 为总变形；ba 为弹性变形
99.8%；Ob 为塑性变形 0.2%。

过程称为强化阶段。对应于最高点 D 的应力称为抗拉强度，用 R_m 来表示，它是钢材所能承受的最大应力。

钢材屈服强度与抗拉强度的比值（屈强比 R_{eL}/R_m），是评价钢材受力特征的一个参数，屈强比能反映钢材的利用率和结构安全可靠程度。屈强比较小时，表示钢材的可靠性好，安全性高。但是屈强比过小，钢材强度的利用率偏低，不够经济。合理的屈强比一般为 0.60～0.75。

④ 颈缩阶段。

在应力达到抗拉强度 R_m 后，试件薄弱处的断面将显著缩小，塑性变形急剧增加，产生"颈缩"现象并很快断裂。

将断裂后的试件拼合起来，量出标距两端点间的距离，如图 2-1-3 所示，按下式计算出伸长率 A：

$$A=\frac{L_U-L_0}{L_0}\times100\%\tag{2-1-1}$$

式中：L_0 为试件原标距间长度，mm；L_U 为试件拉断后标距间长度，mm。

伸长率是衡量钢材塑性的重要指标，其值越大，钢材的塑性越好。塑性变形能力强，可使应力重新分布，避免应力集中，结构的安全性增大。塑性变形在试件标距内的分布是不均匀的，颈缩处的变形最大，离颈缩部位越远，其变形越小。所以，原始标距与直径之比越小，则颈缩处伸长值在整个伸长值中的比重越大，计算出来的 A 值就越大。标距的大小影响伸长率的计算结果，通常以 A_5 和 A_{10} 分别表示 $L_0=5d_0$ 和 $L_0=10d_0$ 时的伸长

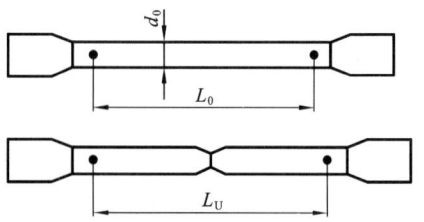

图 2-1-3　标准试件拉伸前和
断裂后标距长度

率。对于同一种钢材，其 A_5 大于 A_{10}。某些线材的标距 $L_0=100$ mm，伸长率用 A_{100} 表示。

（2）冲击韧性。

钢材抵抗冲击荷载作用而不被破坏的能力称为冲击韧性。用于重要结构的钢材，特别是承受冲击振动荷载的结构所使用的钢材，必须保证其冲击韧性。冲击韧性为

$$a_k=\frac{W}{A}\tag{2-1-2}$$

式中：a_k 为冲击韧性值，J/cm²；W 为冲断试件时消耗的功，J；A 为试件槽口处横截面面积，cm²。

钢材的冲击韧性及钢的化学成分、冶炼及加工有关。一般来说，钢中的 P、S 含量较高，夹杂物及焊接中形成的微裂纹等都会降低冲击韧性。

此外，钢材的冲击韧性还受温度和时间的影响。某些钢材在常温下呈韧性断裂，而当温度降低到一定程度时，韧性急剧下降而使钢材呈脆性断裂，这种性质称为钢材的低温冷脆性，发生冷脆性时的温度称为脆性临界温度，这一温度值越低，说明钢材的低温冲击韧性越好。另外，随着时间的延长，钢材的强度会提高，冲击韧性会下降，这种现象称为时效。时效也是影响钢材冲击韧性的重要因素，对于承受动荷载的重要结构，应选用时效敏感性小的钢材。

（3）疲劳强度。

钢材在交变荷载反复多次作用下，可在最大应力远低于抗拉强度的情况下突然破坏，这种

破坏称为疲劳破坏。钢材的疲劳破坏指标用疲劳强度(或称疲劳极限)来表示,它是试件在交变应力的作用下,不发生疲劳破坏的最大应力值。一般将承受交变荷载达 10^7 周次时不发生破坏的最大应力定义为疲劳强度。在设计承受反复荷载且须进行疲劳验算的结构时,应当了解所用钢材的疲劳强度。

研究表明,钢材的疲劳破坏是由拉应力引起的,首先在局部开始形成微细裂缝,裂缝尖端处产生应力集中而使裂缝迅速扩展直至钢材断裂。因此,钢材内部成分的偏析和夹杂物的多少,以及最大应力处的表面粗糙度、加工损伤等,都是影响钢材疲劳强度的因素。疲劳破坏常常是突然发生的,往往会造成严重事故。

(4) 硬度。

硬度是指钢材抵抗外物压入表面而不产生塑性变形的能力,也即钢材表面抵抗塑性变形的能力。测定钢材硬度的方法有布氏法(HB)、洛氏法(HRC),较常用的是布氏法。

布氏法是在布氏硬度机上用一规定直径的硬质钢球,加以一定的压力,将其压入钢材表面,使形成压痕,将压力除以压痕面积所得应力值为该钢材的布氏硬度值的方法,硬度以数字和数后面带硬度符号表示,如 200HBS。数值越大,表示钢材硬度越高。

钢材的布氏硬度值与抗拉强度间有较好的相关性。钢材的强度越高,抵抗塑性变形的能力越强,硬度值也就越大。

洛氏法是在洛氏机上根据测量的压痕深度来计算硬度值的。洛氏法压痕很小,一般用于判断机械零件的热处理效果。

2) 工艺性能

良好的工艺性能可以保证钢材顺利通过各种加工,而使钢材制品的质量不受影响。冷弯、冷拉、冷拔、焊接及热处理性能均是建筑结构钢的重要工艺性能。

(1) 冷弯性能。

冷弯性能是指钢材在常温下承受弯曲变形的能力。以试件弯曲的角度和弯心直径对试件厚度(或直径)的比值来表示。弯曲的角度越大,弯心直径对试件厚度(或直径)的比值越小,表示对冷弯性能的要求越高。冷弯检验按规定的弯曲角度和弯心直径进行弯曲后,检查试件弯曲处外面及侧面不发生裂缝、断裂或起层,即认为冷弯性能合格。冷弯试验如图 2-1-4 所示。

冷弯反映了钢材处于不利变形条件下的塑性,更有助于暴露钢材的某些内在缺陷,而伸长

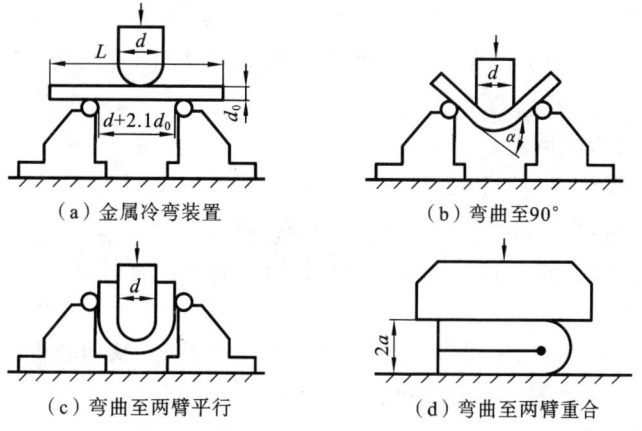

(a) 金属冷弯装置　　　　　　　　(b) 弯曲至90°

(c) 弯曲至两臂平行　　　　　　　(d) 弯曲至两臂重合

图 2-1-4　冷弯试验

率则反映钢材在均匀变形下的塑性。因此,相对于伸长率而言,冷弯是对钢材塑性更严格的检验,它能揭示钢材是否存在内部组织不均匀、是否存在内应力和夹杂物等缺陷。

(2) 冷加工性能及时效。

① 冷加工强化处理。

将钢材在常温下进行冷加工(如冷拉、冷拔或冷轧),使之产生塑性变形,从而提高屈服强度,这个过程称为冷加工强化处理。经过强化处理后钢材的塑性和韧性降低。由于塑性变形中产生内应力,故钢材的弹性模量降低。

建筑工地或预制构件厂常利用该原理对钢筋按一定标准进行冷拉或冷加工,以提高其屈服强度,节约钢材。

a. 冷拉是将热轧钢筋用冷拉设备加力进行张拉的工艺。钢材冷拉后,屈服强度可提高20%~30%,钢材经冷拉后屈服阶段缩短,伸长率降低,材质变硬。

b. 冷拔是将光圆钢筋通过硬质合金拔丝模强行拉拔的工艺。每次拉拔断面缩小应在10%以下。钢筋在冷拔过程中,不仅受拉,同时还受到挤压作用,因而冷拔作用比冷拉作用强烈。经过一次或多次冷拔后的钢筋,表面粗糙度降低,屈服强度提高40%~60%,但塑性大大降低,具有硬钢的性质。

② 时效。

钢材经冷加工后,在常温下存放 15~20 d,或加热至 100~200 ℃保持 2 h 左右,其屈服强度、抗拉强度及硬度进一步提高,而塑性及韧性继续降低,这种现象,前者称为自然时效,后者

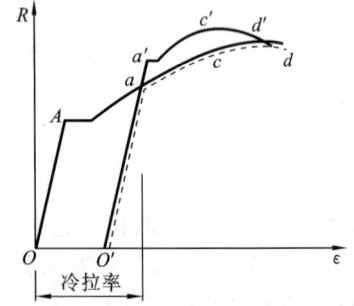

图 2-1-5　钢筋经冷拉时效后应力-
应变图的变化

称为人工时效。

钢材经冷加工及时效处理后,其应力-应变关系变化的规律,可明显地在应力-应变图中得到反映,如图 2-1-5 所示。

(3) 焊接性能。

焊接是各种型钢、钢板、钢筋的重要连接方法。建筑工程的钢结构有90%以上是焊接结构。焊接的质量取决于焊接工艺、焊接材料及钢的焊接性能。

钢材的可焊性是指钢材适合用通常的方法与工艺进行焊接的性能。可焊性的好坏主要取决于钢材的化学成分。碳含量小于 0.25% 的碳素钢具有良好的可焊性。加入合金元素(如硅、锰、钒、钛等)会增大焊接处的硬脆性,降低可焊性,特别是硫能使焊接产生热裂纹及硬脆性。

钢筋焊接应注意以下问题。

① 冷拉钢筋的焊接应在冷拉之前进行。

② 钢筋焊接之前,焊接部位应清除铁锈、熔渣、油污等。

③ 应尽量避免不同国家的进口钢筋之间或进口钢筋与国产钢筋之间的焊接。

(4) 热处理性能。

将钢材按一定规则加热、保温和冷却,以改变其组织结构,从而获得需要性能的加工工艺,总称为钢的热处理。热处理方法有淬火、回火、退火、正火等。

① 淬火。将钢材加热至基本组织转变温度(如当碳的含量大于 0.8% 时,为 723℃)以上 30~50℃,保温,使组织完全转变,随即放入冷却介质(盐水、冷水或矿物油)中急冷的处

理过程称为淬火。淬火使钢的硬度、强度、耐磨性提高。当钢中碳的含量在 0.9% 左右时最适于淬火。碳的含量小于 0.4% 时,淬火后性能变化不太显著。含碳量太高的钢淬火后会变得很脆。

②　回火。经淬火处理的钢,再加热、冷却的处理过程称为回火。回火的温度低于 723℃。回火处理可消除淬火产生的内应力,适当降低淬火钢件的硬度并提高其韧性。回火的温度越接近 723℃,降低硬度、提高韧性的效果越显著。

③　退火。将钢材加热至基本组织转变温度以上 30～50℃,保温后以适当的速度缓慢冷却的处理过程称为退火。退火可降低钢材原有的硬度,改善其塑性及韧性。

④　正火。将钢材加热至基本组织转变温度以上 30～50℃,保温后在空气中冷却的处理过程称为正火。正火后的钢材,硬度较退火处理者高,塑性也差,但由于正火后钢的结晶较韧且均匀,故强度有所提高。

3）钢的化学成分对钢材性能的影响

钢材的性能主要取决于其中的化学成分。钢的化学成分主要是铁和碳,此外还有少量的硅、锰、磷、硫、氧和氮等元素,这些元素的存在对钢材性能有不同的影响。

（1）有益元素。

①　碳(C)。

碳是钢中除铁之外含量最多的元素。钢的含碳量对钢材的性能影响最大。钢材的硬度和强度随含碳量的增加而增加。钢材的塑性、韧性和冷弯性能随含碳量的增加而下降。当碳的含量增至 0.8% 时,强度最大,但当碳的含量超过 0.8% 时,强度反而下降。

②　锰(Mn)。

锰在一般碳素钢中,其含量为 0.25%～0.8%。在炼钢过程中锰能起到脱氧去硫的作用,因而可降低钢的脆性,提高钢的强度和韧性。钢中锰的含量在 0.8% 以下时,锰对钢的性能影响不显著。若锰作为合金元素加入钢中,钢中锰的含量提高到 0.8%～1.2% 或者更高时,该合金钢就成为力学性能优于一般碳素钢的锰钢。但当锰的含量高于 1.0% 时,钢材的耐腐蚀和焊接性能都会降低。

③　硅(Si)。

硅在一般碳素钢中,其含量为 0.1%～0.4%。硅的脱氧能力较锰的强,能提高钢材的硬度和强度。若硅作为合金元素加入钢中,其含量提高到 1.0%～1.2% 时,钢材的抗拉强度可提高 15%～20%,但塑性和韧性明显下降,焊接性能变差,并增加钢材的冷脆性。

④　铝(Al)、钛(Ti)、钒(V)、铌(Nb)。

铝、钛、钒、铌均是炼钢时的强脱氧剂,也是钢中常用的合金元素,可改善钢材的组织结构,使晶体细化,显著提高钢材的强度,改善钢的韧性和抗锈蚀性,同时又不显著降低塑性。

（2）有害元素。

①　硫(S)。

硫在钢中的含量很少,是在炼钢时由矿石带到钢中的杂质。硫的存在会造成钢材的热脆性,即当钢材加温到 1 000 ℃ 以上进行热加工时,钢材会产生破裂现象。热脆性对钢材的热加工性能影响很大,因而国家对碳素钢的含硫量限制很严格,要求其含量在 0.055% 以下。

②　磷(P)。

磷在钢中的含量也很少,也是炼钢过程中带进的杂质。磷可使钢材产生冷脆性,即在低温条件下使钢材的塑性和韧性显著降低,钢材容易脆裂。磷虽能适当提高钢的硬度和强度,但由于磷产生的冷脆性使钢材不宜在低温条件下工作,故国家对钢材的含磷量限制也很严,普通碳素钢中磷的含量不得超过 0.045%。

③ 氧(O)和氮(N)。

氧和氮也是钢中的有害元素,氧能使钢材热脆,其作用比硫产生的作用剧烈;氮能使钢材冷脆,与磷类似,故其含量应严格控制。

3. 钢的牌号与选择

钢的牌号简称钢号,是对每一种具体钢产品所取的名称,是人们了解钢的一种共同语言。

1) 碳素钢结构钢

我国国家标准《碳素结构钢》(GB/T 700—2006)规定,碳素结构钢按其屈服点分为 Q195、Q215、Q235 和 Q275 四个牌号。各牌号钢又按其硫、磷含量由多至少分为 A、B、C、D 四个质量等级。碳素结构钢的牌号由代表屈服强度的字母"Q"、屈服强度数值(单位为 MPa)、质量等级符号(A、B、C、D)、脱氧方法符号(F、Z、b、TZ)等四个部分按顺序组成。例如,Q235AF,它表示屈服强度为 235 MPa、质量等级为 A 级的沸腾碳素结构钢。

碳素结构钢的牌号组成中,表示镇静钢的符号"Z"和表示特殊镇静钢的符号"TZ"可以省略,例如,质量等级分别为 C 级和 D 级的 Q235 钢,其牌号表示为 Q235CZ 和 Q235DTZ,可以省略为 Q235C 和 Q235D。

碳素结构钢的化学成分如表 2-1-5 所示。

表 2-1-5　碳素结构钢的化学成分

牌号	统一数字代号	等级	厚度(或直径)/mm	脱氧方法	化学成分				
					C	Si	Mn	P	S
					含量/(%),不大于				
Q195	U11952	—	—	F、Z	0.12	0.30	0.50	0.035	0.040
Q215	U12152	A	—	F、Z	0.15	0.35	1.20	0.045	0.050
	U12155	B							0.045
Q235	U12352	A		F、Z	0.22	0.35	1.40	0.045	0.050
	U12355	B			0.20				0.045
	U12358	C		Z	0.17			0.40	0.040
	U12359	D		TZ				0.035	0.035
Q275	U12752	A	—	F、Z	0.24	0.35	1.50	0.045	0.050
	U12755	B	≤40	Z	0.21			0.045	0.045
			>40		0.22				
	U12758	C	—	Z	0.20			0.040	0.040
	U12759	D	—	TZ				0.035	0.035

注　1. 表中 U11952 等为镇静钢、特殊镇静钢牌号的统一数字代码,沸腾钢牌号的统一数字代号如下:Q195-U11950;Q215AF-U12150,Q215BF-U12153;Q235AF-U12350,Q235BF-U12353;Q275AF-U12750。

　　2. 经需方同意,Q235B 的碳含量可不大于 0.22%。

2）优质碳素结构钢

优质碳素结构钢分为优质钢、高级优质钢（钢号后加 A）和特级优质钢（钢号后加 E）。根据国家标准《优质碳素结构钢》（GB/T 699—1999）和《钢铁产品牌号表示方法》（GB/T 221—2008）规定，优质碳素结构钢的牌号采用阿拉伯数字或阿拉伯数字和规定的符号表示，以 2 位阿拉伯数字表示碳的平均含量（以万分数计），例如，碳的平均含量为 0.08% 的沸腾钢，其牌号表示为"08F"；碳的平均含量为 0.10% 的半镇静钢，其牌号表示为"10b"；较高含锰量的优质碳素结构钢，在表示平均含碳量的阿拉伯数字后加锰元素符号，如碳的平均含量为 0.50%，锰的含量为 0.70%～1.0% 的钢，其牌号表示为"50Mn"。

优质碳素结构钢的化学成分如表 2-1-6 所示。

表 2-1-6　优质碳素结构钢的化学成分

序号	统一数字代号	牌号	化 学 成 分/（%）					
			C	Si	Mn	Cr	Ni	Cu
						不大于		
1	U20080	08F	0.05～0.11	≤0.03	0.25～0.50	0.10	0.30	0.25
2	U20100	10F	0.07～0.13	≤0.07	0.25～0.50	0.15	0.30	0.25
3	U20150	15F	0.12～0.18	≤0.07	0.25～0.50	0.25	0.30	0.25
4	U20082	08	0.05～0.11	0.17～0.37	0.35～0.65	0.10	0.30	0.25
5	U20102	10	0.07～0.13	0.17～0.37	0.35～0.65	0.15	0.30	0.25
6	U20152	15	0.12～0.18	0.17～0.37	0.35～0.65	0.25	0.30	0.25
7	U20202	20	0.17～0.23	0.17～0.37	0.35～0.65	0.25	0.30	0.25
8	U20252	25	0.22～0.29	0.17～0.37	0.50～0.80	0.25	0.30	0.25
9	U20302	30	0.27～0.34	0.17～0.37	0.50～0.80	0.25	0.30	0.25
10	U20352	35	0.32～0.39	0.17～0.37	0.50～0.80	0.25	0.30	0.25
11	U20402	40	0.37～0.44	0.17～0.37	0.50～0.80	0.25	0.30	0.25
12	U20452	45	0.42～0.50	0.17～0.37	0.50～0.80	0.25	0.30	0.25
13	U20502	50	0.47～0.55	0.17～0.37	0.50～0.80	0.25	0.30	0.25
14	U20552	55	0.52～0.60	0.17～0.37	0.50～0.80	0.25	0.30	0.25
15	U20602	60	0.57～0.65	0.17～0.37	0.50～0.80	0.25	0.30	0.25
16	U20652	65	0.62～0.70	0.17～0.37	0.50～0.80	0.25	0.30	0.25
17	U20702	70	0.67～0.75	0.17～0.37	0.50～0.80	0.25	0.30	0.25
18	U20752	75	0.72～0.80	0.17～0.37	0.50～0.80	0.25	0.30	0.25
19	U20802	80	0.77～0.85	0.17～0.37	0.50～0.80	0.25	0.30	0.25
20	U20852	85	0.83～0.90	0.17～0.37	0.50～0.80	0.25	0.30	0.25
21	U21152	15Mn	0.12～0.18	0.17～0.37	0.70～1.00	0.25	0.30	0.25
22	U21202	20Mn	0.17～0.23	0.17～0.37	0.70～1.00	0.25	0.30	0.25
23	U21252	25Mn	0.22～0.29	0.17～0.37	0.70～1.00	0.25	0.30	0.25
24	U21302	30Mn	0.27～0.34	0.17～0.37	0.70～1.00	0.25	0.30	0.25
25	U21352	35Mn	0.32～0.39	0.17～0.37	0.70～1.00	0.25	0.30	0.25

续表

序号	统一数字代号	牌号	化学成分/(%)					
			C	Si	Mn	Cr	Ni	Cu
						不大于		
26	U21402	40Mn	0.37~0.44	0.17~0.37	0.70~1.00	0.25	0.30	0.25
27	U21452	45Mn	0.42~0.50	0.17~0.37	0.70~1.00	0.25	0.30	0.25
28	U21502	50Mn	0.48~0.56	0.17~0.37	0.70~1.00	0.25	0.30	0.25
29	U21602	60Mn	0.57~0.65	0.17~0.37	0.70~1.00	0.25	0.30	0.25
30	U21652	65Mn	0.62~0.70	0.17~0.37	0.90~1.20	0.25	0.30	0.25
31	U21702	70Mn	0.67~0.75	0.17~0.37	0.90~1.20	0.25	0.30	0.25

注　表中所列牌号为优质钢。如果是高级优质钢,在牌号后面加"A"(统一数字代号最后数字改为"3");如果是特级优质钢,在牌号后面加"E"(统一数字代号最后1位数字改为"6");对于沸腾钢,牌号后面为"F"(统一数字代号最后数字为"0");对于半镇静钢,牌号后面为"b"(统一数字代号最后1位数字改为"1")。

3）低合金高强度结构钢

根据国家标准《低合金高强度结构钢》(GB/T 1591—2008)及《钢铁产品牌号表示方法》(GB/T 221—2008)的规定,低合金高强度结构钢分 8 个牌号,分别为 Q345、Q390、Q420、Q460、Q500、Q550、Q620、Q690。其牌号的表示方法由屈服点字母"Q"、屈服点数值(单位为 MPa)、质量等级(A、B、C、D、E 五级)三部分按顺序组成。例如,Q345A 表示屈服点为 345 MPa、质量等级为 A 的钢。当需方要求钢板具有厚度方向性能时,在牌号后面加上代表厚度方向(Z 向)性能级别的符号,如 Q345AZ15。

低合金高强度结构钢分为镇静钢和特殊镇静钢两类,在牌号的组成中没有表示脱氧方法的符号。低合金高强度结构钢的牌号也可以采用 2 位阿拉伯数字(表示碳的平均含量,以万分数计)和规定的元素符号,按顺序表示。

4）钢材的选择

(1) 钢材选用的原则和考虑因素。

钢材选择的原则是,既使结构安全可靠地满足使用要求,又要尽最大可能节约钢材,降低造价。

对于不同的使用条件,应当有不同的质量要求。钢材的力学性质中,用屈服点、抗拉强度、伸长率、冷弯性能、冲击韧性等各项指标从不同的方面来衡量钢材的质量。显然,没有必要在不同的使用条件下都要符合这些质量指标。钢材的选用应考虑以下主要因素。

① 结构的类型和重要性。

结构和构件,按其用途、部位和破坏后果的严重性,可分为重要的、一般的和次要的三类,相应的安全等级则为一级、二级和三级。大跨度屋梁、重级工作制吊车梁等按一级考虑,故应采用质量好的钢材;一般的屋架、梁和柱按二级考虑,梯子、平台和栏杆按三级考虑,可选择质量较差的钢材。

② 荷载的性质。

按结构所承受的荷载的性质,荷载可分为静力荷载和动力荷载两种受力状态。承受动力荷载的结构或构件,又有经常满载和不经常满载的区别。因此,荷载性质不同,应选用不同的钢材,并提出不同的质量保证项目。

③ 连接的方法。

钢结构的连接方法有焊接和非焊接(紧固件连接)之分。焊接结构会产生焊接应力、焊接变形和焊接缺陷,导致构件产生裂纹或裂缝,甚至发生脆性断裂。故在焊接钢结构中对钢材的化学成分、力学性能和可焊接性都有较高的要求,如钢材的碳、硫、磷的含量要低,塑性、韧性要好等。

④ 工作条件。

结构所处的工作环境和工作条件,如室内外的温度变化、腐蚀作用等对钢材有很大的影响,故应对其塑性、韧性和抗腐蚀性提出相应要求。

(2) 钢材选择和保证项目要求。

承重结构选择钢材的任务是确定钢材的牌号(包括钢种、冶炼方法、脱氧方法和质量等级)以及提出应有的机械性能和化学成分的保证项目。

① 一般结构多采用 Q235 钢,但在跨度较大、荷载较重、有较大动荷载作用及低温条件下,可选用低合金结构钢。

② 结构钢用的平炉钢和氧气转炉钢,质量相当,订货和设计时一般不加区别。

③ 一般结构采用 Q235 钢时可用沸腾钢,通常能满足实用要求,但在较大动力荷载和低温条件下,不宜用沸腾钢。

④ 结构钢至少有屈服强度、抗拉强度和伸长率三项机械性能和磷、硫两项化学成分的合格保证。焊接结构还需有含碳量的合格保证。

⑤ 对重级工作制和吊车起重量大于 50 t 的中级工作制吊车梁、吊车桁架等构件,应具有常温(20 ℃)冲击韧性的保证,低温工作时,还需要有 0 ℃、−20 ℃和−40 ℃时低温冲击韧性的合格保证。

⑥ 较大房屋的柱、屋架、托架等构件承受直接动力荷载的结构等,应有冷弯试验的合格保证。

4. 钢筋混凝土中钢筋的牌号与选择

钢筋混凝土用钢筋包括热轧带肋钢筋、热轧光圆钢筋、低碳钢热轧圆盘条、冷轧带肋钢筋和钢丝,多用碳素结构钢和低合金结构钢制成。

1) 热轧钢筋牌号与优点

用加热钢坯轧成的条形成品钢筋,称为热轧钢筋。它是建筑工程中用量最大的钢材品种之一,主要用于钢筋混凝土的配筋。热轧钢筋按表面形状分为热轧带肋钢筋和热轧光圆钢筋两类。

(1) 热轧带肋钢筋。

热轧带肋钢筋的横截面通常为圆形,且通常带有两条纵肋和沿长度方向均匀分布的横肋,如图 2-1-6 所示。横肋的纵截面呈月牙形,且与纵肋不相交的钢筋为月牙肋钢筋。

热轧带肋钢筋的牌号由 HRB 和牌号的屈服点最小值构成,H、R、B 分别为热轧(hotrolled)、带肋(ribbed)、钢筋(bars)三个词的英语首字母,分为 HRB335、HRB400 和 HRB500 共 3 个牌号。细晶粒热轧钢筋的牌号由 HRBF 和屈服强度特征值构成,分为 HRBF335、HRBF400、HRBF500 共 3 个牌号。

热轧带肋钢筋应在其表面轧上牌号标志,还可依次轧上经注册的厂名(或商标)和公称直径毫米数,钢筋牌号以阿拉伯数字或阿拉伯数字加英文字母表示,HRB335、HRB400、HRB500 分别以 3、4、5 表示,HRBF335、HRBF400、HRBF500 分别以 C3、C4、C5 表示。厂名以汉语拼音字头表示。公称直径毫米数以阿拉伯数字表示。

钢筋的公称直径推荐为 6 mm、8 mm、10 mm、12 mm、16 mm、20 mm、25 mm、32 mm、40 mm、50mm。标准规定了钢筋表面形状及尺寸允许偏差、长度允许偏差、质量允许偏差,并规定了钢筋弯曲度和端部的要求。其优点是强度较高,可焊性好,易于加工,是水利工程钢筋混凝土中最常用的受力钢筋。

(2)热轧光圆钢筋。

经热轧成形,横截面通常为圆形,表面光滑的成品钢筋,称为热轧光圆钢筋(HPB)。热轧光圆钢筋按屈服强度特征值分为 235 级、300 级,其牌号由 HPB 和屈服强度特征值构成,分为 HPB235、HPB300 共 2 个牌号。热轧光圆钢筋的公称直径范围为 6～22 mm,《热轧光圆钢筋》(GB 1499.1—2008)推荐的钢筋公称直径为 6 mm、8 mm、10 mm、12 mm、16 mm 和 20 mm。它强度较低,可塑性好,易于焊接,是水利工程钢筋混凝土中最常用的构造筋。

2)冷轧带肋钢筋牌号与优点

冷轧带肋钢筋是用热轧盘条经多道冷轧减径,一道压肋并经消除内应力后形成的一种带有两面或三面月牙形的钢筋,如图 2-1-7 所示。《冷轧带肋钢筋》(GB 13788—2008)冷轧带肋钢筋的牌号由 CRB 和钢筋的抗拉强度最小值构成。冷轧带肋钢筋分为 CRB550、CRB650、CRB800、CRB970 共 4 个牌号。CRB550 为普通钢筋混凝土用钢筋,其他牌号为预应力混凝土用钢筋。

图 2-1-6　热轧带肋钢筋　　　　　　　图 2-1-7　冷轧带肋钢筋

CRB550 钢筋的公称直径范围为 4～12 mm。CRB650 及以上牌号钢筋的公称直径(相当于横截面面积相等的光圆钢筋的公称直径)为 4 mm、5 mm、6 mm。

钢筋表面的横肋呈月牙形。横肋沿钢筋横截面周圈均匀分布,其中三面肋钢筋有一面肋的倾角必须与另两面反向,两面肋钢筋一面肋的倾角必须与另一面反向。横肋中心线和钢筋纵轴线夹角为 40°～60°,横肋两侧面和钢筋表面斜角不得小于 45°,横肋与钢筋表面呈弧形相交。

冷轧带肋钢筋具有以下优点。

(1)强度高,塑性好,综合力学性能优良。CRB550、CRB650 的抗拉强度由冷轧前的不足 500 MPa 提高到 550 MPa、650 MPa;冷拔低碳钢丝的伸长率仅 2% 左右,而冷轧带肋钢筋的伸长率大于 4%。

(2)握裹力强。混凝土对冷轧带肋钢筋的握裹力为同直径冷拔钢丝的 3～6 倍。又由于其塑性较好,构件的整体强度和抗震能力大幅度提高。

(3)节约钢材,降低成本。以冷轧带肋钢筋代替Ⅰ级钢筋用于普通钢筋混凝土构件,可节约钢材 30% 以上。如代替冷拔低碳钢丝用于预应力混凝土多孔板中,可节约钢材 5% ~ 10%,且每立方米混凝土可节省水泥约 40 kg。

(4)提高构件整体质量,改善构件的延性,避免"抽丝"现象。用冷轧带肋钢筋制作的预应力空心楼板,其强度、抗裂度均明显优于冷拔低碳钢丝制作构件的。

3)预应力混凝土用钢棒牌号与优点

制造钢棒用原材料是低合金钢热轧圆盘条筋经过冷加工后(或不经冷加工)淬火和回火等调质处理后得到的,其强度比低合金钢的高得多,而塑性却降低得不多。预应力混凝土用钢棒用于大型预应力混凝土构件。

大型预应力混凝土构件除采用预应力混凝土用钢棒外,还常用消除应力钢丝和钢绞线。它们的强度均很高。

根据《预应力混凝土用钢棒》(GB/T 5223.3—2005)的规定,钢棒按表面形状分为光圆钢棒、螺旋槽钢棒(见图 2-1-8)、螺旋肋钢棒(见图 2-1-9)、带肋钢棒(见图 2-1-10)四种。表面形状按用户要求选定。代号如下:预应力混凝土用钢棒 PCB;光圆钢棒 P;螺旋槽钢棒 HG;螺旋肋钢棒 HR;带肋钢棒 R;普通松弛级 N;低松弛级 L。标记内容如下:预应力钢棒、公称直径、公称抗拉强度、代号、延性级别(延性 35 或延性 25)、松弛、标准号。例如,公称直径为 9 mm,公称抗拉强度为 1420 MPa,35 级延性,低松弛预应力混凝土用螺旋槽钢棒,其标记为:PCB9-1420-35-L-HG-GB/T5223.3。

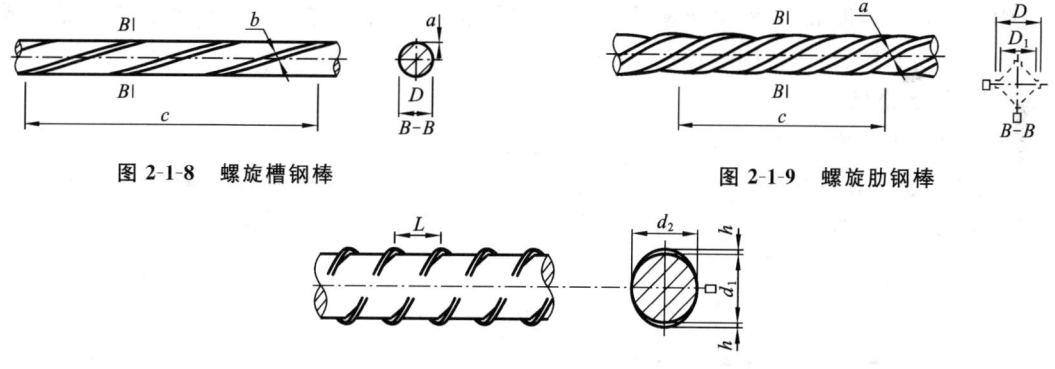

图 2-1-8　螺旋槽钢棒　　　　　　　　图 2-1-9　螺旋肋钢棒

图 2-1-10　带肋钢棒

光圆钢棒直径:6 mm、7 mm、8 mm、10 mm、11 mm、12 mm、13 mm、14 mm、16 mm。螺旋槽钢棒直径:7.1 mm、9 mm、10.7 mm、12.6 mm;螺旋肋钢棒直径:6 mm、7 mm、8 mm、10 mm、12 mm、14 mm;带肋钢棒直径:6 mm、8 mm、10 mm、12 mm、14 mm、16 mm。

预应力混凝土用钢棒的优点是:强度高,可代替高强钢丝使用;节约钢材;锚固性好,不易打滑,预应力值稳定;施工简便,开盘后钢筋自然伸直,不需调直及焊接。

4)预应力混凝土用钢丝和钢绞线牌号与优点

预应力混凝土用钢丝或钢绞线常作为大型预应力混凝土构件的主要受力钢筋。

(1)预应力混凝土用钢丝。

预应力高强度钢丝是用优质碳素结构钢盘条,经酸洗、冷拉或再经回火处理等工艺制成的,专用于预应力混凝土。

根据《预应力混凝土用钢丝》(GB/T 5223—2002)的规定,预应力钢丝按加工状态可分为冷拉钢丝和消除应力钢丝两类。消除应力钢丝按松弛性能又分为低松弛级钢丝和普通松弛级钢丝。预应力钢丝按外形分为光圆、螺旋肋和刻痕三种。

冷拉钢丝(用盘条通过拔丝模或轧辊经冷加工而成)代号为"WCD",低松弛钢丝(钢丝在塑性变形下进行短时热处理而成)代号为"WLR",普通松弛钢丝(钢丝通过矫直工序后在适当温度下进行短时热处理)代号为"WNR",光圆钢丝代号为"P",螺旋肋钢丝(钢丝表面沿长度方向上具有规则间隔的肋条)代号为"H",刻痕钢丝(钢丝表面沿长度方向上具有规则间隔的压痕)代号为"I"。

预应力混凝土用钢丝具有强度高、柔性好、无接头等优点。施工方便,无须冷拉、焊接接头等加工,而且质量稳定、安全可靠。

(2) 预应力混凝土用钢绞线。

预应力混凝土用钢绞线是用 2(或 3,或 7)根钢丝在绞线机上捻制后,再经低温回火和消除应力等工序制成的,按捻制结构可分为 5 类,其代号为:(1×2)用 2 根钢丝捻制的钢绞线,(1×3)用 3 根钢丝捻制的钢绞线,(1×3 I)用 3 根刻痕钢丝捻制的钢绞线,(1×7)用 7 根钢丝捻制的标准型钢绞线,(1×7)C 用 7 根钢丝捻制又经模拔的钢绞线。

按《预应力混凝土用钢绞线》(GB/T 5224—2003)交货的产品标记应包含"预应力钢绞线、结构代号、公称直径、强度级别、标准号"等内容,如公称直径为 15.20 mm、强度级别为 1860 MPa 的 7 根钢丝捻制的标准型钢绞线的标记为:预应力钢绞线 1×7-15.20-1860-GB/T 5224—2003。

钢绞线具有强度高、与混凝土黏结性能好、断面面积大、使用根数少、柔性好、易于在混凝土结构中排列布置、易于锚固等优点。

5) 钢筋的选择

钢筋混凝土结构及预应力混凝土结构的钢筋,应按下列规定选择。

钢筋混凝土结构中的钢筋和预应力混凝土结构中的非预应力钢筋宜采用牌号为 HRB335、HRB400 的热轧钢筋,也可采用 HPB235($d \leqslant 12$ mm)热轧钢筋。

预应力钢筋宜采用钢绞线和消除应力钢丝,也可采用热处理钢筋;中小型构件中的预应力钢筋,宜采用牌号为 CRB650 或 CRB800 的冷轧带肋钢筋。

模块 2　钢筋的性能检测

钢筋进场时,应按现行国家标准的规定抽取试件进行力学性能、工艺性能检验,其质量必须符合有关标准的规定。

检查数量:按进场的批次和产品的抽样检验方案确定。

检验方法:检查产品合格证、出厂检验报告和进场复验报告。

1. 钢筋品质及检验标准

《钢筋混凝土用热轧带肋钢筋》(GB 1499.2—2007)、《钢筋混凝土用热轧光圆钢筋》(GB 1499.1—2008)、《低碳钢热轧圆盘条》(GB/T 701—2008)、《冷轧带肋钢筋》(GB 13788—2008)、《预应力混凝土用钢棒》(GB/T 5223.3—2005)、《预应力混凝土用钢绞线》(GB/T 5224—2003)等标准均规定了钢筋的品质和性能要求。

由于水利工程中最常用的是热轧钢筋和冷轧带肋钢筋,因此本任务内容主要讲解这两种钢筋的性能检测方法。

1）热轧钢筋

（1）热轧带肋钢筋。

《钢筋混凝土用热轧带肋钢筋》(GB 1499.2—2007)规定了钢筋混凝土用热轧带肋钢筋的定义、分类、牌号、尺寸、外形、质量、技术要求、试验方法、检验规则、包装、标志和质量证明书等。热轧带肋钢筋的技术要求如下。

① 化学性能。

热轧钢筋的牌号和化学成分与碳当量(熔炼分析)应不大于表 2-1-7 中规定的值。

表 2-1-7　热轧带肋钢筋牌号和化学成分

牌　号	化学成分含量/(%)					
	C	Si	Mn	P	S	C_{eq}
HRB335 HRBF335	0.25	0.80	1.60	0.045	0.045	0.52
HRB400 HRBF400						0.54
HRB500 HRBF500						0.55

根据需要,钢中还可加入 V、Nb、Ti 等元素。

碳当量 $c_{C_{eq}}$ 值可按下式计算:

$$c_{C_{eq}} = c_C + c_{Mn}/6 + (c_{Cr} + c_V + c_{Mo})/5 + (c_{Cu} + c_{Ni})/15$$

② 力学性能。

钢筋的屈服强度 R_{eL}、抗拉强度 R_m、断后伸长率 A、最大力总伸长率 A_{gt} 等力学性能特征应符合表 2-1-8 所示的规定。

表 2-1-8　热轧带肋钢筋的力学性能

牌　号	R_{eL}/MPa	R_m/MPa	A/(%)	A_{gt}/(%)
	不小于			
HRB335 HRBF335	335	455	17	
HRB400 HRBF400	400	540	16	7.5
HRB500 HRBF500	500	630	15	

直径为 28～40 mm 的各牌号钢筋的断后伸长率 A 可降低 1%;直径大于 40 mm 各牌号钢筋的断后伸长率 A 可降低 2%。有较高要求的抗震结构适用牌号钢筋(牌号后加 E),钢筋的最大力总伸长率 A_{gt} 不小于 9%。

③ 工艺性能。

按表 2-1-9 规定的弯心直径弯曲 180°后,钢筋受弯曲部位不得产生裂纹。

表 2-1-9　热轧带肋钢筋的弯曲性能

牌　　号	公称直径 d/mm	弯芯直径/mm
HRB335 HRBF335	6～25	3d
	28～40	4d
	＞40～50	5d
HRB400 HRBF400	6～25	4d
	28～40	5d
	＞40～50	6d
HRB500 HRBF500	6～25	6d
	28～40	7d
	＞40～50	8d

　　根据需方要求,钢筋可做反向弯曲性能试验,反向弯曲试验的弯心直径比弯曲试验的相应增加 1 个钢筋直径,先正向弯曲 90°后反向弯曲 20°,经反向弯曲试验后,钢筋的弯曲表面不得产生裂纹。

　　如需方要求,经供需双方协议,可进行疲劳性能试验。疲劳试验的技术要求和试验方法由供需双方协商确定。

　　(2)热轧光圆钢筋。

　　《钢筋混凝土用热轧光圆钢筋》(GB 1499.1—2008)规定了钢筋混凝土用热轧光圆钢筋的级别、代号、尺寸、外形、质量、技术要求、试验方法、检验规则、包装、标志和质量证明书等。热轧光圆钢筋的技术要求如下。

　　① 化学性能。

　　热轧光圆钢筋的牌号和化学成分应符合表 2-1-10 的规定。

表 2-1-10　热轧光圆钢筋牌号和化学成分

牌号	化学成分含量/(%),不大于				
	C	Si	Mn	P	S
HPB235	0.22	0.30	0.65	0.045	0.050
HPB300	0.25	0.55	1.50		

　　钢筋的成品化学成分允许偏差应符合《钢的成品化学成分允许公差》(GB/T 222—2006)的规定。

　　② 力学、工艺(冷弯)性能。

　　热轧光圆钢筋的力学、工艺性能应符合表 2-1-11 的规定。冷弯试验时,受弯曲表面部位不得产生裂纹。

表 2-1-11　热轧光圆钢筋的力学、工艺性能

牌号	R_{eL}/MPa	R_m/MPa	A/(%)	A_{gt}/(%)	冷弯试验 180° d——弯芯直径 a——钢筋公称直径
	不小于				
HPB235	235	370	25.0	10.0	$d = a$
HPB300	300	420			

根据供需双方协议,伸长率类型可从 A 或 A_{gt} 中选定,如伸长率在协议中没有确定,伸长率用 A,仲裁检验时采用 A_{gt}。

2）冷轧带肋钢筋

《冷轧带肋钢筋》(GB 13788—2008)规定了冷轧带肋钢筋的定义、分类、牌号、尺寸、外形、重量及允许偏差、技术要求、试验方法、检验规则、包装、标志和质量证明书。

力学性能和工艺性能应符合表 2-1-12 的规定。当进行弯曲试验时,受弯曲部位表面不得产生裂纹。反复弯曲试验的弯曲半径应符合表 2-1-13 的规定。

表 2-1-12　力学性能和工艺性能

牌号	$R_{p0.2}$/MPa,不小于	R_m/MPa,不小于	伸长率/(%),不小于		弯曲试验 180°	反复弯曲次数	应力松弛初始应力应相当于公称抗拉强度的70% 1 000 h 松弛率/(%),不大于
			$A_{11.3}$	A_{100}			
CRB560	500	550	8.0	—	$D=3d$	—	—
CRB650	585	650	—	4.0		3	8
CRB800	720	800	—	4.0		3	8
CRB970	875	970	—	4.0		3	8

注　1. 表中 D 为弯心直径,d 为钢筋公称直径。
　　2. R_p 是比例屈服极限;$R_{p0.2}$ 表示试样标距部分的非比例伸长达到原始标距 0.2% 时的应力。

表 2-1-13　反复弯曲试验的弯曲半径

钢筋公称直径/mm	4	5	6
弯曲半径/mm	10	15	15

钢筋的强屈比 $R_m/R_{p0.2}$ 应不小于 1.03。

3）预应力混凝土用钢棒

《预应力混凝土用钢棒》(GB/T 5223.3—2005)规定了预应力混凝土用钢棒的定义、分类、牌号、尺寸、外形、重量及允许偏差、技术要求、试验方法、检验规则、包装、标志和质量证明书。力学性能和工艺性能应符合表 2-1-14 的规定。伸长特性应符合表 2-1-15 的规定。

表 2-1-14　预应力混凝土用钢棒力学性能和工艺性能

表面形状类型	公称直径 D_n/mm	抗拉强度 R_m/MPa,不小于	规定非比例延伸强度 $R_{p0.2}$/MPa,不小于	弯 曲 性 能	
				性能要求	弯曲半径/mm
光圆	6 7 8 10 11 12 13 14 16	1080	930	反复弯曲 不小于 4 次/180°	15 20 20 25
				弯曲 160°~180° 后,弯曲处无裂纹	弯芯直径为钢棒公称直径的 10 倍

续表

表面形状类型	公称直径 D_n/mm	抗拉强度 R_m/MPa，不小于	规定非比例延伸强度 $R_{p0.2}$/MPa，不小于	弯 曲 性 能	
				性能要求	弯曲半径/mm
螺旋槽	7.1 9 10.7 12.6	1230	1080	—	—
螺旋肋	6 7 8 10 12 14	1420	1280	反复弯曲不小于 4 次/180°	15 20 20 25
				弯曲 160°～180°后弯曲处无裂纹	弯芯直径为钢棒公称直径的 10 倍
带肋	6 8 10 12 14 16	1570	1240	—	—

表 2-1-15　伸长特性

延性级别	最大力总伸长率，A_{gt}/(%)	断后伸长率($L_0=8d_n$)A/(%)，不小于
延性 35	3.5	7.0
延性 25	2.5	5.0

注　1. 日常检验可用断后伸长率，仲裁试验可用最大力总伸长率为准。

　　2. 最大力伸长率标距 $L_0=200$ mm。

　　3. 断后伸长率标距 L_0 为钢棒公称直径的 8 倍，$L_0=8d_n$。

2. 钢筋的取样要求

按照《钢及钢产品力学性能试验取样位置和试件制备》(GB/T 2975—1998)和其他相关规范规定执行。

1) 钢筋化学成分、力学性能、工艺性能试验的取样数量和要求

(1) 按批进行检查和验收。每批由同一炉罐号、同一牌号、同一规格的钢筋组成，热轧带肋钢筋、热轧光圆钢筋每批重量通常不大于 60 t，超过 60 t 的部分每增加 40 t(或不足 40 t 的余数)，增加一个拉伸试验试样和一个弯曲试验试样。

(2) 允许同一牌号、同一冶炼方法、同一浇筑方法的不同炉罐号组成混合批，但各炉罐号含碳量之差不大于 0.02%，含锰量之差不大于 0.15%，混合批的质量不大于 60 t。

(3) 其他种类钢材的组批规则套用相应的质量标准。对化学成分和拉伸试验结果有争议时，仲裁试验分别按 GB/T 223、GB/T 228.1—2010 进行。

热轧钢取样要求如表 2-1-16 所示。冷轧带肋钢筋取样要求如表 2-1-17 所示。

表 2-1-16　热轧钢筋取样要求

序号	检验项目	取样数量	取样方法	试验方法
1	化学成分(熔炼分析)	1	GB/T 20066—2006	GB/T 223、GB/T 4336—2002
2	力学	2	任选 2 根钢筋切取	GB/T 228.1—2010
3	弯曲	2	任选 2 根钢筋切取	GB/T 232—1999
4	重量偏差	5	两端平齐	GB 50204—2011

表 2-1-17　冷轧带肋钢筋取样要求

序号	检验项目	取样数量	取样方法	试验方法
1	拉伸试验	1 个/盘	在每(任)盘(原料盘)中随机切取	GB/T 228.1—2010
2	弯曲试验	2 个/批		GB/T 232—1999
3	反复弯曲试验	2 个/批		GB/T 238—2002
4	重量偏差	1 个/盘		GB 13788—2002

（4）钢筋在使用中如有脆断、焊接性能不良或机械性能显著不正常时,应进行化学成分分析。

（5）试验应在(20±10)℃的温度下进行,如试验温度超出这一范围,应于试验记录和报告中注明。

2）钢筋力学性能、工艺性能试验的取样方法

（1）取样方法和结果评定规定,由每批钢筋中任意抽取 2 根,于每根距端部 50 m 处各取一套试样(两根试件)。在每套试样中取一根作拉力试验,另一根作冷弯试验。

（2）拉伸、弯曲、反向弯曲试验试样不允许进行车削加工。

（3）钢筋的拉伸试验试样的切取长度应根据《金属材料　拉伸试验　第 1 部分:室温试验方法》(GB/T 228.1—2010)的规定,试样由三部分组成,即试样的原始标距 L_0、试样原始标距的标记与试验机夹头之间的距离和试验机两夹头夹持试样的长度。试样的原始标距 L_0 的长度可为 $5d$,也可为 $10d$(冷轧 CRB550 钢筋取 $10d$,冷轧其他型号钢筋取 100 mm),相关产品也可以规定其他试样的尺寸。在工地实际取样时,一般多在钢筋上取至少 0.5 m 长。

（4）冷弯试样的长度 L(mm)应根据试样直径和所使用的试验设备确定。工地实际取样一般约取 0.3 m 长。

3. 钢筋尺寸、缺陷和重量检验方法

所有钢筋的标准都要求对尺寸、表面缺陷和质量进行检验,表面缺陷采用目视检查。

1）钢筋混凝土用热轧带肋钢筋

（1）热轧带肋钢筋的尺寸和允许偏差。

热轧带肋钢筋的尺寸和允许偏差应符合表 2-1-18 所示的要求。

（2）热轧带肋钢筋的长度允许偏差。

热轧带肋钢筋按尺寸交货时,长度允许偏差不得大于+25 mm。

（3）热轧带肋钢筋的弯曲度和端部。

热轧带肋钢筋的弯曲度应不影响正常使用,总弯曲度不大于钢筋总长度的 0.4%。钢筋的端部应剪切正直,局部变形应不影响使用。

表 2-1-18　热轧带肋钢筋的尺寸偏差　　　　　　　单位:mm

公称直径	内径 d		横肋高 h		纵肋高 h_1(不大于)	横肋宽 b	纵肋宽 a	间距 l		横肋末端最大间隙
	公称尺寸	允许偏差	公称尺寸	允许偏差				公称尺寸	允许偏差	
6	5.8	±0.3	0.6	±0.3	0.8	0.4	1.0	4.0	±0.5	1.8
8	7.7	±0.4	0.8	+0.4 −0.3	1.1	0.5	1.5	5.5		2.5
10	9.6		1.0	±0.4	1.3	0.6	1.5	7.0		3.1
12	11.5		1.2	+0.4 −0.5	1.6	0.7	1.5	8.0		3.7
14	13.4	±0.4	1.4		1.8	0.8	1.8	9.0		4.3
16	1.54		1.5		1.9	0.9	1.8	10.0		5.0
18	17.3		1.6	±0.5	2.0	1.0	2.0	10.0		5.6
20	19.3	±0.5	1.7		2.1	1.2	2.0	10.0	±0.8	6.2
22	21.3		1.9		2.4	1.3	2.5	10.5		6.8
25	24.2		2.1	±0.6	2.6	1.5	2.5	12.5		7.7
28	27.2		2.2		2.7	1.7	3.0	12.5		8.6
32	31.0	±0.6	2.4	+0.8 −0.7	3.0	1.9	3.0	14.0	±1.0	9.9
36	35.0		2.6	+1.0 −0.8	3.2	2.1	3.5	15.0		11.1
40	38.7	±0.7	2.9	±1.1	3.5	2.2	3.5	15.0		12.4
50	48.5	±0.8	3.2	±1.2	3.8	2.5	4.0	16.0		15.5

注　1. 纵肋斜角为 0°～30°。

　　2. 尺寸 a、b 为参考数据。

(4) 热轧带肋钢筋的质量及允许偏差。

钢筋可按实际质量或公称质量交货。当钢筋按实际质量交货时,应随机抽取 10 根(6 m 长)钢筋称重,如质量偏差大于允许偏差,则应与生产厂家交涉,以免损害用户利益。

热轧带肋钢筋的实际质量与理论质量的允许偏差应符合表 2-1-19 的规定。

表 2-1-19　热轧带肋钢筋的质量及允许偏差

公称直径/mm	实际质量与理论质量的偏差/(%)
6～12	±7
14～20	±5
22～50	±4

热轧带肋钢筋的公称横截面面积和理论质量如表 2-1-20 所示。

(5) 热轧带肋钢筋的表面质量。

钢筋表面不得有裂纹、结疤和折叠。钢筋表面允许有凸块,但不得超过横肋的高度,钢筋表面其他缺陷的深度和高度不得大于所在部位尺寸的允许偏差。

表 2-1-20　热轧带肋钢筋的质量及允许偏差

公称直径/mm	公称横截面面积/mm²	理论质量/(kg/m)
6	28.27	0.222
8	50.27	0.395
10	78.54	0.617
12	113.1	0.888
14	153.9	1.21
16	201.1	1.58
18	254.5	2.00
20	314.2	2.47
22	380.1	2.98
25	490.9	3.85
28	615.8	4.83
32	804.2	6.31
36	1018	7.99
40	1257	9.87
50	1964	15.42

注　表中理论质量按密度为 7.85 g/cm³ 计算。

2）钢筋混凝土用热轧光圆钢筋

（1）热轧光圆钢筋的尺寸允许偏差。

热轧光圆钢筋的尺寸允许偏差有直径允许偏差和不圆度两种，其直径允许偏差和不圆度的规定如表 2-1-21 所示。

表 2-1-21　热轧光圆钢筋的直径允许偏差和不圆度

公称直径/mm	允许偏差/mm	不圆度/mm
6(6.5) 8 10 12	±0.3	≤0.4
14 16 18 20 22	±0.4	≤0.4

（2）热轧光圆钢筋的长度允许偏差。

钢筋按直条交货时，其通常长度为 3.5～12 m，其中长度为 3.5～6 m 的钢筋不得超过每批质量的 3%。钢筋按定尺或倍尺交货时，应在合同中注明，其长度允许偏差范围为 0～+50 mm。

（3）热轧光圆钢筋的弯曲度。

直条的弯曲度应不影响正常使用，总弯曲度不大于钢筋总长度的 0.4%。

（4）热轧光圆钢筋的质量允许偏差。

　　根据需方要求,钢筋按质量偏差交货时,实际质量与公称质量的偏差应符合表 2-1-22 的规定。

表 2-1-22　热轧光圆钢筋的质量允许偏差

公称直径/mm	实际质量与理论质量的偏差/(%)
6～12	±7
14～22	±5

　　(5)热轧光圆钢筋的表面质量。

　　钢筋表面不得有裂纹、结疤和折叠。钢筋表面允许有凸块,但不得超过横肋的高度,钢筋表面其他缺陷的深度和高度不得大于所在部位尺寸的允许偏差。

　　3)冷轧带肋钢筋

　　每批抽取 5%(但不少于 5 盘或 5 捆)进行外形尺寸、表面质量和重量偏差的检查。检查结果应符合表 2-1-23 的要求,如其中有一盘(捆)不合格,则应对该批钢筋逐盘或逐捆检查。

表 2-1-23　冷轧带肋钢筋三面肋和二面肋钢筋的尺寸、质量及允许偏差

公称直径 d/mm	公称横截面积 /mm²	质量		横肋中点高		横肋 1/4 处高 $h_{1/4}$ /mm	横肋顶宽 b/mm	横肋间隙		相对肋面积 f_r, 不小于
		理论质量 /(kg/m)	允许偏差 /(%)	h /mm	允许偏差 /mm			l/mm	允许偏差 /(%)	
4	12.6	0.099		0.30	+0.10	0.24		4.0		0.035
4.5	15.9	0.125		0.32	−0.05	0.26		4.0		0.039
5	19.6	0.154		0.32		0.26		4.0		0.039
5.5	23.7	0.186		0.40		0.32		5.0		0.039
6	28.3	0.222		0.40		0.32		5.0		0.039
6.5	33.2	0.261		0.46		0.37		5.0		0.045
7	38.5	0.302		0.46		0.37		5.0		0.045
7.5	44.2	0.347		0.55		0.44		6.0		0.045
8	50.3	0.395	±4	0.55		0.44	−0.2d	6.0	±15	0.045
8.5	56.7	0.445		0.55		0.44		7.0		0.045
9	63.6	0.499		0.75		0.60		7.0		0.052
9.5	70.8	0.556		0.75		0.60		7.0		0.052
10	78.5	0.617		0.75		0.60		7.0		0.052
10.5	86.5	0.679		0.75	±10	0.60		7.4		0.052
11	95.0	0.745		0.85		0.68		7.4		0.056
11.5	103.8	0.815		0.95		0.78		8.4		0.056
12	113.1	0.888		0.95		0.78		8.4		0.056

　　注　横肋 1/4 处高横肋顶宽供孔型设计用;两面肋钢筋允许有高度不大于 0.5h 的纵肋。

　　(1)冷轧带肋钢筋的尺寸、质量及允许偏差。

　　冷轧带肋钢筋三面肋和两面肋钢筋的尺寸、质量及允许偏差应符合表 2-1-22 的规定。

　　(2)冷轧带肋钢筋的长度允许偏差。

冷轧带肋钢筋按直条交货时,其长度及允许偏差按供需双方协商确定。

(3)冷轧带肋钢筋的弯曲度。

直条钢筋的弯曲度不大于 4 mm,总弯曲度不大于钢筋全长的 0.4%。

(4)冷轧带肋钢筋的表面质量。

钢筋表面不得有裂纹、折叠、结疤、油污及其他影响使用的缺陷。钢筋表面可有浮锈,但不得有锈皮及目视可见的麻坑等腐蚀现象。

4. 钢材的合格判定

严格按照《金属材料拉伸试验　第 1 部分:室温试验方法》(GB/T 228.1—2010)、《金属材料　弯曲试验方法》(GB/T 232—2010)的规定进行钢筋拉伸和冷弯试验,进行常规化学成分分析。具体检测要求参考前面的钢材主要技术指标内容,检测方法详见试验、实训部分。

1)进场钢筋合格判定

(1)质量规定。

凡施工图所配各种受力钢筋及型钢均应有钢材出厂合格证。钢筋出厂合格证由钢筋生产厂质量检验部门提供给用户单位或由物资供应部门转抄、复印给用户单位。钢筋合格证内容包括钢种、牌号、规格、强度等级及其代号、数量、机械性能(屈服点、抗拉强度、冷弯、伸长率)、化学成分(碳、磷、硅、锰、硫、钒等)数据及结论、出厂日期、检验部门印章、合格证的编号。型钢合格证内容有钢材的钢种、型号、规格、脱氧方法、机械性能、化学成分等技术指标,如为高碳合金钢或锰桥、锰桥钒等钢种,还应有耐低温(−40 ℃)冲击韧性数据,并有钢材生产厂厂名和厂址以及检验单位、检验人员的印章。合格证要求填写齐全,不得漏填或填错,同时须填明批量。转抄件应说明原件存放处、原件编号、转抄人及加盖转抄单位印章和抄件日期。备注栏内施工单位填明工程名称及使用部位。如钢筋在工厂集中加工,其出厂证及试验单位应转抄给使用单位。

(2)核查办法。

根据设计图纸、施工组织设计查工程所有钢材的品种、规格、用量,并列出表(由施工单位协同);根据钢材的品种、规格、用量,查钢材出厂合格证和试验报告单中的钢材品种、规格、批量、取样检验组数是否充足、齐全;查各份合格证和试验报告单中各项技术数据是否完善,试验方法及计算结论是否正确,试验项目是否齐全,是否符合先试验、后使用,先鉴定、后隐蔽的原则;代换钢筋、降级使用钢筋及降规格使用钢筋是否有计算书及鉴定鉴证,计算、鉴定结果是否符合设计及现行规范标准要求;查合格证和试验报告单抄件(复印件)的各项手续是否完备。核验时,如发现主要受力钢筋或主要部位的型钢钢材无出厂合格证和试验报告,或当钢材品种、规格和设计图纸上的品种、规格不一致,而又无钢材代换书,或钢材出厂合格证和试验报告不符合有关标准规定等情况,则该项目核定为"不符合要求"。

(3)结果评定。

如果证件齐全,并与每盘钢筋上的标牌及钢筋上的标记内容相符,外观质量符合相应规范要求,则本批钢筋合格,可以进入工地。

2)复检质量判定

按照相关规范规定,本批次钢筋使用前还需进行钢筋常规项目试验复检。检测要求前面已述,但是检测单位必须是国家认证的有相应资质的实验室。

(1)原始记录。

原始记录必须认真填写,不得潦草,不得随意涂改。如有修改,检测员必须签章确认。原始记录应编号整理,妥善保存。

(2)检测报告。

检测报告应分类连续编号,必须规范填写。检测报告中三级签字(检测人员签字、审核人员签字、技术负责人签字)必须齐全,无公章的检测报告无效。所有下发的检测报告都应有签字手续,并登记台账。

检测报告应认真审核,严格把关,不符合要求的一律不得签发。检测报告一经签发,即具有法律效力,不得涂改和抽撤。

(3)结果评定。

① 拉伸性能检测。

通过测试、计算所得的 R_m、R_{eL} 与 A 参照国家规范所要求的各牌号钢筋的力学性能要求进行评定。在拉伸性能检测的 2 根试件中,若其中一根试件的屈服点、抗拉强度和伸长率三个指标中,有一个指标达不到钢筋标准中规定的数值,应取 2 倍(4 根)钢筋,重做检测。若仍有一根试件的指标达不到标准的要求,则不论这个指标在第一次检测中是否达到标准要求,都评定为拉伸性能不合格。

② 冷弯性能检测。

试件弯曲后,检查弯曲处的外面及侧面,在有关标准没有作具体规定的情况下,若无裂纹、裂缝、断裂或起层现象,即认为检测合格。试件经冷弯性能检测后,受弯曲部位外表面不得产生裂纹,若出现裂纹,则为不合格。所谓裂纹,是指试件弯曲后,其外表金属基体上出现开裂,开裂长度大于 2 mm 而不超过 5 mm;宽度大于 0.2 mm 而不超过 0.5 mm。

在冷弯试验性能检测中,若有一根试件不符合标准要求,应同样抽取 2 倍钢筋,重做检测。若仍有一根试件不符合标准要求,冷弯性能即为不合格。

5. 工程案例

[案例 1] 钢结构屋架倒塌。

现象 某厂的钢结构屋架是用中碳钢焊接而成的,使用一段时间后,屋架坍塌。

分析 首先是因为钢材的选用不当,中碳钢的塑性和韧性比低碳钢的低,且其焊接性能较差,焊接时钢材局部温度高,形成了热影响区,其塑性及韧性下降较多,较易产生裂纹。

建筑上常用的主要钢种是普通碳素钢中的低碳钢和合金钢中的低合金高强度结构钢。

[案例 2] 判定钢筋牌号。

现象 某工地进场了一批钢筋,外观质量符合要求。现从这批热轧钢筋中抽样,并截取 2 根钢筋做拉伸试验,测得如下结果:屈服下限荷载分别为 42.4 kN、42.8 kN;抗拉极限荷载分别为 62.0 kN、63.4 kN,钢筋公称直径为 12 mm,标距为 60 mm,拉断时长度分别为 70.6 mm、71.4 mm。评定其牌号。

分析 (1)钢筋的屈服点。

$$R_{eL1} = \frac{F_{eL}}{S_0} = \frac{42.4 \times 10^3}{\pi \times 6^2} \text{ MPa} = 375 \text{ MPa} \qquad R_{eL2} = \frac{F_{eL}}{S_0} = \frac{42.8 \times 10^3}{\pi \times 6^2} \text{ MPa} = 379 \text{ MPa}$$

$$R_{eL} = \frac{F_{eL}}{S_0} = \frac{379 + 375}{2} \text{ MPa} = 377 \text{ MPa}$$

(2)钢筋试件的抗拉强度。

$$R_{m1} = \frac{F_m}{S_0} = \frac{62.0 \times 10^3}{\pi \times 6^2} \text{ MPa} = 548 \text{ MPa} \qquad R_{m2} = \frac{F_m}{S_0} = \frac{63.4 \times 10^3}{\pi \times 6^2} \text{ MPa} = 561 \text{ MPa}$$

$$R_m = \frac{F_m}{S_0} = \frac{548+561}{2} \text{ MPa} = 555 \text{ MPa}$$

（3）钢筋试样伸长率。

$$A = (17.7\% + 19.0\%)/2 = 18.4\%$$

（4）结论。

查热轧带肋钢筋的力学性能表知，R_{eL1}、R_{eL2} 均大于 335 N/mm²，R_{m1}、R_{m2} 均大于 490 N/mm²，钢筋试样伸长率均大于 17%，故该钢筋的牌号为 HRB335。

模块 3　钢筋的应用

1. 钢筋的贮存

钢筋进场后，必须严格按批分等级、牌号、直径、长度挂牌存放，不得混淆。钢筋应尽量堆入仓库或料棚内。条件不具备时，应选择地势较高、土质坚硬的场地存放。堆放时，钢筋下部应垫高，离地至少 20 cm，使其不受机械损伤及由于暴露于大气而产生锈蚀和表面破损。在堆场周围应挖排水沟，以利泄水。

当安装于工程时，钢筋应无灰尘、有害的锈蚀、松散锈皮、油漆、油脂、油或其他杂质。

2. 钢材的防腐

钢材长期暴露于空气或潮湿的环境中，表面会锈蚀，尤其是当空气中含有各种污染介质时，情况更为严重。钢材的锈蚀是指钢材在气体或液体介质中，产生化学或电化学作用，逐渐腐蚀破坏的现象。锈蚀不但造成钢材的损失，表现为截面的均匀减小，而且产生的局部锈坑会引起应力集中，另外冲击反复荷载作用会促使钢材疲劳强度降低而出现脆裂，使结构破坏，危及建筑物的安全。

钢材锈蚀主要与所处环境中的湿度、侵蚀性介质的性质及数量、含尘量、钢材的材质和表面状况有关。

1）钢材锈蚀

（1）化学锈蚀。

化学锈蚀是指钢材与干燥气体及非电解质液体反应而产生的锈蚀，通常是氧化作用，使金属形成体积疏松的氧化物引起的。

在常温下，钢材表面会形成一薄层钝化能力很弱的氧化保护膜，但疏松易破裂，外界有害介质易渗入反应而造成锈蚀。干燥环境中，腐蚀进行得很慢，但在环境湿度或温度高时，锈蚀速度加快。如二氧化碳或二氧化硫的作用而产生氧化铁或硫化铁的锈蚀，它使金属光泽减退而颜色发暗，钢材锈蚀的程度随时间延长而逐渐加深。

（2）电化学锈蚀。

电化学锈蚀是指钢材与电解质溶液相接触而产生电流，形成原电池而产生的锈蚀，是最主要的钢材锈蚀形式。因钢材中含有铁、碳等多种成分，由于这些成分的电极电位不同，铁活泼，易失去电子，使碳与铁在电解质中形成原电池的阴阳两极，阳极的铁失去电子成为 Fe^{2+} 离子，进入溶液，在阴极附近，由于溶液中溶解有氧气，它被还原成 OH^- 离子，两者结合生成 $Fe(OH)_2$，使钢材受到锈蚀，形成铁锈。

钢材含碳等杂质越多，锈蚀越快，如果钢材表面不平，或与酸、碱和盐接触都会使锈蚀加快。钢材锈蚀时，体积会膨胀，最严重的可达原体积的 6 倍，在钢筋混凝土中会使周围的混凝土胀裂。

2）防止锈蚀的方法

（1）保护层法。

保护层法是在钢材的表面施加保护层，使钢材与周围介质隔离，从而防止锈蚀，分金属保护法和非金属保护法。

金属保护法是用耐腐蚀较强的金属，以电镀或喷镀方法覆盖钢材表面来提高抗腐蚀能力的方法，如镀锡、镀锌、镀铬等。

非金属保护法是在钢材表面经除锈后，涂上涂料加以保护的方法，通常分底漆和面漆两种，底漆要牢固地附着于钢材的表面，隔断其与外界空气的接触，防止生锈，面漆保护底漆不受损伤或侵蚀。

常用的涂料有下列几种：底漆有红丹、环氧富锌或无机富锌、偏硼酸钡和硼酸防锈漆、磷化底漆、铁红环氧底漆等；面漆有灰铅油、醇酸漆、各类醇酸磁漆、酚醛磁漆等。

（2）制成合金钢。

在钢中加入能提高抗锈蚀能力的元素，如将镍、铬加入铁合金中可制得不锈钢，在低碳钢或合金钢中加入铜可有效地提高防锈能力等。这种方法最有效，但成本很高。

（3）阴极保护法。

阴极保护法是根据电化学原理进行保护的一种方法。这种方法可通过两种途径来实现。

① 牺牲阳极保护法。位于水下的钢结构，接上比钢更为活泼的金属，如锌、镁等。在介质中形成原电池时，这些更为活泼的金属成为阳极而遭到腐蚀，而钢结构作为阴极得到保护。

② 外加电流法。将废钢铁或其他难熔金属（高硅铁、铅银合金等）放置在要保护的结构钢的附近，外接直流电流，负极接在要保护的钢结构上，正极接在废钢铁或难熔金属上，通电后作为废钢铁的阳极被腐蚀，钢结构成为阴极得到保护。

另外，还有一种喷涂防腐油保护法。防腐油是一种黏性液体，均匀喷涂在钢材表面上，形成一层连续、牢固的透明薄膜，使钢材与腐蚀介质隔绝，在 $-20 \sim 50\ ℃$ 的温度范围内可应用于除马口铁以外的所有钢材。

3. 钢筋工程应用

1）钢材的应用

（1）碳素结构钢的应用。

工程中应用最广泛的碳素结构钢牌号为 Q235，其碳的含量为 $0.14\% \sim 0.22\%$，属低碳钢，由于该牌号钢既具有较高的强度，又具有较好的塑性和韧性，可焊性也好，故能较好地满足一般钢结构和钢筋混凝土结构的用钢要求。

Q195、Q215 号钢强度低，塑性和韧性较好，易于冷加工，常用做钢钉、铆钉、螺栓及铁丝等。Q215 号钢经冷加工后可代替 Q235 号钢使用。

Q275 号钢强度较高，但塑性、韧性和可焊性较差，不易焊接和冷加工，可用于轧制钢筋、制作螺栓配件等。

（2）优质碳素结构钢的应用。

优质碳素结构钢中的硫、磷等有害杂质含量更低，且脱氧充分，质量稳定，在建筑工程中常用做重要结构的钢铸件、高强螺栓及预应力锚具。

（3）低合金高强度结构钢的应用。

　　由于低合金高强度结构钢中的合金元素的结晶强化和固熔强化等作用,该钢材不但具有较高的强度,而且也具有较好的塑性、韧性和可焊性。因此,在钢结构和钢筋混凝土结构中常采用低合金高强度结构钢轧制型钢(角钢、槽钢、工字钢)、钢板、钢管及钢筋,来建筑桥梁、高层及大跨度建筑,尤其在承受动荷载和冲击荷载的结构中更为适用。另外,与使用碳素结构钢相比,可节约钢材 20% ～30%,而成本并不很高。

　　2)钢筋的应用

　　(1)热轧钢筋的运用。

　　热轧钢筋中热轧光圆钢筋的强度较低,但塑性及焊接性能很好,便于各种冷加工,因而广泛用做普通钢筋混凝土构件的受力筋及各种钢筋混凝土结构的构造筋;HRB335 和 HRB400钢筋强度较高,塑性和焊接性能也较好,故广泛用做大、中型钢筋混凝土结构的受力钢筋;HRB500 钢筋强度高,但塑性及焊接性能较差,可用做预应力钢筋。HRBF 主要针对抗震结构工程。

　　(2)冷轧带肋钢筋的运用。

　　冷轧带肋钢筋既具有冷拉钢筋强度高的特点,同时又具有很强的握裹力,混凝土对冷轧带肋钢筋的握裹力是同直径冷拔低碳钢丝的 3～6 倍,大大提高了构件的整体强度和抗震能力。这种钢筋适用于中、小型预应力混凝土结构构件和普通钢筋混凝土结构构件。

　　(3)预应力钢筋混凝土钢棒的运用。

　　预应力钢筋混凝土钢棒主要用于预应力钢筋混凝土枕轨,也用于预应力梁、板结构及吊车梁等。但其对应力腐蚀和缺陷敏感性强,应防止产生锈蚀和刻痕现象,不适用于焊接与点焊的钢筋。

　　(4)预应力钢筋混凝土钢丝的应用。

　　预应力钢筋混凝土钢丝主要应用于大跨度屋架及薄腹梁、大跨度吊车梁、桥梁、电杆、枕轨或曲线配筋的预应力混凝土构件。刻痕钢丝由于屈服强度高且与混凝土的握裹力大,主要用于预应力钢筋混凝土结构以减少混凝土裂缝。

　　(5)预应力钢筋混凝土钢绞丝的应用。

　　预应力钢筋混凝土钢绞丝主要用于大跨度、大荷载的预应力屋架、薄腹梁等构件。

模块 4　试验实训

　　钢筋材料力学、工艺试验是水工建筑材料课程的重要组成部分,是理论教学的重要实践环节,要求学生在工作中能正确使用试验仪器对力学及工艺指标进行检测,并依据国家标准对钢筋质量性能作出正确的评价。

　　1. 一般规定

　　1)试验依据

　　(1)《钢及钢产品　力学性能试验取样位置和试件制备》(GB/T 2975—1998)。

　　(2)《金属材料拉伸试验　第 1 部分:室温试验方法》(GB/T 228.1—2010)。

　　(3)《金属材料　弯曲试验方法》(GB/T 232—2010)。

　　2)试验环境

　　试验应在(20±10)℃的温度下进行,否则应在报告中注明。

2. 拉伸试验

1）试验目的

测定低碳钢的屈服强度、抗拉强度和断后伸长率 3 个指标,作为评判钢筋强度等级的主要技术依据。掌握《金属材料拉伸试验　第 1 部分:室温试验方法》(GB/T 228.1—2010)和钢筋强度等级的评定方法。

2）主要仪器设备

(1) 万能试验机(见图 2-1-11)。万能试验机应具备调速指示装置、记录或显示装置,以满足测定力学性能的要求。其误差应符合《拉力、压力和万能材料试验机检定规程》(JJG 139—1999)或《非金属拉力、压力和万能材料试验机检定规程》(JJG 157—2005)的一级试验机要求。

图 2-1-11　万能材料试验机

示值误差不大于 1%。量程的选择:试验时达到最大荷载时,指针最好在第三象限(180°~270°)内,或者数显破坏荷载在量程的 50%~75% 内。

(2) 其他。如金属直尺、游标卡尺、千分尺和两脚爪规、钢筋打点机或画线机等。

3）试验条件

(1) 试验速率。除非产品标准另有规定,试验速率取决于材料特性并应符合《金属材料拉伸试验　第 1 部分:室温试验方法》(GB/T 228.1—2010)的规定。

① 在测定上屈服强度时,在弹性范围和直至上屈服强度,试验机夹头的分离速率应尽可能保持恒定并在规定的应力速率的范围内。

② 若仅测定下屈服强度,在试样平行长度的屈服期间,应变速率应为 0.000 25/s~0.002 5/s。应变速率应尽可能保持恒定。如不能直接调节这一应变速率,应通过调节屈服即将开始前的应力速率来调整,在屈服完成之前不再调节试验机的控制。在任何情况下,弹性范围内的应力速率不得超过规定的最大速率。

③ 如在同一试验中测定上屈服强度和下屈服强度,测定下屈服强度的条件应符合上述仅测定下屈服强度时的要求。

④ 测定规定非比例延伸强度、规定总延伸强度和规定残余延伸强度时,在塑性范围和至规定强度应变速率不应超过 0.002 5/s。

⑤ 如试验机无能力测量或控制应变速率,直至屈服完成,应采用等效于表 2-1-24 所示规定的应力速率的试验机夹头分离速率。

表 2-1-24　应力速率

材料弹性模量 E/MPa	应力速率/(MPa/s)	
	最小	最大
<150 000	2	20
≥150 000	6	60

⑥ 测定抗拉强度时,塑性范围的应变速率不应超过 0.008/s,如试验不包括屈服强度和规定强度的测定,试验机的速率可以达到塑性范围内允许的最大速率。例如,测定钢筋的抗拉强度时,当钢筋自由长度为 350 mm 时,试验机夹头的最大分离速率为 0.008/s×350 mm＝2.8 mm/s。

（2）夹持方法。应使用楔形夹头、螺纹夹头、套环夹头等合适的夹具夹持试样。应尽最大努力确保夹持的试样受轴向拉力的作用。

4）试样

钢筋试验采用不经机械加工的试样。试样的总长度取决于夹持方法，原则上 $L_t > 12d$。在工地实际取样时，一般多在钢筋上取至少 0.5 m。试样原始标距与原始横截面面积有 $L_0 = k\sqrt{S_0}$ 关系者称为比例试样。国际上使用的比例系数的值为 5.65（即 $L_0 = 5.65\sqrt{S_0} = 5\sqrt{\dfrac{4S_0}{\pi}} = 5d$）。原始标距应不小于 15 mm。当试样横截面面积太小，以致采用比例系数 k 为 5.65 的值不能符合这一最小标距要求时，可以采用较高的值（优先采用 11.3 的值）或采用非比例试样。非比例试样其原始标距（L_0）与其原始横截面面积（S_0）无关。

5）试验步骤

（1）试样原始横截面积（S_0）的测定。

测量时建议按照表 2-1-25 所示选用量具和测量装置。应根据测量的试样原始尺寸计算原始横截面面积，并至少保留 4 位有效数字。

表 2-1-25　量具或测量装置的分辨力　　　　　　单位：mm

试样横截面尺寸/cm²	分辨力，不大于	试样横截面尺寸/cm²	分辨力，不大于
0.1～0.5	0.001	>2.0～10.0	0.01
>0.5～2.9	0.005	>10.0	0.05

① 对于圆形横截面试样，应在标距的两端及中间三处两个相互垂直的方向测量直径，取其算术平均值，取用三处测得的最小横截面面积，横截面面积的计算式为

$$S_0 = \frac{1}{4}\pi d^2 \tag{2-1-3}$$

② 对于恒定横截面试样，可以根据测量的试样长度、试样质量和材料密度确定其原始横截面面积。试样长度的测量应准确到 ±0.5%，试样质量的测定应准确到 ±0.5%，密度应至少取 3 位有效数字。其原始横截面面积为

$$S_0 = \frac{m}{\rho L_t} \times 1000 \tag{2-1-4}$$

（2）试样原始标距（L_0）的标记。

$d \geqslant 3$ mm 的钢筋，属于比例试样，其标距 $L_0 = 5d$。对于比例试样，应将原始标距的计算值修约至最接近 5 mm 的倍数，中间数值向较大一方修约。原始标距的标记应准确到 ±1%。

试样原始标距应用小标记、细线或细墨线标记，但不得用引起过早断裂的缺口作标记；可以标记一系列套叠的原始标距；也可以在试样表面画一条平行于试样纵轴的线，并在此线上标记原始标距。

（3）上屈服强度（R_{eH}）和下屈服强度（R_{eL}）的测定。

① 图解方法。试验时记录力-伸长率曲线或力-位移曲线。从曲线图读取力首次下降前的最大力和不记初始瞬时效应时屈服阶段中的最小力或屈服平台的恒定力。将其分别以试样原始横截面面积（S_0）得到上屈服强度和下屈服强度。仲裁试验采用图解方法。

② 指针方法。试验时,读取测力度盘指针首次回转前指示的最大力和不记初始效应时屈服阶段中指示的最小力或首次停止转动指示的恒定力。将其分别除以试样原始横截面面积(S_0)得到上屈服强度和下屈服强度。

③ 可以使用自动装置(如微处理机等)或自动测试系统测定上屈服强度和下屈服强度,可以不绘制拉伸曲线图。

(4) 断后伸长率(A)和断裂总伸长率(A_t)的测定。

① 为了测定断后伸长率,应将试样断裂的部分仔细地配接在一起,使其轴线处于同一直线上,并采取特别措施,确保试样断裂部分适当接触后测量试样断后标距。这对于小横截面试样和低伸长率试样尤为重要。应使用分辨力优于 0.1 mm 的量具或测量装置测定断后标距(L_U),准确到±0.25 mm。

原则上只有断裂处与最接近的标距标记的距离不小于原始标距的 1/3 的情况方为有效。但断后伸长率大于或等于规定值,不管断裂位置处于何处,测量均为有效。

断后伸长率为

$$A = \frac{L_U - L_0}{L_0} \times 100\%$$ (2-1-5)

② 移位法测定断后伸长率。当试样断裂处与最接近的标距标记的距离小于原始标距的 1/3 时,可以使用如下方法。

试验前,原始标距(L_0)细分为 N 等份。试验后,以符号 X 表示断裂后试样短段的标距标记,以符号 Y 表示断裂试样长段的等分标记,此标记与断裂处的距离最接近于断裂处至标记 X 的距离。

如 X 与 Y 之间的分格数为 n,按如下方法测定断后伸长率。

a. 如 $N-n$ 为偶数(见图 2-1-12(a)),测量 X 与 Y 之间的距离和测量从 Y 至距离为 $\frac{1}{2}(N-n)$ 个分格的 Z 标记之间的距离,则断后伸长率为

$$A = \frac{XY + 2YZ - L_0}{L_0} \times 100\%$$ (2-1-6)

b. 如 $N-n$ 为奇数(见图 2-1-12(b)),测量 X 与 Y 之间的距离和测量从 Y 至距离分别为 $\frac{1}{2}(N-n-1)$ 和 $\frac{1}{2}(N-n+1)$ 个分格的 Z' 和 Z'' 标记之间的距离,则断后伸长率为

$$A = \frac{XY + YZ' + YZ'' - L_0}{L_0} \times 100\%$$ (2-1-7)

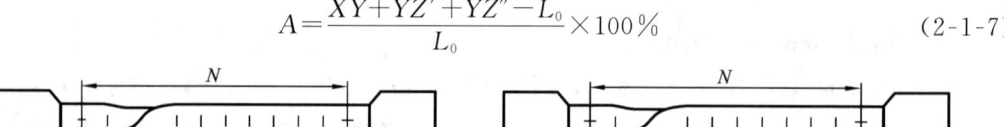
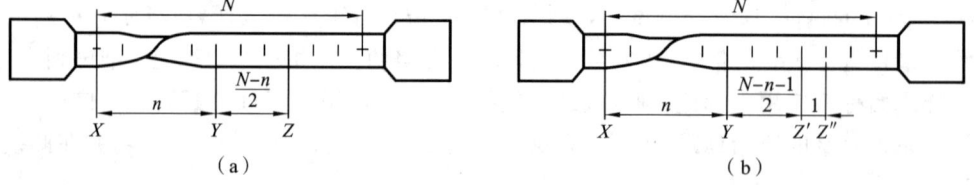

(a)   (b)

图 2-1-12 移位方法的图示说明

③ 引伸计测定断裂延伸的试验机,引伸计标距(L_e)应等于试样原始标距(L_0),无须标出试样原始标距的标记。以断裂时的总延伸作为伸长测量时,为了得到断后伸长率,应从总伸长中扣除弹性伸长部分。

原则上,断裂发生在引伸计标距以内方为有效,但断后伸长率等于或大于规定值,不管断裂位置位于何处,测量均为有效。

④ 按照③测定的断裂总伸长除以试样原始标距得到断裂总伸长率。

(5) 抗拉强度(R_m)的测定。

对于呈现明显屈服(不连续屈服)现象的金属材料,从记录的力-伸长率曲线图或力-位移曲线图,或从测力度盘,读取过了屈服阶段之后的最大力;对于呈现无明显屈服(连续屈服)现象的金属材料,从记录的力-伸长率曲线图或力-位移曲线图,或从测力度盘,读取试验过程中的最大力。最大力除以试样原始横截面面积(S_0)得到抗拉强度,即

$$R_m = \frac{F_m}{S_0} \tag{2-1-8}$$

6) 性能测定结果数值的修约

试验测定的性能结果数值应按照相关产品标准的要求进行修约。未规定具体要求时,应按照表 2-1-26 的要求进行修约。修约的方法遵循《数值修约规则与极限数值的表示和判定》(GB/T 8170—2008)的规定。

表 2-1-26 性能结果数值的修约间隔

性　能	范　围	修约间隔
R_{eH}、R_{eL}、R_p、R_t、R_r、R_m	≤200 N/mm² 200~1000 N/mm² >1000 N/mm²	1 N/mm² 5 N/mm² 10 N/mm²
A_e		0.05%
A、A_t、A_{gt}、A_g		0.5%
Z		0.5%

7) 试验结果处理

(1) 直径为 28~40 mm 各牌号钢筋的断后伸长率可降低 1%;直径大于 40 mm 各牌号钢筋的断后伸长率可降低 2%。

(2) 试验出现下列情况之一时试验结果无效,应重做同样数量试样的试验:① 试样断裂在标距外或断在机械刻划的标距标记上,而且断后伸长率小于规定的最小值;② 试验期间设备发生故障,影响了试验结果。

(3) 试验后若试样出现两个或两个以上的颈缩以及显示出肉眼可见的冶金缺陷(如分层、气泡、夹渣、缩孔等),则应在试验记录和报告中注明。

8) 试验报告

试验报告一般应包括下列内容:① 试验依据的标准编号;② 试样标识;③ 材料名称、牌号;④ 试样类型;⑤ 试样的取样方向和位置;⑥ 所测性能结果。

3. 弯曲试验

1) 试验目的

测定钢材的工艺性能,评定钢材质量。掌握《金属材料 弯曲试验方法》(GB/T 232—2010),正确使用仪器设备。

2）试验设备

应在配备下列弯曲装置之一的试验机或压力机上完成试验。

（1）支辊式弯曲装置（见图 2-1-13）。支辊长度应大于试样宽度或直径。支辊半径应为 1～10 倍试样厚度。支辊应具有足够的硬度。除非另有规定，支辊间距离为

$$L=d+3a\pm0.5a \tag{2-1-9}$$

L 在试验期间应保持不变。弯曲压头直径应在相关产品标准中规定。弯曲压头宽度应大于试样宽度或直径，弯曲压头应具有足够的硬度。

（2）V 形模具式弯曲装置。

（3）虎钳式弯曲装置。

（4）翻板式弯曲装置（见图 2-1-14）。

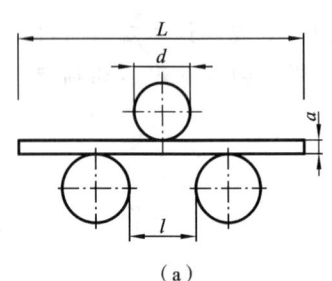
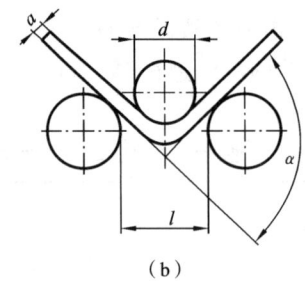

（a）　　　　　（b）

图 2-1-13　支辊式弯曲装置

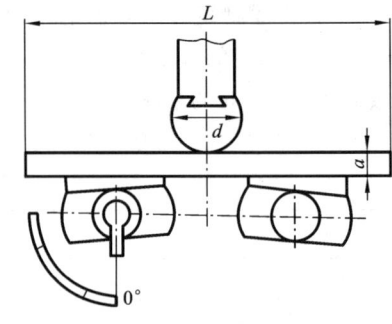

图 2-1-14　翻板式弯曲装置

3）试样

钢筋试样应按照《钢及钢产品　力学性能试验取样位置和试样制备》（GB/T 2975—1998）的要求取样。试样表面不得有划痕和损伤，试样长度应根据试样厚度和所使用的试验设备确定。采用支辊式弯曲装置和翻板式弯曲装置的方法时，支辊间距离为

$$L=0.5\pi(d+a)+140 \tag{2-1-10}$$

式中：π 为圆周率，其值取 3.1。

4）试验方法

（1）由相关产品标准规定，采用下列方法之一完成试验：① 试样在上述装置所给定的条件和在力作用下弯曲至规定的弯曲角度；② 试样在力作用下弯曲至两臂相距规定距离且互相平行；③ 试样在力作用下弯曲至两臂直接接触。

（2）试样弯曲至规定弯曲角度的试验。应将试样放于两支辊或 V 形模具或两水平翻板上，试样轴线应与弯曲压头轴线垂直，弯曲压头在两支座之间的中点处对试样连续施加力使其弯曲，直至达到规定的弯曲角度。

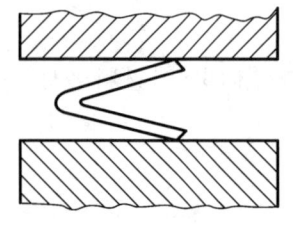

图 2-1-15　试样置于两平行压板之间

（3）试样弯曲至 180°角两臂相距规定距离且相互平行的试验。采用支辊式弯曲装置的试验方法时，首先对试样进行初步弯曲（弯曲角度尽可能大），然后将试样置于两平行压板之间（见图 2-1-15）连续施加压力其两端使其进一步弯曲，直至两臂平行。采用翻板式弯曲装置的方法时，在力作用下不改变力的方向，弯曲直至达到 180°角。

（4）试样弯曲至两臂直接接触的试验。应首先将试样进行初

步弯曲(弯曲角度尽可能大),然后将试样置于两平行压板之间(见图 2-1-15)连续施加压力使其两端进一步弯曲,直至两臂直接接触。

(5) 试验时,应缓慢施加弯曲力。

5）试验结果评定

(1) 应按照相关产品标准的要求评定弯曲试验结果。如没有规定具体要求,弯曲试验后试样弯曲外表面无肉眼可见裂纹应评定为合格。

(2) 相关产品标准规定的弯曲角度作为最小值;规定的弯曲半径作为最大值。

钢筋原材试验报告

试验编号＿＿＿＿＿＿

委托单位＿＿＿＿＿＿＿＿＿＿＿＿＿＿＿＿＿＿＿＿＿＿＿＿＿试验委托人＿＿＿＿＿＿＿＿＿＿＿＿＿＿

工程名称及部位＿＿＿＿＿＿＿＿＿＿＿＿＿＿＿＿＿＿＿＿＿＿＿＿＿＿＿＿＿＿＿＿＿＿＿＿＿＿＿

钢材种类＿＿＿＿＿＿＿＿＿级别规格＿＿＿＿＿＿＿＿＿牌号＿＿＿＿＿＿＿产地＿＿＿＿＿＿

试件代表数量＿＿＿＿＿＿试件编号＿＿＿＿＿＿来样日期＿＿＿＿＿＿试验日期＿＿＿＿＿＿

一、力学试验结果

试验编号	规格	截面面积 /mm²	屈服点 /(N/mm²)	极限强度 /(N/mm²)	伸长率 /(%)	冷弯试验		
						弯心 /(mm)	角度	评定

二、化学分析结果

试验编号	分析编号	化学成分含量/(%)					
		C	S	P	Mn	Si	C_{eq}

结论：＿＿

负责人＿＿＿＿＿＿＿＿＿＿审核＿＿＿＿＿＿＿＿计算＿＿＿＿＿＿＿＿试验＿＿＿＿＿＿＿＿＿

报告日期＿＿＿＿＿＿＿＿＿＿＿＿＿＿＿＿

思 考 题

1. 低碳钢的拉伸过程经历了哪几个阶段?各阶段有何特点?低碳钢拉伸过程的指标如何?

2. 什么是钢材的冷弯性能?怎样判断钢材冷弯性合格?对钢材进行冷弯试验的目的是什么?

3. 钢中含碳的高低对钢的性能有何影响?

4. 热轧带肋钢筋共分几个级别?其强度等级代号分别如何表示?试述它们各自的用途。

5. 什么叫屈强比？它在工程中有什么实际意义？

6. 在钢结构中,为什么 Q235 及低合金高强度结构钢能得到普遍的应用？

7. 一钢材试件,直径为 25 mm,原标距为 125 mm,做拉伸试验,当屈服点荷载为 201.0 kN,达到最大荷载为 250.3 kN,拉断后测的标距长为 138 mm 时,求该钢筋的屈服点、抗拉强度及拉断后的伸长率。

【知识拓展】　低屈服点钢材

目前在抗震结构工程中,出现了一种新型钢材(低屈服点钢材)。它通过减少钢材中的碳含量和合金元素含量,从而降低钢材的屈服强度(一般为 $100 \sim 225$ N/mm²),其力学特点是易屈服,强度稳定,变形能力强,在进入塑性状态后具有良好的滞回特性,并在弹塑性滞回变形过程中能吸收大量的能量。因而被利用来制造不同类型和构造的阻尼器的内芯,所以称为阻尼器钢材。为了发挥良好的减震作用,阻尼器在主体结构发生塑性变形前进入屈服阶段,其屈服荷载较低且相对稳定,同时应具有足够的变形能力以吸收大量的地震能量。

现在日本的制造及应用技术最成熟。表 2-1-27 所示的为日本生产的阻尼器钢材化学成分。表 2-1-28 所示的为日本生产的阻尼器钢材力学性能。

表 2-1-27　日本生产的阻尼器钢材化学成分

牌号	C 的含量 /(%)	Si 的含量 /(%)	Mn 的含量 /(%)	P 的含量 /(%)	S 的含量 /(%)	N 的含量 /(%)	碳当量 /(%)
LY100	≤0.01	≤0.03	≤0.2	≤0.025	≤0.015	≤0.006	<0.01
LY225	≤0.01	≤0.01	≤0.01	≤0.01	≤0.01	≤0.01	<0.01

表 2-1-28　日本生产的阻尼器钢材力学性能

牌号	R_{eL}/MPa	R_m/MPa	A/(%)
LY100	100±20	200~300	>50
LY225	225±20	300~400	>40

任务 2　水泥的选择、检测与应用

【任务描述】

水泥是目前工程建设中最重要的材料之一,它在水利与水电工程中被广泛应用。水泥在工程中可用于制作各种混凝土、钢筋混凝土构筑物和建筑物,并可用于配置各种砂浆及其他各种胶结材料等。为确保工程质量,依据施工合同文件中的相关要求,对进场的水泥应进行规定的检测、检验,判断本批次材料是否合格。

【任务目标】

能力目标

(1) 能够正确对水泥进行取样。

（2）能够对检测项目进行检测，精确读取检测数据。

（3）能够按规范要求对检测数据进行处理，并评定检测结果。

（4）能够填写规范的检测原始记录并出具规范的检测报告。

知识目标

（1）了解硅酸盐水泥的矿物组成、凝结硬化机理和技术性质。

（2）了解掺混合材料的硅酸盐水泥和其他品种水泥的基本性质。

（3）熟悉水泥的技术参数、质量标准和检测标准。

（4）掌握水泥检测的方法、步骤。

技能目标

（1）能按国家标准要求进行水泥的选择、试样的制作。

（2）能正确操作试验仪器对水泥各项技术性能指标进行检测。

（3）能依据国家标准对水泥质量作出准确的评价。

（4）能正确阅读、填写水泥质量检测报告单。

模块 1　水泥的选择

水泥属于水硬性胶凝材料，是建筑工程中最为重要的建筑材料之一，建筑工程中主要用于配制混凝土、砂浆和灌浆材料等。

1. 水泥的基本知识

1756 年，英国工程师 J. 斯米顿在研究某些石灰在水中硬化的特性时发现，要获得水硬性石灰，必须采用含有黏土的石灰石来烧制；用于水下建筑的砌筑砂浆，最理想的成分是由水硬性石灰和火山灰配成的。这个重要的发现为近代水泥的研制和发展奠定了理论基础。

1824 年，英国建筑工人约瑟夫·阿斯谱丁（Joseph Aspdin）发明了水泥并取得了波特兰水泥的专利权。他用石灰石和黏土为原料，按一定比例配合后，在类似于烧石灰的立窑内煅烧成熟料，再经磨细制成水泥。因水泥硬化后的颜色与英格兰岛上波特兰用于建筑的石头相似，故命名为波特兰水泥。它具有优良的建筑性能，在水泥史上具有划时代意义。

20 世纪，人们在不断改进波特兰水泥性能的同时，研制成功了一批适用于特殊建筑工程的水泥，如高铝水泥、特种水泥等。全世界的水泥品种已发展到 100 多种。中国在 1952 年制定了第一个全国统一标准，确定水泥生产以多品种、多标号为原则，并将波特兰水泥按其所含的主要矿物组成改称为矽酸盐水泥，后又改称为硅酸盐水泥，并沿用该名称至今。

1）水泥的品种

水泥的品种繁多，按其矿物组成，水泥可分为硅酸盐系列、铝酸盐系列、硫酸盐系列、铁铝酸盐系列、氟铝酸盐系列等，按其用途和特性又可分为通用水泥、专用水泥和特性水泥等三类。

（1）通用水泥：一般土木建筑工程通常采用的水泥。通用水泥主要是指《通用硅酸盐水泥》（GB 175—2007）规定的六大类水泥，如下。

① 硅酸盐水泥：分 P·Ⅰ 和 P·Ⅱ，即国外通称的波特兰水泥。

② 普通硅酸盐水泥：简称普通水泥，代号为 P·O。

③ 矿渣硅酸盐水泥：代号为 P·S·A 和 P·S·B。

④ 火山灰质硅酸盐水泥：代号为 P·P。

⑤ 粉煤灰硅酸盐水泥：代号为 P·F。

⑥ 复合硅酸盐水泥：简称复合水泥，代号为 P·C。

（2）专用水泥：专门用途的水泥，例如，大坝水泥、G 级油井水泥、道路硅酸盐水泥和砌筑水泥等。

① 大坝水泥：1989 年以前中热硅酸盐水泥称硅酸盐大坝水泥，低热矿渣硅酸盐水泥称矿渣硅酸盐大坝水泥。那时大坝水泥也主要是指这两种。后来，为了和国际上的一些标准接轨，另外这些水泥不但能用于建造大坝，还能用于其他工程，因而改为现在的名称中热硅酸盐水泥、低热硅酸盐水泥和低热矿渣硅酸盐水泥。它们是指由适当成分的硅酸盐水泥熟料或粒化高炉矿渣加入适量石膏，经磨细制成的具有中、低水化热的水硬性胶凝材料。此外，用于大坝工程的还有低热粉煤灰硅酸盐水泥、低热微膨胀水泥和粉煤灰低热微膨胀水泥等。

② 油井水泥：由适当矿物组成的硅酸盐水泥熟料、适量石膏和混合材料等磨细制成的，适用于一定井温条件下油、气井固井工程用的水泥。

③ 道路硅酸盐水泥：以适当成分的生料烧至部分熔融，所得以硅酸钙为主要成分和较多量的铁铝酸钙的硅酸盐水泥熟料，0%～10%活性混合材料和适量石膏磨细制成的水硬性胶凝材料，称为道路硅酸盐水泥（简称道路水泥）。

④ 砌筑水泥：由活性混合材料，加入适量硅酸盐水泥熟料和石膏，磨细制成，主要用于砌筑砂浆的低标号水泥。

（3）特性水泥：某种性能比较突出的水泥，例如，快硬硅酸盐水泥、抗硫酸盐水泥、膨胀水泥、白色硅酸盐水泥等。

① 快硬硅酸盐水泥：由硅酸盐水泥熟料加入适量石膏，磨细制成早期强度高的以 3 d 抗压强度表示标号的水泥。

② 抗硫酸盐硅酸盐水泥：由硅酸盐水泥熟料，加入适量石膏磨细制成的抗硫酸盐腐蚀性能良好的水泥。

③ 白色硅酸盐水泥：由氧化铁含量少的硅酸盐水泥熟料加入适量石膏，磨细制成的白色水泥。

水泥品种虽然很多，但硅酸盐系列水泥是产量最大、应用范围最广的，因此，本任务对硅酸盐系列水泥作重点介绍，对其他水泥只作一般的介绍。

2）硅酸盐水泥的组成与生产

凡由硅酸盐水泥熟料、0%～5%的石灰石或粒化高炉矿渣、适量石膏磨细制成的水硬性胶凝材料，称为硅酸盐水泥。未掺入混合材料的称为Ⅰ型硅酸盐水泥，代号为 P·Ⅰ；掺入不超过 5%的混合材料的称为Ⅱ型硅酸盐水泥，代号为 P·Ⅱ。

生产硅酸盐水泥的原料主要是石灰质原料、黏土质原料及化学成分校正料铁矿石等。石灰质原料，如石灰石、白垩等，主要提供氧化钙；黏土质原料，如黏土、粉煤灰、页岩等，主要提供氧化硅、氧化铝、氧化铁等。为调整硅酸盐水泥凝结时间，还要加入石膏等。

硅酸盐水泥生产的主要过程如图 2-2-1 所示。

硅酸盐水泥熟料是以适当比例的石灰石、黏土、铁矿粉等原料经磨细制得生料，再将生料在窑内煅烧（1 450℃左右）而得的。水泥的生产可归纳为生料制备、熟料煅烧和水泥制成等三个工序，整个生产过程可概括为"两磨一烧"。

由于各矿物性能不同，所以，在水泥熟料中，四种矿物的含量不同时，其相应水泥的各种性能也不同，也即用途将不同。其矿物成分及其与水作用时的性质如表 2-2-1 所示。例如，增加

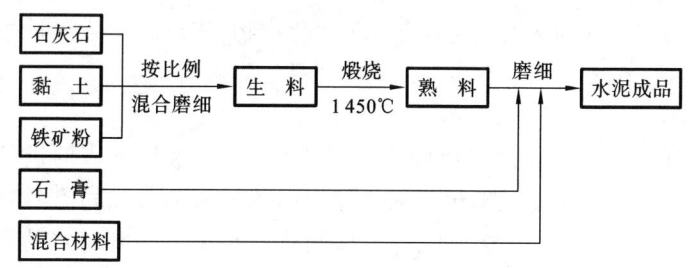

图 2-2-1　硅酸盐水泥生产流程

C_3S(硅酸三钙)和 C_3A(铝酸三钙)的含量可生产出高强水泥和早强水泥;增加 C_2S(硅酸二钙)、C_4AF(铁铝酸四钙)的含量,同时降低 C_3S 和 C_3A 的含量可生产出低热硅酸盐水泥。目前,高性能水泥熟料中 C_3S+C_2S 的含量均在 75% 以上。

表 2-2-1　熟料矿物组成及其与水作用时的性质

性　　质	C_3S	C_2S	C_3A	C_4AF
含量	37%～60%	15%～37%	7%～15%	10%～18%
水化热	多	少	最多	中
凝结硬化速度	快	慢	最快	快
强度	早期高	早期低	早期低	早期中
	后期高	后期高	后期低	早期低
耐蚀性	差	好	最差	中

3) 硅酸盐水泥的特性

(1) 硅酸盐水泥的水化与凝结、硬化。

硅酸盐水泥为干粉状,加适量水拌和后,水泥与水发生水化反应,形成可塑性浆体,常温下会逐渐失去塑性、产生强度,并形成坚硬的水泥石。

① 硅酸盐水泥的水化。

硅酸盐水泥加水拌和后,水泥颗粒立即分散于水中并与水发生化学反应,生成水化产物并放出热量。其水化反应及水化产物为

$$2(3CaO \cdot SiO_2)+6H_2O \longrightarrow 3CaO \cdot 2SiO_3 \cdot 3H_2O+3Ca(OH)_2$$
　　　　　　　　　　　　　水化硅酸钙凝胶　　　氢氧化钙晶体
$$2(2CaO \cdot SiO_2)+4H_2O \longrightarrow 3CaO \cdot 2SiO_2 \cdot 3H_2O+Ca(OH)_2$$
$$3CaO \cdot Al_2O_3+6H_2O \longrightarrow 3CaO \cdot Al_2O_3 \cdot 6H_2O$$
　　　　　　　　　　　　　水化铝酸三钙晶体
$$4CaO \cdot Al_2O_3 \cdot 7H_2O \longrightarrow 3CaO \cdot Al_2O_3 \cdot 6H_2O+CaO \cdot Fe_2O_3 \cdot H_2O$$
　　　　　　　　　　　　　　　　　　水化铁酸钙凝胶

为延缓凝结时间、方便施工而加入的石膏也参与反应,在凝结硬化初期与水化 C_3A 反应,生成 $3CaO \cdot Al_2O_3 \cdot 3CaSO_4 \cdot 31H_2O$,称为高硫型水化硫铝酸钙晶体,又称钙矾石。在凝结硬化后期,因石膏的浓度减小,生成的产物为 $3CaO \cdot Al_2O_3 \cdot CaSO_4 \cdot 12H_2O$,称为低硫型水化硫铝酸钙晶体,两者合称为水化硫铝酸钙晶体。

由此可见硅酸盐水泥在水化后,主要有五种水化产物,按形态又分有凝胶和晶体。凝胶占水化产物的绝大多数,在水中几乎不溶。氢氧化钙晶体则微溶于水。

② 硅酸盐水泥的凝结硬化。

A. 凝结硬化过程。水泥在加水后即产生水化反应,随水化反应的进行,水泥浆逐步变稠,最终因水化产物的增多而失去可塑性,即凝结。之后逐步产生强度,即硬化。水泥在刚刚与水拌和时,水泥熟料颗粒与水充分接触,因而水化速度快,单位时间内产生的水化产物多,故早期强度增长快。随着水化的进行,水化产物逐渐增多,这些水化产物对未水化的水泥熟料内核与水的接触和水化反应起到了一定的阻碍作用,故后期的强度发展逐步减慢。若温度、湿度适宜,则水泥石的强度在几年,甚至数十年后仍可缓慢增长,如图 2-2-2 所示。

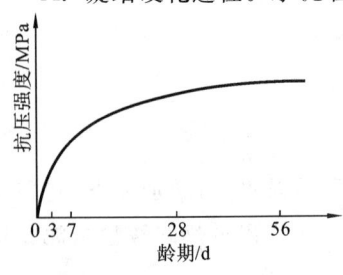

图 2-2-2　硅酸盐水泥强度发展
与龄期关系

B. 影响水泥凝结硬化的主要因素。

a. 水泥熟料矿物组成及细度。水泥中各矿物的相对含量不同时,水泥的凝结硬化特点就不同,如表 2-2-1 所示。水泥磨得越细,水泥颗粒平均直径越小,比表面积越大,水化时与水接触面积越大,水化速度越快,相应地水泥凝结硬化速度就越快,早期强度就越高。

b. 水灰比。水灰比是指水泥浆中水与水泥质量之比。当水灰比较大时,水泥的初期水化反应得以充分进行;但是水泥颗粒间由于被水隔开的距离较远,颗粒间相互连接形成骨架结构所需的凝结时间长,所以水泥浆凝结较慢。

水泥完全水化所需的水灰比为 $0.15 \sim 0.25$,而实际工程中往往加入更多的水,以便利用水的润滑取得较好的塑性。当水泥浆的水灰比较大时,多余的水分蒸发后形成的孔隙较多,造成水泥石的强度降低。

c. 石膏的掺量。生产水泥时掺入石膏,主要是作为缓凝剂使用,以延缓水泥的凝结硬化速度。掺入石膏后,钙矾石晶体的生成,还能改善水泥石的早期强度。但石膏的掺量过多,不仅不能缓凝,而且可能对水泥石的后期性能造成危害。

d. 环境温度和湿度。水泥水化的速度与环境的温度和湿度有关,只有处于适当温度下,水泥的水化、凝结和硬化才能进行,通常温度较高时,水泥的水化、凝结和硬化速度就快,温度降低时,水化、凝结硬化速度较延缓,当环境温度低于 0℃ 时,水化反应停止。水泥也只有在环境潮湿的情况下,水化及凝结硬化才能保持足够的化学用水,保证强度的发挥。因此,使用水泥时必须注意养护,使水泥在适宜的温度及湿度环境中进行凝结硬化,不断增长其强度。

e. 龄期。水泥的水化硬化是一个较长时期内不断进行的过程,随着水泥颗粒内各熟料矿物水化程度的提高,凝胶体不断增加,毛细孔不断减少,水泥石的强度随着龄期增长而增加。实践证明,水泥一般在 28 d 内强度发展较快,28 d 后增长缓慢。

f. 外加剂。凡对 C_3S 和 C_3A 的水化能产生影响的外加剂,都能改变硅酸盐水泥的水化及凝结硬化。如加入促凝剂就能促进水泥水化、硬化;相反加入缓凝剂就会延缓水泥的水化、硬化,影响水泥早期强度的发展。

(2) 水泥石的腐蚀与防止。

① 软水侵蚀(溶出性侵蚀)。

不含或仅含少量重碳酸盐的水称为软水,如雨水、雪水、淡水及大多数江水、湖水等。当水泥石与静止或无压力的软水接触时,水泥石中的氢氧化钙微溶于水,水溶液迅速饱和,因而对水泥石性能的影响不大。但在流动的或有压力的软水中,由于水不断地将水泥石内的氢氧化钙溶解,水泥石的孔隙率增加,同时由于氢氧化钙浓度的降低,部分水化产物分解从而引起水泥石强度下降。

② 盐类腐蚀。

A. 硫酸盐腐蚀。在海水、某些湖水、沼泽水和地下水以及某些工业废水或流经高炉矿渣或炉渣的水中常常含有钠、钾、铵等硫酸盐。这些硫酸盐与水泥石中的氢氧化钙作用生成硫酸盐,进而与水泥石中的水化铝酸钙 C_3AH_6 或 C_4AH_{12} 作用,生成具有膨胀性的高硫型水化硫铝酸钙,使水泥石开裂。

B. 镁盐腐蚀。海水、某些地下水或某些沼泽水中常含有大量的镁盐,主要是硫酸镁和氯化镁。它们可与水泥石中的氢氧化钙发生如下反应:

$$MgCl_2 + Ca(OH)_2 \longrightarrow CaCl_2 + Mg(OH)_2$$
$$MgSO_4 + Ca(OH)_2 \longrightarrow CaSO_4 + Mg(OH)_2$$

生成的氢氧化镁松软而无胶凝能力,氯化钙则极易溶于水使孔隙率大大增加,生成的硫酸钙则又可发生上述的硫酸盐腐蚀,同时碱度降低,会造成部分水化产物分解。因此,镁盐腐蚀属于双重腐蚀,其腐蚀作用特别严重。

③ 酸类腐蚀。

A. 碳酸腐蚀。在工业废水和某些地下水中常溶解有较多的二氧化碳,当与水泥石接触时,即发生下述反应:

$$CO_2 + H_2O + Ca(OH)_2 \longrightarrow CaCO_3 + 2H_2O$$

生成的 $CaCO_3$ 可以继续与碳酸反应,即有

$$CO_2 + H_2O + CaCO_3 \Longleftrightarrow Ca(HCO_3)_2$$

生成的 $Ca(HCO_3)_2$ 易溶于水。当水中含有较多的二氧化碳,并超过上述平衡浓度时,上述反应向右进行,即将水泥石中微溶于水的 $Ca(OH)_2$ 转换为易溶于水的 $Ca(HCO_3)_2$,从而加剧溶失,使孔隙率增加。

B. 一般酸腐蚀。工业废水,某些地下水、沼泽水中常含有一定量的无机酸和有机酸。它们都对水泥石具有腐蚀作用,即它们都可以和水泥石中的 $Ca(OH)_2$ 反应,产物或是易溶的,或是膨胀性的,并且 $Ca(OH)_2$ 会被大量消耗,引起碱度降低,促使水化产物大量分解,从而引起水泥石强度急剧降低。腐蚀作用最快的是无机酸中的盐酸、氢氟酸、硝酸、硫酸和有机酸中的醋酸、蚁酸和乳酸。

④ 强碱腐蚀。

碱类溶液在浓度不大时,一般对水泥石没有大的腐蚀作用,可以认为是无害的。但铝酸盐含量较高的硅酸盐水泥在遇到强碱(NaOH 或 KOH)时也会受到腐蚀并破坏。这是因为发生了下述反应:

$$3CaO \cdot Al_2O_3 + 6NaOH \longrightarrow 3Na_2O \cdot Al_2O_3 + 3Ca(OH)_2$$

生成的铝酸钠 $3NaO \cdot Al_2O_3$ 易溶于水。当水泥受到干湿交替作用时,水泥石中的 NaOH 与空气中的 CO_2 发生反应:

$$2NaOH + CO_2 + H_2O \longrightarrow Na_2CO_3 + 2H_2O$$

生成的 Na_2CO_3 在毛细孔中结晶析出,使水泥石胀裂。

此外,糖、氨盐、动物脂肪、含烷酸的石油产品对水泥石也有一定的腐蚀作用。

⑤ 腐蚀的原因与防止。

A. 水泥石易受腐蚀的基本原因。

a. 水泥石中含有易受腐蚀的成分,即氢氧化钙和水化铝酸钙等。

b. 水泥石本身不密实,含有大量的毛细孔隙。

B. 加速腐蚀的因素。

液态的腐蚀介质较固体状态引起的腐蚀更为严重,较高的温度、较快的流速或较高的压力及干湿交替等均可加速腐蚀过程。

C. 腐蚀的防止。

a. 根据环境特点,选择适宜的水泥品种或掺入活性混合材料,其目的是减少易受腐蚀的成分。

b. 减小水泥石的孔隙率,提高密实度。这可采用降低水灰比、采用质量好的骨料、添加减水剂或引气剂、改善施工操作方法等来实现。

c. 设置隔离层或保护层。采用耐腐蚀的涂料或板材保护水泥砂浆或混凝土不与腐蚀物接触,例如,采用花岗岩板材、耐酸陶瓷板、塑料、沥青、环氧树脂等保护层或隔离层。

2. 通用硅酸盐水泥的主要成分及其技术要求

1) 混合材料

掺入水泥或混凝土中的人工或天然矿物材料称为混合材料。

(1) 非活性混合材料。常温下不能与氢氧化钙和水反应,也不能产生凝结硬化的混合材料,称为非活性混合材料,在水泥中主要起到调节标号、降低水化热、增加水泥产量、降低成本等作用。主要使用的有石灰石、石英砂、缓慢冷却的矿渣、粒化高炉矿渣粉等。

(2) 活性混合材料。常温下可与氢氧化钙反应生成具有水硬性的水化产物,凝结硬化后产生一定强度的混合材料,称为活性混合材料。它们在水泥中的主要作用是调整水泥标号、增加水泥产量、改善某些性能、降低水化热和成本等。常用活性混合材料如下。

A. 粒化高炉矿渣,又称水淬高炉矿渣。其活性来自非晶态的(即玻璃态的)氧化硅和氧化铝,称为活性氧化硅和活性氧化铝。

B. 火山灰质混合材料。

a. 含水硅酸质混合材料,主要有硅藻土、硅藻石、蛋白石和硅质渣等。其活性来源为活性氧化硅。

b. 铝硅玻璃质混合材料,主要有火山灰、浮石、凝灰岩等。其活性来源为活性氧化硅和活性氧化铝。

c. 烧黏土质混合材料,主要有烧黏土、炉渣、煅烧的煤矸石等。其活性来源主要为活性氧化铝和少量活性氧化硅。掺此类活性混合材料的水泥的耐硫酸盐腐蚀性差,水化后,水化铝酸钙含量较高。

C. 粉煤灰。粉煤灰是煤粉锅炉吸尘器所吸收的微细粉尘。灰粉经熔融、急冷成为富含玻璃体的球状体。其活性来源主要为活性氧化铝和少量活性氧化硅。

(3) 掺活性混合材料的硅酸盐水泥的水化特点。

掺活性混合材料的硅酸盐水泥在与水拌和后,首先是水泥熟料矿物水化,之后,水泥熟料矿物的水化产物氢氧化钙与活性混合材料发生水化(亦称二次反应)产生水化产物。由水化过程可知,掺活性混合材料的硅酸盐水泥的早期强度较硅酸盐水泥的低。

2) 硅酸盐水泥

国家标准《通用硅酸盐水泥》(GB 175—2007)规定了细度、凝结时间、体积安定性、强度等级等技术要求。

(1) 细度。

水泥颗粒越细,凝结硬化越快,早期和后期强度越高,但硬化时的干缩增大。国标规定,硅酸盐水泥的比表面积应大于 300 m^3/kg(勃氏法测得值),否则为不合格品。

(2) 凝结时间。

国标规定硅酸盐水泥的初凝时间为不得早于 45 min,终凝时间为不得迟于 390 min。测定时需采用标准稠度的水泥浆,将该水泥浆所需要的水量称为标准稠度用水量(以水与水泥质量的百分比表示)。

(3) 体积安定性。

体积安定性是指水泥石在硬化过程中体积变化的均匀性,如产生不均匀变形,即会引起翘曲或开裂,称为体积安定性不良。

体积安定性不良的原因是:① 水泥中含有过多的游离氧化钙和游离氧化镁(均为严重过火),两者后期逐步水化产生体积膨胀,致使已硬化的水泥石开裂;② 石膏掺量过多,在硬化后的水泥石中,继续产生膨胀性产物高硫型水化硫铝酸钙,引起水泥石开裂。

体积安定性用沸煮法(试饼法或雷氏夹法)来检验。该法仅能测定游离氧化钙的危害,对游离 MgO 和石膏不做检验,一般在生产中限制它们的含量,即硅酸盐水泥中 MgO 的含量不得超过 5.0%,如经压蒸安定性检验合格,允许放宽到 6.0%。硅酸盐水泥中 SO_3 的含量不得超过 3.5%。

不得使用体积安定性不合格的水泥。

(4) 强度等级。

《通用硅酸盐水泥》(GB 175—2007)规定水泥的强度是由水泥胶砂试件测定的,即将水泥、标准砂和水按规定的比例(1∶3∶0.5)搅拌、成形,制作尺寸为 40 mm×40 mm×160 mm 的试件。在标准养护条件下(在(20±1) ℃的水中)养护,测定 3 d、28 d 的抗压强度和抗折强度。以此强度值(4 个值)将硅酸盐水泥划分为普通型和早强型,前者分为 42.5、52.5、62.5 等 3 个强度等级,后者分为 42.5R、52.5R、62.5R(称为早强水泥)等 3 个强度等级。各强度等级硅酸盐水泥的各龄期强度不得低于表 2-2-2 所示的数值。

表 2-2-2　通用硅酸盐水泥强度指标

品　　种	强度等级	抗压强度/MPa		抗折强度/MPa	
		3 d	28 d	3 d	28 d
硅酸盐水泥	42.5	≥17.0	≥42.5	≥3.5	≥6.5
	42.5R	≥22.0		≥4.0	
	52.5	≥23.0	≥52.5	≥4.0	≥7.0
	52.5R	≥27.0		≥5.0	
	62.5	≥28.0	≥62.5	≥5.0	≥8.0
	62.5R	≥32.0		≥5.5	

品　　种	强度等级	抗 压 强 度/MPa		抗 折 强 度/MPa	
		3 d	28 d	3 d	28 d
普通硅酸盐水泥	42.5	≥17.0	≥42.5	≥3.5	≥6.5
	42.5R	≥22.0		≥4.0	
	52.5	≥23.0	≥52.5	≥4.0	≥7.0
	52.5R	≥27.0		≥5.0	
矿渣硅酸盐水泥 火山灰硅酸盐水泥 粉煤灰硅酸盐水泥 复合硅酸盐水泥	32.5	≥10.0	≥32.5	≥2.5	≥5.5
	32.5R	≥15.0		≥3.5	
	42.5	≥15.0	≥42.5	≥3.5	≥6.5
	42.5R	≥19.0		≥4.0	
	52.5	≥21.0	≥52.5	≥4.0	≥7.0

此外,对水泥中的不溶物、烧失量、碱含量等也作了要求。

3）普通硅酸盐水泥

普通硅酸盐水泥由硅酸盐水泥熟料、活性混合材料和适量石膏组成。其中活性混合材料掺加量大于 5% 且小于等于 20%,非活性混合材料不超过水泥质量的 5%,窑灰的含量不得大于 5%。

普通硅酸盐水泥的技术要求如下。

(1) 细度:80 μm 方孔筛筛余百分率不大于 10% 或 45 μm 方孔筛筛余百分率不大于 30%。

(2) 凝结时间:初凝时间不得早于 45 min,终凝时间不得迟于 10 h。

(3) 强度与强度等级:根据抗压和抗折强度,将普通水泥划分为 42.5、52.5 及 42.5R、52.5R 等 4 个强度等级。各龄期强度不得低于表 2-2-2 所示的数值。

其他技术要求与硅酸盐水泥的相同。

由于混合材料的掺入量较小,故普通硅酸盐水泥的性质和用途与硅酸盐水泥的基本相同,略有差异。其主要差别表现如下:

(1) 早期强度略低;

(2) 耐腐蚀性稍好;

(3) 水化热略低;

(4) 抗冻性及抗渗性较好;

(5) 抗碳化性略差;

(6) 耐热性较好;

(7) 耐磨性略差。

4）矿渣硅酸盐水泥、火山灰质硅酸盐水泥、粉煤灰硅酸盐水泥和复合硅酸盐水泥

(1) 定义。

① 矿渣硅酸盐水泥由硅酸盐水泥熟料、粒化高炉矿渣、适量石膏组成。其中矿渣掺加量大于 20% 且小于等于 70%,并分为 A 型和 B 型。A 型矿渣掺加量大于 20% 且小于等于

50%,代号为 P·S·A;B 型矿渣掺加量大于 50% 且小于等于 70%,代号为 P·S·B。允许用石灰石、窑灰、粉煤灰和火山灰质混合材料中的一种材料代替粒化高炉矿渣,代替量不得超过水泥质量的 8%,替代后水泥中粒化高炉矿渣的含量不得小于 20%。

② 火山灰质硅酸盐水泥由硅酸盐水泥熟料、火山灰质(含量为 20%～40%)混合材料和适量石膏共同磨细制成。

③ 粉煤灰硅酸盐水泥由硅酸盐水泥熟料、粉煤灰(含量为 20%～40%)和适量石膏共同磨细制成。

④ 由硅酸盐水泥熟料、两种或两种以上混合材料(含量为 20%～50%)、适量石膏磨细而成的水硬性胶凝材料,称为复合硅酸盐水泥(简称为复合水泥)。

(2)技术要求。

矿渣硅酸盐水泥、火山灰质硅酸盐水泥、粉煤灰硅酸盐水泥的强度等级划分有 32.5、42.5、52.5 及 32.5R、42.5R 等级。各龄期的抗压强度和抗折强度应不低于表 2-2-2 所示的数值。

矿渣硅酸盐水泥的三氧化硫的含量不得超过 4.0%,火山灰质硅酸盐水泥和粉煤灰硅酸盐水泥的三氧化硫的含量不得超过 3.5%。细度、凝结时间、体积安定性、氧化镁含量的要求与普通硅酸盐水泥的相同。

(3)复合硅酸盐水泥的性质及应用。

允许用不超过 8% 的窑灰代替部分混合材料。掺粒化高炉矿渣时混合材料的掺量不得与矿渣硅酸盐水泥重复。

复合硅酸盐水泥的初凝时间不得早于 45 min,终凝时间不得迟于 10 h;强度等级有 32.5、42.5、52.5 和 32.5R、42.5R,各强度等级各龄期的强度如表 2-2-2 所示。

复合硅酸盐水泥的强度指标和矿渣硅酸盐水泥、火山灰质硅酸盐水泥、粉煤灰硅酸盐水泥的一致。其余性质与矿渣硅酸盐水泥(或火山灰质硅酸盐水泥、粉煤灰硅酸盐水泥)的基本相同,应用范围也基本相同。

3. 专用和特性水泥的主要成分及其技术要求

1) 专用水泥的主要成分及其技术要求

(1)中热硅酸盐水泥(GB 200—2003)。以适当成分(C_3S 的含量不大于 55%,C_3A 的含量不大于 6% 与 f-CaO 的含量不大于 1.0%)的硅酸盐水泥熟料加入适量石膏,磨细制成的具有中等水化热(3 d 的不大于 251 kJ/kg,7 d 的不大于 293 kJ/kg)的水硬性胶凝材料,称为中热硅酸盐水泥(简称中热水泥),代号为 P·MH。其抗冲耐磨性及抗裂性比其他两种水泥的要好。

(2)低热硅酸盐水泥(GB 200—2003)。以适当成分(C_3A 的含量不大于 60% ,C_2S 的含量不小于 40%,f-CaO 的含量不大于 1.0%)的硅酸盐水泥熟料、适量石膏,磨细制成的具有低水化热的水硬性胶凝材料,称为低热硅酸盐水泥(简称低热水泥),代号为 P·LH 。

(3)低热矿渣硅酸盐水泥(GB 200—2003)。以适当成分(C_3A 的含量不大于 8%,f-CaO 的含量不大于 1.207C,MgO 的含量不大于 5%,压蒸合格的 MgO 的含量允许放宽到 6%)的硅酸盐水泥熟料,加入粒化高炉矿渣、适量石膏,磨细制成的具有低水化热的水硬性胶凝材料,称为低热矿渣硅酸盐水泥(简称低热矿渣水泥),代号为 P·SLH。低热矿渣水泥中粒化高炉矿渣掺量的含量为 20%～60%,允许用不超过混合材总量 50% 的粒化电炉磷渣或粉煤灰代替部分粒化高炉矿渣。

2）特性水泥的主要成分及其技术要求

（1）抗硫酸盐硅酸盐水泥（GB 748—2005）。

① 中抗硫酸盐硅酸盐水泥。以特定矿物组成（C_3S 的含量不大于 55%，C_3A 的含量不大于 5.0%）的硅酸盐水泥熟料，加入适量石膏，磨细制成的具有抵抗中等浓度硫酸根离子侵蚀的水硬性胶凝材料，称为中抗硫酸盐硅酸盐水泥，简称中抗硫酸盐水泥，代号为 P·MSR。

② 高抗硫酸盐硅酸盐水泥。以特定矿物组成（C_3S 的含量不大于 50%，C_3A 的含量不大于 3%）的硅酸盐水泥熟料，加入适量石膏，磨细制成的具有抵抗较高浓度硫酸根离子侵蚀的水硬性胶凝材料，称为高抗硫酸盐硅酸盐水泥，简称高抗硫酸盐水泥，代号为 P·HSR。

（2）低热微膨胀水泥（GB 2938—2008）。

凡以粒化高炉矿渣为主要组分，加入适量硅酸盐水泥熟料和石膏，磨细制成具有低热和微膨胀性能的水硬性胶凝材料，称为低热微膨胀性水泥，代号为 LHEC。

专用和特性水泥的主要技术性能指标如表 2-2-3 所示。

表 2-2-3　专用和特性水泥的主要技术性能指标

水泥品种	强度等级	抗压强度 /MPa		抗折强度 /MPa		凝结时间 /min		细度	安定性	氧化镁	三氧化硫的含量/（%）
		3 d	28 d	3 d	28 d	初凝	终凝				
中热硅酸盐水泥、	42.5 R	≥22.0	≥42.5	≥4.5	≥6.5	≥60	≤720	比表面积 ≥250 m²/kg	用沸煮法检验必须合格	≤5.0%，压蒸合格允许放宽至6.0%	≤3.5
低热硅酸盐水泥、	42.5	≥13.0	≥42.5	≥3.5	≥6.5						
低热矿渣硅酸盐水泥	32.5	≥12.0	≥32.5	≥3.0	≥5.5						
抗硫酸盐硅酸盐水泥	32.5	≥10.0	≥32.5	≥3.5	≥6.0	≥45	≤600	比表面积≥280 m²/kg			≤2.5
	42.5	≥15.0	≥42.5	≥3.6	≥6.5						
低热微膨胀水泥	32.5	≥18.0	≥32.5	≥5.0	≥7.0	≥45	≤720	比表面积≥300 m²/kg			4～7

4. 其他水泥的主要成分及其技术要求

1）高铝水泥

（1）组成与水化。

高铝水泥属铝酸盐水泥，其主要矿物成分为铝酸一钙 $CaO \cdot Al_2O_3$（简写为 CA），CA 水化、硬化速度快，当温度低于 25 ℃时，生成水化铝酸一钙晶体 $CaO \cdot Al_2O_3 \cdot 10H_2O$ 或水化铝酸二钙晶体 $2CaO \cdot Al_2O_3 \cdot 8H_2O$ 和氢氧化铝凝胶 $Al_2O_3 \cdot 3H_2O$ 等。由它们组成的水泥石强度很高。当温度高于 30 ℃时，生成水化铝酸三钙 $3CaO \cdot Al_2O_3 \cdot 6H_2O$ 晶体和氢氧化铝凝胶，或 $CaO \cdot Al_2O_3 \cdot 10H_2O$ 和 $2CaO \cdot Al_2O_3 \cdot 8H_2O$ 晶型转变为 $3CaO \cdot Al_2O_3 \cdot 6H_2O$（高温、高湿下转变迅速），并放出大量水。由此组成的水泥石孔隙率很大（达 50%以上），强度很低。

（2）技术要求。

《铝酸盐水泥》（GB 201—2000）规定细度要求为 80 μm 方孔筛筛余百分率不大于 10%或 45 μm 方孔筛筛余百分率不大于 30%。

初凝时间不得早于 30 min,终凝时间不得迟于 6 h,各龄期的强度值不得低于表 2-2-4 所示的数值。

表 2-2-4 高铝水泥各标号各龄期强度数值

水 泥 标 号	抗压强度/MPa		抗折强度/MPa	
	1 d	3 d	1 d	3 d
CA-50	40	50	5.5	6.5
CA-60	20	45	2.5	5.0
CA-70	30	40	5.0	6.0
CA-80	25	30	4.0	5.0

2）白色硅酸盐水泥

白色硅酸盐水泥的组成、性质与硅酸盐水泥的基本相同,所不同的是在配料和生产过程中忌铁质等着色物质,所以具有白色。

《白色硅酸盐水泥》(GB 2015—2005)规定:白色水泥的细度要求为 80 μm 方孔筛筛余百分率不大于 10%或 45 μm 方孔筛筛余百分率不大于 30%;初凝时间不得早于 45 min,终凝时间不得迟于 12 h;体积安定性(沸煮法)合格;划分有 32.5、42.5、52.5、62.5 四个标号,各标号各龄期的强度不得低于表 2-2-5 所示的数值;白度分为特级、一级、二级、三级,各等级白度不得低于表 2-2-6 所示的数值。此外还根据标号和白度等级将产品划分为优等品、一等品、合格品,各级应满足表 2-2-7 所示的要求。

表 2-2-5 白色硅酸盐水泥的强度要求

强 度 等 级	抗压强度/MPa		抗折强度/MPa	
	3 d	28 d	3 d	28 d
32.5	12.0	32.5	3.0	6.0
42.5	17.0	42.5	3.5	6.5
52.5	22.0	52.5	4.0	7.0

表 2-2-6 白色硅酸盐水泥白度等级

等 级	特级	一级	二级	三级
白度/(%)	86	84	80	75

表 2-2-7 白色硅酸盐水泥产品等级

白水泥等级	白度等级	标 号
优等品	特级	62.5、52.5
一等品	一级	52.5、42.5
	二级	52.5、42.5
合格品	二级	32.5
	三级	42.5、32.5

白色硅酸盐水泥中加适量耐碱颜料即得彩色硅酸盐水泥。两者均用于装饰用白色或彩色灰浆、砂浆和混凝土,如人造大理石、水磨石、斩假石等。

3) 快硬硅酸盐水泥

该水泥的组成特点是 C_3S 和 C_3A 含量高、石膏掺量较多,故该水泥快硬、早强。

快硬硅酸盐水泥的细度要求为比表面积在 $330\sim450$ m²/kg 范围内;初凝时间不得早于 45 min,终凝时间不得迟于 10 h;划分有 32.5、37.5、42.5 三个标号,各标号各龄期强度不低于表 2-2-8 所示的数值。

表 2-2-8　快硬水泥各龄期强度值

强度等级	抗压强度/MPa			抗折强度/MPa		
	1 d	3 d	28 d	1 d	3 d	28 d
32.5	15.0	32.5	52.5	3.5	5.0	7.2
37.5	17.0	37.5	57.5	4.0	6.0	7.6
42.5	19.0	42.5	62.5	4.5	6.4	8.0

快硬硅酸盐水泥的早期、后期强度均高,抗渗性及抗冻性高,水化热大,耐腐蚀性差,适合于早强、高强混凝土及抗震混凝土工程以及紧急抢修、冬季施工等工程。

4) 膨胀水泥

膨胀水泥在凝结硬化的过程中生成适量膨胀性水化产物,故在凝结硬化时体积不收缩或微膨胀。

膨胀水泥由强度组分和膨胀组分组成。按水泥的主要组成(强度组分),膨胀水泥分为硅酸盐型膨胀水泥、铝酸盐型膨胀水泥和硫铝酸盐型膨胀水泥等三类。膨胀值大的又称为自应力水泥。

膨胀水泥主要用于收缩补偿混凝土工程、防水砂浆和防水混凝土、构件的接缝、接头、结构的修补、设备机座的固定等。自应力水泥主要用于自应力钢筋混凝土压力管。

5. 水泥的选择

水泥作为建筑物中最重要的材料之一,在工程建设中发挥着巨大的作用。正确选择、合理使用水泥,严格验收并且妥善保管就显得尤为重要,它是确保工程质量的重要措施。

水泥的选择包括水泥品种的选择和强度等级的选择两方面。强度等级应与所配制的混凝土或砂浆的强度等级相适应。在此重点考虑水泥品种的选择。

1) 按环境条件选择水泥品种

环境条件主要指工程所处的外部条件,包括环境的温、湿度及周围所存在的侵蚀性介质的种类及浓度等。如严寒地区的露天混凝土应优先选用抗冻性较好的硅酸盐水泥、普通水泥,而不得选用矿渣水泥、粉煤灰水泥、火山灰水泥,若环境具有较强的侵蚀性介质,则应选用掺混合材料的水泥,而不宜选用硅酸盐水泥。

2) 按工程特点选择水泥品种

冬季施工及有早强要求的工程应优先选用硅酸盐水泥,而不得使用掺混合材料的水泥;对大体积混凝土工程,如大坝、大型基础、桥墩等,应优先选用水化热较小的低热矿渣水泥和中热硅酸盐水泥,不得使用硅酸盐水泥;有耐热要求的工程,如工业窑炉、冶炼车间等,应优先选用耐热性较高的矿渣水泥、铝酸盐水泥;军事工程、紧急抢修工程应优先选用快硬水泥、双快水泥;修筑道路路面、飞机跑道等优先选用道路水泥。

3)水工建筑物选择水泥的原则

(1)水位变化区外部混凝土、溢流面和经常受水流冲刷部位的混凝土及有抗冻要求的混凝土,宜选用中热硅酸盐水泥或硅酸盐水泥,也可选用普通硅酸盐水泥。

(2)内部混凝土、水下的混凝土和基础混凝土,宜选用中热硅酸盐水泥,也可选用低热矿渣硅酸盐水泥、矿渣硅酸盐水泥、火山灰质硅酸盐水泥、粉煤灰硅酸盐水泥、普通硅酸盐水泥和低热微膨胀水泥。

(3)环境水对混凝土有硫酸盐侵蚀性时,应选用抗硫酸盐水泥。

(4)水位变化区、溢流面和经常受水流冲刷部位、抗冻要求较高的部位,宜使用较高强度等级的水泥。

模块 2　水泥的性能检测

1. 检测标准

水泥进场时,应按现行国家标准的规定抽取试样做相关性能检验,其质量必须符合有关标准的规定,如《通用硅酸盐水泥》(GB 175—2007)、《中热硅酸盐水泥、低热硅酸水泥及低热矿渣硅酸盐水泥》(GB 200—2003)、《抗硫酸盐硅酸盐水泥》(GB 748—2005)、《低热微膨胀水泥》(GB 2938—2008)、《白色硅酸盐水泥》(GB 2015—2005)、《水泥分析方法》(GB/T 176—2008)等。

2. 水泥的取样

《水工混凝土施工规范》(DL/T 5144—2001)规定运至工地的每一批水泥,应有生产厂的出厂合格证和品质试验报告,使用单位应进行验收检验(按每 200~400 t 同厂家、同品种、同强度等级的水泥为一取样单位,如不足 200 t 也作为一取样单位),必要时还应进行复验。

国家标准《水泥取样方法》(GB 12573—2008)规定水泥的取样方法。

1)取样部位

取样应在有代表性的部位进行,并且不应在污染严重的环境中取样。一般在以下部位取样:水泥输送管路中;袋装水泥堆场;散装水泥卸料处或水泥运输机具上。

2)取样方式

散装水泥:当所取水泥深度不超过 2 m 时,每一个编号内采用散装水泥取样器随机或手工取样。

袋装水泥:每一个编号内随机抽取不少于 20 袋水泥,采用袋装水泥取样器或手工取样。

要求每次抽取的单样量应尽量一致。

3)取样数量

袋装水泥:每 1/10 编号从一袋中取至少 6 kg。

散装水泥:每 1/10 编号在 5 min 内取至少 6 kg。

4)取样均分

每一编号所取水泥单样通过 0.9 mm 方孔筛后充分混匀,一次或多次将样品缩分到相关标准要求的定量,均分为试验样和封存样。

3. 水泥技术指标检验方法

1）水泥胶砂强度检验方法

水泥胶砂强度是评定水泥品质的重要指标，使用前必须抽样检验，以核定水泥强度是否达到该强度等级标准技术要求，同时也评价厂家水泥质量的稳定性。水泥胶砂强度检验方法见《水泥胶砂强度检验方法（ISO 法）》（GB/T 17671—1999）。

2）水泥密度测定方法

水泥密度与熟料矿物组成有关。水泥密度测定，用于混凝土配合比计算。水泥密度测定方法见《水泥密度测定方法》（GB/T 208—1994）。

3）水泥标准稠度用水量、凝结时间、安定性检验方法

标准稠度用水量是水泥获得一定稠度所需的水量。需水量小，制成的混凝土或砂浆在获得一定的稠度时所需要的水量相应也较少，混凝土或砂浆的强度和其他性能也较高。

影响水泥凝结时间的因素很多，除石膏掺量外，还与粉磨细度、拌和时的温度有关。各种水泥的初凝时间不得早于 45 min，终凝时间不得迟于 12 h。

安定性是水泥品质检验的重要项目，安定性不良的水泥不允许在工程中使用。

水泥标准稠度用水量、凝结时间、安定性检验方法见《水泥标准稠度用水量、凝结时间、安定性检验方法》（GB/T 1346—2011）。

4）水泥细度检验方法

水泥细度对水泥的水化速度、需水量、放热速度及强度都有较大影响，是水泥的重要物理特性。水泥颗粒越细，水化反应越快而且充分，水泥早期强度也越高。但是，水泥颗粒越细，其发热量也越大，而且放热速度越快，体积收缩率越大。

水泥细度检验方法见《水泥细度检验方法　筛析法》（GB 1345—2005）。

5）水泥压蒸安定性试验方法

水泥压蒸安定性试验是在饱和水蒸气条件下，提高温度和压力使水泥中的方镁石在较短的时间内绝大部分水化，用试件的变形来判断水泥浆体积安定性。水泥压蒸安定性试验方法见《水泥压蒸安定性试验方法》（GB/T 750—1992）。

6）水泥化学分析方法

水泥熟料的化学成分主要由 CaO、SiO_2、Al_2O_3 及 Fe_2O_3 等氧化物组成，以上四种成分的含量通常在 95% 以上，其各成分的含量可以间接地表示熟料的矿物组成，可以推测水泥的物理力学性能。

水泥化学分析方法见《水泥化学分析方法》（GB/T 176—2008）。

4. 水泥进场的验收要求

1）品种验收

水泥的包装要严格按《水泥包装袋》（GB 9774—2010）执行。

水泥袋上应清楚标明：产品名称，代号，净含量，强度等级，生产许可证编号，生产者名称和地址，出厂编号，执行标准号，包装年、月、日。掺火山灰质混合材料的普通水泥还应标上"掺火山灰"字样，包装袋两侧应印有水泥名称和强度等级，硅酸盐水泥和普通硅酸盐水泥的标志采用红色印刷，矿渣水泥的标志采用绿色印刷，火山灰质水泥、粉煤灰水泥和复合水泥的标志采用黑色印刷。

2）数量验收

水泥可以袋装或散装,袋装水泥每袋净含量为 50 kg,且不得少于标准质量的 98％;随机抽取 20 袋总质量不得少于 1 000 kg,其他包装形式由双方协商确定,但有关袋装质量要求,必须符合上述原则规定;散装水泥平均堆积密度为 1 450 kg/m³,袋装压实水泥的为 1 600 kg/m³。

3）质量验收

水泥出厂前应按品种、强度等级和编号取样试验,袋装水泥和散装水泥应分别进行编号和取样,取样应有代表性,可连续取,亦可从 20 个以上不同部位取等量样品,总量不少于 12 kg。详见前面"水泥的取样"。

交货时水泥的质量验收可抽取实物试样以其检验结果为依据,也可以水泥厂同编号水泥的检验报告为依据。采取何种方法验收由双方商定,并在合同或协议中注明。

以抽取实物试样的检验结果为验收依据时,买卖双方应在发货前或交货地共同取样和鉴封,取样数量为 20 kg,缩分为两等份。一份由卖方保存 40 d,一份由买方按标准规定的项目和方法进行检验。在 40 d 内买方检验认为水泥质量不符合标准要求时,可将卖方保存的一份试样送水泥质量监督检验机构进行仲裁检验。

以水泥厂同编号水泥的检验报告为验收依据时,在发货前或交货时买方在同编号水泥中抽取试样,双方共同签封后保存 3 个月;或委托卖方在同编号水泥中抽取试样,签封后保存 3 个月。在 3 个月内,买方对水泥质量有疑问时,则买卖双方应将签封的试样送省级或省级以上国家认可的水泥质量监督检验机构进行仲裁检验。

4）出厂检验

（1）化学指标应符合表 2-2-9 所示规定。

表 2-2-9 通用硅酸盐水泥化学指标   单位:％

品　　种	代号	不溶物（含量）	烧失量（含量）	三氧化硫（含量）	氧化镁（含量）	氯离子（含量）
硅酸盐水泥	P·I	≤0.75	≤3.0	≤3.5	≤5.0a	≤0.06c
	P·II	≤1.50	≤3.5			
普通硅酸盐水泥	P·O	—	≤5.0			
矿渣硅酸盐水泥	P·S·A	—		≤4.0	≤6.0b	
	P·S·B	—				
火山灰质硅酸盐水泥	P·P	—		≤3.5	≤6.0b	
粉煤灰硅酸盐水泥	P·F	—				
复合硅酸盐水泥	P·C	—				

注　1. 如果水泥压蒸试验合格,则水泥中氧化镁的含量(质量分数)允许放宽至 6.0%。

2. 如果水泥中氧化镁的含量(质量分数)大于 6.0%,则需进行水泥压蒸安定性试验并合格。

3. 当有更低要求时,该指标由买卖双方协商确定。

（2）水泥中碱的含量（选择性指标）按 $m_{Na_2O}+0.658m_{K_2O}$ 表示。若使用活性骨料,且用户要求提供低碱水泥,水泥中碱的含量应不大于 0.60% 或由买卖双方协商确定。

(3) 性能指标符合表 2-2-2 所示的规定。

5) 结论

出厂水泥应保证出厂强度等级,经确认水泥各项技术指标及包装质量符合要求时方可出厂。

不合格品:硅酸盐水泥、普通水泥凡是终凝时间、不溶物和烧失量中的任何一项不符合标准规定者;矿渣水泥、火山灰质水泥、粉煤灰水泥和复合水泥凡是终凝时间中的任何一项不符合规定者和强度低于商品强度等级的指标者;水泥包装标志中水泥品种、强度等级、生产者名称和出厂编号不全者。检验结果符合上述标准者合格,不符合上述任何一项技术要求为不合格品。

模块 3　水泥的应用

1. 水泥的贮存与保管

水泥在保管时,应按不同生产厂、不同品种、强度等级和出厂日期分开堆放,严禁混杂;在运输及保管时要注意防潮和防止空气流动,先存先用,不可贮存过久。若水泥保管不当会使水泥因风化而影响正常使用,甚至会导致工程质量事故。

1) 水泥的风化

水泥中的活性矿物与空气中的水分、二氧化碳发生反应,而使水泥变质的现象,称为风化。

水泥中各熟料矿物都具有强烈与水作用的能力,这种趋于水解和水化的能力称为水泥的活性。具有活性的水泥在运输和贮存的过程中,易吸收空气中的水及二氧化碳,使水泥受潮而成粒状或块状。

其过程如下。

水泥中的游离氧化钙、硅酸三钙吸收空气中的水分发生水化反应,生成氢氧化钙,氢氧化钙又与空气中的二氧化碳反应,生成碳酸钙并释放出水。这样的连锁反应使水泥受潮加快,受潮后的水泥活性降低,凝结迟缓,强度降低。通常水泥强度等级越高,细度越细,吸湿受潮也越快。在正常贮存条件下,贮存 3 个月,强度降低 10%~25%,贮存 6 个月,强度降低 25%~40%。因此规定,常用水泥贮存期为 3 个月,铝酸盐水泥贮存期为 2 个月,双快水泥的贮存期不宜超过 1 个月,过期水泥在使用时应重新检测,按实际强度使用。

水泥一般应入库存放。水泥仓库应保持干燥,库房地面应高出室外地面 30 cm,离开窗户和墙壁 30 cm 以上,袋装水泥堆垛不宜过高,以免下部水泥受压结块,一般垛高为 10 袋,如存放时间短,库房紧张,也不宜超过 15 袋;袋装水泥露天临时贮存时,应选择地势高,排水条件好的场地,并认真做好上盖下垫,以防水泥受潮。若使用散装水泥,可用铁皮水泥罐仓,或散装水泥库存放。

2) 受潮水泥处理

受潮水泥处理方法如表 2-2-10 所示。

2. 水泥的工程应用

1) 硅酸盐水泥的工程应用特点

(1) 早期及后期强度均高的水泥适合用于早强要求高的工程(如冬季施工、预制、现浇等工程)和高强度混凝土(如预应力钢筋混凝土)工程。

表 2-2-10 受潮水泥的处理

受 潮 程 度	处 理 方 法	使 用 方 法
有松块、小球,可以捏成粉末,但无块状	将松块、小球等压成粉末,同时加强搅拌	经试验按实际强度等级使用
部分结成硬块	删除硬块并将硬块压碎	经试验按实际强度使用,用于不重要、受力小的部分,部分用于砌筑砂浆
硬块	将硬块压成粉末,换取 25% 的新鲜水泥作强度试验	经试验按实际强度等级使用

(2) 抗冻性好的水泥适合用于严寒地区受反复冻融作用的混凝土工程。

(3) 抗碳化性好的水泥适合用于空气中二氧化碳浓度高的环境。

(4) 耐磨性好的水泥适合用于道路、地面工程。

(5) 干缩小的水泥可用于干燥环境的混凝土工程。

(6) 水化热高的水泥不得用于大体积混凝土工程,但有利于低温季节蓄热法施工。

(7) 耐热性差的水泥因水化后氢氧化钙含量高,不适合耐热混凝土工程。

(8) 耐腐蚀性差的水泥不宜用于受流动水、压力水、酸类和硫酸盐侵蚀的工程。

(9) 湿热养护效果差的水泥在常规养护条件下硬化快、强度高,但经过蒸汽养护后,再经自然养护至 28 d 测得的抗压强度往往低于未经蒸汽养护 28 d 的抗压强度。

2) 掺混合材料硅酸盐水泥的工程应用特点

矿渣硅酸盐水泥、火山灰质硅酸盐水泥、粉煤灰硅酸盐水泥三者的化学组成或化学活性基本相同,因而这三种水泥的大多数性质相同或接近。同时由于三种活性混合材料的物理性质和表面特征等有些差异,因此这三种水泥分别具有某些特性。这三种水泥与硅酸盐水泥及普通硅酸盐水泥相比具有以下特点。

(1) 三种水泥的共性。

① 早期强度低,后期强度高。其原因是水泥熟料相对较少,且活性混合材料水化慢,故早期强度低,后期由于二次反应的不断进行和水泥熟料的不断水化,水化产物不断增多,强度可赶上或超过同强度等级的硅酸盐水泥或普通硅酸盐水泥。

这三种水泥不适合用于早期强度要求高的混凝土工程,如冬季施工、要求早期强度的现浇工程等。

② 对温度敏感,适合高温养护。这三种水泥在低温下水化明显减慢,强度低;采用高温养护时可加速活性混合材料的水化,并可加速水泥熟料的水化,故可大大提高早期强度,且不影响常温下后期强度的发展。而硅酸盐水泥或普通硅酸盐水泥,利用高温养护虽可提高早期强度,但后期强度的发展受到影响,即比一直在常温下养护的混凝土强度低。这是因为在高温下这两种水泥的水化速度很快,短时间内即生成大量的水化产物,这些产物对水泥熟料的后期水化起到了阻碍作用。因此硅酸盐水泥和普通硅酸盐水泥不适合高温养护。

③ 耐腐蚀性好。水泥熟料(少量)与活性混合材料的水化(即二次反应)使水泥石中的易受腐蚀成分水化成铝酸钙,特别是氢氧化钙的含量会大为降低。因此耐腐蚀性好,适合用于耐腐蚀性要求较高的工程,如水工、海港、码头等工程。

④ 水化热少。水泥中熟料相对含量少,因而水化放热量少,尤其早期水化放热速度慢,适合用于大体积混凝土工程中。

⑤ 抗碳化性较差。因水泥石中氢氧化钙含量少,故不适用于二氧化碳浓度高的工业区厂房,如翻砂车间。

⑥ 抗冻性较差。矿渣及粉煤灰易泌水形成连通孔隙,火山灰一般需水量大,会增加内部孔隙含量,故这三种水泥的抗冻性较差,但矿渣硅酸盐水泥较其他两种稍好。

(2) 三种水泥的差异。

① 矿渣硅酸盐水泥。泌水性大,抗渗性差,干缩较大,但耐热性较好。泌水性大造成了较多的连通孔隙,从而使抗渗性降低。矿渣本身耐热性高且矿渣水泥水化后氢氧化钙的含量少,故耐热性较好。

矿渣硅酸盐水泥适用于有耐热要求的混凝土工程,不适用于有抗渗要求的混凝土工程。

② 火山灰质硅酸盐水泥。保水性好、抗渗性好,但干缩大、易开裂和起粉、耐磨性较差。这主要是因为火山灰质混合材料内部含大量微细孔隙。

火山灰质硅酸盐水泥适用于有抗渗要求的混凝土工程,但不宜用于干燥环境。

③ 粉煤灰硅酸盐水泥。泌水性大,易产生失水裂纹,抗渗性差、干缩小、抗裂性较高。这是由于粉煤灰的比表面积小,对水的吸附力较小,拌和需水量少。

粉煤灰硅酸盐水泥不宜用于干燥环境和抗渗要求的混凝土,常用五种水泥组成、性质及应用的异同如表 2-2-11 所示。

表 2-2-11 五种常用水泥的组成、性质及异同点

项目	硅酸盐水泥	普通硅酸盐水泥	矿渣硅酸盐水泥	火山灰质硅酸盐水泥	粉煤灰硅酸盐水泥
组成	硅酸盐水泥熟料、无或很少量(0%~5%)混合材料、适量石膏	硅酸盐水泥熟料、少量(6%~15%)混合材料、适量石膏	硅酸盐水泥熟料、多量(20%~70%)粒化高炉矿渣、适量石膏	硅酸盐水泥熟料、多量(20%~50%)火山灰质混合材料、适量石膏	硅酸盐水泥熟料、多量(20%~40%)粉煤灰、适量石膏
共同点	都含有硅酸盐水泥熟料、适量石膏				
不同点	无或很少量的混合材料	少量混合材料	多量活性混合材料(化学组成或化学活性基本相同)		
			粒化高炉矿渣	火山灰质混合材料	粉煤灰
性质	(1)早期、后期强度高; (2)耐腐蚀性差; (3)水化热大; (4)抗碳化性好; (5)抗冻性好; (6)耐磨性好; (7)耐热性差	(1)早期强度稍低,后期强度高; (2)耐腐蚀性稍好; (3)水化热略小; (4)抗碳化性好; (5)抗冻性好; (6)耐磨性较好; (7)耐热性稍好; (8)抗渗性好	(1)早期强度低,后期强度高; (2)对温度敏感,适合高温养护; (3)耐腐蚀性好; (4)水化热小; (5)抗冻性较差; (6)抗碳化性较差		
			(1)泌水性大,抗渗性差; (2)耐热性较好; (3)干缩较大	(1)保水性好,抗渗性好; (2)干缩大; (3)耐磨性差	(1)泌水性大(快),易产生失水裂纹,抗渗性差; (2)干缩小,抗裂性好; (3)耐磨性差

续表

项目		硅酸盐水泥	普通硅酸盐水泥	矿渣硅酸盐水泥	火山灰质 硅酸盐水泥	粉煤灰 硅酸盐水泥
应用	优先 使用	早期强度要求高的混凝土、有耐磨要求的混凝土、严寒地区反复遭受冻融作用的混凝土、抗碳化性能要求高的混凝土、掺混合材料的混凝土		水下混凝土、海港混凝土、大体积混凝土、耐腐蚀性要求较高的混凝土、高温下养护的混凝土		
			高强度混凝土			
		高强度混凝土	普通气候及干燥环境中的混凝土、受干湿交替作用的混凝土	有耐热要求的混凝土	有抗菌素渗要求的混凝土	受载较晚的混凝土
	可以 使用	一般工程	高强度混凝土、水下混凝土、高温养护混凝土、耐热混凝土	普通气候环境中的混凝土		
				抗冻性要求较高的混凝土、有耐磨性要求的混凝土	—	—
	不宜或 不得 使用	大体积混凝土、耐腐蚀性要求高的混凝土		早期强度要求高的混凝土、抗碳化性要求高的混凝土、抗冻性要求高的混凝土、掺混合材料的混凝土、低温或冬季施工混凝土		
					干燥环境中的混凝土、有耐磨要求的混凝土	—
		耐热混凝土、高温养护混凝土	—	抗渗性要求高的混凝土		
					—	有抗渗要求的混凝土

3）中热、低热水泥的工程应用

其组成、性质及应用的异同如表 2-2-12 所示。

表 2-2-12　中热、低热水泥组成、性质及应用的异同

水泥 品种	密度 /(g/cm³)	凝结 时间	水化 热	抗溶 出性 侵蚀	强度	抗硫 酸盐 侵蚀	抗冻 性	干缩	保水 性	需水 性	应用范围	不宜应用 部位
中热 水泥	3.1～3.2	快	中	差	早期 强度高	好	好	小	较好	小	大坝抗冲磨部位、水位变化区及有耐久性要求的部位混凝土	大坝及其他大体积结构内部和水下、地下等部位混凝土
低热 水泥	2.9～3.1	较慢	低	好	早期强度弱,后期强度增长率高	较强	较差	较小	较差	较大	不掺粉煤灰情况下大体积内部混凝土	在不采取技术措施情况下,不宜用于有抗冻融要求的外部混凝土

4）高铝水泥的运用

高铝水泥的性质和应用主要有以下特点。

（1）强度高，特别是早期强度很高。其 1d 强度可达到最高强度的 80% 以上，故适用于紧急抢修工程。

（2）抗渗性、抗冻性好。高铝水泥拌和需水量少，而水化需水量大，故硬化后水泥石的孔隙率很小。

（3）抗硫酸盐腐蚀性好。因水化产物中不含有氢氧化钙，并且氢氧化铝凝胶包裹其他水化产物起到保护作用，以及水泥石的孔隙率很小，故适用于抗硫酸盐腐蚀工程但不耐碱。

（4）水化放热极快且放热量大，不适合用于大体积混凝土工程。

（5）耐热性高。高温时产生了固相反应，烧结结合代替了水化结合，使得高铝水泥在高温下仍具有较高的强度，故适合用于耐热工程（温度小于 1 400 ℃）。

（6）长期强度降低较大，不适合用于长期承载结构。

（7）高温、高湿下强度显著降低，不宜在高温、高湿环境中施工、使用。

5）在水利工程中的运用

水泥是水利水电工程混凝土结构的主要建筑材料。在大体积混凝土中常用的水泥有硅酸盐水泥、中热硅酸盐水泥、低热硅酸盐水泥、普通硅酸盐水泥、低热矿渣硅酸盐水泥、矿渣硅酸盐水泥、粉煤灰硅酸盐水泥、复合硅酸盐水泥等；抗冲磨防空蚀混凝土宜选用强度等级在 42.5 以上的中热硅酸盐水泥、硅酸盐水泥及普通硅酸盐水泥；环境水对混凝土有侵蚀时，应根据侵蚀类型及程度采用高抗硫酸盐水泥、中抗硫酸盐水泥、硅酸盐水泥掺 30% 以上的 I、II 粉煤灰或磨细矿渣；厂房结构混凝土，可采用普通硅酸盐 R 型水泥。拱坝或基础约束区可在试验论证的基础上采用具有延迟性膨胀胶凝材料。

模块 4　试验实训

水泥的常规检测项目有水泥的细度、标准稠度用水量、凝结时间、体积安定性和水泥胶砂强度。

1. 通用水泥细度的检验（筛析法）

1）检测试验的目的

用筛析法测定筛余量，评定水泥细度是否达到标准要求。

2）检验标准及主要质量指标检验方法标准

（1）《水泥细度检验方法　筛析法》（GB/T 1345—2005）。

图 2-2-3　负压筛析仪

（2）《通用硅酸盐水泥》（GB 175—2007）规定：水泥细度为选择性指标；矿渣硅酸盐水泥、火山灰质硅酸盐水泥、粉煤灰硅酸盐水泥和复合硅酸盐水泥的细度以筛余百分率表示，其 80 μm 方孔筛筛余百分率不大于 10% 或 45 μm 方孔筛筛余百分率不大于 30%。

细度检验方法有负压筛法、水筛法和干筛法三种，当三种检验方法测试结果不同时，以负压筛法为准。

3）主要仪器设备

（1）负压筛析仪：由内筛座、负压筛、负压源和收尘器组成，如图 2-2-3 所示。

（2）试验筛：由圆形筛框和筛网组成，分负压筛和水筛两种，如图 2-2-4 所示。

（3）水筛架和喷头。

（4）天平：最大感量为 100 g，分度值不大于 0.05 g。

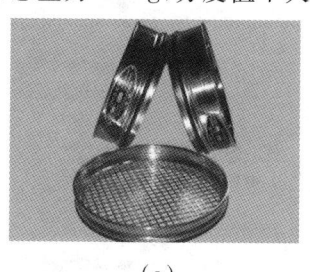 

（a）　　　　　　　　　　　　（b）

图 2-2-4　试验筛

4）试验步骤（负压筛法）

（1）筛析试验前，将负压筛放在筛座上，盖上筛盖，接通电源，检查控制系统，调整负压在 4 000～6 000 Pa 范围内。

（2）称取试样 25 g，置于洁净的负压筛中，盖上筛盖，放在筛座上，开动筛析仪连续筛析 2 min，在此期间如有试样附着在筛盖上，可轻轻敲击使试样落下。筛毕，用天平称量筛余量。

5）试验注意事项

当工作负压小于 4 000 Pa 时，应清理吸尘器内水泥，使负压恢复正常。

6）试验结果处理

水泥试样筛余百分率（精确至 0.1%）为

$$F = C \frac{R_s}{m} \times 100\% \tag{2-2-1}$$

式中：F 为水泥试样的筛余百分率，%；$C = F_s/F_t$ 为试验筛修正系数，精确至 0.01，其中，F_s 为标准样品的筛余标准百分率值，%，F_t 为标准样品在试验筛上的筛余百分率值，%；R_s 为水泥筛余物的质量，g；m 为水泥试样的质量，g。

2. 标准稠度用水量测定试验

1）检测试验的目的

水泥的凝结时间、安定性均受水泥浆稠稀的影响，为了使不同水泥具有可比性，水泥必须有一个标准稠度，通过此项试验测定水泥浆达到标准稠度时的用水量，作为凝结时间和安定性试验用水量的标准。

2）检验标准及主要质量指标检验方法标准

（1）《通用硅酸盐水泥》（GB 175—2007）。

（2）《水泥标准稠度、凝结时间、体积安定性检测方法》（GB/T 1346—2011）。

GB/T 1346—2011 规定，当采用标准法时，以试杆沉入净浆并距底板（6±1）mm 时水泥净浆为标准稠度净浆，其拌和水量为该水泥的标准稠度用水量（P）；当采用代用法时，以试锥下沉深度（30±1）mm 时的净浆为标准稠度净浆，其拌和水量为该水泥的标准稠度用水量（调整水量法)。

3）主要仪器设备

（1）水泥净浆搅拌机,如图 2-2-5 所示。

（2）代用法维卡仪。

（3）标准法维卡仪,如图 2-2-6 所示。

（4）量水器,最小刻度为±0.5 mL。

（5）天平,分度值不大于 1 g,最大称量不小于 1 kg。

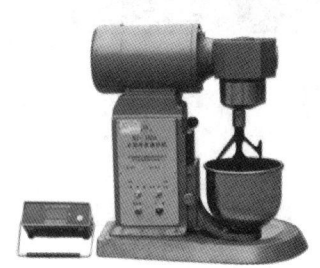

图 2-2-5 水泥净浆搅拌机图

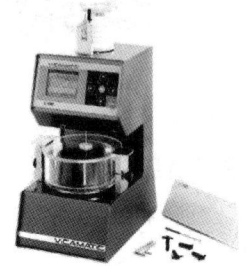

图 2-2-6 标准法维卡仪

4）试验步骤

（1）标准法。

① 搅拌机具用湿布擦过后,将拌和水倒入搅拌锅内,然后在 5～10 s 内小心将称好的 500 g 水泥加入水中。

② 拌和时,低速搅拌 120 s,停 15 s,同时将搅拌机具粘有的水泥浆刮入锅内,接着高速搅拌 120 s,停机。

③ 拌和结束后,立即取适量水泥浆一次性将其装入已置于玻璃底板上的试模中,每个试模应配备一个边长或直径约 100 mm、厚度为 4～5 mm 的平板玻璃底板或金属底板,浆体超过试模上端,用宽约 25 mm 的直边刀轻轻拍打超出试模部分的浆体 5 次,以排除浆体中的空隙,然后在试模上表面约 1/3 处,略倾斜于试模分别向外轻轻锯掉多余净浆,再从试模边沿轻抹顶部一次,使净浆表面光滑。在锯掉多余净浆和抹平的操作过程中,注意不要压实净浆,抹平为一刀抹平,最多不超过两刀。抹平后迅速将试模和底板移到维卡仪上,调整试杆与水泥浆表面接触,拧紧螺丝 1～2 s 后,突然放松,使试杆垂直自由沉入水泥浆中,在试杆停止沉入或放松 30 s 时记录试杆距底板之间的距离。

（2）代用法。

① 搅拌机具用湿布擦过后,将拌和水倒入搅拌锅内,然后在 5～10 s 内小心将称好的 500 g 水泥加入水中。

② 拌和时,低速搅拌 120 s,停 15 s,同时将搅拌机具粘有的水泥浆刮入锅内,接着高速搅拌 120 s,停机。

③ 采用代用法测定水泥标准稠度用水量时,可采用调整水量法或不变水量法。采用调整水量法时拌和水据经验确定,采用不变水量法时拌和水的用量为 142.5 mL。

④ 水泥净浆搅拌结束后,立即将拌制好的水泥净浆装入锥模中,用宽约 25 mm 的直边刀

在浆体表面轻轻插捣 5 次,再轻振 5 次,刮去多余的净浆。抹平后迅速放至试锥下面固定的位置上,将试锥与水泥净浆表面接触,拧紧螺丝 1～2 s 后,突然放松,使试锥垂直自由沉入净浆中,到试锥停止下沉或释放试锥 30 s 时,记录试锥下沉深度。

5) 注意事项

(1) 维卡仪的金属棒能自由滑动。

(2) 调整至试锥接触锥模顶面时指针对准零点。

(3) 沉入深度测定应在搅拌后 1.5 min 以内完成。

6) 试验结果处理

(1) 标准法。

采用标准法时,以试杆沉入净浆并距底板(6±1) mm 的水泥浆为标准稠度净浆,其拌和水量为该水泥的标准稠度用水量(P)。

(2) 代用法。

采用代用法时,用调整水量方法测定时,以试锥下沉深度(30±1) mm 时的净浆为标准稠度净浆,其拌和水量为该水泥的标准稠度用水量(P),按水泥质量百分比计算;用不变水量法测定时,据试锥下沉深度 S(mm)按式(2-2-2)计算得标准稠度用水量(P)。

$$P = 33.4 - 0.185S \qquad\qquad (2-2-2)$$

标准稠度用水量也可从仪器上对应的标尺上读取,当 S<13 mm 时,应改用调整水量法测定。

3. 水泥凝结时间检验

1) 检测试验的目的

通过水泥凝结时间的测定,得到初凝时间和终凝时间,与国家标准进行比较,判定水泥凝结时间指标是否符合要求。

2) 检验标准及主要质量指标检验方法标准

(1)《水泥标准稠度、凝结时间、体积安定性检测方法》(GB/T 1346—2011)。

(2)《通用硅酸盐水泥》(GB 175—2007)。

GB 175—2007 规定:硅酸盐水泥初凝时间不小于 45 min,终凝时间不大于 390 min;普通硅酸盐水泥、矿渣硅酸盐水泥、火山灰质硅酸盐水泥、粉煤灰硅酸盐水泥和复合硅酸盐水泥初凝时间不小于 45 min,终凝时间不大于 600 min。

3) 主要仪器设备

(1) 凝结时间测定仪(见图 2-2-7)。

(2) 量水器,最小刻度为 0.01 mL,精度为 1%。

(3) 天平,最大称量不小于 1 000 g,分度值不大于 1 g。

(4) 温热养护箱,温度为(20±3) ℃,相对湿度大于 90%,如图 2-2-8 所示。

4) 试验步骤

(1) 试件的制备。按标准稠度用水量测定方法制备标准稠度水泥净浆(水泥 500 g,拌和水为检测得的标准稠度用水量),一次装满试模振动数次刮平后,立即放入温热养护箱内,记录

图 2-2-7　凝结时间测定仪

图 2-2-8　温热养护箱

水泥加入水中的时间即为凝结时间的起始时间。

（2）初凝时间测定。试件在养护箱中养护至 30 min 时进行第一次测定。测定时，将试针与水泥净浆表面接触，拧紧螺钉 1～2 s 后，突然放松，使试针铅垂自由沉入净浆中，观察试针停止下沉或释放试针 30 s 时指针的读数，并同时记录此时的时间。

（3）终凝时间测定。在完成初凝时间测定后，将试件连同浆体从玻璃板上平移取下，并翻转 180°将小端向下放在玻璃板上，再放入温热养护箱内继续养护，到达终凝时，需要在试体另外两个不同点测试，结论相同时才能确定到达终凝状态。

5）注意事项

（1）测定前调整试件接触玻璃板时，指针对准零点。

（2）整个测定过程中试针以自由下落为准，且沉入位置至少距试模内壁 10 mm。

（3）每次测定不能让试针落入原孔，每次测完须将试针擦净并将试模放入温热养护箱，整个测试防止试模受振。

（4）临近初凝，每隔 5 min 测定一次，临近终凝，每隔 15 min 测定一次。达到初凝或终凝时应立即重复测一次，当两次结论相同时，才能定为达到初凝状态或终凝状态。

6）试验结果处理

初凝时间确定：当试针沉至距底板（4±1）mm 时，为初凝状态，从水泥加入水中起至初凝状态的时间为初凝时间，单位为 min。

终凝时间确定：当试针沉入试体 0.5 mm 时（即环形附件开始不能在试件上留下痕迹时）为终凝状态，从水泥加入水中起至终凝状态的时间为终凝时间，单位为 min。

4. 水泥安定性检验

1）检测试验的目的

测定沸煮后标准稠度水泥净浆试样的体积和外形的变化程度，评定体积安定性是否合格。

2）检验标准及主要质量指标检验方法标准

（1）《通用硅酸盐水泥》（GB 175—2007）。

（2）《水泥标准稠度、凝结时间、体积安定性检测方法》（GB/T 1346—2011）。

GB 175—2007 规定：硅酸盐水泥、普通硅酸盐水泥、矿渣硅酸盐水泥、火山灰质硅酸盐水泥、粉煤灰硅酸盐水泥和复合硅酸盐水泥安定性沸煮法检验必须合格。测定方法可以用试饼法，也可用雷氏法，有争议时以雷氏法为准。

3）主要仪器设备

（1）雷氏夹，由铜质材料制成，其结构如图 2-2-9 所示。当一根指针的根部先悬挂在一根金属丝或尼龙丝上，另一根指针的根部再挂上 300 g 质量的砝码时，两根指针的针尖距离增加应在（17.5±2.5）mm 范围以内，即 $2x$＝（17.5±2.5）mm，在去掉砝码后针尖的距离能恢复至挂砝码前的状态，每个雷氏夹需配两个边长或直径约 80 mm、厚度为 4～5 mm 的玻璃板。

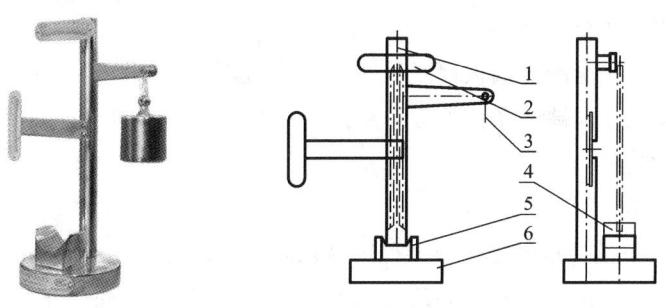

图 2-2-9　雷氏夹

1—支架；2—标尺；3—弦线；4—雷氏夹；5—垫块；6—底座

（2）沸煮箱，有效容积约为 410 mm×240 mm×310 mm，箱的内层由不易锈蚀的金属材料制成。篦板与加热器之间的距离大于 50 mm，能在（30±5）min 内将箱内的试验用水由室温升至沸腾并可保持沸腾状态 3 h 以上，整个试验过程中不需补充水量，如图 2-2-10 所示。

（3）雷氏夹膨胀值测定仪，标尺最小刻度为 0.5 mm。

（4）水泥净浆搅拌机。

（5）湿热养护箱。

图 2-2-10　沸煮箱

4）试验步骤

（1）雷氏法。

① 将预先准备好的雷氏夹放在已稍擦油的玻璃板上，并立刻将已制好的标准稠度净浆装满雷氏夹，一手轻扶雷氏夹，一手用宽约 25 mm 的直边刀在浆体表面轻轻插捣 3 次，然后抹平，盖上稍涂油的玻璃板，置温热养护箱内养护（24±2）h。

② 调整好沸煮箱内的水位，保证在整个沸煮过程中都没过试件，不需中途加水，同时又保证能在（30±5）min 内升至沸腾。

③ 脱去玻璃板，取下试件，测量雷氏夹指针尖端间的距离（A），精确到 0.5 mm，接着将试件放入沸煮箱的试件架上，指针朝上，试件之间互不交叉，然后在（30±5）min 内加热至沸并恒沸（180±5）min。

④ 沸煮结束后，立即放掉沸煮箱中的热水，冷却至室温，取出试件，测量雷氏夹指针尖端的距离（c），准确到 0.5 mm。

（2）试饼法。

① 将制好的标准稠度净浆分成两等份,使之呈球形,放在预先准备好的玻璃板上,轻轻振动玻璃板并用湿布擦过的小刀由边缘向中央抹动,做成直径为 70～80 mm、中心厚约 10 mm、边缘渐薄、表面光滑的试饼,放入温热养护箱内养护(24±2) h。

② 脱去玻璃板取下试件。先检查试饼是否完整(如已开裂翘曲要检查原因,确实无外因时,该试饼已属不合格不必沸煮),在试饼无缺陷的情况下,将试饼放在沸煮箱的水中篦板上,然后在(30±5) min 内加热至沸,并恒沸(180±5) min。沸煮结束后,立即放掉沸煮箱中的热水,冷却至室温,取出试饼观察、测量。

5) 注意事项

(1) 需平行测试两个试件。

(2) 凡水泥净浆接触的玻璃板都要稍涂一层油(起隔离作用)。

(3) 试饼应在无任何缺陷条件下方可沸煮。

6) 试验结果判断

(1) 雷氏法。

当沸煮前后两个试件指针端距离差($C-A$)的平均值不大于 5.0 mm 时,即认为该水泥安定性合格,当两个计件距离差($C-A$)均相差超过 4 mm 时,应用同一样品立即重做一次试验,再如此则认为水泥安定性不合格。安定性不合格的水泥则判定为不合格品。

(2) 试饼法。

目测未发现裂缝,用钢直尺测量未弯曲(钢直尺和试饼底部紧靠,以两者间不透光为不弯曲)的试饼为安定性合格,当两个试饼判别结果有矛盾时,该水泥的安定性为不合格。安定性不合格的水泥则判定为不合格品。

5. 水泥胶砂强度检验

1) 检测试验的目的

检验不同龄期的抗压强度、抗折强度,确定水泥的强度等级或评定水泥强度是否符合标准要求。

2) 检验标准及主要质量指标检验方法标准

(1)《通用硅酸盐水泥》(GB 175—2007);

(2)《水泥胶砂强度检验方法》(GB/T 17671—1999)。

3) 主要仪器设备

(1) 行星式胶砂搅拌机(见图 2-2-11):由搅拌锅、搅拌叶、电动机等组成,符合《行星式水

图 2-2-11 行星式胶砂搅拌机

泥胶砂搅拌机》(JC/T 681—2005)标准。

（2）水泥胶砂试模（见图 2-2-12）：由三个模槽组成，可同时成型三条截面为 40 mm×40 mm，长度为 160 mm 的菱形试件，符合《水泥胶砂试模》(JC/T 726—2005)标准。

（3）水泥胶砂试体成形振实台：符合《水泥胶砂试体成型振实台》(JC/T 682—2005)标准。

（4）抗折试验机（见图 2-2-13）。

（5）抗压试验机（见图 2-2-13）。

图 2-2-12　水泥胶砂试模

图 2-2-13　抗折、抗压试验机

（6）抗压夹具：受压面积为 40 mm×40 mm，符合《水泥抗压夹具》(JC/T 683—2005)标准。

4）试验步骤

（1）配合比。对于《水泥胶砂强度检验方法》(GB/T 17671—1999) 限定的通用水泥，按水泥试样、标准砂(ISO)、水，以质量计的配合比 1∶3∶0.5，每一锅胶砂成形三条试件，需水泥试样(450±2) g，ISO 标准砂(1 350±5) g，水(225±1) g。

（2）搅拌。把水加入锅内，再加入水泥，把锅放在固定架上，上升至固定位置后开动搅拌机，低速搅拌 30 s 后，在第一个 30 s 开始搅拌的同时均匀加入砂（当各级砂是分装时，从最大粒级开始，依次将所需的每级砂量加完），然后把机器转至高速，再拌 30 s，停拌 90 s。在第一个 15 s 内，用胶皮刮具将叶片和锅壁上的胶砂刮入锅中间，在高速下继续搅拌 60 s，各个搅拌阶段，时间误差应在 1 s 以内。

（3）成形。胶砂制备后应立即成形，将空模及模套固定于振实台上，将胶砂分两层装入试模，装第一层时每模槽内约放 300 g 胶砂，并将料层插平振实 60 次后，再装入第二层胶砂，插平后再振实 60 次，然后从振实台上取上试模，用金属直尺以 90°的角度架在试模模顶一端，沿试模长度方向从横向以锯割动作慢慢向另一端移动，将超出试模部分的胶砂刮去并抹平，然后做好标记。

（4）养护。将做好标记的试模放入温热养护箱内至规定时间拆模，对于 24 h 龄期的试件，应在试验前 20 min 内脱模，并用湿布覆盖到试验时为止。对于 24 h 以上龄期的试件，应在成形后 20～24 h 内脱模，并放入相对湿度大于 90％的标准养护室或水中养护（温度为(20±1) ℃）。

（5）试验。养护到期的试件，应在试验前 15 min 从水中取去，擦去表面沉积物，并用湿布覆盖到试验时为止。先进行抗折试验，后做抗压试验。

抗折试验：将试件长向侧面放于抗折试件机的两个支撑圆柱上，通过加荷圆柱，以(50±10) N/s 的速率均匀将荷载加在试件相对侧面至折断，记录破坏荷载(F_p)。

抗压试验:以折断后保持潮湿状态的两个半截棱柱体以侧面为受压面,分别放入抗压夹具内,并要求试件中心、夹具中心、压力机压板中心,三心合一,偏差为±0.5 mm,以(2.4±0.2) kN/s的速率均匀加荷至破坏,记录破坏荷载(F_p)。

5)注意事项

(1)试模内壁应在成形前涂薄层的隔离剂。

(2)脱模时应小心操作,防止试件受到损伤。

(3)养护时不应将试模叠放。

6)试验结果处理

(1)抗折强度计算。

抗折强度为

$$f_V = \frac{3F_p L}{2bh^2} = 0.00234F_p \tag{2-2-3}$$

式中:F_p为棱柱体折断时的荷载,N;b为试件断面正方形的边长,取 40 mm;L为支撑圆柱中心距。

以一组 3 个棱柱体抗折强度的平均值为试验结果,当 3 个强度值中有超出平均值±10% 的,应剔除后再取平均值作为抗折强度试验结果。

(2)抗压强度计算。

抗压强度为

$$f_c = \frac{F_p}{A} = 0.000625F_p \quad (\text{精确至 0.1 MPa}) \tag{2-2-4}$$

式中:F_p为受压破坏最大荷载,N;A为受压面积,为 40 mm×40 mm。

以一组 6 个棱柱体得到的 6 个抗压强度的技术平均值为试验结果。当 6 个测定值中有 1 个超出 6 个平均值的±10% 的,应剔除这个结果,以剩下的 5 个抗压强度的平均值为结果,若 5 个测定值中再有超出平均值的±10% 的,则此组结果作废。强度值低于标准要求的最低强度值的,应视为不合格。

6. 水泥的试验报告要求与格式

1)原始记录

原始记录填写必须认真,不得潦草,不得随意涂改。如有修改,必须由检测人员签字确认。原始记录表应编号整理,妥善保存。本模块涉及的水泥检测原始记录有水泥比表面积测定记录、水泥物理性能检测记录、水泥胶砂流动度、凝结时间测定记录。

2)检测报告

检测报告应分类连续编号,填写必须规范。检测报告中三级签字(检测人员、审核人员、技术负责人签字)必须齐全,无公章的检测报告无效。所有下发的检测报告都应有签字手续,并登记台账。

检测报告应认真审核,严格把关,不符合要求的一律不得签发。检测报告一经签发,即具有法律效力,不得涂改和抽撤。

水泥强度、物理性能检验记录

委托编号：　　　　　　　　　　样品编号：　　　　　　　　　　　　　　第　页共　页

委托单位		施工单位			检测日期	
工程名称		使用部位			检测地点	水泥试验室
样品信息	厂　别　品　种	强度等级	出厂日期	合格证编号	样品状态	代表数量/t

检测依据	《通用硅酸盐水泥》(GB 175—2007)				
环境条件	成形室温度/(℃)	成形室湿度/(%)	养护箱温度/(℃)	养护箱湿度/(%)	养护水温度/(℃)

主要仪器设备	仪器名称	型号规格	管理编号	校准有效期至
	万能试验机	WE-10B	(C)01-003	年　月　日
	抗折试验机	KJZ-5000	(C)01-008	年　月　日

检测过程异常情况	描述：	采取控制措施：
备注		

一、细度检测(80 μm 负压筛析法)

序号	试样总量/g	筛余量/g	试验筛修正系数(c)	细度/(%)	细度平均值/(%)
1	25.00		0.86		
2	25.00				

二、标准稠度用水量、凝结时间、安定性检测

1. 稠度检测(□标准法□试锥法)

样品重/g	加水量/mL	试杆距底板距离/mm	加水时间	标准稠度加水量/mL	标准稠度用水量/(%)
500					
500					
500					

2. 凝结时间检测(标准法)

样品重/g		加水量/mL		加水时间	
初凝过程	时间				
	试杆距底板距离/mm				
终凝过程	时间				
	试针沉入试件深度/mm				
初凝			终凝		
初凝时间			终凝时间		

审核：　　　　　　　　　校对：　　　　　　　　　检测：

水泥强度、物理性能检验记录

委托编号：　　　　　　　　　　　样品编号：　　　　　　　　　　　第　页共　页

3. 安定性检测（雷氏法）

沸煮开始时间		沸煮结束时间		沸煮时间	

试件编号		C-1		C-2	
沸煮前雷氏夹指针尖端距离	C_1/mm		C_2/mm		
沸煮后雷氏夹指针尖端距离	A_1/mm		A_2/mm		
雷氏夹指针尖端增加距离	C_1-A_1/mm		C_2-A_2/mm		
$C-A$ 平均值/mm		$C-A$ 的绝对值/mm			
结果					

三、胶砂强度检测

试验配料	水泥/g	标准砂/g	水/g	流动度/mm
	450	1 350	225	
成形日期			成形时间	
龄期	3d		28d	
破形日期				
破形时间				

抗折检测	试件编号	荷载 F_f/N	强度 R_f/MPa	试件编号	荷载 F_f/N	强度 R_f/MPa
	D-1			D-4		
	D-2			D-5		
	D-3			D-6		
	代表值/MPa					

抗压检测	试件编号	荷载 F_c/kN	强度 R_c/MPa	试件编号	荷载 F_c/kN	强度 R_c/MPa
	D-1			D-4		
	D-2			D-5		
	D-3			D-6		
	代表值/MPa					

公式	抗折强度：　　　　　　　　$R_f=1.5F_fL/b^3$ 式中：L 为支撑圆柱之间的距离，mm；B 为棱柱体正方形截面的边长，mm。 抗压强度：　　　　　　　　$R_c=F_c/A$ 式中：A 为受压部分面积，mm³

审核：　　　　　　　　　　　校对：　　　　　　　　　　　检测：

思　考　题

1. 硅酸盐水泥的矿物组成有哪些？它们与水作用时各表现出什么特征？各自的水化产物是什么？

2. 硅酸盐水泥的主要水化产物是什么？硬化后水泥石的组成有哪些？

3. 简述硅酸盐水泥的凝结硬化机理。影响凝结硬化过程的因素有哪些？如何影响？

4. 为什么在生产硅酸盐水泥时掺入适量的石膏对水泥不起破坏作用,而硬化后水泥石遇到有硫酸盐溶液的环境,产生石膏时就有破坏作用？

5. 什么是细度？为什么要对水泥的细度作规定？硅酸盐水泥和普通硅酸盐水泥的细度指标各是什么？

6. 规定水泥标准稠度及标准稠度用水量有何意义？

7. 何谓水泥的体积安定性？产生的原因是什么？如何进行检测？水泥体积安定性不良如何处理？

8. 何谓水泥的凝结时间？国家标准为什么要规定水泥的凝结时间？

9. 混合材料可分为哪些类？掺入水泥后的作用分别是什么？硅酸盐水泥常掺入哪几种活性混合材料？

10. 为什么用不耐水的石灰拌制成灰土、三合土具有一定的耐水性？

11. 与硅酸盐水泥和普通水泥相比,粉煤灰水泥、矿渣水泥和火山灰质水泥有什么特点（共性）？这几种水泥又各有什么个性？

12. 双快水泥、白色硅酸盐水泥、低热矿渣水泥和中热水泥等品种的水泥与硅酸盐水泥相比,它们的矿物组成有何不同,为什么？

13. 水泥在运输和存放过程中为何不能受潮和雨淋？储存水泥时应注意哪些问题？

14. 试述铝酸盐水泥的矿物组成、水化产物及特性,在使用中应注意哪些问题？

15. 称取 25 g 某矿渣硅酸盐水泥做细度检测,称得筛余量为 2.0 g,问该水泥的细度是否达到标准要求？

16. 某硅酸盐水泥试件,在抗折试验机和抗压试验机上的测试结果如表 2-2-13 所示,试评定该硅酸盐水泥的强度等级。

表 2-2-13　测试结果

荷　　　载	抗折破坏荷载		抗压破坏荷载			
龄期	3d	28d	3d		28d	
检测结果读数	1.7	3.1	50	58	140	130
	1.9	3.3	60	70	137	150
	1.8	3.2	58	62	136	137
平均值						

【知识拓展】　凝石

我国科学家发明了一种仿地成岩的新型建筑胶凝材料——"凝石"。这种将冶金渣、粉煤灰、煤矸石等各种工业废弃物磨细后再"凝聚"而成的"石头",与寻常水泥相比,在强度、密度、耐腐蚀性、生产成本和清洁生产等许多方面都表现得十分突出。

凝石技术仿照自然界的成岩原理,在各种工业废弃物(如冶金渣、粉煤灰、煤矸石、赤泥等)中添加成岩物质,让它们在数小时乃至几十分钟内就凝聚成高强度的岩石,在常温常压条件下生产出高性能的新型建材——硅铝基类微晶二元胶凝材料,即"凝石"。

1. 凝石的性质

与普通水泥相比凝石有如下特点:

(1)强度高,所有物理性能都能达到 32.5,42.5 和 52.5 级普通硅酸盐水泥的标准。

(2)配制混凝土时,同样水灰比的情况下,其坍落度大于水泥混凝土的。

(3)坍落度经时损失小于水泥混凝土的。

(4)硬化收缩、干燥收缩、干燥强度下降率均小于水泥混凝土。

(5)2 d 龄期强度跟踪结果表明,其强度缓慢增长。

(6)同样抗压强度时其抗折强度和劈裂抗拉强度比水泥混凝土的高 20%～30%。

(7)材料耐高温,隔热效果好。

(8)增韧、增强外添加剂选择范围广,由于反应在较低温度下进行,避免了高温可能导致的添加物变质,添加物与基体的热失配及化学不相容,从而可采用多种外添加剂进行增强、增韧,提高材料性能。

(9)结构致密,渗透系数低。有关实验结果表明:以凝石为胶凝材料的凝石混凝土,其抗压、抗折等物理力学性能与硅钙体系的水泥混凝土相比基本相当,而抗冻融强度、抗渗强度、水化热、抗 AAR(碱-集料反应)能力等指标优于水泥混凝土。凝石系采用废钢渣等硅铝体系材料经研磨并添加若干激活材料制成,与采用两烧一磨方法制成的硅钙体系水泥相比,具有造价低、污染小等优点,对要求有较高的耐久性、较低工程造价的水利工程而言尤为适合。

从严格的意义上,凝石胶凝材料与水泥的定义"凡磨细成粉末状,加入适量的水以后成为塑性浆体,既能在空气中硬化,又能在水中硬化,并能将砂、石等散粒或纤维材料牢固地胶结在一起的水硬性胶凝材料"相符合,因此也可以认为凝石是一种新型水泥。除养护方式与传统水泥混凝土略有不同外,其使用方法与水泥的大致相同。传统的水泥混凝土为高钙体系,其工艺特点为:两磨一烧,干法,灰渣末端处理;环境效益,消耗天然资源,高能耗,高污染;水化硬化、结晶硬化。凝石混凝土为硅铝体系,其工艺特点为:一磨;湿法;灰渣处理为过程和末端处理相结合;环境效益,节约天然资源、节能、无三废排放;主要为聚合成岩。

2. 凝石混凝土特性

凝石混凝土与水泥混凝土相比较,有以下优点:

(1)凝石混凝土初凝时间较水泥混凝土的略长,而终凝时间较短;

(2)抗折强度略高于同标号水泥混凝土的,抗压强度基本相当;

(3)抗冻融循环能力较好,在没有外加剂条件下,冻融循环(慢冻)达到 386 次,按东北勘测设计研究院的经验公式,大致相当于快冻 170 次左右。此时强度及质量损失率均低于 25%,而相对动弹性模量下降率较高,表明凝石混凝土具有一定的抗冻融能力,但冻融破坏机理似有所不同。

3. 凝石混凝土的应用

凝石系采用废钢渣、火山灰、粉煤灰等作为原材料磨制而成,不产生 CO_2 污染,节省能源,符合可持续发展的基本要求。同时,由于凝石材料已经表现出的良好性能,无疑可在土木工程领域特别是水利工程中得到广泛的应用。

(1)降低工程造价,适合农田水利工程。

在水利工程特别是农田水利工程中,一般要求混凝土工程造价较低。由于凝石的生产工艺较传统水泥简单,生产成本低,据测算,凝石混凝土的造价比传统水泥混凝土约减少10%。

(2)水工性能良好,适合堤坝混凝土工程。

用于水库大坝、防洪堤、渠系建筑物等水工建筑物的混凝土,由于其施工应用、工作环境的特殊性,往往要求有较高的耐久性、较少的水化热。而目前的初步实验结果,已经显示出凝石混凝土具有较好的物理、力学性能,抗冻融循环能力较好,水化热较低,渗透系数较小、产生AAR破坏及硫酸盐破坏的可能性小等水工性能,有利于增加混凝土的耐久性,适合堤坝等水利工程。

(3)盐碱析出量低,适合绿化混凝土工程。

环境友好型混凝土根据对凝石混凝土研末水浸泡液中析出的可溶性盐碱进行检测的结果,凝石混凝土空隙内水环境中的盐碱含量非常低,用于制作绿化混凝土时,对植物根系损害的可能性大大减少。但值得注意的是,空隙内水环境中可转化利用的碱金属含量也不足,在配制空隙填充料时应注意补充。

4. 凝石存在的问题

1)凝石的耐久性

作为胶凝材料,凝石应有长期的性能及耐久性的系统研究。但目前凝石的产量很少,试验研究数据不多,缺乏大量工程上的应用数据,特别是凝石基本没有进行全面的耐久性实验。

2)成岩剂对废渣的适应性

废渣成分复杂,不同废渣性能差别很大,即使是同一种废渣,由于生产企业用的原料不同,生产方法和技术路线不同,排出的废渣的化学成分、玻璃体含量及内部结构也会有很大区别,某一激发剂(假设理解为成岩剂)对某种废渣可能会产生强度,但对其他废渣,甚至成分不同的同一废渣不一定适应。20世纪60年代我国研发的碱激发胶凝材料至今没有推广的主要原因就是产品质量不稳定,施工过程难以控制。

3)规范和标准

凝石技术已进入中试阶段,但凝石产品尚无相关标准和使用规范。只有对凝石的产品质量、废渣来源、成分稳定性、供货条件、运输条件、贮存条件等都要有相关的规范和要求,才能进行推广。

任务3　混凝土外加剂的选择、检测与应用

【任务描述】

混凝土外加剂是一种在混凝土搅拌之前或拌制过程中加入的、用于改善新拌和硬化混凝土性能的材料。其特点是掺量少、作用大,所以有人将其比作食品中的调味素,也有人称其能起"四两拨千斤"的作用。各种混凝土外加剂的应用改善了新拌和硬化混凝土的许多性能,促进了混凝土新技术的发展,促进了工业副产品在胶凝材料系统中的应用,还有助于节约资源和

环境保护,已经逐步成为优质混凝土必不可少的第五组分(除凝胶材料、粗骨料、细骨料和水外)。混凝土外加剂能够大幅度降低混凝土的用水量、改善新拌混凝土的工作性、提高混凝土强度、减少水泥用量、延长混凝土的使用寿命,是显示一个国家混凝土技术水平的标志性产品。本任务将对进场的混凝土外加剂质量进行规定的检测、检验,判断本批次材料是否合格。

【任务目标】

能力目标

(1)能够抽取混凝土外加剂检测的试样。

(2)能够对检测项目进行检测,精确读取检测数据。

(3)能够按规范要求对检测数据进行处理,并评定检测结果。

(4)能够填写规范的检测原始记录并出具规范的检测报告。

知识目标

(1)了解混凝土外加剂的分类组成、凝结硬化机理和技术性质。

(2)掌握常见混凝土外加剂的特点和适用条件。

(3)熟悉混凝土外加剂的质量标准和检测标准。

技能目标

(1)能按国家标准要求进行混凝土外加剂的选择。

(2)能正确操作试验仪器对混凝土外加剂的各项技术性能指标进行检测。

(3)能依据国家标准对混凝土外加剂质量作出准确的评价。

(4)正确阅读、填写混凝土外加剂质量检测报告单。

模块 1　混凝土外加剂的选择

混凝土外加剂是随着社会的发展,为改善和调节混凝土的性能、节约水泥而掺加的有机、无机或复合的化合物。外加剂在混凝土搅拌之前或拌制过程中加入,除特殊情况外,掺量一般不超过水泥用量的5%。混凝土外加剂种类繁多。外加剂的掺量虽小,但其技术经济效果却显著,因此,外加剂已成为混凝土的重要组成部分,得到越来越广泛的应用。

外加剂的使用是混凝土技术的重大突破。随着混凝土工程技术的发展,对混凝土性能提出了许多新的要求,如:泵送混凝土要求高的流动性;冬季施工要求高的早期强度;高层建筑、海洋结构要求高强、高耐久性。

1. 外加剂的基本知识

1)外加剂的种类

(1)按其化学成分划分,外加剂可分为有机外加剂、无机外加剂及有机无机复合外加剂三类。例如,减水剂就分为木质素磺酸盐类、糖蜜类、萘系、蜜胺类、聚羧酸盐类及复合外加剂。

(2)按其功能与使用效果划分,外加剂可分为以下四类:

① 改善混凝土拌和物流变性能的外加剂,包括各种减水剂、引气剂和泵送剂等。

② 调节混凝土凝结时间、硬化性能的外加剂,包括缓凝剂、早强剂和速凝剂等。

③ 改善混凝土耐久性的外加剂,包括引气剂、防水剂和阻锈剂、减缩剂等。

④ 改善混凝土其他性能的外加剂,包括加气剂、膨胀剂、防冻剂、着色剂、防水剂和泵送剂等。

目前,根据《混凝土外加剂的定义、分类、命名与术语》(GB 8075—2005)的规定,在工程中常用的外加剂主要有普通减水剂、高效减水剂、高性能减水剂、引气剂、引气型减水剂、早强剂、早强减水剂、泵送剂、缓凝剂、缓凝减水剂、防冻剂、膨胀剂和速凝剂等。

2) 常用外加剂的基本特性

(1) 减水剂。

① 减水剂的基本性质。

减水剂是指在保持混凝土稠度不变的条件下,具有减水增强作用的外加剂。

根据使用目的不同,在混凝土中加入减水剂后,一般可取得以下效果。

A. 增加流动性。在用水量及水泥用量不变时,混凝土坍落度可增大 100～200 mm,明显提高混凝土的流动性,且不影响混凝土的强度。泵送混凝土或其他大流动性混凝土均需掺入高效减水剂。

B. 提高混凝土强度。在保持流动性及水泥用量不变的条件下,可减少拌和水量 10%～15%,从而降低水灰比,使混凝土强度提高 15%～20%,特别是对早期强度提高更为显著。掺入高效减水剂是制备早强、高强、高性能混凝土的技术措施之一。

C. 节约水泥。在保持流动性及水灰比不变的条件下,可以在减少拌和水量的同时,相应减少水泥用量,即在保持混凝土强度不变时,可节约水泥用量 10%～15%,且有利于降低工程成本。

D. 改善混凝土的耐久性。减水剂的掺入,显著地改善了混凝土的孔结构,使混凝土的密实度提高,透水性降低,从而可提高抗渗、抗冻、抗化学腐蚀及防锈蚀等能力。此外,掺入减水剂后,还可以改善混凝土拌和物的泌水、离析现象,延缓混凝土拌和物的凝结时间,减慢水泥水化放热速度,防止因内外温差而引起的裂缝。

② 常用的减水剂。

A. 按减水剂的作用效果及功能情况,可分为普通减水剂、高效减水剂、早强减水剂、缓凝减水剂、缓凝高效减水剂及引气型减水剂等。

B. 按凝结时间,可分为标准型、早强型、缓凝型三种。

C. 按是否引气,可分为引气型和非引气型两种。

D. 按其主要化学成分,可分为木质素磺酸盐系减水剂,多环芳香族磺酸盐系减水剂,水溶性树脂磺酸盐系减水剂,糖蜜类、腐植酸盐和复合型减水剂等。

a. 木质素磺酸盐系减水剂。

分类:根据其所带阳离子的不同,有木质素磺酸钙(木钙)减水剂、木质素磺酸钠(木钠)减水剂、木质素磺酸镁(木镁)减水剂等。其中木钙减水剂(又称 M 型减水剂)使用较多。木钙减水剂的掺量,一般为水泥质量的 0.2%～0.3%。

作用:当保持水泥用量和混凝土坍落度不变时,其减水率为 10%～15%,混凝土 28 d 抗压强度提高 10%～20%;若保持混凝土的抗压强度和坍落度不变,则可节省水泥用量 10%左右;若保持混凝土的配合比不变,则可提高混凝土坍落度 80～100 mm。

注意:木钙减水剂对混凝土有缓凝作用,掺量过多或在低温下缓凝作用更为显著,而且还可能使混凝土强度降低,使用时应注意。木钙减水剂是引气型减水剂,掺用后可改善混凝土的抗渗性、抗冻性、降低泌水性。

使用范围:木钙减水剂可用于一般混凝土工程,尤其适用于大模板、大体积浇注、滑模施工、泵送混凝土及夏季施工等。木钙减水剂不宜单独用于冬季施工,在日最低气温低于5℃时,应与早强剂、防冻剂等复合使用。木钙减水剂也不宜单独用于蒸养混凝土及预应力混凝土中。

　　b. 多环芳香族磺酸盐系减水剂。

　　组成:多环芳香族磺酸盐系减水剂的主要成分为萘或萘的同系物的磺酸盐与甲醛的缩合物,故又称萘系减水剂。萘系减水剂的结构特点是憎水性的主链为亚甲基连接的双环或多环的芳烃,亲水性的官能团则是连在芳环上的$-SO_3M$等。

　　用量:萘系减水剂的适宜掺量为水泥质量的$0.5\%\sim1.0\%$。

　　性能:混凝土28 d强度提高20%以上。在保持混凝土强度和坍落度相近时,则可节约水泥用量$10\%\sim20\%$。

　　应用:萘系减水剂对不同品种水泥的适应性较强,适用于配制早强、高强、流态、防水、蒸养等混凝土,也适用于日最低气温0℃以上施工的混凝土,低于此温度则宜与早强剂复合使用。

　　c. 水溶性树脂系减水剂。

　　组成:水溶性树脂系减水剂是以一些水溶性树脂为主要原料的减水剂,如三聚氰胺树脂、古玛隆树脂等,我国生产的SM减水剂即是将三聚氰胺与甲醛反应生成三羟甲基三聚氰胺,再经硫酸氢钠磺化而得的以三聚氰胺树脂磺酸钠为主要成分的减水剂。CRS减水剂则是以古玛隆-茚树脂磺酸钠为主要成分的减水剂。

　　用量及性能:SM减水剂掺量为水泥质量的$0.5\%\sim2.0\%$,其减水率为$15\%\sim27\%$,混凝土3 d强度提高$30\%\sim100\%$,28 d强度提高$20\%\sim30\%$。CRS减水剂掺量为水泥质量的$0.75\%\sim2.0\%$,其减水率为$18\%\sim30\%$,混凝土3 d强度提高$40\%\sim130\%$,28 d强度可提高$20\%\sim30\%$。

　　特点:这两种减水剂除具有显著的减水、增强效果外,还能提高混凝土的其他力学性能和混凝土的抗渗、抗冻性,对混凝土的蒸养适应性也优于其他外加剂。

　　应用:水溶性树脂系减水剂为高效减水剂,适用于早强、高强、蒸养及流态混凝土等。

　　(2)早强剂。

　　① 早强剂的基本性质。

　　早强剂是加速混凝土早期强度发展,并对后期强度无显著影响的外加剂。早强剂能加速水泥的水化和硬化,缩短养护期,从而可达到尽早拆模、提高模板周转率,加快施工速度的目的。早强剂可以在常温、低温和负温(不低于-5 ℃)条件下加速混凝土的硬化过程,多用于冬季施工和抢修工程。

　　② 常用的早强剂。

　　早强剂主要有无机盐类(氯盐类、硫酸盐类)和有机类及有机-无机的复合物三大类。

　　A. 氯盐早强剂。

　　组成:氯盐早强剂主要包括氯化钙、氯化钠、氯化铝等。合理掺加氯盐类早强剂,会对混凝土的早期强度发展有利。

　　注意:氯盐早强剂只准在不配筋的素混凝土中掺加,对于钢筋混凝土,特别是预应力钢筋混凝土,以及有金属预埋件的混凝土,要慎用这类外加剂,限制Cl^-的引入量,甚至要禁止使用。

　　作用机理:第一,氯化物与水泥中的C_3A形成更难溶于水的水化氯铝酸盐,加速了水泥中

的 C_3A 水化，从而使水泥水化加速；第二，氯化物与水泥水化所得的氢氧化钙生成难溶于水的氧氯化钙，降低液相中氢氧化钙的浓度，加速 C_3S 的水化。另外，由于氯化物多为易溶盐类，具有盐效应，可加大硅酸盐水泥熟料矿物的溶解度，加快水化反应进程，从而加速水泥及混凝土的硬化。

B. 硫酸盐早强剂。

常用的硫酸盐早强剂为硫酸钠、硫酸钾和硫酸钙等三种。掺硫酸盐早强剂的混凝土要注意预防泛碱和白华现象。硫酸盐的掺量应通过实验确定，以免引起碱集料反应破坏或硫酸盐过量产生的侵蚀破坏。

C. 硝酸盐和亚硝酸盐早强剂。

硝酸盐和亚硝酸盐均对水泥水化过程起促进作用。这些盐类不仅能作为混凝土的早强剂组分，而且可以作为混凝土防冻剂组分使用。其主要品种有亚硝酸钙-硝酸钙，硝酸钙-尿素、亚硝酸钙-硝酸钙-尿素、亚硝酸钙-硝酸钙-氯化钙及亚硝酸钙-硝酸钙-氯化钙-尿酸等。亚硝酸钠的掺入还可以防止混凝土内部钢筋的锈蚀，其原因是可以促使钢筋表面形成致密的保护膜。所以氯盐早强剂及氯盐防冻剂中常复合有亚硝酸钠组分。

D. 有机化合物早强剂。

最常用的有机化合物早强剂为三乙醇胺。三乙醇胺是一种表面活性剂，掺入水泥混凝土中，在水泥水化过程中起催化剂的作用，它能够加速 C_3A 的水化和钙矾石的形成。三乙醇胺常与氯盐早强剂复合使用，早强效果更佳。常用的有机化合物早强剂还有甲酸钙、乙酸和乙酸盐等。

E. 复合型早强剂和早强减水剂。

通过对各种早强剂组分之间的复合，以及早强剂组分与减水剂组分之间的复合，可以收到比单一早强剂更好的改性效果，例如：大幅度提高混凝土的早期强度发展速率；既能较好地提高混凝土的早期强度，又对混凝土后期强度发展带来好处；既具有一定减水作用，又能大幅度加速混凝土早期强度发展；既能起到良好的早强效果，又能避免有些早强组分引起混凝土内部钢筋锈蚀等。

③早强剂的发展方向。

a. 非氯盐、非硫酸盐类早强剂及复配外加剂的生产和应用；

b. 低氯离子、低硫酸根离子、低碱金属离子含量的早强剂及复配外加剂的生产和应用；

c. 大掺量矿渣粉或粉煤灰混凝土早强剂的研制；

d. 开展早强剂与水泥/掺和料适应性的研究，以更科学地选择早强剂，收到最佳和最经济的应用效果。

（3）缓凝剂。

① 缓凝剂的基本性质。

缓凝剂是指能延缓混凝土凝结时间，增加混凝土的初凝时间，对高温季节混凝土施工有重要意义，并对混凝土后期强度发展无不利影响的外加剂。

缓凝剂具有缓凝、减水、降低水化热和增强作用，对钢筋无锈蚀作用。

② 常用缓凝剂的特性。

缓凝剂主要有四类：糖类，如糖蜜；木质素磺酸盐类，如木钙、木钠；羟基羧酸及其盐类，如柠檬酸、酒石酸；无机盐类，如锌盐、硼酸盐等。常用的缓凝剂是木钙和糖蜜，其中糖蜜的缓凝效果最好。

缓凝剂主要适用于大体积混凝土和炎热气候下施工的混凝土、泵送混凝土及滑模施工的混凝土，以及需长时间停放或长距离运输的混凝土。缓凝剂不宜用于日最低气温 5℃ 以下施工的混凝土，也不宜单独用于有早强要求的混凝土及蒸养混凝土。

（4）引气剂。

引气剂是指在混凝土搅拌过程中，能引入大量分布均匀的微小气泡，以减少混凝土拌和物的泌水、离析，改善和易性，并能显著提高硬化混凝土抗冻性、抗渗性的外加剂。

引气剂大部分是阴离子表面活性剂，在水气界面上，憎水基向空气一面定向吸附，在向水面上，水泥或其水化粒子与亲水基相吸附，憎水基背离水泥及其水化粒子，形成憎水化吸附层，并力图靠近空气表面，这种粒子向空气表面靠近，与引气剂分子在水气界面上的吸附作用将显著降低水的表面张力，使混凝土在拌和过程中产生大量微细气泡，这些气泡有带相同电荷的定向吸附层，所以相互排斥并能均匀分布。另外，许多阴离子引气剂在含钙量高的水泥水溶液中有钙盐沉淀，吸附于气泡膜上，能有效防止气泡破灭，引入的细小均匀的气泡能在一定时间内稳定存在。从上述机理可以看出，引气剂的界面活性作用与减水剂的相似，区别在于，减水剂的界面活性作用主要发生在液固界面，而引气剂的界面活性作用主要在气液界面上。引气剂能显著降低水的表面张力和界面能，使水溶液在搅拌过程中极易产生许多微小的封闭气泡，气泡直径多在 50～250 μm 范围内。同时，因引气剂定向吸附在气泡表面，形成较为牢固的液膜，使气泡稳定而不破裂。按混凝土含气量 3%～5% 计（不加引气剂的混凝土含气量为 1%），1 m^3 混凝土拌和物中含数百亿个气泡。由于大量微小、封闭并均匀分布的气泡的存在，混凝土的某些性能得到明显改善或改变。

目前，应用较多的引气剂为松香热聚物、松香皂、烷基苯磺酸盐等。它们的主要作用如下。

① 改善混凝土拌和物的和易性。由于大量微小封闭球状气泡在混凝土拌和物内形成，如同滚珠一样，减少了颗粒间的摩擦阻力，使混凝土拌和物流动性增加。同时，水分均匀分布在大量气泡的表面，使能自由移动的水量减少，混凝土拌和物的保水性、黏聚性也随之提高。

② 显著提高混凝土的抗渗性、抗冻性。大量均匀分布的封闭气泡有较大的弹性变形能力，对由水结冰所产生的膨胀应力有一定的缓冲作用，因而混凝土的抗冻性得到提高。大量微小气泡占据于混凝土的孔隙，切断毛细管通道，使抗渗性得到改善。

③ 降低混凝土强度。大量气泡的存在减少了混凝土的有效受力面积，混凝土强度有所降低。

总之，引气剂可用于抗渗混凝土、抗冻混凝土、抗硫酸盐侵蚀混凝土、泌水严重的混凝土、贫混凝土、轻混凝土，以及对饰面有要求的混凝土等，但引气剂不宜用于蒸养混凝土及预应力混凝土。

（5）防冻剂。

防冻剂是能使混凝土在负温度下硬化，并在规定养护条件下达到预期足够防冻强度的外加剂。

① 按负温养护温度可分为 -5℃、-10℃、-15℃ 三类。

② 按成分可分为无机盐类、有机盐类、有机化合物与无机盐复合类、复合型防冻剂。

③ 常用的防冻剂为复合型的，由防冻、早强、减水、引气等多种组分组成，各尽其能，完成预定抗冻性能。

（6）速凝剂。

速凝剂是指能使混凝土迅速凝结硬化的外加剂。速凝剂主要有无机盐类和有机物类两类。

速凝剂掺入混凝土后，能使混凝土在5 min 内初凝，10 min 内终凝，1 h 就可产生强度，1 d 强度提高2～3倍，但后期强度会下降，28 d 强度为不掺时的80%～90%。

速凝剂主要用于矿山井巷、铁路隧道、引水涵洞、地下工程，以及喷锚支护时的喷射混凝土或喷射砂浆工程。

（7）减缩剂。

混凝土很大的一个缺点是在干燥条件下会产生收缩，这种收缩导致了硬化混凝土的开裂和其他缺陷的形成和发展，使混凝土的使用寿命大大下降。在混凝土中加入减缩剂能大大降低混凝土的干燥收缩，典型性的能使混凝土的28 d 收缩值减少50%～80%，最终收缩值减少25%～50%。

作用原理主要是能降低混凝土中的毛细管张力，从本质上讲，减缩剂是表面活性物质，有些种类的减缩剂还是表面活性剂。当混凝土由于干燥而在毛细孔中形成毛细管张力产生收缩时，减缩剂可使毛细管张力下降，从而使得混凝土的宏观收缩值降低，所以混凝土减缩剂对减少混凝土的干缩和自缩有较大作用。

（8）膨胀剂。

膨胀剂是与水泥和水拌和后，经水化反应生成钙钒石或氢氧化钙，使混凝土产生膨胀的外加剂。

其特点是：在有预应力的束缚下，这种膨胀转变成压应力，减小或消除混凝土干缩和凝缩时的体积缩小，从而改善混凝土质量。生成的钙钒石等晶体具有充填、堵塞混凝土毛细孔隙的作用，提高混凝土的抗渗能力。

其主要品种如下。

① 硫铝酸钙类膨胀剂，如明矾石膨胀剂、UEA 膨胀剂、AEA 膨胀剂，是以水化硫铝酸钙（即钙钒石）为膨胀源或主要膨胀源的。

② 氧化钙类膨胀剂，是指与水泥和水拌和后生成氢氧化钙的膨胀剂，膨胀源以氢氧化钙为主，也称 CEA 膨胀剂。

③ 复合混凝土膨胀剂，是指硫铝酸钙或氧化钙类膨胀剂，分别与混凝土化学外加剂复合的，兼有混凝土膨胀剂与混凝土外加剂性能的混凝土膨胀剂，复合混凝土膨胀剂的品种很多，绝大多数与缓凝剂复合，以减少坍落度经时损失，有利于商品混凝土的远距离运输和泵送。

2. 混凝土外加剂技术要求

1）常用混凝土外加剂技术要求

《混凝土外加剂应用规范》（GB 50119—2003）规定掺外加剂混凝土性能指标应符合表 2-3-1 所示的要求。

2）防水剂技术要求

防水剂是指能提高混凝土、砂浆抗渗性能的外加剂。通过物理或化学作用减少混凝土中的毛细管孔隙，或使毛细管壁呈憎水性，从而能降低静水压力下硬化混凝土渗水性的外加剂，如硬脂酸钙、氯化铁防水剂。其技术要求如下。

（1）防水剂受检砂浆性能指标如表 2-3-2 所示。

（2）防水剂受检混凝土性能指标如表 2-3-3 所示。

表 2-3-1　掺外加剂混凝土性能指标

试验项目	普通减水剂 一等品	普通减水剂 合格品	高效减水剂 一等品	高效减水剂 合格品	早强减水剂 一等品	早强减水剂 合格品	缓凝高效减水剂 一等品	缓凝高效减水剂 合格品	缓凝减水剂 一等品	缓凝减水剂 合格品	引气型减水剂 一等品	引气型减水剂 合格品	早强剂 一等品	早强剂 合格品	缓凝剂 一等品	缓凝剂 合格品	引气剂 一等品	引气剂 合格品
减水率/(%),不小于	8	5	12	10	8	5	12	10	8	5	10	10	—	—	—	—	6	6
泌水率比/(%),不大于	95	100	90	95	95	100	100	100	100	100	70	80	100	100	100	110	70	80
含气量/(%)	≤3.0	≤4.0	≤3.0	≤4.0	≤3.0	≤4.0	<4.5		<5.5		>3.0		—		—		>3.0	
凝结时间之差/min（初凝、终凝）	-90~+120		-90~+120		-90~+90		>+90		>+90		-90~+120		-90~+90		>+90		-90~+120	
抗压强度比/(%),不小于 1d	—		140	130	140	130	—		—		—		135	125	—		—	
抗压强度比/(%),不小于 3d	115	110	130	120	130	120	125	120	100	100	115	110	130	120	100	90	95	80
抗压强度比/(%),不小于 7d	115	110	125	115	115	100	125	115	110	110	110	110	110	105	100	90	95	80
抗压强度比/(%),不小于 28d	110	105	120	110	105	100	120	110	110	105	100	100	100	95	100	90	95	80
收缩率比/(%),不大于 28d	135		135		135		135		135		135		135		135		135	
相对耐久性指标/(%),200次,不小于	—		—				80	60			80	60	—		—		80	60
对钢筋锈蚀作用	应说明对钢筋有无锈蚀危害																	

注：
1. 除含气量外，表中所列数据为掺外加剂混凝土与基准混凝土的差值或比值。
2. 凝结时间指标，"—"号表示提前，"+"号表示延缓。
3. 相对耐久性指标一栏中"80"和"60"分别表示将 28 d 龄期的掺外加剂混凝土试件冻融循环 200 次后，动弹性模量保留值不小于 80% 和小于 60%。
4. 对于可以用高频振捣排除的，由外加剂所引入的气泡的产品，允许用高频振捣，达到某类型性能指标要求的外加剂，可按本表进行命名和分类，但须在产品说明书和包装上注明"用于高频振捣的××剂"。

表 2-3-2　防水剂受检砂浆性能指标

项　目		一等品	合　格　品
净浆安定性		合格	合格
凝结时间	初凝/min,不小于	45	45
	终凝/h,不大于	10	10
抗压强度比/(%),不小于	7 d	100	85
	28 d	90	80
透水压力比/(%),不小于		300	200
48 h 吸水量比/(%),不大于		65	75
28 d 收缩率比/(%),不大于		125	135
对钢筋锈蚀作用		应说明对钢筋有无锈蚀危害	

注　除凝结时间、安定性为受检净浆的试验结果外,表中所列数据均为受检砂浆与基准砂浆的比值。

表 2-3-3　防水剂受检混凝土性能指标

项　目		一等品	合格品
泌水率比/(%),不大于		50	70
净浆安定性		合格	合格
凝结时间差/min,不小于	初凝	－90	
	终凝	－	
抗压强度比/(%),不小于	3 d	100	90
	7 d	110	100
	28 d	100	90
渗透高度比/(%),不大于		30	40
48 h 吸水量比/(%),不大于		65	75
28 d 收缩率比/(%),不大于		125	135
对钢筋锈蚀作用		应说明对钢筋有无锈蚀危害	

注　除净浆安定性为受检净浆的试验结果外,表中所列数据均为受检混凝土与基准混凝土的比值。

3）防冻剂技术要求

防冻剂是指能使混凝土在负温度下硬化,并在规定养护条件下达到预期性能的外加剂,混凝土防冻剂按成分可分为氯盐类、氯盐阻锈类、无氯盐类,其技术要求如表 2-3-4 所示。

4）膨胀剂技术要求

膨胀剂是指与水泥、水拌和后经水化作用反应生成钙矾石、氢氧化钙或其混合物,使混凝土产生膨胀的外加剂。膨胀剂产生的体积膨胀,在有约束条件下能产生适宜的自应力。膨胀剂分为如下三类。

(1)硫铝酸钙类混凝土膨胀剂,是指与水泥、水拌和后经水化反应生成钙矾石的混凝土膨胀剂。

(2)氧化钙类混凝土膨胀剂,是指与水泥、水拌和后经水化反应生成氢氧化钙的混凝土膨胀剂。

表 2-3-4 防冻剂受检混凝土性能指标

项　　目		一等品			合格品		
减水率/(%),不小于		8			—		
泌水率比/(%),不大于		100			100		
含气量/(%),不小于		2.5			2.0		
凝结时间差/min	初凝	−120～+120			−150～+150		
	终凝						
抗压强度比/(%),不小于	规定温度/(℃)	−5	−10	−15	−5	−10	−15
	R28	95		90	90		85
	R(−7+28)	95	90	85	90	85	80
	R(−7+56)	100			100		
90 d 收缩率比/(%),不大于		120					
抗渗压力(或高度)比/(%)		不小于 100(或不大于 100)					
50 次冻融强度损失率比/(%),不大于		100					
对钢筋锈蚀作用		应说明对钢筋有无锈蚀危害					

（3）硫铝酸钙-氧化钙类混凝土膨胀剂，是指与水泥、水拌和后经水化反应生成钙矾石和氢氧化钙的混凝土膨胀剂。

膨胀剂的技术要求如表 2-3-5 所示。

表 2-3-5 膨胀剂性能指标

项　　目				指标值
化学成分	氧化镁/(%),不大于			5.0
	含水率/(%),不大于			3.0
	总碱量/(%),不大于			0.75
	氯离子/(%),不大于			0.05
物理性能	细度	比表面积/(m²/kg),不小于		250
		0.08 mm 筛筛余百分率/(%),不大于		12
		1.25 mm 筛筛余百分率/(%),不大于		0.5
	凝结时间	初凝/min,不小于		45
		终凝/h,不大于		10
	限制膨胀率	水中	7 d,不小于	0.025
			28 d,不大于	0.10
		空气中	21 d,不小于	−0.020
	抗压强度/MPa,不小于	7 d		25.0
		28 d		45.0
	抗折强度/MPa,不小于	7 d		4.5
		28 d		6.5

注　细度用比表面积和 1.25 mm 筛筛余百分率或 0.08 mm 筛筛余百分率和 1.25 mm 筛筛余百分率表示,仲裁检验用比表面积和 1.25 筛筛余百分率衡量。

5）速凝剂技术要求

速凝剂是指能使混凝土迅速凝结硬化的外加剂。掺速凝剂拌和物及其硬化砂浆的性能应符合表 2-3-6 所列要求。

表 2-3-6　速凝剂性能指标

产品等级	净浆凝结时间/min，不迟于		1 d 抗压强度/MPa，不小于	28 d 抗压强度比/MPa，不小于	细度(筛余百分率)/(%)，不大于	含水率/(%)，小于
	初凝	终凝				
一等品	3	10	8	75	15	2
合格品	3	10	7	70	15	2

注　28 d 抗压强度比为掺速凝剂与不掺者的抗压强度比。

3. 选用外加剂应注意的事项

1）根据工程特点选用合适的外加剂

几乎各种混凝土都可以掺用外加剂，但必须根据工程混凝土不同的标准要求、施工条件和施工工艺等选择合适的外加剂。例如，一般混凝土主要掺用普通减水剂；高强混凝土掺用高效减水剂；气温高时，掺用缓凝型减水剂；气温低时，掺用复合早强减水剂；冬季施工气温达到较低负温度时，还可以掺用抗冻剂；抗渗性能要求高的，掺用防水剂；泵送施工的混凝土，属高强度混凝土的可掺用高效减水剂，低等级混凝土的可掺用泵送剂或普通减水剂。为了发挥各种外加剂的特点，各种外加剂不宜互为代用。外加剂对不同的水泥有一个适应性问题，应注意做匹配试验，如某些减水剂对掺硬石膏作为调凝剂的水泥不发挥作用。

2）注意外加剂的质量

除关注某些厂家不注意原材料质量控制，粗制滥造，以假乱真，提供伪劣产品外，对质量较好的产品也应注意某些问题，如应详细了解产品实际性能，注意生产厂家所提供的技术资料和应用说明，不要买那些不知怎么使用也不知掺了什么东西的外加剂。目前我国外加剂牌号众多，诸多厂家未明显标示其产品品种，而且质量不一，因此，在工程应用前，应按照质量标准选择好的外加剂进行掺量及混凝土性能试验。

部分外加剂在不同种类混凝土中的选择使用如表 2-3-7 所示。

表 2-3-7　部分外加剂在不同种类混凝土中的选用表

混凝土种类		减水剂			引气型减水剂		
		标准型	缓凝型	早强型	标准型	缓凝型	早强型
构件类型	大体积混凝土	√	√√	×	√	√√	×
	高强度混凝土		√√			√√(在满足强度要求的前提下)	
施工条件	低温施工的混凝土	√	×	√√	√	×	√√
	高温施工的混凝土	√	√√	×	√	√√	×
特殊条件	受海水作用的混凝土		√			√√	
	水密或气密混凝土		√			√√	
	受冻融作用的混凝土		√			√√	

续表

混凝土种类		减水剂			引气型减水剂		
		标准型	缓凝型	早强型	标准型	缓凝型	早强型
施工方法	水下灌注混凝土	√	√√	×	√	√√	×
	预应力混凝土	√√	√	×	√		×
	滑模施工混凝土	√√	√		√√	√	
	预填骨料灌浆混凝土	√	√√	×	√	√√	×
	蒸汽养混凝土	√√	√		√√	√	
	湿式喷射混凝土	√	×	√√	√	×	√√

注 表中符号说明:√√为最适宜使用;√为可使用;×为最好不用。

模块 2 混凝土外加剂的性能检测

1. 检测标准

(1)《混凝土外加剂》(GB 8076—2008)。

(2)《混凝土泵送剂》(JC 473—2001)。

(3)《混凝土膨胀剂》(GB 23439—2009)。

(4)《砂浆、混凝土防水剂》(JC 474—2008)。

(5)《混凝土防冻剂》(JC 475—2004)。

(6)《喷射混凝土用速凝剂》(JC 477—2005)。

(7)《砂浆增塑剂》(JG/T 164—2004)。

(8)《水工混凝土施工规范》(DL/T 5144—2001)。

(9)《水工混凝土外加剂技术规程》(DL/T 5100—1999)。

2. 外加剂的取样

1)取样基本要求

《水工混凝土施工规范》(DL/T 5144—2001)规定外加剂的分批以掺量划分。掺量大于或等于1%的外加剂以100 t为一批,掺量小于1%的外加剂以50 t为一批,掺量小于0.01%的外加剂以1～2 t为一批,一批进场的外加剂不足一个批号数量的,应视为一批进行检验。

《混凝土外加剂》(GB 8076—2008)也规定了外加剂的取样要求。

2)试样及留样

每一编号取得的试样应充分混匀,分为两等份,一份按外加剂规定的项目进行试验,另一份要密封保存半年或至有效期,以备有疑问时提交国家指定的检验机关进行复验或仲载。

3. 混凝土外加剂检验方法与要求

《混凝土外加剂》(GB 8076—2008)规定混凝土外加剂检验要求的方法。

1)检验分类

外加剂检验分为出厂检验、型式检验和施工现场复验。

(1)出厂检验。

每编号外加剂检验项目,根据其品种不同,按出厂检验要求进行检验。相应规范都有具体要求。

（2）型式检验。

型式检验项目包括匀质性、新拌及硬化混凝土性能指标。有下列情况之一者,应进行型式检验:

① 新产品或老产品转厂生产的试制定型鉴定;

② 正式生产后,若材料、工艺有较大改变,可能影响产品性能时;

③ 正常生产时,1 年至少进行一次检验;

④ 产品长期停产后,恢复生产时;

⑤ 出厂检验结果与上次型式检验有较大差异时;

⑥ 国家质量监督机构提出型式检验要求时。

（3）施工现场复验。

外加剂进入工地(或混凝土搅拌站)时,应先按产品标准检验一下项目,符合要求后方可入库、使用。

① 常规外加剂。

普通减水剂、高效减水剂、缓凝高效减水剂检验项目包括密度(或细度)、混凝土减水率,缓凝高效减水剂应增测凝结时间。

引气剂及引气型减水剂检验项目包括 pH 值、密度(或细度)、含气量,引气型减水剂应增测减水率。

缓凝剂及缓凝减水剂检验项目包括 pH 值、密度(或细度)、混凝土凝结时间,缓凝减水剂应增测减水率。

早强剂及早强减水剂检验项目包括:密度(或细度),1 d、3 d、7 d 混凝土抗压强度比及对钢筋的锈蚀作用,早强减水剂应增测减水率。

② 泵送剂。

检验项目包括密度(或细度)、坍落度增加值及坍落度经时损失。

③ 防水剂。

检验项目包括密度(或细度)、钢筋锈蚀。

④ 防冻剂。

检验项目包括密度(或细度)、R(−7+28)抗压强度比、钢筋锈蚀,并应检查是否有沉淀、结晶或结块。

⑤ 膨胀剂。

检验项目为限制膨胀率。

⑥ 速凝剂。

检验项目包括密度(或细度)、凝结时间、1 d 抗压强度。

4. 合格判定

1）外加剂

产品经检验,匀质性符合要求,各种类型的减水剂的减水率,缓凝型外加剂的凝结时间差,引气型外加剂的含气量及硬化混凝土的各项性能符合表 2-3-1 所示要求,则判定该编号外加剂为相应等级的产品;若不符合上述要求,则判定该编号外加剂不合格。其余项目作为参考指标。

2）泵送剂

各项性能均符合泵送剂标准技术要求,则判定该批号泵送剂为相应等级的产品。如不符合上述要求,则判定该批号泵送剂为不合格品。

3）防水剂

各项性能均符合防水剂标准(见表 2-3-2、表 2-3-3)技术要求(但凝结时间差、泌水率比项目可除外),则可判定为相应等级的产品。

4）防冻剂

新拌混凝土的含气量和硬化混凝土性能均符合防冻剂标准技术要求(见表 2-3-4),即可判定为相应等级的产品,其余项目作为参考指标。

5）膨胀剂

产品各项性能均符合膨胀剂标准技术要求(见表 2-3-5)的,判为合格品;若有一项指标不符合膨胀剂标准技术要求的,则判为不合格品。不合格品不得出厂,也不得使用。

6）速凝剂

所有项目都符合速凝剂标准规定的某一等级要求(见表 2-3-6)的,则判为相应等级。

总之外加剂性能检验要符合表 2-3-8 所列要求。

表 2-3-8　外加剂匀质性指标

试　验　项　目	指　　标
含固量或含水量	对液体外加剂,应在生产厂所控制值的相对量的 3% 之内; 对固体外加剂,应在生产厂所控制值的相对量的 5% 之内
密度	对液体外加剂,应在生产厂所控制值的 ±0.02 g/cm³ 之内
氯离子含量	应在生产厂所控制值的相对量的 5% 之内
水泥净浆流动度	应不小于生产控制值的 95%
细度	0.315 mm 筛筛余百分率应小于 15%
pH 值	应在生产厂控制值的 ±1 之内
表面张力	应在生产厂控制值的 ±1.5 之内
还原糖	应在生产厂控制值的 ±3 之内
总减量 ($c_{Na_2O}+0.658c_{K_2O}$)	应在生产厂所控制值的相对量的 5% 之内
硫酸钠	应在生产厂所控制值的相对量的 5% 之内
泡沫性能	应在生产厂所控制值的相对量的 5% 之内
砂浆减水率	应在生产厂控制值的 ±1.5 之内

模块 3　混凝土外加剂的应用

土木工程建设中,混凝土是重要的工程材料之一,建造的建筑物是否长久耐用和有好的饰面美感等都由混凝土显露。在强烈要求建造的建筑物获得百年使用寿命,保证较长的使用期间绝对安全的今天,工程施工使用高性能混凝土已势在必行。高性能混凝土能够解决在使用过程中的诸多问题,例如,高强耐久、高水密和高气密、适于泵送施工、防水抗渗、耐各类腐蚀条件等。总之,针对混凝土所处环境、耐久要求、施工工艺等,混凝土应按需配制。

实践证明,普通混凝土(即不掺外加剂,混凝土只由水泥、砂、石、水等 4 种材料配制)的使用寿命不过 50 年,我国在 20 世纪 50 年代兴建的铁路、公路桥梁混凝土,已经全部通过大修或重建。当时兴建的水库大坝有许多已经成为陷入危境的"病坝"。据水利专家介绍,截至 1997 年底,驰名中外的佛子岭、梅山、响洪甸三座老坝,已不得不进行维修,维修耗资巨大,可能比新建坝耗资还要多。

据"钢筋混凝土结构设计规范"管理组 1997 年的调查资料,一般环境中的建筑物混凝土有40%已经炭化到钢筋表面,较潮湿环境中则有 90%的构件钢筋已经锈蚀,其中有的重要建筑物使用时间只有 10 年左右就得推倒重建。因此,混凝土耐久性问题越来越受到人们的重视,长期以来按保证强度单一指标不注重耐用的做法已经不适合现代工程施工了。

配制高性能混凝土,除了胶凝材料、砂、石、水等材料外,必须有第 5 种材料,外加剂、外掺料就是配制高性能混凝土时不可缺少的第 5 种材料。

1. 外加剂的贮存与保管

外加剂应存放在专用仓库或固定的场所妥善保管,不同品种外加剂应有标记,分别贮存。粉状外加剂在运输和贮存过程中应注意防水防潮。当外加剂贮存时间过长,对其品质有怀疑时,必须进行试验认定。

2. 外加剂在工程中的基本作用

各类外加剂都有各自的特殊功能。综合起来,外加剂可以在以下方面发挥作用。

(1)能改善施工条件,减轻体力劳动,并有利于机械化施工,对保证及提高工程质量有积极的作用,能在现场条件下完成过去难以完成的要求高质量的工程,例如,可掺加高效能外加剂在工地条件下配制 C80~C100 的超高强混凝土,掺加减水剂可配制远距离和高层建筑泵送的混凝土等。

(2)能减少养护时间,或预制厂缩短蒸养时间,可以提早拆模,加速模板周转,还可以提早以预应力钢筋混凝土钢筋放张、剪筋,总之可以加快施工进度。

(3)能提高或改善混凝土质量。许多外加剂可以提高混凝土的强度,增加耐久性、密实性,增强抗冻性、抗渗性,改善干燥收缩及流变性能,有些外加剂能提高钢筋的耐蚀性等,要根据需要的性能选用,只要掺用得当对混凝土就有利,否则会适得其反。

(4)在采取一定措施的条件下,保证混凝土质量并还可适量地节约水泥。各类外加剂节约水泥的情况如表 2-3-9 所示。

表 2-3-9　各类外加剂节约水泥的情况

外加剂类别		节约水泥/(%)
减水剂	木质素、糖蜜类	5~10
	萘系磺酸盐类	10~20
	树脂、聚羧酸类	15~25
早强剂	无机盐类	—
	普通复合剂	5~10
	高效复合剂	10~15
引气剂	松香皂类、表面活性剂	5~8

3. 外加剂的应用范围

外加剂的应用范围十分广泛,在以下条件下都可以使用外加剂。

(1)自然条件下养护的混凝土制品或构件,掺用减水剂能改善和易性,或提高强度,或节约水泥。

(2)冬季现场浇注混凝土施工时,可掺用早强剂或早强型复合减水剂,在能够保温至一定温度条件下,提高混凝土早期强度,达到抗冻临界强度。

(3)夏季滑模施工、水坝等大体积混凝土及灌注钢管拱混凝土,可掺用缓凝剂或缓凝型复合减水剂,以延缓混凝土凝固时间和延缓水泥放热过程,可减少收缩裂缝而保证混凝土质量。

(4)喷射混凝土、放水堵漏工程中可掺用速凝剂、水泥快硬剂,使混凝土很快凝结、硬化。

(5)大模板或钢筋密集的预应力混凝土工程,可使用高效减水剂以利浇筑,保证工程质量。

(6)港工、水工或受各类酸、碱盐侵蚀的混凝土,可掺用引气剂、减水剂并掺加掺和料,或选用相应的特种水泥、掺加防腐蚀剂等,提高混凝土和易性和耐久性。

(7)高等级(C40~C70)、超高等级(C70以上)混凝土,应掺用高效减水剂来配制。

(8)大型设备基础螺栓孔灌浆、锚杆注浆、大体积混凝土防止裂缝、补偿混凝土收缩和地下防水等工程,可掺用微膨胀剂。

(9)预制构件根据不同生产条件和构件用途选择应用外加剂,有的可减少蒸养时间,有的可改善强力振捣的工艺,这些均有利于提高制品质量。

外加剂的主要功能及适用条件如表 2-3-10 所示。

表 2-3-10　外加剂的主要功能及适用条件

外加剂类型	主　要　功　能	适　用　范　围
普通减水剂	(1)在混凝土和易性及强度不变的条件下,可节省水泥 5%~10%。 (2)在保证混凝土工作性及水泥用量不变的条件下,可减少用水量 10%左右,混凝土强度提高 10%左右。 (3)在保持混凝土用水量及水泥用量不变的条件下,可增大混凝土流动性	(1)日最低气温+5℃以上的混凝土。 (2)各种预制及现浇混凝土、钢筋混凝土及预应力混凝土。 (3)大模板施工、滑模施工、大体积混凝土、泵送混凝土及流动性混凝土
高效减水剂	(1)在保证混凝土工作性及水泥用量不变的条件下,可减少用水量 15%左右,混凝土强度提高 20%左右。 (2)在保持混凝土用水量及水泥用量不变的条件下,可大幅度提高混凝土拌和物流动性。 (3)可节省水泥 10%~20%	(1)日最低气温 0℃以上的混凝土。 (2)高强混凝土、高流动性混凝土、早强混凝土、蒸养混凝土
引气剂及引气型减水剂	(1)提高混凝土耐久性和抗渗性。 (2)提高混凝土拌和物和易性,减少混凝土泌水离析。 (3)引气型减水剂还具有减水剂的功能	(1)有抗冻融要求的混凝土、防水混凝土。 (2)耐碱混凝土及耐盐类结晶破坏。 (3)泵送混凝土、流态混凝土、普通混凝土。 (4)集料质量差及轻集料混凝土

续表

外加剂类型	主 要 功 能	适 用 范 围
早强剂及早强减水剂	(1) 提高混凝土的早期强度。 (2) 缩短混凝土的蒸养时间。 (3) 早强减水剂还具有减水剂的功能	(1) 日最低温度－3℃以上的自然气温正负交替的亚寒地区的混凝土。 (2) 早强混凝土、蒸养混凝土
缓凝剂及缓凝减水剂	(1) 延缓混凝土的凝结时间。 (2) 降低水泥初期水化热。 (3) 缓凝减水剂还具有减水剂的功能	(1) 大体积混凝土。 (2) 夏季和炎热地区的混凝土。 (3) 有缓凝要求的混凝土,如商品混凝土、泵送混凝土及滑模施工。 (4) 日最低气温5℃以上的混凝土
防冻剂	能在一定的负温度条件下浇注混凝土而不受冻害,并达到预期强度	冬季负温度(0℃以下)混凝土
膨胀剂	使混凝土体积在水化、硬化过程中产生一定的膨胀,减少混凝土干缩裂缝,提高抗裂性和抗渗性能	(1) 防水屋面、地下防水,基础后浇缝,防水堵漏等。 (2) 设备底座灌浆地脚螺栓固定等
速凝剂	能使砂浆或混凝土在1～5 min初凝,2～10 min终凝	喷射混凝土、喷射砂浆、临时性堵漏用砂浆及混凝土
防水剂	混凝土的抗渗性能显著提高	地下防水、贮水构筑物、防潮工程等

4. 应用外加剂时的注意要点

1) 注意水泥品种的选择

在外加剂材料中,水泥对减水剂作用的影响最大。水泥品种将影响减水剂的减水、增强效果,其中对减水效果影响更明显。高效减水剂对水泥更有选择性,不同水泥减水率相差较大,水泥矿物组成、掺和料、调凝剂、碱含量、细度等都将影响减水剂的使用效果,如用硬石膏做调凝剂的水泥、C_3A 含量大的水泥、早强水泥等对某些减水剂使用效果就不好。因此,同一种减水剂在相同的掺量下,往往因水泥不同而使用效果明显不同,或同一种减水剂,在不同水泥中为了达到相同的减水增强效果,减水剂的掺量会明显不同。在某些水泥中,有的减水剂会引起异常凝结现象。为此,当水泥可供选择时,应选用对减水剂较为适应的水泥,提高减水剂的使用效果。当减水剂可供选择时,应选择与施工用水泥较为适应的减水剂,使减水剂发挥更好的效果。在使用前,应进行水泥与外加剂适应性试验。

水泥与外加剂适应性试验包括检验掺减水剂混凝土的性能,如坍落度损失(经时坍落度保持值)、减水率、含气量、和易性(有无泌水)和强度等;对于早强型减水剂和防冻型减水剂还应了解其是否含有氯盐,并进行对钢筋锈蚀试验。

2) 注意掌握掺量

每种外加剂都有适宜的掺量,即使同一种外加剂,用途不同,适宜的掺量也不同。掺量过大,不仅在经济上不合理,而且可能造成质量事故。例如,有引气、缓凝作用的减水剂,其超掺量会引入过量空气,降低混凝土强度和延长凝结时间。高效减水剂掺量过小,会失去高效能作用,而掺量过大,则会由于泌水而影响质量。氯盐的限制是众所周知的,过量会引起钢筋锈蚀。防冻剂的掺量与温度有关,并且根据强度效果作了掺量规定,总之,影响外加剂掺量的因素很多,如对减水剂就有掺加方法、混凝土搅拌时间、使用水泥品种、混凝土拌和物的初始流动性及养护制度等。

3）采用适宜的掺加方法

在混凝土搅拌过程中,外加剂的掺加方法对外加剂的使用效果影响较大。如减水剂掺加方法大体分为先掺法(在拌和水之前掺入)、同掺法(与拌和水同时掺入)、滞水法(在搅拌过程中减水剂滞后于水 2～3 min 加入)、后掺法(在拌和后经过一定的时间才按 1 次或几次加入具有一定含量的混凝土拌和物中,再经 2 次或多次搅拌)等。不同的掺加方法将会带来不同的使用效果,不同品种的减水剂,作用机理不同,其掺加方法也不一样。如对于萘系高效减水剂,为了避开水泥中的 C_3A、C_4AF 矿物成分的影响,以后掺法为好,又如木质素类减水剂,由于其作用机理是大分子保护作用,故不同的掺加方法影响不显著。影响减水剂掺加方法的因素主要有水泥品种、减水剂品种、减水剂掺量、掺加时间及复合的其他外加剂种类等,均应通过试验确定。

4）注意调整混凝土的配合比

一般地说,外加剂对混凝土配合比没有特殊要求,可按普通方法进行设计。但在减水或节约水泥的情况下,应对砂率、水泥用量、水胶比等作适当调整。

(1)砂率。砂率对混凝土的和易性影响很大。由于掺入减水剂后和易性能获得较大改善,因此砂率可适当降低,其降低幅度为 1%～4%,如木质素类可取下限 1%～2%,引气型减水剂可取上限 3%～4%,若砂率偏高,则降低幅度可增大,过高的砂率不仅影响混凝土强度,也会使混凝土塑性收缩增大。具体配比应由试配结果来确定。

(2)水泥用量。混凝土中掺用减水剂均有不同程度节约水泥的作用,使用普通减水剂可节约 5%～10%,高效减水剂可节约 10%～20%,特高效减水剂可节约 15%～25%(根据不同掺量和减水率)。配制高等级混凝土,掺高效减水剂可节约更多的水泥。

(3)水胶比。掺减水剂混凝土的水胶比应根据所掺品种的减水率确定。原来水胶比大者减水率也较水胶比小者高。在节约水泥后为保持坍落度相同,原来水胶比大者,其掺减水剂后的水胶比应保持与原水胶比相同,原来是低水胶比的可保持与原水胶比相同或增加 0.01～0.03。

5）注意施工特点

(1)在搅拌过程中要严格控制减水剂和水的用量,选用合适的掺加方法和搅拌时间,保证减水剂充分起作用。对于不同的掺加方法应有不同的工艺要求和注意事项,如干掺时注意所用的减水剂要有足够的细度,粉粒太粗,溶解不匀,效果就不好,后掺或干掺的,必须延长搅拌时间。

(2)掺外加剂(尤其是早强剂或早强减水剂)的混凝土坍落度损失一般较快,应缩短运输及停放时间,一般不超过 30 min,否则要用后掺法。在运输过程中应注意保持混凝土的匀质性,避免分层;掺缓凝型减水剂要注意初凝时间是否合乎施工要求;掺高效减水剂或复合剂的混凝土有坍落度损失快等特点,要保证满足施工要求。又如,蒸养混凝土中外加剂若使用不当,混凝土表面会出现起鼓、胀裂、酥松等质量问题,强度也显著下降。因此在蒸养混凝土中要注意如下问题:选择合适的外加剂,如引气型外加剂就不宜使用,要控制外加剂掺量,要有控制预养和升温程序,要通过试验确定恒温温度和时间。

(3)注意混凝土灌筑成形操作。混凝土在灌筑时要注意保持其匀质性,避免离析。掺缓凝型减水剂因初凝时间延缓,要注意模板要牢固。掺高效减水剂或复合剂要注意坍落度损失快等特点,要注意及时振捣。掺引气型减水剂,要注意相应的振捣工艺除气,否则会引起混凝土表面气泡多。

6)注重经济效益(注意外加剂的价格与掺量关系)

在选用外加剂时,应根据工程施工混凝土的质量要求、施工工艺条件、采用的施工方法、环境气温情况及其采取的措施合理选用外加剂品种,同时在保证外加剂质量的前提下,同品种、同样用途和达到混凝土使用效果时的外加剂一定要货比三家,尽量选择掺量低、价格合理的。每吨水泥使用外加剂的成本为

$$E = e \cdot (c \times 100\%) \tag{2-3-1}$$

式中:E 为 1 t 水泥使用外加剂的成本,元;e 为 1 t 外加剂运到工地的综合价格,元;$c \times 100\%$ 为外加剂按水泥质量的掺量,%。

思　考　题

1. 什么是混凝土外加剂,它有哪些类型?
2. 减水剂有什么类型和作用?
3. 缓凝剂有什么类型和作用?
4. 引气剂有什么类型和作用?
5. 早强剂有什么类型和作用?
6. 简述混凝土拌和物的取样方法。
7. 混凝土外加剂的泌水率是如何测定的?
8. 混凝土外加剂适应于哪些工程条件?
9. 配制混凝土时掺入减水剂,在下列各条件下可取得什么效果? 为什么?
(1) 用水量不变时;
(2) 加入减水剂减水,水泥用量不变时;
(3) 加入减水剂减水又减水泥,水灰比不变时。

任务 4　粉煤灰的选择、检测与应用

【任务描述】

目前粉煤灰在各类墙体材料生产、水泥和混凝土的原材料使用中应用非常广泛,常用于水利、农业、道路工程。针对本教材的要求,本任务主要讲解粉煤灰在水利工程中的运用问题,特别是水工混凝土中粉煤灰的主要技术性质与检测方法及标准。

【任务目标】

能力目标

(1) 培养学生的动手能力。在工作中能正确使用试验仪器对粉煤灰的物理、力学指标进行检测,并依据国家标准对粉煤灰质量性能作出正确的评价。

（2）培养工程技术和管理人员应有的职业道德、环境保护意识、开拓创新精神，以及科学、缜密、严谨的思想作风在工作中能依据工程所处环境条件，正确选用粉煤灰。

知识目标

（1）掌握粉煤灰的基本性质与技术要求。

（2）掌握粉煤灰的细度、需水量等性能检测方法。

技能目标

（1）具备基本的粉煤灰实验操作能力。

（2）具备判别粉煤灰合格品、废品的能力。

模块 1　粉煤灰的选择

粉煤灰是我国当前排量较大的工业废渣之一，随着电力工业的发展，燃煤电厂的粉煤灰排放量逐年增加。大量的粉煤灰不加处理，就会产生扬尘，污染大气；排入水系则会造成河流淤塞，而其中的有毒化学物质还会对人体和生物造成危害。但粉煤灰却可作为混凝土的掺和料。目前，粉煤灰大量用于制造混凝土的掺和料。

粉煤灰也可代替黏土作为生产水泥熟料的原料，用于制造烧结砖、蒸压加气混凝土、泡沫混凝土、空心砌砖、烧结或非烧结陶粒，铺筑道路，构筑坝体，建设港口、农田坑洼低地、煤矿塌陷区及矿井的回填；也可以从中分选漂珠、微珠、铁精粉、碳、铝等有用物质，其中漂珠、微珠可用做保温材料、耐火材料、塑料、橡胶填料。

1. 粉煤灰基本知识

粉煤灰是从燃煤电厂煤粉炉烟道气体中收集的粉末，是燃煤电厂排出的主要固体废物，也称飞灰，属于火山灰性质的混合材料，其主要成分是硅、铝、铁、钙、镁的氧化物，具有潜在的化学活性，即粉煤灰单独与水拌和不具有水硬活性，但在一定条件下，能够与水反应生成类似于水泥凝胶体的胶凝物质，并具有一定的强度。由于煤粉微细，且在高温过程中形成玻璃珠，因此粉煤灰颗粒多呈球形。

1）粉煤灰的品种

根据燃煤电厂燃烧的煤种不同，排放收集的粉煤灰有低钙粉煤灰和高钙粉煤灰之分。按照国家标准《用于水泥和混凝土中的粉煤灰》（GB/T 1596—2005）和行业标准《水工混凝土掺用粉煤灰技术规范》（DL/T 5055—2007），粉煤灰分为 F 类和 C 类。F 类粉煤灰——由无烟煤或烟煤煅烧收集的粉煤灰；C 类粉煤灰——由褐煤或次烟煤煅烧收集的粉煤灰，其氧化钙的含量一般大于 10%。故一般情况下，高钙灰和低钙灰都是以测定粉煤灰中氧化钙含量或游离氧化钙含量的数值来区分的。通常高钙粉煤灰的颜色偏黄，低钙粉煤灰的颜色偏灰。

用于水工混凝土和砂浆的粉煤灰分为三个等级，即Ⅰ级、Ⅱ级、Ⅲ级。

2）粉煤灰的化学组成

粉煤灰中硅含量最高，其次是铝，以复杂的复盐形式存在，酸溶性较差。铁含量相对较低，以氧化物形式存在，酸溶性好。此外还有未燃尽的炭粒、CaO 和少量的 MgO、Na_2O、K_2O、SO_3 及未燃尽有机质（烧失量）。不同来源的煤和不同燃烧条件下产生的粉煤灰，其化学成分差别很大。

　　粉煤灰中的有害成分是未燃尽的炭粒,其吸水性大,强度低,易风化,不利于粉煤灰的资源化。粉煤灰中的 SiO_2、Al_2O_3 对粉煤灰的火山灰性质贡献很大,Al_2O_3 对降低粉煤灰的熔点有利,使其易于形成玻璃微珠,均为资源化的有益成分。将粉煤灰应用于建筑工业,结合态的 CaO 含量高,能提高其自硬性,使其活性大大高于低钙粉煤灰的,对提高混凝土的早期强度很有帮助。我国电厂排放的粉煤灰 90% 以上为低钙粉煤灰,开发高钙粉煤灰不失为改善粉煤灰资源化特性的一条途径。

3）粉煤灰的颗粒组成

　　按照粉煤灰颗粒形貌,可将粉煤灰颗粒分为玻璃微珠、海绵状玻璃体(包括颗粒较小、较密实、孔隙小的玻璃体和颗粒较大、疏松多孔的玻璃体)、炭粒等。

　　我国电厂排放的粉煤灰中微珠含量不高,大部分是海绵状玻璃体,颗粒分布极不均匀。通过研磨处理,破坏原有粉煤灰的形貌结构,使其成为粒度比较均匀的破碎多面体,提高其比表面积,从而提高其表面活性,改善其性能的差异性。

2. 粉煤灰的主要技术性质

　　粉煤灰的密度为 $1.95 \sim 2.36 \ kg/m^3$,松干密度在 $450 \sim 700 \ kg/m^3$ 范围内,比表面积为 $220 \sim 588 \ m^2/kg$。由于粉煤灰的多孔结构、球形粒径的特性,在松散状态下具有良好的渗透性,其渗透系数比黏性土的渗透系数大数百倍。

　　拌制混凝土和砂浆用粉煤灰应符合表 2-4-1 所示的技术要求。

表 2-4-1　拌制混凝土和砂浆用粉煤灰技术要求

项　　目		技术要求/(%),不大于		
		Ⅰ级	Ⅱ级	Ⅲ级
细度(45 μm 方孔筛筛余百分率)，/(%),不大于	F 类粉煤灰	12.0	25.0	45.0
	C 类粉煤灰			
需水量比/(%),不大于	F 类粉煤灰	95.0	105.0	115.0
	C 类粉煤灰			
烧失量/(%),不大于	F 类粉煤灰	5.0	8.0	15.0
	C 类粉煤灰			
含水量/(%),不大于	F 类粉煤灰	1.0		
	C 类粉煤灰			
三氧化硫含量/(%),不大于	F 类粉煤灰	3.0		
	C 类粉煤灰			
游离氧化钙含量/(%),不大于	F 类粉煤灰	1.0		
	C 类粉煤灰	4.0		
安定性(雷氏夹沸煮后增加距离)/mm,不大于	F 类粉煤灰	5.0		
	C 类粉煤灰			

　　水泥活性混合材料用粉煤灰应符合表 2-4-2 中技术要求。

表 2-4-2　水泥活性混合材料用粉煤灰技术要求

项　目		技术要求
烧失量/(%),不大于	F 类粉煤灰	8.0
	C 类粉煤灰	
含水量/(%),不大于	F 类粉煤灰	1.0
	C 类粉煤灰	
三氧化硫含量/(%),不大于	F 类粉煤灰	3.5
	C 类粉煤灰	
游离氧化钙含量/(%),不大于	F 类粉煤灰	1.0
	C 类粉煤灰	4.0
安定性(雷氏夹沸煮后增加距离)/mm,不大于	C 类粉煤灰	5.0
强度活性指数,不大于/%	F 类粉煤灰	70.0

除以上技术要求外,还有以下三项。

(1) 放射性检验:合格。

(2) 碱含量:粉煤灰中的碱含量按氧化钠与 0.658 倍氧化钾的和计算值表示,当粉煤灰用于活性骨料混凝土,要限制掺和料的碱含量时,由买卖双方协商确定。

(3) 均匀性:以细度(0.045 mm 方孔筛筛余百分率)为考核依据,单一样品的细度不应超过前 10 个样品细度平均值的最大偏差,最大偏差范围由买卖双方协商确定。

3. 粉煤灰选择的原则

(1) 生产粉煤灰加气砖等墙体材料时,粉煤灰活性越高,制品的质量越好。而烧失量少时,粉煤灰活性就高。

(2) 国标I级:它与高效减水剂掺和可生产高标号混凝土。国标II级:特别适用于配制泵送混凝土、大体积混凝土、抗渗结构混凝土、抗硫酸盐混凝土和抗软水侵蚀混凝土,以及地下、水下工程混凝土,压浆混凝土和碾压混凝土。国标III级:它生产的混凝土具有和易性好、可泵性强、终饰性改善、抗冲击能力提高、抗冻性增强等优点。国标I级和国标II级属于优质粉煤灰。

(3) 国标Ⅰ级、国标Ⅱ级粉煤灰应用于水泥砂浆中可改善砂浆的泌水性而国标Ⅲ级粉煤灰则可能增加砂浆的泌水性。

① 配制水泥砂浆时可选用国标Ⅱ级以上粉煤灰,提高砂浆的黏聚性和保水性。

② 在满足设计稠度需要的前提下,尽量减少用水量,可以降低水泥砂浆的泌水量。

③ 从经济效益考虑,工程上可用国标Ⅱ级粉煤灰(国标Ⅱ级粉煤灰的价格比国标Ⅰ级粉煤灰的低)代替其他掺和料配制砂浆,既可以降低成本,又可以满足工程质量的要求。

(4) 永久建筑物水工混凝土宜采用国标Ⅰ级粉煤灰或国标Ⅱ级粉煤灰,坝体内部混凝土、小型工程和临时建筑物的混凝土,经试验论证后也可采用国标Ⅲ级粉煤灰。

模块 2　粉煤灰的性能检测

粉煤灰进场时,应按现行国家标准的规定抽取试样作常规性能检验,其质量必须符合有关标准的规定。

1. 粉煤灰品质及检验标准

国家标准《用于水泥和混凝土中的粉煤灰》(GB/T 1596—2005)和行业标准《水工混凝土掺用粉煤灰技术规范》(DL/T 5055—2007)均规定了粉煤灰的品质和性能要求。

2. 粉煤灰的取样要求与常规检测项目

1）取样要求

按批取样检验,粉煤灰的取样以连续供应的相同级别、相同种类的 200 t 为一批,不足 200 t 者按一批计。取样应有代表性,从 10 个以上不同部位取样。袋装粉煤灰应从至少三个散装集装箱(罐)内抽取,每个集装箱(罐)应从不同深度等量抽取。抽取的样品混合均匀后,按四分法取出比试验用量大 2 倍的量作为试样。

进场粉煤灰抽取的试验样品应留样封存,并保留 3 个月。当有争议时,对留样进行复检或仲裁检验。

2）常规检测项目

每批 F 类粉煤灰,应检验细度、需水量比、烧失量、含水量,三氧化硫和游离氧化钙含量可按 5～7 个批次检验一次。每批 C 类粉煤灰,应检验细度、需水量比、烧失量、含水量、游离氧化钙含量和安定性,三氧化硫含量可按 5～7 个批次检验一次。

不同来源的粉煤灰使用前应进行放射性检测。

3. 粉煤灰的合格判定

严格按照《水泥化学分析方法》(GB 176—2008)的规定,进行粉煤灰烧失量、三氧化硫含量、游离氧化钙含量和碱含量试验;按照《用于水泥和混凝土中的粉煤灰》(GB/T 1596—2005)、《水泥胶砂流动度测定方法》(GB/T 2419—2005)的规定,进行粉煤灰需水量比、细度等试验检测。具体检测要求参考前面的粉煤灰主要技术指标内容。

1）进场粉煤灰合格判定

粉煤灰生产厂应按批检验,并向用户提交每批粉煤灰的检验结果及出厂产品合格证。

（1）标志。

袋装粉煤灰的包装上应标明产品名称(F 类粉煤灰或 C 类粉煤灰)、等级、分选或磨细、净含量、批号、执行标准号、生产厂名称和地址、包装日期。散装粉煤灰应提交与袋装标志相同内容的卡片 。

（2）包装。

粉煤灰可以袋装或散装。袋装每袋净含量为 25 kg 或 40 kg,每袋净含量不得少于标志质量的 98%。其他包装规格由买卖双方协商确定。

2）复检质量判定

按照相关规范规定,本批次粉煤灰使用前还需进行粉煤灰常规项目试验复检。使用单位如粉煤灰货源比较稳定,每月累计供应的数量不足 200 t 时,细度每月至少抽样检验一次,烧失量至少每季度检验一次。但是检测单位必须是具有国家认证资质的实验室。

（1）粉煤灰经检验后,如果其中任何一项不符合表 2-4-1 或表 2-4-2 所示规定要求,则允许在同一批次中重新加倍取样进行全部项目的复检,以复检结果判定。复检不合格可降级处理。凡低于国家标准最低级别要求的为不合格品。

（2）当对产品质量有争议时，应将样品签封，送省级或省级以上国家认可的质量监督检验机构进行仲裁检验。

模块3　粉煤灰的应用

1. 粉煤灰的贮存

粉煤灰的贮存应设置专用料仓或料库，分类分级存放，并应采取防尘、防潮措施。粉煤灰的运输、贮存、使用应避免对环境的污染。

2. 粉煤灰在混凝土中的运用

1）粉煤灰在混凝土中的作用

（1）粉煤灰的形态效应（物理效应）。

粉煤灰的形态效应（物理效应）是指由其外观形貌、内部结构、表面性质、颗粒级配等物理性状态所产生的效应。在高温燃烧过程中形成的粉煤灰颗粒，绝大多数为玻璃微珠，这部分外观比较光滑的类似球形颗粒，由硅铝玻璃体组成，尺寸在几微米到几十微米内。由于球形颗粒表面光滑形成润滑层，故掺入混凝土之后能起到流球润滑作用，并能不增加甚至减少混凝土拌和物的用水量，起到减水作用。

（2）粉煤灰的活性效应。

粉煤灰的活性效应是指混凝土中的活性成分所产生的化学效应。其活性取决于粉煤灰中的火山灰反应能力，即粉煤灰中具有化学活性的二氧化硅、三氧化二铝与氢氧化钙反应，生成类似于水泥水化所产生的水化硅酸钙和水化硅铝酸钙等矿物。这些水化物作为胶凝材料的一部分起到增强作用，过程一直可延续到 28 d 以后的相当长时间内，而且加强了薄弱的过渡区，对改善混凝土的各项性能有显著作用。

（3）粉煤灰的微集料效应。

粉煤灰的微集料效应是指粉煤灰中的微细颗粒均匀分布在水泥浆内，填充孔隙和毛细孔，改善混凝土结构和增大密实度的特性。

总之，粉煤灰在混凝土中的作用如下。

（1）粉煤灰可改善新拌混凝土的和易性。

新拌混凝土的和易性受浆体的体积、水灰比、骨料的级配、形状、孔隙率等的影响。掺用粉煤灰对新拌混凝土的明显好处是增大浆体的体积，大量的浆体填充了骨料间的孔隙，包裹并润滑了骨料颗粒，使混凝土拌和物具有更好的黏聚性和可塑性。

（2）粉煤灰可抑制新拌混凝土的泌水。

粉煤灰的掺入可以补偿细骨料中的细屑不足，中断砂浆基体中泌水渠道的连续性，同时，粉煤灰作为水泥的取代材料在同样的稠度下会使混凝土的用水量有不同程度的降低，因而掺用粉煤灰对防止新拌混凝土的泌水是有利的。

（3）粉煤灰可以提高混凝土的后期强度。

有试验资料表明，在混凝土中掺入粉煤灰后，随着粉煤灰掺量的增加，早期强度（28 d 以前）逐渐减小，而后期强度逐渐增大。粉煤灰对混凝土的强度有三重影响：减少用水量，增大胶结料含量和通过长期火山灰反应提高强度。

当原材料和环境条件一定时，掺粉煤灰混凝土的强度增长主要取决于粉煤灰的火山灰效应，即粉煤灰中玻璃态的活性氧化硅、氧化铝与水泥浆体中的 $Ca(OH)_2$ 作用生成碱度较小的二次水化硅酸钙、水化铝酸钙的速度和数量。粉煤灰在混凝土中，当 $Ca(OH)_2$ 薄膜覆盖在粉煤灰颗粒表面上时，就开始发生火山灰效应。但由于在 $Ca(OH)_2$ 薄膜与粉煤灰颗粒表面之间存在着水解层，钙离子要通过水解层与粉煤灰的活性组分反应，反应产物在层内逐级聚集，水解层未被火山灰反应产物充满到某种程度时，不会使强度有较大增长。随着水解层被反应产物充满，粉煤灰颗粒和水泥水化产物之间逐步形成牢固联系，导致混凝土强度、不透水性和耐磨性的增长，这就是掺粉煤灰混凝土早期强度较低、后期强度增长较高的主要原因。

（4）粉煤灰可降低混凝土的水化热。

混凝土中水泥的水化反应是放热反应，在混凝土中掺入粉煤灰可减少水泥的用量，从而可以降低水化热。水化放热的多少和速度取决于水泥的物理、化学性能和掺入粉煤灰的量，例如，按重量计用粉煤灰取代 30％的水泥，可使因水化热导致的绝热温升降低 15％左右。众所周知，温度升高时水泥水化速率会显著加快，研究表明：与 20℃时的速率相比，30℃时硅酸盐水泥的水化速率要加快 1 倍。一些大型、超大型混凝土结构，其断面尺寸增大，混凝土设计强度等级提高，所用水泥强度等级高，单位量增大，施行新标准后水泥的粉磨细度加大，这些因素的叠加导致混凝土硬化过程温升明显加剧，温峰升高，这是导致许多混凝土结构在施工期间，模板刚拆除时就发现大量裂缝的原因。粉煤灰混凝土可减少水泥的水化热，减少结构物由于温度而造成的裂缝。

（5）粉煤灰可改善混凝土的耐久性。

在混凝土中粉煤灰对其冻融耐久性有很大影响。当粉煤灰质量较差，粗颗粒多，含碳量高都对混凝土抗冻融性有不利影响。质量差的粉煤灰随掺量的增加，其抗冻融耐久性降低。但若掺用质量较好的粉煤灰同时适当降低水灰比，则可以收到改善抗冻性的效果。

混凝土中如果使用了高碱水泥，会与某些活性集料发生碱集料反应，引起混凝土产生膨胀、开裂，导致混凝土结构被破坏，而且这种破坏会继续发展下去，直至难以补救。近年来，我国水泥含碱量的增加、混凝土中水泥用量的提高及含碱外加剂的普遍应用，更增加了碱集料反应破坏的潜在危险。在混凝土中掺加粉煤灰，可以有效地防止碱集料反应，提高混凝土的耐久性。

2）混凝土中粉煤灰掺量的要求

虽然在混凝土中掺加粉煤灰节约了大量的水泥和细骨料，减少了用水量，改善了混凝土拌和物的和易性，增强了混凝土的可泵性，减少了混凝土的徐变，减少了水化热、热能膨胀性，提高了混凝土的抗渗能力，增加了混凝土的修饰性，但是也不能完全替代水泥，因此对其掺量有一定限制。

永久建筑物水工混凝土 F 类粉煤灰的最大掺量应符合表 2-4-3 所示的规定。其他混凝土也可参照执行。水工混凝土掺 C 类粉煤灰时，掺量应通过试验论证确定。

表 2-4-3 水工混凝土粉煤灰的最大掺量

混凝土种类		胶凝材料含量/（％）		
		硅酸盐水泥	普通硅酸盐水泥	矿渣硅酸盐水泥（P·S·A）
重力坝碾压混凝土	内部	70	65	40
	外部	65	60	30

续表

混凝土种类		胶凝材料含量/(%)		
		硅酸盐水泥	普通硅酸盐水泥	矿渣硅酸盐水泥（P·S·A）
重力坝常态混凝土	内部	55	50	30
	外部	45	40	20
拱坝碾压混凝土		65	60	30
拱坝常态混凝土		40	35	20
结构混凝土		35	30	—
面板混凝土		35	30	—
抗磨蚀混凝土		25	20	—
预应力混凝土		20	15	—

注　1. 本表适用于 F 类 Ⅰ、Ⅱ 级粉煤灰，F 类 Ⅲ 级粉煤灰的最大掺量应当降低，降低幅度应通过试验论证。

　　2. 中热硅酸盐水泥、低热硅酸盐水泥混凝土的粉煤灰最大掺量与硅酸盐水泥混凝土的相同；低热矿渣硅酸盐水泥、火山灰质硅酸盐水泥、粉煤灰硅酸盐水泥混凝土的粉煤灰最大掺量与矿渣硅酸盐水泥（P·S·A）混凝土的相同。

　　3. 本表所列的粉煤灰最大掺量不包含代砂的粉煤灰。

3. 粉煤灰在其他领域的运用

1）建材制品方面的应用

此类用灰量占粉煤灰利用总量的 35% 左右，其主要应用有：制作粉煤灰水泥（掺量 30% 以上）、代黏土做水泥原料、普通水泥（掺量 30% 以下）、硅酸盐承重砌块和小型空心砌块、加气混凝土砌块及板、烧结陶粒、烧结砖、蒸压砖、蒸养砖、高强度双免浸泡砖、双免砖、钙硅板等。

2）用于道路工程

这部分用灰量占利用总量的 20%，主要应用有：粉煤灰、石灰石砂稳定路面基层，粉煤灰沥青混凝土，粉煤灰用于护坡、护堤工程和用于修筑水库大坝等。

3）农业应用

该部分用灰量占利用总量的 15%，主要应用有改良土壤、制作磁化肥、微生物复合肥、农药等。

4）作为填筑材料

填筑用灰量占利用总量的 15%，主要应用有粉煤灰综合回填、矿井回填、小坝和码头等的填筑等。

5）从粉煤灰中提取矿物和高值利用

这部分用灰量约占利用总量的 5%，例如，粉煤灰中提取微珠、碳、铁、铝，洗煤重介质，冶炼三元合金，高强轻质耐火砖和耐火泥浆，作为塑料、橡胶等的填充料，制作保温材料和涂料等。

模块 4　试验实训

1. 一般规定

1）试验依据

(1)《水泥化学分析方法》(GB 176—2008)。

（2）《水泥胶砂流动度测定方法》（GB/T 2419—2005）。

（3）《用于水泥和混凝土中的粉煤灰》（GB/T 1596—2005）。

（4）《水泥标准稠度用水量、凝结时间、安定性检验方法》（GB/T 1346—2011）。

2）试验环境

实验室温湿度：温度为(20±2)℃，相对湿度大于50%。粉煤灰试样、拌和水、仪器用具的温度应与实验室的一致。

2. 粉煤灰细度试验方法

1）目的

测定粉煤灰的细度，作为评定粉煤灰等级的质量指标之一。

2）原理

利用气流作为筛分的动力和介质，旋转的喷嘴喷出的气流作用使筛网里的待测粉状物料呈流态化，并在整个系统负压的作用下，将细颗粒通过筛网抽走，从而达到筛分的目的。

3）仪器设备

（1）负压筛析仪。

负压筛析仪主要由 45 μm 方孔筛、筛座、真空源和收尘器等组成，其中 45 μm 方孔筛内径为 φ150 mm，高度为 25 mm。

（2）天平。

其量程不小于 50 g，最小分度值不大于 0.01 g。

4）试验步骤

（1）将测试用粉煤灰样品置于温度为 105~110 ℃的烘干箱内烘至恒重，取出放在干燥器中冷却至室温。

（2）称取试样约 10 g，准确至 0.01 g，倒入 45 μm 方孔筛筛网上，将筛子置于筛座上，盖上筛盖。

（3）接通电源，将定时开关固定在 3 min，开始筛析。

（4）开始工作后，观察负压表，使负压稳定在 4 000~6 000 Pa。若负压小于 4 000 Pa，则应停机，清理收尘器中的积灰后再进行筛析。

（5）在筛析过程中，可用轻质木棒或硬橡胶棒轻轻敲打筛盖，以防吸附。

（6）3 min 后筛析自动停止，停机后观察筛余物，如出现颗粒成球、黏筛或有细颗粒沉积在筛框边缘，用毛刷将细颗粒轻轻刷开，将定时开关固定在手动位置，再筛析 1~3 min，直至筛分彻底为止，将筛网内的筛余物收集并称量，准确至 0.01 g。

5）计算

45 μm 方孔筛筛余百分率为

$$F=\frac{G_1}{G}\times100\% \qquad (2\text{-}4\text{-}1)$$

式中：F 为 45 μm 方孔筛筛余百分率，%；G_1 为筛余物的质量，g；G 为称取试样的质量，g。计算精确至 0.1%。

6）筛网的校正

筛网的校正采用粉煤灰细度标准样品或其他同等级标准样品，按上述步骤测定标准样品的细度，筛网校正系数为

$$K = \frac{M_0}{M} \qquad\qquad (2\text{-}4\text{-}2)$$

式中：K 为筛网校正系数，取值范围为 0.8～1.2，筛析 150 个样品后进行筛网的校正；M_0 为标准样品筛余百分率标准值，%；M 为标准样品筛余百分率实测值，%。计算精确至 0.1。

3. 粉煤灰需水量比试验方法

1）目的

测定粉煤灰的需水量比，作为评定粉煤灰等级的质量指标之一。

2）原理

按《水泥胶砂流动度测定方法》(GB/T 2419—2005)测定试验胶砂和对比胶砂的流动度，以两者流动度达到 130～140 mm 时的加水量之比确定粉煤灰的需水量比。

按《水泥胶砂流动度测定方法》(GB/T 2419—2005)原理：测定一定配比的水泥胶砂在规定震动状态下的扩展范围来衡量其流动性。

3）材料

水泥：《强度检验用水泥标准样品》(GSB 14—1510)(国家标准样品)。

标准砂：符合规定的 0.5～1.0 mm 的中级砂。

水：洁净的饮用水。

4）仪器设备

（1）天平。

其量程不小于 1 000 g，最小分度值不大于 1 g。

（2）搅拌机。

符合规定的行星式水泥胶砂搅拌机。

图 2-4-1　流动度跳桌

（3）流动度跳桌（水泥胶砂流动度测定仪，见图 2-4-1）。

① 流动度跳桌宜安装在水平混凝土基础上。在水平混凝土基础和水平混凝土跳桌之间宜使用膨胀螺钉或浇筑混凝土以保证其牢固。混凝土基座容重至少为 2 240 kg/m³，水平混凝土基础尺寸约为 400 mm×400 mm，高约 690 mm。

② 流动度跳桌固定好后，桌面应水平。

③ 流动度跳桌推杆应保持清洁，并稍涂润滑油。圆盘与机架接触面不应该有油。凸轮表面宜涂油以减小摩擦。流动度跳桌安装好后，采用流动度标准样进行检定，测得的流动度值如与给定的流动度值相差在规定范围内，则该流动度跳桌的使用性能合格。

（4）试模。

试模由截锥圆模和模套组成，由金属材料制成，内表面加工光滑。截锥圆模尺寸为：高度为 60 mm±0.5 mm；上口内径为 70 mm±0.5 mm；下口内径为 100 mm±0.5 mm；下口外径为 120 mm；模壁厚大于 5 mm。

（5）捣棒。

捣棒由金属材料制成，直径为 20 mm±0.5 mm，长度约 200 mm，捣棒底面与侧面成直角，其下部光滑，上部手柄滚花。

（6）卡尺。

其量程不小于 30.0 mm，分度值不大于 0.5 mm。

（7）小刀。

刀口平直，长度大于 80 mm。

5）试验步骤

（1）胶砂配比按表 2-4-4 所示计取。

表 2-4-4　胶砂配比

胶砂种类	水泥/g	粉煤灰/g	标准砂/g	加水量/mL
对比胶砂	250	—	750	125
试验胶砂	175	75	750	按流动度达到 130～140 mm 调整

（2）将插头接入计数器后对应孔内，将计数器接通电源。如流动度跳桌在 24 h 内未被使用，先空跳一个周期 25 次。

（3）一次试验应称取的材料及数量，水泥为 300 g；标准砂为 750 g；水，按预定水灰比计算；砂按有关规定进行制配。

（4）将拌好的水泥胶砂分两层迅速装入模内，第一层装至截锥圆模高约三分之二处，用小刀在相互垂直的两个方向划实 5 次，再用捣棒自边缘至中心均匀捣实 15 次。接着装第二层胶砂，装至高出截锥圆模约 20 mm，用小刀在相互垂直两个方向划实 5 次，再用捣棒自边缘至中心均匀捣实 10 次。捣压深度第一层捣至胶砂高度的二分之一，第二层捣至不超过已捣实的底层表面，如图 2-4-2、图 2-4-3 所示。

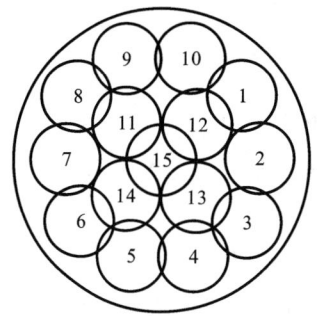

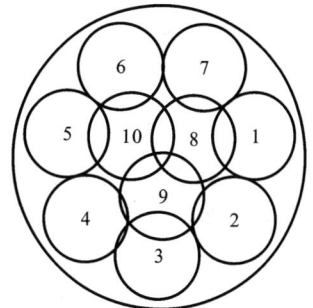

图 2-4-2　第一层捣压位置示意图　　　　图 2-4-3　第二层捣压位置示意图

（5）捣压完毕，取下模套，将小刀倾斜，从中心向边缘分两次以近似水平的角度抹去高出截锥圆模的胶砂，并擦去落在桌面上的胶砂，将截锥圆模垂直向上轻轻提起移去。立即按下计数器的"启动"按钮，完成一个周期 25 次跳动。

（6）跳动完毕，用 300 mm 量程的游标卡尺测量胶砂底面互相垂直的两个方向扩展直径，计算平均值，取整数，单位用 mm 表示。该平均值即为水泥胶砂流动度值。

（7）从胶砂加水开始到直径测量结束，试验应在 6 min 内完成。当流动度在 130～140 mm 范围内时，记录此时的加水量；当流动度小于 130 mm 或大于 140 mm 时，重新调整加水量，直至流动度达到 130～140 mm 为止。

6）结果计算

需水量比为

$$X = \frac{L_1}{125} \times 100\%$$

(2-4-3)

式中：X 为需水量比，％；L_1 为试验胶砂流动度达到 $130 \sim 140$ mm 时的加水量，mL。计算精确至 1％。

4. 粉煤灰含水量试验方法

1）目的

测定粉煤灰的含水量，作为评定粉煤灰等级的质量指标之一。

2）原理

将粉煤灰放入规定温度的烘干箱内烘干至恒重，以烘干前和烘干后的质量之差与烘干前的质量之比确定粉煤灰的含水量。

3）仪器设备

（1）烘干箱。

可控制温度不低于 110 ℃，最小分度值不大于 2 ℃。

（2）天平。

量程不小于 50 g，最小分度值不大于 0.01 g。

4）试验步骤

（1）称取粉煤灰试样约 50 g，精确至 0.01 g，倒入蒸发皿中。

（2）将烘干箱温度调整并控制在 $105 \sim 110$ ℃。

（3）将粉煤灰试样放入烘干箱内烘至恒重，取出放在干燥器中冷却至室温后称量，精确至 0.01 g。

5）结果计算

含水量为

$$W = \frac{(w_1 - w_0)}{w_1} \times 100\% \qquad\qquad (2\text{-}4\text{-}4)$$

式中：W 为含水量，％；w_1 为烘干前试样的质量，g；w_0 为烘干后试样的质量，g。计算精确至 0.1％。

5. 烧失量的测定

1）目的

测定粉煤灰的含碳量，粉煤灰中的含碳量过多会影响其活性，对混合料强度有明显影响。

2）仪器设备

（1）天平：不应低于四级，精度至 0.0001 g。

（2）铂、银或瓷坩埚：带盖，容量为 $15 \sim 30$ mL。

（3）马弗炉：隔焰加热炉，在炉腔外围进行电阻加热。应使用温度控制器，准确控制炉温，并定期进行校验。

3）试验步骤

（1）先称取空瓷坩埚的质量 m_0，然后称取粉煤灰试样约 1 g（m_1），精确至 0.0001 g，接着将粉煤灰置于已灼烧为恒量的瓷坩埚内，将盖斜置于坩埚上。

（2）将瓷坩埚放在马弗炉内，然后从低温开始逐渐升高温度，在 $800 \sim 950$ ℃下灼烧 $15 \sim 20$ min。

（3）将瓷坩埚取出置于干燥器中冷却至室温，称量。反复灼烧，直至恒重为止（m_2）。

恒重说明：经第一次灼烧、冷却、称量后，通过连续每次 15 min 的灼烧，然后用冷却、称量的方法来检查恒定质量，当连续两次称量之差小于 0.0005 g 时，即达到恒重。

4）结果整理

粉煤灰烧失量的质量分数 X_{L01} 为

$$X_{L01} = \frac{m_1 - (m_2 - m_0)}{m_1} \times 100\% \qquad (2\text{-}4\text{-}5)$$

式中：X_{L01} 为粉煤灰烧失量的质量分数，%，精确至 0.1%；m_0 为空瓷坩埚的质量，g；m_1 为粉煤灰试样的质量，g；m_2 为灼烧后粉煤灰试样和瓷坩埚的合重，g。

取样方法和评定标准见 GB 1596—2005。

思 考 题

1. 粉煤灰的来源是什么？
2. 怎样保证粉煤灰的质量？
3. 怎样进行粉煤灰进场检验？
4. 粉煤灰的主要应用领域有哪些？
5. 在混凝土中掺入粉煤灰的优势在哪里？
6. 混凝土中粉煤灰的掺量有没有要求？有何要求？

任务5　防水材料的选择、检测与应用

【任务描述】

建筑物的渗漏是当前建筑工程中较为普遍存在的质量问题之一。在房屋建筑中，屋面、地下室及厕浴室等防水工程质量，直接影响房屋的使用功能和寿命。在水利工程中，堤坝、电站厂房、渠涵、隧道等建筑物直接或间接地承受着有压或无压水的渗透及浸泡，其防水止水结构是保证建筑物正常运行的重要条件。防水材料也广泛应用于道路、桥梁等工程中。

【任务目标】

能力目标

（1）在工作中能依据国家标准对防水材料质量性能作出正确的评价。

（2）在工作中能依据工程所处环境条件，正确贮存、运用防水材料。

知识目标

（1）熟悉防水材料的分类、级别及表示方法。

（2）掌握防水材料的基本性能检测。

（3）了解防水材料的主要技术性能指标。

技能目标

（1）能按国家标准要求进行防水材料的取样、试件的制作。

（2）能正确操作试验仪器对防水材料各项技术性能指标进行检测。

（3）能依据国家标准对防水材料质量作出准确的评价。

模块 1　防水材料的选择

防水材料其实一直没有一个统一的定义,防水技术的不断更新也加快了防水材料的多样化。总体来说,防止雨水、地下水、工业和民用的给排水、腐蚀性液体,以及空气中的湿气、蒸气等侵入建筑物的材料基本上都统称为防水材料。

1. 防水材料的种类及其特点

1) 防水材料的主要特征及主要要求

其主要特征是:自身致密、孔隙率很小;或具憎水性,或能够填塞、封闭建筑缝隙或隔断其他材料内部孔隙。其主要要求是:具有较高的抗渗性及耐水性;具有适宜的强度及耐久性;对柔性防水材料还要求有较好的塑性。

2) 防水材料的分类

按组成材料,防水材料可分为有机防水材料、无机防水材料(如防水砂浆、防水混凝土等)及金属防水材料(如镀锌薄钢板、不锈钢薄板、紫铜止水片等)等三类。有机防水材料又可分为沥青基防水材料、塑料基防水材料、橡胶基防水材料及复合防水材料等。

按防水材料的物理特性,防水材料可分为柔性防水材料和刚性防水材料等两类。

按防水材料的变形特征,防水材料可分为普通型防水材料和自膨胀型防水材料(如膨胀水泥防水混凝土、遇水膨胀橡胶嵌缝条等)等两类。

按防水材料的形态,防水材料可分为液态(涂料)、胶体(或膏状)及固态(卷材及刚性防水材料等)等三类。

防水材料分类方法很多,从不同角度和要求,有不同的归类。为达到方便实用的目的,可按防水材料的材性、组成、类别、品名和原材料性能等划分。为便于工程应用,目前建筑防水材料主要按其材性和外观形态,分为防水卷材(传统的沥青防水卷材,包括石油沥青油纸、石油沥青油毡;高聚物改性沥青防水卷材,包括 SBS 橡胶改性沥青防水卷材、APP 改性沥青防水卷材、再生橡胶改性沥青防水卷材、焦油沥青改性沥青防水卷材、铝箔橡胶改性沥青防水卷材;合成高分子防水卷材,包括三元乙丙(EPDM)橡胶防水卷材、聚氯乙烯(PVC)防水卷材、橡胶共混防水卷材)、防水涂料(冷底子油、沥青玛碲脂、水乳型沥青防水涂料、乳化沥青)、防水密封材料(沥青嵌缝油膏、聚氯乙烯建筑防水接缝材料、聚氨酯建筑密封膏、聚硫建筑密封膏、硅酮建筑密封膏)、刚性防水材料、板瓦防水材料和堵漏材料等六大类。

防水卷材是一种具有宽度和厚度并可卷曲的片状防水材料,是建筑防水材料的重要品种之一,它占整个建筑防水材料的 80% 左右。防水卷材目前主要包括传统的沥青防水卷材、高聚物改性沥青防水卷材和合成高分子材料等三大类,后两类卷材的综合性能优越,是目前大力推广使用的新型防水卷材。由于很多防水材料已在其他任务中讲解了,所以本任务只针对防水卷材、防水涂料和部分防水密封材料进行介绍。

2. 常用防水材料的基本性能

1) 沥青防水卷材

以原纸、纤维织物及纤维毡等胎体材料浸涂沥青,表面撒布粉状、粒状或片状材料制成可卷曲的片状防水材料统称为沥青防水卷材。沥青防水卷料最具有代表的是石油沥青纸胎油毡及油纸,如图 2-5-1 所示。

油毡按物理力学性质可分为合格、一等品和优等品等三个等级。

石油沥青纸胎油毡的缺点是耐久性差、易腐烂及抗拉强度低等。近年来,对油毡胎体材料加以改进,开发出玻璃布胎沥青油毡、黄麻胎毡沥青油毡及铝箔胎沥青油毡等品种。这些胎体沥青具有的优点是:抗拉强度高、柔韧性好、吸水率小、抗裂性和耐久性均有很大提高。

图 2-5-1　沥青防水卷材

沥青防水卷材已逐渐被优质的改性沥青防水卷材所取代。

2)高聚物改性沥青防水卷材

高聚物改性沥青防水卷材是以合成高分子聚合物改性沥青为涂盖层,纤维织物或纤维毡为胎体,粉状、粒状、片状或薄膜材料为覆盖材料制成的可卷曲片状防水材料。它克服了传统沥青卷材温度稳定性差、伸长率低的不足,具有高温不流淌、低温不脆裂、抗拉强度较高、伸长率较大等优异性能。

高聚物改性沥青防水卷材可分橡胶型、塑料型和橡塑混合型等三类。下面介绍常用的几种。

图 2-5-2　SBS 改性沥青防水卷材

(1)SBS 改性沥青防水卷材。

SBS 改性沥青防水卷材(见图 2-5-2)具有很好的耐高温性能,可以在 −25～+100 ℃温度范围内使用,有较高的弹性和耐疲劳性,以及高达 1500% 的伸长率和较强的耐穿刺能力、耐撕裂能力,适合于寒冷地区,以及变形和振动较大的工业与民用建筑的防水工程。

① 性能特点。低温柔性好,达到 −25℃不裂纹;耐热性能高,90℃不流淌。伸长率高,使用寿命长,施工简便,污染小等特点。产品适用于 I、II 级建筑的防水工程,尤其适用于低温寒冷地区和结构变形频繁的建筑防水工程。

② 规格分类。按物理指标可分为 I-18 ℃和 II-25 ℃型两大类;按胎基可分为聚酯毡(PY)、玻纤毡(G)、玻纤增强聚酯毡(PYG)等;按上表面隔离材料可分为聚乙烯膜(PE)、细砂(S)、矿物粒料(M)等;按下表面隔离材料可分为细砂(S)、聚乙烯膜(PE)等。幅宽为 1 000 mm。聚酯毡卷材厚度为 3 mm、4 mm、5 mm;玻纤毡卷材厚度为 3 mm、4 mm;玻纤增强聚酯毡卷材厚度为 5 mm。每卷卷材公称面积分别为 7.5 m²、10 m²、15 m²。

③ 标记。产品按名称、型号、胎基、上表面材料、下表面材料、厚度、面积和本标准编号顺序标记。例如,面积为 10 m²,厚度为 3 mm,上表面为矿物粒料,下表面为聚乙烯膜聚酯毡 I 型弹性体改性沥青防水卷材,其标记为:SBS I PY M PE 3 10 GB 18242—2008。

④ 适用范围。该卷材广泛应用于工业和民用建筑的屋面、地下室、卫生间等防水工程,以及屋顶花园、道路、桥梁、隧道、停车场、游泳池等工程的防水防潮。变形较大的工程建议选用延伸性能优异的聚酯胎产品,其他建筑宜选用相对经济的玻纤胎产品。

⑤《弹性体改性沥青防水卷材》(GB 18242—2008)标准要求如表 2-5-1、表 2-5-2 所示。

表 2-5-1　单位面积质量、面积及厚度

规格(公称厚度)/mm		3			4			5		
上表面材料		PE	S	M	PE	S	M	PE	S	M
下表面材料		PE	PE.S		PE	PE.S		PE	PE.S		
面积/(m²/卷)	公称面积	10、15			10、7.5			7.5			
	偏差	±0.10			±0.10			±0.10			
单位面积质量/(kg/m²)		3.3	3.5	4.0	4.3	4.5	5.0	5.3	5.5	6.0	
厚度/mm	平均值,不小于	3.0			4.0			5.0			
	最小单位	2.7			3.7			4.7			

表 2-5-2　材料性能

序号	项　目		指　标				
			I		II		
			PY	G	PY	G	PYG
1	可溶物含量/(g/m²)	厚度为 3 mm 的	2 100				—
		厚度为 4 mm 的	2 900				
		厚度为 5 mm 的	3 500				
		试验现象	—	胎基不燃	—	胎基不燃	—
2	耐热性	℃	110		130		
		mm,不大于	2				
		试验现象	无流滴、滴落				
3	低温柔性/℃		−20		−25		
			无裂缝				
4	不透水性 30 min		0.3 MPa	0.2 MPa	0.3 MPa		
5	拉力	最高峰拉力/(N/50 mm),不小于	500	350	800	500	900
		次高峰拉力/(N/50 mm),不小于	—	—	—	—	800
		实验现象	拉伸过程中,试件中部沥青涂盖层开裂或胎基分离现象				
6	伸长率	最高峰时伸长率/(%),不小于	30	—	40	—	—
		第二峰时伸长率/(%),不小于	—	—	—	—	15
7	浸水后质量增加/(%),不大于	PE.S	1.0				
		M	2.0				

续表

序号	项目		指标				
			I		II		
			PY	G	PY	G	PYG
8	热老化	拉力保持率/(%)，不小于	90				
		伸长率保持率/(%)，不小于	80				
		低温柔性/(℃)	−15		−20		
			无裂缝				
		尺寸变化率/(%)，不小于	0.7	—	0.7	—	0.3
		质量损失/(%)	1.0				
9	渗油性	张数，不大于	2				
10	接缝剥离强度/(N/mm)，不大于		1.0				
11	钉杆撕裂强度/N，不大于		—				300
12	矿物粒/g，不大于		2.0				
13	卷材下表面沥青涂盖层厚度/mm，不大于		1.0				
14	人工气候加速老化	外观	无滑动、流淌、滴落				
		拉力保持率，不小于	−15		−20		
		低温柔性	无裂缝				

注　1. 仅适用于单层机械固定施工方式卷材。
　　2. 仅适用于矿物粒料表面的卷材。
　　3. 仅适用于热熔施工的卷材。

（2）APP 塑性体改性沥青防水卷材。

APP 塑性体改性沥青防水卷材是用无规聚丙烯（APP）或聚烯烃类聚合物 APAO、APO 做改性剂，改性沥青浸渍胎基（玻纤胎或聚酯胎），以砂粒或聚乙烯薄膜为防黏隔离层的防水卷材，属塑性体沥青防水卷材的一种，如图 2-5-3 所示。

① 性能特点。APP 塑性体改性沥青防水卷材的性能与SBS 改性沥青防水卷材的性能接近，具有优良的综合性质，尤其是耐热性能好，在 130 ℃的高温下不流淌，其耐紫外线能力比其他改性沥青卷材的均强。

图 2-5-3　APP 塑性体改性沥青防水卷材

② 规格分类。按物理指标分为 I、II 类；按胎基可分为聚酯胎、玻纤胎两大类；按覆面材料，可分为 PE 膜（镀铝膜）、彩砂、页岩片、细砂等四大类。幅宽为 1 000 mm。聚酯毡卷材厚度为 3 mm、4 mm、5 mm；玻纤毡卷材厚度为 3 mm、4 mm；玻纤增强聚酯毡卷材厚度为 5 mm。每卷卷材公称面积分别为 7.5 m²、10 m²、15 m²。

③ 标记：产品按塑性体改性体沥青防水卷材、型号、胎基、上表面材料、下表面材料、厚度和本标准编号顺序标记。例如，3 mm 厚砂面聚酯胎 I 型塑性体改性沥青防水卷材，其标记为：APP　I　PY S 3 GB 18243。

④ 适用范围。APP分子结构为饱和态,有非常好的稳定性,受高温、阳光照射后,分子结构不会重新排列,抗老化性能强。一般情况下,APP塑性体改性沥青的老化期在20年以上,温度适应范围为−15～130℃,特别是其耐紫外线的能力比其他改性沥青防水卷材的都强,非常适宜在有强烈阳光照射的炎热地区使用。APP塑性体改性沥青复合在具有良好物理性能的聚酯毡或玻纤毡上,制成的卷材具有良好的抗拉强度和伸长率。本卷材具有良好的憎水性和黏结性,既可冷黏施工,又可热熔施工,无污染,可在混凝土板、塑料板、木板、金属板等材料上施工,广泛应用于工业和民用建筑的屋面、地下室、卫生间等防水工程,以及屋顶花园、道路、桥梁、隧道、停车场、游泳池等工程的防水防潮。变形较大的工程建议选用延伸性能优异的聚酯胎产品,其他建筑宜选用相对经济的玻纤胎产品。

⑤《塑性体改性沥青防水卷材》(GB 18243—2008)标准要求如表2-5-3、表2-5-4所示。

表 2-5-3 单位面积质量、面积及厚度

规格(公称厚度)/mm		3			4			5		
上表面材料		PE	S	M	PE	S	M	PE	S	M
下表面材料		PE	PE.S		PE	PE.S		PE	PE.S	
面积/(m²/卷)	公称面积	10、15			10、7.5			7.5		
	偏差	±0.10			±0.10			±0.10		
单位面积质量/(kg/m²)		3.3	3.5	4.0	4.3	4.5	5.0	5.3	5.5	6.0
厚度/mm	平均值,不小于	3.0			4.0			5.0		
	最小单位	2.7			3.7			4.7		

表 2-5-4 材料性能

序号	项目		指标				
			I		II		
			PY	G	PY	G	PYG
1	可溶物含量/(g/m²)	厚度为3 mm的	2 100				—
		厚度为4 mm的	2 900				—
		厚度为5 mm的	3 500				
		试验现象	—	胎基不稳	—	胎基不稳	—
2	耐热性	℃	110		130		
		mm,不大于	2				
		试验现象	无流淌、滴落				
3	低温柔性/(℃)		−7		−15		
			无裂缝				
4	不透水性 30 min		0.3 MPa	0.2 MPa	0.3 MPa		
5	拉力	最高峰拉力/(N/50 mm),不小于	500	350	800	500	900
		次高峰拉力/(N/50 mm),不小于	—	—	—	—	800
		试验现象	拉伸过程中,试件中部沥青涂盖层开裂或与胎基分离现象				

续表

序号	项目		指标				
			I		II		
			PY	G	PY	G	PYG
6	伸长率/(%)	最高峰时伸长率/(%)，不小于	25	—	40	—	—
		第二峰时伸长率/(%)，不小于	—		—		15
7	进水后质量增加/(%)	PE.S	1.0				
		M	2.0				
8	热老化	拉力保持率/(%)，不小于	90				
		伸长率保持率/(%)，不小于	80				
		低温柔性/(℃)	−2		−10		
			无裂缝				
		尺寸美化率/(%)，不小于	0.7	—	0.7	—	0.3
		质量损失/(%)，不小于	1.0				
9	接缝剥离强度/(N/mm)		1.0				
10	顶杆撕裂强度/N		—		300		
11	矿物粒料黏附性/g		2.0				
12	卷材下表面沥青涂盖层厚度/mm		1.0				
13	人工气候加速老化	外观	无滑动、流淌、滴落				
		拉力保持率/(%)，不小于	80				
		低温柔性/(℃)	−2		−10		
			无裂缝				

注　1. 仅适用于采用单层机械固定施工方式的卷材。

　　2. 仅适用于矿物粒料表面的卷材。

　　3. 仅适用于热熔施工的卷材。

（3）再生橡胶改性沥青防水卷材。

再生橡胶改性沥青防水卷材是用废旧橡胶粉做改性剂，掺入石油沥青中，再加入适量的助剂，经辊炼、压延、硫化而成的无胎体防水卷材，如图 2-5-4 所示。

其特点是自重轻，伸长率高、耐腐蚀性较普通油毡的好，且价格低廉，适用于屋面或地下接缝等防水工程，尤其适于基层沉降较大或沉降不均匀的建筑物变形缝处的防水。

图 2-5-4　再生橡胶改性沥青防水卷材

3）合成高分子防水卷材

合成高分子卷材是以合成橡胶、合成树脂或两者的共混体为基料，加入适量的化学助剂和填料,经混炼、压延或挤出等工序加工而成的可卷曲的片状防水材料。其抗拉强度、伸长率、耐高低温性、耐腐蚀、耐老化及防水性都很优良,是值得推广的高档防水卷材,多用于要求有良好防水性能的屋面、地下防水工程。

(1) 三元乙丙(EPDM)橡胶防水卷材。

三元乙丙橡胶防水卷材是以三元乙丙橡胶为主体原料,掺入适量的丁基橡胶、硫化剂、软化剂、补强剂等,经密炼、拉片、过滤、压延或挤出成形、硫化等工序加工而成的,如图 2-5-5 所示。

其耐老化性能优异,使用寿命一般长达 40 余年,弹性和拉伸性能极佳,抗拉强度可达 7 MPa 以上,断裂伸长率可大于 450%,因此,对基层伸缩变形或开裂的适应性强,耐高低温性能优良,-45 ℃左右不脆裂,耐热温度达 160 ℃,既能在低温条件下进行施工作业,又能在严寒或酷热的条件长期使用。

(2) 聚氯乙烯(PVC)防水卷材。

聚氯乙烯防水卷材是以聚氯乙烯树脂为主要原料,并加入一定量的改性剂、增塑性等助剂和填充剂,经混炼、造粒、压延或挤出成形、冷却及分卷包装等工序制成的柔性防水卷材。

其优点是:抗渗性能好,抗撕裂强度高,低温柔性较好。聚氯乙烯防水卷材的综合防水性能略差,但其原料丰富,价格较为便宜,适用于新建或修缮工程的屋面防水,也可用于水池、地下室、堤坝、水渠等防水抗渗工程。

(3) 氯化聚乙烯-橡胶共混防水卷材。

氯化聚乙烯-橡胶共混防水卷材是以乐华聚乙烯树脂和合成橡胶共混物为主体,加入适量的硫化剂、促进剂、稳定剂、软化剂和填充料等,经过素炼、混炼、过滤、压延或挤出成形、硫化、分卷包装等工序制成的防水卷材,如图 2-5-6 所示。

图 2-5-5　三元乙丙橡胶防水卷材

图 2-5-6　氯化聚乙烯-橡胶共混防水卷材

其优点是:具有优异的耐老化性、高弹性、高伸长率及优异的耐低温性,对地基沉降,混凝土收缩的适应强。氯化聚乙烯-橡胶共混防水卷材可用于各种建材的屋面、地下及地下水池及冰库等工程,尤其宜用于很冷地区和变形较大的防水工程及单层外露防水工程。

3. 施工材料的配套

1) 沥青类防水涂料

(1) 冷底子油。

冷底子油是用建筑石油沥青加入汽油、煤油、轻柴油等溶剂,或用软化点为 50~70 ℃的煤沥青加入苯,融合而配成的沥青涂料。由于施工后形成的涂膜很薄,一般不单独使用,往往用做沥青类卷材施工时打底的基层处理剂,故称冷底子油。冷底子油黏度小,具有良好的流动性。涂刷混凝土、砂浆等表面后能很快渗入基底,溶剂挥发后,沥青颗粒则留在基底的微孔中,使基底表面憎水并具有黏结性,为黏结同类防水材料创造有利条件。

（2）沥青玛碲脂（沥青胶）。

沥青玛碲脂是用沥青材料加入粉状或纤维状的填充料均匀混合而成的，按溶剂及胶黏工艺，可分为热熔沥青玛碲脂和冷玛碲脂两种。

热熔沥青玛碲脂（热用沥青胶）的配制通常是将沥青加热至 150～200 ℃，脱水后与20％～30％的加热干燥的粉状或纤维状填充料（如滑石粉、石灰石粉、白云粉、石棉屑、木纤维等）热拌而成的，热用施工。

填料的作用是提高沥青的耐热性，增加韧性，降低低温脆性，因此用热熔沥青玛碲脂黏结油毡比用纯沥青效果好。

冷玛碲脂（冷用沥青胶）是将 40％～50％的沥青熔化脱水后，缓慢加入 25％～30％的填料，混合均匀制成的，在常温下施工。它的浸透力强，采用冷玛碲脂黏结油毡，不一定要求涂刷冷底子油，它具有施工方便，减少环境污染等优点。目前应用面已逐渐扩大。

（3）水乳型沥青防水涂料。

水乳型沥青防水涂料即水性沥青防水涂料，系以乳化沥青为基料的防水涂料，借助于乳化剂作用，在机械强力搅拌下，将溶化的沥青微粒均匀地分散于溶剂中，使其形成稳定的悬浮体。这类涂料对沥青基本上没有改性或改性作用不大，主要有石灰乳化沥青、膨润土沥青乳液和水性石棉沥青防水涂料等，主要用于地下室和卫生间防水等。

2）建筑密封材料

为提高建筑物整体的防水、抗渗性能，对于工程中出现的施工缝、构件连接缝、变形缝等各种接缝，必须填充具有一定的弹性、黏结性，能够使接缝保持水密、气密性能的材料，这就是建筑密封材料。

建筑密封材料分为具有一定形状和尺寸的定型密封材料（如止水条、止水带等），以及各种膏糊状的不定型密封材料（如腻子、胶泥、各类密封膏等）。

密封材料必须满足 3 个基本要求：优良的黏结性、施工性及抗下垂性，良好的弹塑性和一定的随动性，较好的耐候性及耐水性能。

（1）建筑防水沥青嵌缝油膏。

建筑防水沥青嵌缝油膏（简称油膏）是以石油沥青为基料，加入改性材料及填充料混合制成的冷用膏状材料。此类密封材料价格较低，以塑性性能为主，具有一定的延伸性和耐久性，但弹性差。其性能指标应符合《建筑防水沥青嵌缝油膏》（JC/J 207—1996）的要求，主要用于各种混凝土屋面板、墙板等建筑构件节点的防水密封。使用沥青油膏嵌缝时，缝内应洁净干燥，先涂刷一道冷底子油，待其干燥后即嵌填灌注油膏。

（2）聚氯乙烯建筑防水接缝材料。

聚氯乙烯建筑防水接缝材料是以聚氯乙烯树脂为基料，加以适量的改性材料及其他添加剂配制而成的，按施工工艺可分为热塑型（通常指 PVC 胶泥）和热熔型（通常指塑料油膏）两类。

聚氯乙烯建筑防水接缝材料具有良好的弹性、延伸性及耐老化性，与混凝土基面有较好的黏结性，能适应屋面振动、沉降、伸缩等引起的变形要求。

（3）聚氨酯建筑密封膏。

聚氨酯建筑密封膏是以异氰酸基为基料和含有活性氢化物的固化剂组成的一种双组分反应型弹性密封材料。这种密封膏能够在常温下固化，并有着优异的弹性性能、耐热耐寒性能和耐久性,与混凝土、木材、金属、塑料等多种材料有着很好的黏结力。

（4）聚硫建筑密封膏。

聚硫建筑密封膏是由液态聚硫橡胶为主剂,与金属过氧化物等硫化剂反应,在常温下形成的弹性密封材料。其性能应符合《聚硫建筑密封膏》(JC 483—1992)的要求。这种密封材料能形成类似于橡胶的高弹性密封口,能承受持续和明显的循环位移,使用温度范围宽,在−40～90 ℃的温度范围内能保持它的各项性能指标,与金属与非金属材质均具有良好的黏结力。

（5）硅酮建筑密封膏。

硅酮建筑密封膏是以聚硅氧烷为主要成分的单组分和双组分室温固化型弹性建筑密封材料。硅酮建筑密封膏属高档密封膏,具有优异的耐热性、耐寒性和耐候性能,与各种材料有着较好的黏结性,耐伸缩疲劳性强,耐水性好。

4. 防水材料的选用

1）选用原则

（1）严格按有关规范进行选材。

（2）根据不同的部位的防水工程选择防水材料。

（3）根据环境条件和使用要求,选择防水材料,确保耐用年限。

（4）根据防水工程施工时的环境温度选择防水材料。

（5）根据结构形式选择防水材料。

（6）根据技术可行、经济合理的原则选择防水材料。

总之,在对防水材料的选择上,应该根据设计和实践情况,选择性能好,质量可靠有保证,稳定性要好,而且要求便于贮存运输,施工方便灵活,使用寿命较长的,材料价格适中的防水材料。在每种材料的选择上,根据工程的部位、条件、所处的环境、建筑的等级、功能需要,选用适当的材料,因为每种材料都各有其特性,因建筑物的不同,才能发挥好各类材料的特性,才能获得最佳的防水效果。

2）屋面防水材料的选择

屋面由于受到各种综合性因素的影响,如力学、物理、化学等方面的影响,主要是因屋面长期直接受大气、冻融交替、热胀冷缩、干湿变化的影响,以及阳光、紫外线、臭氧的作用,风霜雨雪的冲刷和风化的作用,一些机构性的结构性影响,温差作用和施工时用力拉伸防水卷材或涂膜胎体,使防水层处于高应力状态下,可导致屋面提前损坏。因此需要选用耐老化性能好的,并且需要具有一定伸长率的、耐热度高的材料。那么在屋面防水材料的选择上应该选择聚酯胎改性沥青卷材、三元乙丙片材或沥青油毡等方面特性的材料。

3）地下防水材料的选择

地下工程由于长期处于潮湿状态又不怎么好维修,并且具有温差变化比较小等特点,因此防水材料应具备优质的抗渗能力和伸长率及良好的整体不渗水性,还要求使用耐霉烂、耐腐蚀,使用寿命长的柔性材料。如当使用具有高分子防水基材时,需要选用耐水性好的黏结剂,其基材的厚度应不小于 1.5 mm,亦如聚氨酯、硅橡胶防水涂料等材料,其厚度应不小于 2.5 mm。通常情况下,在室内每增加一道防水层,水泥基则以使用无机刚性防水材料为宜。

4）厕浴间防水材料的选择

厕浴间面积一般比较小,而且多存在阴阳角,防水工程中所选用的防水材料应基于如下原则选择:一是适合基层形状的变化并有利于管道设备的敷设,二是要用不渗水性强、无接缝的整体涂膜。这是针对厕浴间面积小、阴阳角多、穿培管洞多等多种因素，以及根据地面、楼面、墙面连接构造较复杂等特点而提出来的。

模块 2 防水材料的性能检测

防水材料进场时，应按现行国家标准的规定抽取试件作性能检验，其质量必须符合有关标准的规定。

检查数量：按进场的批次和产品的抽样检验方案确定。

检验方法：检查产品合格证、出厂检验报告和进场复验报告。

1. 检测标准

(1)《屋面工程质量验收规范》(GB 50207—2002)。

(2)《弹性体改性沥青防水卷材》(GB 18242—2008)。

(3)《塑性体改性沥青防水卷材》(GB 18243—2008)。

(4)《石油沥青纸胎油毡、油纸》(GB 326—2007)。

(5)《石油沥青玻璃布胎油毡》(JC/T 84—1996)。

(6)《沥青复合胎柔性防水卷材》(JC/T 690—2008)。

(7)《改性沥青聚乙烯胎防水卷材》(GB 18967—2009)。

(8)《高分子防水材料　第一部分　片材》(GB 18173.1—2006)。

(9)《建筑用硅酮结构密封胶》(GB 16776—2005)。

(10)《溶剂型橡胶防水涂料》(JC/T 852—1999)。

(11)《水乳型沥青防水涂料》(JC/T 408—2005)。

(12)《弹性体建筑涂料》(JG/T 172—2005)等。

2. 检验方法

防水卷材品种众多，检测参数各异，取样方法及数量也不尽相同，下面仅选出常见、有代表性的几个品种介绍其取样及制备要求，其余可参照各产品标准进行检验。

1)试验环境要求

(1) 送至实验室的试样在试验前应原封放于干燥处，并保持在15～30℃范围内一定时间，实验室温度应每日记录。防水卷材温湿度要求如表 2-5-5 所示。

表 2-5-5 防水卷材温湿度要求一览表

名　称	温 度 要 求	湿 度 要 求
石油沥青纸胎油毡	(23±2)℃	—
石油沥青玻璃纤维胎油毡	(23±2)℃	(30～70)%RH
铝箔面油毡	(23±2)℃	(30～70)%RH
弹性体改性沥青防水卷材	(23±2)℃	—
塑性体改性沥青防水卷材	(23±2)℃	—
沥青复合胎柔性防水卷材	(23±2)℃	—
胶粉改性沥青玻纤毡与玻纤网格布增强防水卷材	(23±2)℃	—
胶粉改性沥青玻纤毡与聚乙烯膜增强防水卷材	(23±2)℃	—

续表

名　　称	温度要求	湿度要求
胶粉改性沥青聚酯毡与玻纤网格布增强防水卷材	(23±2)℃	—
改性沥青聚乙烯胎防水卷材	(23±2)℃	—
自黏聚合物改性沥青防水卷材	(23±2)℃	—
带自黏层的防水卷材	(23±2)℃	—
高分子防水材料	(23±2)℃	—
聚氯乙烯防水卷材	(23±2)℃	(60±15)%RH
氯化聚乙烯-橡胶共混防水卷材	(23±2)℃	(60±15)%RH
三元丁橡胶防水卷材	(23±2)℃	(45～55)%RH

（2）物理性能试验所用的水应为蒸馏水或洁净的淡水（饮用水），所用溶剂应为化学纯或分析纯。

2）检测项目

（1）拉伸性能。拉伸性能包括抗拉强度（拉力）、断裂伸长率。抗拉强度是指单位面积上所能够承受的最大位力；断裂伸长率是指在标距内试样从受拉到最终断裂伸长的长度与原标距的比。这两个指标主要是检测材料抵抗外力破坏的能力，其中断裂伸长率是衡量材料韧性好坏（即材料变形能力）的指标。

（2）不透水性。在特定的仪器上，按标准规定的水压、时间检测试样是否透水。该指标主要是检测材料的密实性及承受水压的能力。

（3）耐热性能。该指标用来表征防水材料对高温的承受力或抗热能力。

（4）低温柔度。该指标用来表征按标准规定的温度、时间检测材料在低温状态下材料的变形能力。

（5）固体含量。该指标用来表征产品中含有成膜物质的量占总产品重量的百分比，也就是产品中除去溶剂后的质量占总产品质量的百分比。

3）外观要求及取样方法

（1）外观要求。

① 沥青防水材料的外观质量要求：不允许有孔洞、硌伤、露胎、涂盖不均；距卷心 1 000 mm 以外的折纹、皱折，长度不大于 100 mm；距卷心 1 000 mm 以外的裂纹，长度不大于 10 mm；边缘裂口小于 20 mm，缺边长度小于 50 mm，深度小于 20 mm，每卷不应超过 4 处；每卷卷材的接头不超过 1 处，较短的一段不应小于 2 500 mm，接头处应加长 150 mm。

② 高聚物改性沥青防水卷材外观质量要求：成卷卷材应卷紧、卷齐，端面里进外出不得超过 10 mm；成卷卷材在 40～50 ℃温度下展开，在距卷心 1 000 mm 长度外不应有 10 mm 以上的裂纹或黏结，胎基应浸透，不应有未被浸渍的条纹；卷材表面必须平整，不允许有孔洞、缺边、裂口，矿物粒（片）料粒度应均匀一致，并紧密地黏附于卷材表面；每卷卷材的接头不超过 1 处，较短的一段不应小于 1 000 mm，接头应剪切整齐，并加长 150 mm（边缘不整齐不超过 10 mm，不允许有胎体露白，未浸透，撒布材料粒度、颜色应均匀）。

（2）取样方法。

将取样的一卷卷材切除距外层卷头 2 500 mm 后，顺纵向截取规范规定长度的全幅卷材两块,一块用于物理性能试验,另一块备用。按规范规定的部位和数量,在卷材上切取试件。

4)合格判定

(1)拉力、最大拉力时的伸长率、撕裂强度各项试验结果的平均值达到规定的指标时判为该项指标合格。

(2)不透水性、耐热度每组 3 个试件分别达到标准规定的指标时判为该项指标合格。

(3)低温柔度、柔度 6 个试件至少 5 个试件达到标准规定指标时判为该项指标合格。

(4)用 8 倍放大镜观察试样表面,以 2 个试样均无裂纹为合格。

(5)各项试验均符合规定指标,判该批产品物理性能合格。若有一项指标不符合标准规定,允许在该批产品中再随机抽取 5 卷,并从中任取 1 卷对不合格项进行单项复检。达到标准规定时,判为该批产品合格。

3. 防水涂料检验方法

防水涂料是一种流态或半流态物质,涂布在基层表面,经溶剂或水分挥发后或各组分间的化学反应,形成有一定弹性和一定厚度的连续薄膜,使基层表面与水隔绝,起到防水、防潮作用。所以防水涂料更确切地讲应是防水涂层材料,它是无定型材料(液状或现场拌制成液状)经涂覆固化形成具有防水功能膜层材料的统称。

固化成膜后的防水涂膜具有良好的防水性能,特别适合于各种复杂、不规则部位的防水,能形成无接缝的完整防水膜。防水涂料广泛适用于工业与民用建筑的屋面防水工程,地下室防水工程和地面防潮、防渗等。

防水涂料按状态,可分为溶剂型、水乳型和反应型等三种;按成膜物质的主要成分,可分为沥青类、高聚物改性沥青类和合成高分子类等三类。

1)试验环境要求、取样、制备

防水涂料温湿度要求如表 2-5-6 所示。

表 2-5-6   防水涂料温湿度要求一览表

名　　　称	温 度 要 求	湿 度 要 求
聚氯乙烯弹性防水涂料	(20±2)℃	(46~60)%RH
溶剂型橡胶沥青防水涂料	(23±2)℃	—
聚氨酯防水涂料	(23±2)℃	(60±15)%RH
聚合物水泥防水涂料	(23±2)℃	(60±15)%RH
聚合物乳液建筑防水涂料	(23±2)℃	(60±15)%RH
水乳型沥青防水涂料	(23±2)℃	(60±15)%RH
喷涂聚脲防水涂料	(23±2)℃	(60±15)%RH

取样:防水涂料取样按照 GB 3186—2006 标准要求执行。

2)检测项目

(1)成膜厚度检查。

应采用针穿刺法每 100 m² 刺三个点,用尺测量其高度,取其平均值,成膜厚度应大于 2 mm。穿刺时应用彩笔做标记,以便修补。

(2)断裂伸长率检查。

在防水施工中,监理人员可到施工现场将搅拌好的料分多次涂刷在平整的玻璃板上(玻璃板应先打蜡),成膜厚度为 1.2~1.5 mm,放置 7 d 后,在 1%的碱水中浸泡 7 d,然后在(50±2)℃烘箱中烘烤 24 h,做哑铃形拉伸实验,要求伸长率保持率达到 80%(无处理的为 200%)。如达不到标准,说明在施工中乳液掺加比例不足。

(3)耐水性检查。

将涂料分多次涂刷在水泥块上,成膜厚度为 1.2~1.5 mm,放置 7 d,放入 1%的碱水中浸泡 7 d,不分层、不空鼓的为合格。

(4)不透水性检查。

有条件时,应用仪器检测不透水性。其方法是将涂料按比例配好,分多次涂刷在玻璃板上(玻璃板先打蜡),厚度为 1.5 mm,静放 7 d,然后放入烘箱内(50±2)℃烘烤 24 h,取出后放置 3 h,做不透水实验,不透水性参数为 0.3 MPa。保持 30 min 无渗漏的为合格。

若条件不具备,可用目测法检查防水效果,方法是将涂料分 4~6 次涂刷到无纺布上,干透(约 24 h)后成膜厚度为 1.2~1.5 mm,做成缓盒子形状吊空,但不得留有死角,再将 1%的碱水加入盒内,24 h 无渗漏的为合格。

(5)黏结力检查。

G 型聚合物防水砂浆可直接成形"8"字模,24 h 后出模,放入水中浸泡 6 d,在室温(25±2)℃下干养护 21 d,做黏结实验。G 型聚合物防水砂浆的灰、水、胶比为 1∶0.11∶0.14,G 型聚合物防水砂浆的不透水性参数为 2.3 MPa。

将 R 型涂料和成芝麻酱状,将和好的涂料涂到两个半"8"字砂浆块上,放置 7 d 做黏结实验。

(6)低温柔度检查。

在玻璃板上打蜡,将施工现场搅拌好的涂料分多次涂刷在玻璃板上,成膜厚度为 1.2~1.5 mm,干透后从玻璃板上取下,在室温(25±2)℃下放置 7 d,然后剪下长 120~150 mm、宽 20 mm 的条状,将冰箱温度调至−25℃,将试片放入冰箱内 30 min,用直径 10 mm 的圆棒正反各缠绕一次,无裂纹的为合格。如有裂纹,说明低温柔度不够。

3)合格判断

以上六大指标必须全部合格。

模块 3　防水材料的应用

1. 防水材料的贮存和运输

贮存与运输时,不同类型、规格的产品应分别堆放,不应混杂。贮存温度不应高于 50 ℃,立放贮存。在运输过程中,卷材应立放。防止倾斜或横压,必要时加盖毡布。在正常贮运、运输条件下,贮存期自生产之日起为 1 年。

2. 常用的两种卷材应用

SBS 改性沥青防水卷材和 APP 塑性体改性沥青防水卷材是两种常用的卷材。这两种卷材的生产工艺基本是一致的。

(1)两种防水卷材都是高聚物改性沥青防水卷材,但其改性剂不同:SBS 改性沥青防水卷材的改性剂是 SBS(苯乙烯-丁二烯-苯乙烯),SBS 是一种热塑性丁苯橡胶;APP 塑性体改性沥青防水卷材的改性剂是 APP(无规聚丙烯)。

（2）两种卷材因改性剂的差别，其施工范围也不同，SBS 改性沥青防水卷材可以在－25～＋100 ℃范围内使用，有较高的弹性和耐疲劳性，尤其适用于低温寒冷地区和结构变形频繁的建筑防水工程。而 APP 塑性体改性沥青防水卷材具有更高的耐老化、耐高温等性能，尤其适用于炎热地区的建筑防水施工，以及对耐热性能有特殊要求的防水施工。

（3）SBS 改性沥青防水卷材（聚酯胎）。

产品特点：采用聚酯毡（长丝聚酯无纺布），机械性能好，耐水性、耐腐蚀性能也很好；弹性和低温性能有明显改善，有效适用范围为－25～100 ℃；耐疲劳性能优异。

使用范围：适用于高级和高层建筑物的屋面的单层铺设及复合使用，还可以用于地下室等防水防潮，更适合北方寒冷地区和结构易变形的建筑物的防水。

（4）APP 塑性体改性沥青防水卷材（聚酯胎）。

产品特点：有良好的弹塑性、耐热性和耐紫外线老化性能；其软化点在 150℃以上；温度使用范围为－15～130 ℃；耐腐蚀性好，自燃点较高（265 ℃）；耐低温性能稍低于 SBS 改性沥青防水卷材的；热熔性很好，非常适合热熔施工。

适用范围：与 SBS 改性沥青防水卷材相比，除一般工程中使用外，APP 塑性体改性沥青防水卷材由于耐热度更好，而且有着优良的耐紫外线老化性能，故更适合用于高温炎热或有紫外线辐照地区的建筑物的防水。

相对来说，SBS 改性沥青防水卷材使用范围更大一些。但各有优劣，要根据当地环境及建筑物的实际情况并结合两种卷材的特性来选择用料。SBS 改性沥青防水卷材的价格要比 APP 塑性体改性沥青防水卷材的高。

两种卷材没有明显区别，只是添加的改性剂不同。肉眼看上去 APP 材料比较具有塑性，没 SBS 材料柔软。APP 改性沥青防水卷材是以 APP（无规聚丙烯）或 APAO、APO（聚烯烃类聚合物）改性沥青为浸涂材料，以优质聚酯毡、玻纤毡、复合胎布为胎基，以细砂、矿物、PE 膜、铝膜等为覆面材料，采用先进的工艺精制而成的塑性体改性沥青防水卷材，产品的各项指标应符合国家标准 GB 18243—2008。

3. 防水涂料的应用

1）常规防水涂料

（1）防水涂料在固化前呈黏稠状液态，因此，施工时不仅能在水平面，而且能在立面、阴阳角及各种复杂表面形成无接缝的完整的防水膜。

（2）使用时无须加热，既减少环境污染，又便于操作、改善劳动条件。

（3）形成的防水层自重小，特别适用于轻型屋面等防水。

（4）形成的防水膜有较大的伸长率、优良的耐水性和耐候性，能适应基层裂缝的微小变化。

（5）涂布的防水涂料既是防水层的主体材料，又是胶黏剂，故黏结质量容易保证，维修也比较简便，尤其是基层裂缝、施工缝、雨水斗及贯穿管周围等一些容易造成渗漏的部位，极易进行增强涂刷、贴布等作业的实施。

（6）使用范围：新旧屋面、墙面、地下工程、地下隧道蓄水池、水库大坝、游泳池、厨房、卫浴间的防水系统。

2）水泥基渗透结晶型防水涂料

水泥基渗透结晶型防水涂料是由水泥基渗透结晶活性母料同水泥等无机材料混合配制的无机粉末状防水材料。该涂料经加水调配后，涂覆于混凝土表面，其活性成分渗入混凝土中，与混凝土内的硅酸盐物质产生化学反应,生成不溶性的枝蔓状结晶,堵塞混凝土毛细孔通道,形成防水功能。该产品在水的作用下,其活性成分不断催生结晶,直至密不透水为止。该产品无毒无味,水性环保。

(1)能与混凝土构成一个完整的高强度的整体。

该防水涂料能充分润湿混凝土基层,凝固后和基层形成一种相互啮合的界面层,且随着材料在基层中的渗透结晶,渗透结晶材料与基层的"锚钉"式结合逐渐明显,界面逐渐模糊,进而形成完整的高强度整体。

(2)超强的渗透能力。

当混凝土内部有水渗入时,防水涂料中的特种催化剂溶于水中,在水压力及浓差梯度的作用下向混凝土深处扩散,催化活性物质与混凝土中未水化的硅酸盐物质反应生成微膨胀晶体而阻塞毛细通道,从而达到防水抗渗的目的。

(3)独特的自我修复能力。

当混凝土因振动或其他原因产生新的微隙时,一旦有水渗入,催化剂即可被激活,从而催化化学反应生成新的晶体将微隙堵死。这是其他防水材料所不具备的。

(4)防水防渗效果持久。

由于水泥基渗透结晶型防水涂料是通过封闭混凝土内部微隙或毛细孔道,密实混凝土结构而达到防水抗渗目的的,因而在经过一定的时间之后,即使涂层被破坏了,混凝土基层的防水抗渗效果也不会受到影响。

(5)可用于迎水面或背水面的防水抗渗。

水泥基渗透结晶型防水涂料与水泥混凝土、石材等无机材料有很好的相容性和黏结力,在迎水面施工后,可形成良好的防水层。在背水面施工后,活性物质可逆水生成结晶,堵塞漏水通道,形成防水层,起到抗渗、防水功能。

(6)增强混凝土的抗压性能。

(7)无毒、无味、水性环保。

(8)可在潮湿基面上施工。

(9)适用于隧道、桥梁、码头、水池、地下室、厨卫间的防水、防渗、防潮,特别适用于各种刚性结构,不适宜采用柔性防水的部位,以及基层变形较大的部位的防水、防潮、防渗。

(10)对于混凝土细小裂缝有特别显著的修补作用,在水利工程中常用于挡水建筑物的裂缝修补和大坝维修。

4. 建筑密封材料应用

防水密封材料分为具有一定形状尺寸的定型密封材料(如密封条、止水带等)和各种膏糊状的不定型密封材料(如胶泥、腻子、各类密封膏)。下面介绍几种不定型密封材料的特点及应用范围。

1) 建筑防水沥青嵌缝油膏

建筑防水沥青嵌缝油膏的主要特点是炎夏不易流淌,寒冬不易脆裂,黏结力较强,延伸性、塑性和耐候性均较好,因此广泛用于一般屋面板和墙板等建筑构件节点的防水密封,也可用做各种构筑物的伸缩缝、沉降缝等的嵌缝密封材料。

2) 聚氯乙烯胶泥和塑料油膏

其特点是耐温性好(塑料油膏低温柔性比聚氯乙烯胶泥的好),使用温度范围广,黏结性好,延伸回复率高,耐老化,对钢筋无锈蚀,价格较低,除适用于一般性建筑接缝外,还适用于有硫酸、盐酸、硝酸和氢氧化钠等腐蚀性介质的屋面工程和地下管道工程。

3）丙烯酸酯建筑密封膏

这种密封膏具有优良的耐紫外线性能和耐油性,黏结性、延伸性、耐低温性、耐热性和耐老化性能好,并且以水为稀释剂,黏度较小、无污染、无毒、不燃、安全可靠、价格适中,可配成各种颜色,操作方便、干燥速度快,保存期长。但它固化后有 15%～20% 的收缩率,应用时应予事先考虑。该密封膏应用范围广泛,可用于钢、铝、混凝土、玻璃和陶瓷等材料的嵌缝防水,以及用做钢窗、铝合金窗的玻璃腻子等,还可用于各种预制墙板、屋面板、门窗、卫生间等的接缝密封防水及裂缝修补。

4）聚氨酯建筑密封膏

聚氨酯建筑密封膏弹性高、延长率大、黏结力强、耐油、耐磨、耐酸碱,抗疲劳性和低温柔性好,使用年限长,适用于各种装配式建筑的屋面板、楼地板、墙板、阳台、门窗框、卫生间等部位的接缝及施工密封,混凝土裂缝的修补等。同时,它还是蓄水池、引水渠、公路及机场跑道补缝、接缝的好材料,亦可用于玻璃和金属材料的嵌缝。

5）聚硫建筑密封膏

聚硫建筑密封膏具有优良的耐候性、耐油性、耐水性和低温柔性,能适应基层较大的伸缩变形,施工适用期可调整,垂直使用不流淌,水平使用时有自流平性,属于高档密封材料。

它适用于混凝土墙板、屋面板、楼板等部位的接缝密封,以及游泳池、蓄水池、上下水管道等工程的伸缩缝、沉降缝的防水密封,特别适用于金属幕墙、金属门窗四周的防水、防尘密封。

6）硅酮建筑密封膏

该类密封膏具有优良的耐热性、耐寒性(使用温度为 50～250 ℃)和耐候性(使用寿命在30 年以上),与各种材料有着良好的黏结性能,耐油性、耐水性好,耐伸缩疲劳强度高,能适应基层较大的变形,外观装饰效果好。

思　考　题

1. 常用建筑防水卷材的品种有哪些?各自的性能和应用范围是什么?
2. 常用建筑防水涂料的品种有哪些?各自的性能和应用范围如何?
3. 建筑密封材料的性能有什么要求?不定型常用密封材料的品种有哪些?其主要用途是什么?

任务6　止水材料的选择、检测与应用

【任务描述】

止水材料属于防水材料中的一种类型。其他防水材料在任务5中已讨论,本任务主要解决止水带和止水填料的选择、检测与应用等问题。此类防水材料在水工建筑物变形缝中被大量使用,其产品种类、技术性能及其质量将直接影响到水工建筑物的防渗漏问题,而防渗漏问题又是水利工程设计最核心的问题之一。

【任务目标】

能力目标

（1）能依据国家标准对止水材料质量性能作出正确的评价。

（2）在工作中能依据工程所处环境条件，正确贮存、运用止水材料。

知识目标

（1）熟悉止水材料的种类及工程中常用的止水材料。

（2）了解常用止水材料的主要技术性能指标。

（3）了解不同环境对止水材料性能的影响。

技能目标

（1）了解止水材料的特点。

（2）确定各类止水材料的基本性能。

（3）会选用水利工程中常用的止水材料。

模块 1　止水材料的选择

在一般的水工建筑物设计中，由于不能连续浇注，或由于地基的变形，或由于温度的变化引起的混凝土构件热胀冷缩等，需留有施工缝、沉降缝、变形缝，在这些缝处必须安装止水材料来防止水的渗漏问题。

止水材料广泛应用于水利、水电、堤坝涵闸、隧道地铁、人防工事、高层建筑的地下室和停车场等工程中变形永久缝的防止漏水。

1. 止水材料的种类及其特点

止水材料按其结构，大致可以分为三类：合成橡胶及塑料类止水带、金属类止水片和填料止水。

1）合成橡胶及塑料类止水带

它是利用合成橡胶及塑料材料在受力时产生高弹形变的特性而制成的止水结构产品（合成橡胶及塑料材料见项目 4 任务 7）。

（1）按其用途，分为：变形缝用止水带，用 B 表示；施工缝用止水带，用 S 表示；有特殊耐老化要求的接缝用止水带，用 J 表示。

（2）按其特性，分为普通型合成橡胶及塑料止水带和遇水膨胀橡胶止水带两种。

其中遇水膨胀橡胶止水带具有先进的防水线设计，遇水膨胀后增加了止水带与构筑物的紧密度，从而提高了止水防水性能，因此遇水膨胀橡胶止水带解决了长期困扰人们的环绕渗漏问题。图 2-6-1(a)所示的为合成橡胶止水带；图 2-6-1(b)所示的为遇水膨胀橡胶止水带；图 2-6-1(c)所示的为塑料止水带。

（3）按断面形式，分为平板型止水带、中心圆孔型止水带、中心非圆孔型止水带、波形止水带和 Ω 形止水带等，如图 2-6-2 所示。

特点：平板型止水带没有几何可伸展的变形，故适应接缝的变形性能差，一般用于建筑物的水平施工缝的止水和坝段细缝灌浆的止水片。中心圆孔型止水带是研制初期产品，施工过程发现固定止水带的模板拼装、架立困难，且容易沿止水带漏浆，影响施工质量。之后将其改进成中心非圆孔型止水带或 Ω 形止水带，解决了这一问题。波形止水带用于混凝土面板坝的

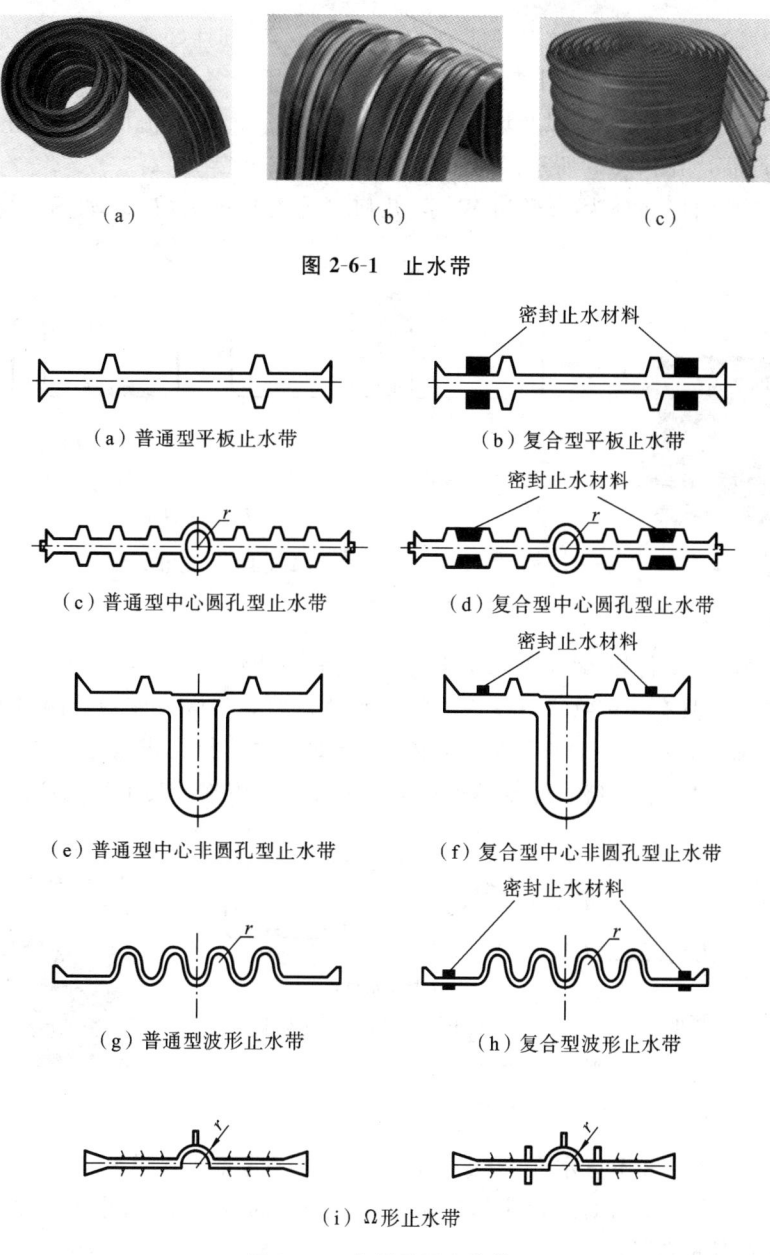

（a）　　　　　　　　　　　（b）　　　　　　　　　　　（c）

图 2-6-1　止水带

（a）普通型平板止水带　　　　　　　　　　　　（b）复合型平板止水带

（c）普通型中心圆孔型止水带　　　　　　　　　（d）复合型中心圆孔型止水带

（e）普通型中心非圆孔型止水带　　　　　　　　（f）复合型中心非圆孔型止水带

（g）普通型波形止水带　　　　　　　　　　　　（h）复合型波形止水带

（i）Ω形止水带

图 2-6-2　各型断面止水带

周边缝的止水，依靠在填料止水上传递上游传来的水压力，效果非常好。

2）金属类止水片

金属类止水片是用金属材料如铜片、不锈钢片或铝片等制成的止水结构产品。其中性能效果最好、最常用的为铜片结构产品，又称为止水铜片。

止水铜片，一般是紫铜，即为纯铜，呈玫瑰红色，因表面形成氧化铜膜呈紫色而得名，通常由电解法制作而成，也称电解铜，主要用于水利工程中底板间、底板与闸墩间伸缩缝，防止地下水渗漏。铜优良的可加工性、良好的伸缩性能，使其在底板发生不均匀沉降时不容易发生断裂。

　　紫铜止水片的主要特点有:抗腐蚀能力强;抗拉强度高;韧性好,能承受较大变形。缺点是抗震性能差、抗剪切能力差、费用高等。紫铜止水片适用于各类高级水工建筑的基础止水、坝身止水、坝顶止水、廊道止水,以及坝体内孔洞止水、厂房止水、溢流面下横缝止水等,是防止渗漏最理想的产品,如图 2-6-3 所示。

　　止水铜片按断面形状分为 F 形和 W 形,几何可伸展长度为(L_0),如图 2-6-4 和图 2-6-5所示。

图 2-6-3　止水铜片

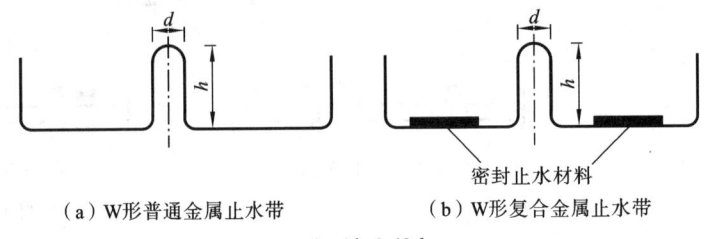

（a）W形普通金属止水带　　　　（b）W形复合金属止水带

　　　　　　　　　密封止水材料

$L_0 = 2h - 0.43d$

图 2-6-4　W 形止水铜片

3）填料止水

　　止水填料是由胶结材料(黏结剂)、增强剂、活性剂和活性填料等组成的膏状混合物,如图2-6-6 所示。把这种具有一定物理化学性能的止水填料填充于嵌入变形缝两侧的混凝土块体中,具有一定断面形状和尺寸的止水结构腔体内,借助止水填料的止水机理,在接缝变形的情况下阻止压力水经过缝腔和绕过止水结构渗漏的一种阻水措施。其工作机理如下。

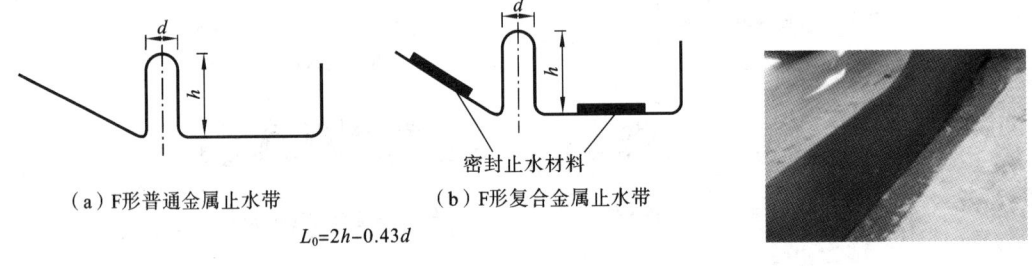

（a）F形普通金属止水带　　　　（b）F形复合金属止水带

　　　　　　　　　密封止水材料

$L_0 = 2h - 0.43d$

图 2-6-5　F 形止水铜片　　　　　　　　　图 2-6-6　止水填料

　　（1）利用其耐水性和不透水性,阻止压力水经过接缝缝腔的渗漏。

　　（2）利用其与混凝土面的黏附性和流动变形性产生的侧压强,阻止压力水绕过止水填料与混凝土接触界面的渗漏。

　　（3）利用止水填料的流动变形性能,满足由于混凝土温度变形引起缝腔中止水结构腔体的伸缩变形和基础沉降引起的两侧腔壁相对不均匀沉降变形的要求。

　　材料特点:具有耐久性、不透水性、流动变形性能(自行坍落)以及与水泥混凝土的面黏附性。

　　现有国内外面板堆石坝的面板接缝表层防水措施通常为,在预留的 V 形槽内嵌填柔性填料,并在填料外部设盖板对填料加以保护。柔性填料的作用为当坝体发生较大沉降和变形,并导致面板底部预埋的铜止水结构发生破坏时,柔性填料可在水压力的作用下流入缝腔内封堵渗漏通道,从而增强接缝止水的整体安全可靠性,进而增强坝体的安全可靠性。

　　目前国内最普遍采用的为 GB 柔性填料和 SR 柔性填料。它们的性能基本一致。

2. 止水材料的主要技术性能指标

要选择和应用止水材料,必须先了解其技术性能指标。止水材料的技术性能主要包括物理性能、力学性能及外观尺寸等。

止水材料技术标准按以下规范标准执行:《水工建筑物止水带技术规范》(DL/T 5215—2005)、《水工混凝土施工规范》(DL/T 5144—2001)、《地下工程防水技术规范》(GB 50108—2008)、《混凝土面板堆石坝接缝止水技术规范》(DL/T 5115—2008)、《铜及铜合金带材》(GB/T 2059—2008)和《高分子防水材料 第二部分 止水带》(GB 18173.2—2000)等。

1)合成橡胶及塑料类止水带的性能

(1)合成橡胶止水带。

合成橡胶止水带常用的规格有 300 mm×6 mm、300 mm×8 mm、300 mm×10 mm、350 mm×8 mm、400 mm×10 mm 等,厚度宜为 6～12 mm。常用型号为中埋式 651 型。合成橡胶止水带性能参数如表 2-6-1 所示。

表 2-6-1　合成橡胶止水带性能参数

序号	项　目		止水带使用类别		
			B	S	J
1	硬度(邵尔 A)/度		60±5	60±5	60±5
2	抗拉强度/MPa,不小于		15	12	10
3	扯断伸长率/(%),不小于		380	380	300
4	压缩永久变形	70℃,24h/(%),不大于	35	35	35
		23℃,168h/(%),不大于	20	20	20
5	撕裂强度/(kN/m),不小于		30	25	25
6	脆性温度/(℃),不大于		−45	−40	−40
7	热空气老化	70℃,168h　硬度(邵尔 A)/度,不大于	+8	+8	
		70℃,168h　抗拉强度/MPa,不小于	12	10	—
		70℃,168h　扯断伸长率/(%),不小于	300	300	
		100℃,168h　硬度(邵尔 A)/度,不大于			+8
		100℃,168h　抗拉强度/MPa,不小于	—	—	9
		100℃,168h　扯断伸长率/(%),不小于			250
8	臭氧老化 50pphm:20%,48h		2 级	2 级	0 级
9	橡胶与金属黏合		断面在弹性体内		

注　1. "橡胶与金属黏合"项仅适用于具有钢边的止水带。

2. 若有其他特殊需要,可由供需双方协议适当增加检验项目,如根据用户需求酌情考核霉菌试验,则其防霉性能应等于或高于 2 级。

2)塑料类止水带性能

PVC 止水带属塑料类止水带,其性能如表 2-6-2 所示。其外观尺寸与橡胶止水带的相同。

表 2-6-2　PVC 止水带性能

测 试 项 目		性 能 指 标
硬度(邵尔 A)/度		≥65
抗拉强度/MPa		≥14
扯断伸长率/(%)		300
撕裂强度/(kN/m)		≥25
低温弯拆/(℃)		≤-20
热空气老化:70℃,168h	抗拉强度/MPa	≥12
	扯断伸长率/(%)	≥280
耐碱性:10%的 Ca(OH)$_2$(高温),(23±2)℃,168h	抗拉强度保持率/(%)	≥80
	扯断伸长率保持率/(%)	≥80

3)铜止水性能

成品铜带在现场加工成设计要求的止水结构。国内水工混凝土接缝铜止水多用 T2M 软态紫铜,其 Cu 的含量不低于 99.5%,表面呈紫红色。常见紫铜牌号及 Cu 的含量如表 2-6-3 所示。

表 2-6-3　常见紫铜牌号及 Cu 的含量

常见的紫铜牌号	T1	T2	T3	T4
Cu 的含量/(%),不小于	99.95	99.90	99.70	99.50

不同状态下的特性如表 2-6-4 所示;紫铜片物理力学指标如表 2-6-5 所示。

表 2-6-4　铜带不同状态下特性

型号	状态	厚度/mm	抗拉强度/MPa	伸长率/(%)	宽度/mm
T2、T3	M(软)	0.5~1.0	196	132	600
TP1、TP2	Y2(半硬)	0.5~1.0	245~343	8	

表 2-6-5　紫铜片物理力学指标

项　　目	单位	指标
抗拉强度	MPa	240
伸长率	%	30
冷弯		冷弯 180°,不出现裂缝,在 0°~60°范围内连续张闭 50 次不出现裂缝
相对密度		8.89
熔点	℃	1084.5

硬态(Y)和半硬态(Y2)紫铜可通过退火恢复其软态紫铜的良好塑性,退火温度为 550~600℃。

4)填料止水性能

GB 柔性填料和 SR 柔性填料的性能指标如表 2-6-6 和表 2-6-7 所示。

表 2-6-6　GB 柔性填料性能指标

序号	检测项目			检验类别	单位	指标
1	耐介质浸泡质量变化率（在液体中浸泡 5 个月）		蒸馏水	型式检验	％	≤2
			饱和 Ca(OH)$_2$ 溶液		％	≤2
			10％NaCl 溶液		％	≤2
2	拉伸性能及黏结性能	常温干燥	抗拉强度	出厂检验	MPa	≥0.05
			断裂伸长率		％	≥125
			黏结面		—	不破坏
		常温浸泡	抗拉强度	型式检验	MPa	≥0.05
			断裂伸长率		％	≥125
			黏结面		—	不破坏
		低温干燥	断裂伸长率	型式检验	％	≥50
			黏结面		—	不破坏
		300 次冻融循环	断裂伸长率	型式检验	％	≥125
			黏结面		—	不破坏
3	密度			出厂检验	g/cm^3	1.4±0.1
4	高温流淌性			型式检验	mm	≤1
5	施工度(25℃针入度)			出厂检验	0.1 mm	≥70
6	流动止水性能		接缝内流动长度	型式检验	mm	≥130
7	抗渗抗击穿性		填料厚 5 cm,其下为厚 2.5～5 mm 的垫层料,64 h 不渗水压力	型式检验	MPa	≥2.7

表 2-6-7　SR 柔性填料性能指标

序号	项目			技术指标	
				SR-2 型	SR-3 型
1	密度/(g/cm^3)			1.5±0.05	1.5±0.05
2	施工度(针入度),0.1 mm			≥100	≥100
3	流动度(下垂度)/mm			≤2	≤2
4	拉伸黏结性能	常温、干燥	断裂伸长率/(％)	≥250	≥300
			破坏形式	内聚破坏	内聚破坏
		低温、干燥−20 ℃	断裂伸长率/(％)	≥200	≥240
			破坏形式	内聚破坏	内聚破坏
		冻融循环 300 次	断裂伸长率/(％)	≥250	≥300
			破坏形式	内聚破坏	内聚破坏
5	抗渗性/MPa			≥1.5	≥1.5
6	流动止水长度/mm			≥135	≥135

注　目前国内 SR 柔性填料的品种较多,这里只介绍两种型号的 SR 柔性填料的性能指标。

根据行业标准《混凝土面板堆石坝接缝止水技术规范》(DL/T 5115—2008)的要求,混凝土面板堆石坝接缝表面柔性填料止水的性能控制指标如表 2-6-8 所示。

表 2-6-8　柔性填料的性能控制指标

项　目	单　位	子控制指标
水中浸泡 5 个月的质量损失	%	±3
饱和 Ca(OH) 中溶液浸泡 5 个月	%	±3
10% 的 NaCl 溶液中浸泡 5 个月	%	±3
20 ℃下的抗拉强度	MPa	≥0.05
20 ℃下的断裂伸长率	%	≥400
−30 ℃下的抗拉强度	MPa	0.7
−30 ℃下的断裂伸长率	%	200
20 ℃下的密度	g/mL	≥1.15
与混凝土(砂浆)面的黏结性能		材料断面黏结面完好
冻融循环耐久性		冻融循环 300 次黏结面不破坏
流淌值(60°、75°斜角,48 h)	mm	≤1
施工度(按照沥青针入度试验)	0.1 mm	≥100

3. 止水带的选择

止水带应结合构筑物的重要性等级、变形缝变形量,以及水压、止水带的使(应)用工作环境、经济因素等条件综合考虑确定。

止水带材质的选择可参照下列规定。

(1) 一般情况下多选择天然橡胶止水带。

(2) 当遇有弱酸、碱类腐蚀介质时,宜选用氯丁橡胶止水带。

(3) 当遇有油类介质时宜选用丁腈橡胶止水带。

(4) 当遇有霉菌侵蚀的可能时,应考虑止水带的防霉性,其等级应达到 2 级及 2 级以上。

(5) 当使用温度为 −25～60 ℃时,选用氯丁橡胶止水带;当使用温度为 −35～60 ℃时,选用天然橡胶止水带;当使用温度为 −40～60 ℃时,选用三元乙丙橡胶止水带;低温时,不宜选用 PVC 止水带。

(6) 当需与防水板等材料焊接时,宜选用与其同分子的合成树脂型止水带(EVA、PE、ECB、HDPE、PVC)。

(7) 当止水带在运行期暴露于大气、阳光下时,应选用抗老化性能强的合成橡胶止水带、铜或不锈钢止水带。采用多道止水带止水并有抗震要求时,宜选用不同材质的止水带。作用水头高于 100 m 时宜采用复合型止水带。

重要结构及作用水头高于 140 m 时宜采用复合型铜止水带。中高混凝土面板堆石坝的变形缝要在表面上增加填料止水。

模块 2　止水材料的工程检测

由于现在止水材料特别是止水填料的试验检测只能在一些专业实验室进行,所以本任务重点讲解检测标准和品质及检验的基本方法。

1. 检测标准

(1) 按《橡胶物理试验方法试样制备和调节通用程序》(GB/T 2941—2006)的规定进行制

备试样。

(2) 按 GB/T 531.1—2008、GB/T 531.2—2009 的规定进行硬度试验。

(3) 按《硫化橡胶或热塑性橡胶拉伸应力应变性能测定》(GB/T 528—2009)的规定进行抗拉强度、扯断伸长率试验。

(4) 按《硫化橡胶或热塑性橡胶撕裂强度的测定》(GB/T 529—2008)的规定进行撕裂强度试验。

(5) 按《硫化橡胶低温脆性的测定(多试样法)》(GB/T 15256—1994)的规定进行脆性温度试验。

(6) 按《硫化橡胶或热塑性橡胶热空气加速老化和耐热试验》(GB/T 3512—2001)的规定进行热空气老化试验。

(7) 按《塑料 拉伸性能的测定 第 1 部分:总则》(GB/T 1040.1—2006)的规定进行塑料止水带的抗拉强度、扯断伸长率试验。

(8) 按《塑料和硬橡胶 使用硬度计测定压痕硬度(邵氏硬度)》(GB/T 2411—2008)的规定进行塑料止水带硬度试验。

(9) 按《高分子防水材料 第三部分 遇水膨胀橡胶》(GB 18173[1].3—2002)的规定进行遇水膨胀止水带的检测试验。

(10) 按《金属材料室温拉伸试验方法》(GB/T 228—2010)的规定进行铜片拉伸试验。

(11) 按《铜及铜合金板》(GB 2040—2002)的规定进行铜材的其他试验。

(12) 按《电工电子产品环境试验 第 2 部分 试验方法 试验 J 和导则:长霉》(GB/T 2423.16—2008)的规定进行防霉性试验。

目前填料止水的试验检测方法主要依靠企业标准。

2. 取样要求与检验方法

以每月同标记的止水带为一批,逐一进行规格尺寸和外观质量检验,并在上述检验合格的样品中随机抽取足够的数量,进行物理性能检验。

应逐批对止水带的尺寸公差、外观质量、抗拉强度、扯断伸长率、撕裂强度进行出厂检验。止水带外观质量要求如表 2-6-9 所示。

在正常情况下,应每年至少进行一次臭氧老化检验,其余各项为每半年进行一次检验。

止水填料的检验主要是外包装合格和性能指标符合表 2-6-8 所示要求。其主要检测项目为:① 止水填料耐水或耐溶液的稳定性测试;② 止水填料黏性系数的测定;③ 止水填料的初始剪切强度的测定;④ 止水填料动水中自愈性能测试。

表 2-6-9 止水带外观质量要求

序号	缺陷名称	外观质量要求	
1	气泡、凹痕、杂质、明疤	允许有深度不大于 2 mm、面积不大于 16 mm² 的凹痕、气泡、杂质、明疤等缺陷不超过 4 处;设计工作面仅允许有深度有大于 1 mm、面积不大于 10 mm² 的缺陷不超过 3 处	
2	开裂、缺胶、海绵状	不允许	
3	中心孔偏心	不允许超过管状断面厚度的1/3	极限偏差

序 号	缺 陷 名 称	外观质量要求		
4	厚度极限偏差	止水带公称厚度		$\begin{array}{c}+1\\0\end{array}$
		4～6		$\begin{array}{c}+0.3\\0\end{array}$
		0		$\begin{array}{c}+2\\0\end{array}$
		＞10		
5	宽度	为模压制品的±3%		

1）止水带的规格尺寸检验方法

用量具测量,厚度精确到 0.05 mm,宽度精确到 1 mm。外观质量用目测及量具检查。其中厚度测量取制品的任意 1 m 作为样品(有接头的必须包括一个接头),然后自其两端起在制品的设计工作面的对称部位取 4 点进行测量,取其平均值。

2）橡胶或塑料类止水带的外观质量检验方法

在自然光线下距产品 0.5 m 用肉眼观察,其数值用精度为 0.02 mm 的卡尺测量。

3）止水带物理力学性能测定检验方法

从经规格尺寸检验合格的制品上裁取试验所需的足够长度试样,按《橡胶物理试验方法试样制备和调节通用程序》(GB/T 2941—2006)的规定制备试样,并在标准状态下静置 24 h 后,按相关标准进行检验。

3. 检测结果判定

对于止水带如果其尺寸公差、外观质量及物理性能各项指标全部符合技术要求,则为合格产品,若物理性能有一项指标不符合技术要求,则应另取双倍试样进行该项复试,复试结果如仍不合格,则该批产品为不合格。

止水填料外观质量及物理性能各项指标应全部符合技术要求。

模块 3　止水材料的工程应用

其应用标准有《水工建筑物止水带技术规范》(DL/T 5215—2005)、《水工混凝土施工规范》(DL/T 5144—2001)、《地下工程防水技术规范》(GB 50108—2008)、《混凝土面板堆石坝接缝止水技术规范》(DL/T 5115—2008)等。

1. 止水材料的贮存与保管

橡胶和 PVC 止水带在运输贮存和施工过程中应防止日光直晒、雨雪浸淋,并不得与油脂、酸、碱等物质接触。

在产品的运输和施工中,防止机械、钢筋损伤。成品存放和运输中应取直平放,勿加重压。

止水材料在采购时,要严格按设计要求的各项技术指标选购。材料存放在仓库时,要按用途分别存放,并标明进货时间、有效期、材料的型号、性能特性和主要用途,存放期不得超过产品的有效期。应搭设临时存放遮棚,当种类较多、用途不一时,应分别存放,标明性能指标和用途等。存放时还要注意防火。

2. 止水材料在工程中的运用

1）合成橡胶及塑料类止水带工程应用

（1）合成橡胶止水带工程应用。

① 选购止水带时应按图纸要求选购长度能够满足底板加两侧墙板长度尺寸要求的止水带，如长度不能满足要求而需接长，则可采用氯丁型 801 胶结剂黏结，并用木制的夹具夹紧，最好采用热挤压黏结方法，以保证黏结效果。

② 止水带安装过程中的支模和其他工序施工中，要注意不应有金属一类的硬物损伤止水带。

③ 浇注混凝土时，应先将底板处的止水带下侧混凝土振捣密实，并密切注意止水带有无上翘现象；对墙板处的混凝土应从止水带两侧对称振捣，并注意止水带有无位移现象，使止水带始终居于中间位置。

④ 为便于施工，变形缝中填塞的衬垫材料应改用聚苯乙烯泡沫塑料板或沥青浸泡过的木丝板。橡胶止水带是利用橡胶材料在受力时产生高弹形变的特性而制成的止水结构产品。橡胶止水带在浇筑混凝土时被预埋在变形缝内与混凝土连成一体，可有效地防止构筑物变形缝处的渗水、漏水，并起到减震缓冲等作用，从而确保工程构筑物中的防水要求。

（2）PVC 止水带工程应用。

PVC 止水带又称为"塑料止水带"。PVC 止水带的施工方法与橡胶止水带的施工方法是相同的。

① PVC 止水带主要用于混凝土浇筑时设置在施工缝及变形缝内与混凝土构成为一体的基础工程，如隧道、涵洞、引水渡槽、拦水坝、贮液构筑物、地下设施等。

② PVC 止水带施工过程中，由于混凝土中有许多尖角的石子和钢筋，操作时要注意避免对止水带造成机械损伤。在定位 PVC 止水带时，要使其与混凝土界面贴合平整，不能出现止水带翻转、扭曲等现象，否则应及时进行调整。在浇筑固定止水带时，应防止止水带发生偏移，影响止水效果。

③ PVC 止水带接头可利用黏结、热焊接等方法，保证接头牢固。浇注混凝土过程中要注意充分振捣，以使止水带和混凝土充分结合。

2）铜止水工程应用

（1）止水铜片应平整，表面的浮皮、锈污、油渍均应清除干净。如有砂眼、钉孔、裂纹应予焊补。

（2）止水铜片现场接长宜用搭接焊。搭接长度应不小于 20 mm，且应双面焊接（包括"鼻子"部分）。经试验能够保证质量时亦可采用对接焊接，但均不得采用手工电弧焊。

（3）焊接接头表面应光滑，无砂眼或裂纹，不渗水。在工厂加工的接头应抽查，抽查数量不少于接头总数的 20%。在现场焊接的接头，应逐个进行外观和渗透检查并合格。

（4）止水铜片安装应准确、牢固，其"鼻子"中心线与接缝中心线偏差在 ±5 mm 范围内。定位后应在"鼻子"空腔内满填塑性材料。

（5）不得使用变形、有裂纹和撕裂的 PVC 止水带或橡胶止水带。

（6）橡胶止水带连接宜采用硫化热黏结；PVC 止水带的连接按厂家要求进行，可采用热黏结（搭接长度不小于 10 cm）。接头应逐个进行检查，不得有气泡、夹渣或假焊。

（7）对止水片（带）接头，必要时进行强度检查，抗拉强度不应低于母材强度的 75%。

（8）止水铜片与 PVC 止水带接头，宜采用螺栓拴接法（俗称塑料包紫铜），拴接长度不宜小于 35 cm。

（9）止水带安装应由模板夹紧定位，支撑牢固。

（10）水平止水片（带）上或下 50 cm 范围内不宜设置水平施工缝。如无法避免，应采取措施把止水片（带）埋入或留出。

（11）止水铜片与橡皮止水的连接一般为垂直连接，连接方法采用氯丁胶黏结，搭接长度大于 70 mm，黏结前，将橡皮止水的凸起割掉，形成平面，用手挫打毛，然后将黏结面涂上氯丁胶进行黏结，黏结必须牢固，防止裂缝。黏结后，将表面用螺栓加铁板进行固定。

3）填料止水工程应用

（1）在面板接缝顶部应预留填塞柔性填料的 V 形槽，其形状和尺寸应满足设计要求。

（2）柔性填料施工宜在混凝土浇筑 28 d 后，从下而上分段进行施工，并应在面板挡水前完成。填塞施工宜在日平均气温高 5 ℃、无雨的白天进行。分期施工柔性填料时，应将缝的端部进行密封。

（3）柔性填料填塞前，与填料接触的混凝土表面应洁净、无松动混凝土块。接触面进行干燥处理后涂刷黏结剂，否则应采用潮湿面黏结剂。

（4）周边缝缝口设置 PVC 或橡胶棒（管）时，应在柔性填料填塞前将 PVC 或橡胶棒（管）嵌入接缝 V 形槽下口，棒壁与接缝壁应嵌紧。PVC 或橡胶棒接头应予固定，防止错位。

（5）柔性填料填塞时，应按其生产厂家的工艺要求施工。柔性填料采用冷法施工，在接触面上涂刷黏结剂后分层填塞，捶击密实。

（6）柔性填料填塞后的外形应符合设计要求，外表面没有裂缝和高低起伏，宜用模具检查，经检查合格后，再分段安装面膜。

（7）与面膜接触的混凝土表面应平整，宜用柔性填料找平。铺好面膜后，用经防锈处理的角钢或扁钢、膨胀螺栓将面膜固定紧密。固定面膜用的角钢或扁钢和膨胀螺栓的规格、螺栓间距均应符合设计要求。

思 考 题

1. 简述止水材料的主要功能。
2. 止水材料在水利工程中主要作用在什么结构部位？
3. 合成橡胶及塑料类止水带质量检验的基本项有哪些？

任务7　土工合成材料的选择、检测与应用

【任务描述】

土工合成材料在建筑工程中已被大量使用，其产品种类、技术性能及其质量将直接影响到主体工程的设计、施工及工程使用寿命。水利工程中采用土工合成材料也非常普及，因此，为确保工程质量，根据工程实际情况，要正确选择产品类型。本任务主要讲解水利工程中最常用的土工合成材料的选择、检测与应用。

【任务目标】

能力目标

(1) 在工作中能正确判断土工合成材料的类型。

(2) 在工作中能依据工程所处环境条件,正确选择、应用土工合成材料。

知识目标

(1) 熟悉土工合成材料的种类及工程中常用的土工合成材料。

(2) 了解常用土工合成材料的主要技术性能指标。

(3) 了解不同环境对土工合成材料性能的影响。

技能目标

(1) 了解土工合成材料的特点。

(2) 能确定各类土工合成材料的基本性能。

(3) 会选用水利工程中常用的土工合成材料。

模块 1　土工合成材料的选择

土工合成材料是 20 世纪 50 年代末期发展起来的一种建筑材料,它是应用于岩土工程,以高分子聚合物为原材料制成的各种产品的统称。土工合成材料具有满足多种工程需要的性能,而且其寿命长(在正常使用条件下,可达 50～100 年)、其强度高(在埋置 20 年后,其强度仍保持 75%)、柔性好、抗变形能力强、施工简易、造价低廉、材料来源丰富,在水利水电、道路、海港、采矿、军工、环境等工程领域得到了广泛的应用。

1. 土工合成材料的种类及其特点

土工合成材料大致可以分为四类:土工织物、土工膜、土工复合材料和土工特种材料,其原材料主要是聚乙烯、聚丙烯、聚氯乙烯等各种高分子聚合物(高分子聚合物内容参见项目 4 中的任务 6)。

(1) 土工织物。

织造(有纺)土工织物:编织型(平织法、园织法);机织型(平纹法、斜纹法);针织型(经编法、缝编法)。

非织造(无纺)土工织物:机械加固型(针刺法);化学黏合型(喷胶法);热黏合型(热轧法)。

(2) 土工膜。

聚乙烯土工膜(PE);聚氯乙烯土工膜(PVC);氯化聚乙烯土工膜(CPE)。

(3) 土工复合材料。

复合土工膜;复合土工织物;复合防、排水材料-塑料排水带、排水软管、水平排水板。

(4) 土工特种材料。

土工模袋、土工格栅、土工格室、土工条带、土工管、土工网、三维植被网、土工膨润土垫(GCL)、聚苯乙烯板块(EPS)、排水防水板块。

在水利工程中使用较广泛的是土工织物、土工膜、土工复合材料。土工织物又分为织造土工织物和非织造土工织物两种类型,其中,针刺非织造土工织物具有孔隙率高、渗透性大、排水性能较好的特点,在大坝工程中常作为排水反滤设施广泛使用。土工膜防渗性能较好,垂直渗透系数小于 $1×10^{-11}$ cm/s,价格便宜,但其 CBR(承载比)顶破强度较低,对于防渗要求较高的工程部位不宜使用,一般用于坝基垂直防渗。

土工复合材料是将两种或两种以上的土工合成材料组合在一起的产品,品种繁多,功能各异,其中复合土工膜具有防渗和排水双重作用,在大坝工程中应用较广泛。

1）土工织物

土工织物又称土工布,它的制造过程是,首先把聚合物原料加工成丝、短纤维、纱或条带,然后再制成平面结构的土工织物。透水性土工织物按制造方法可分为织造土工织物和非织造土工织物,如图 2-7-1。

土工织物突出的优点是质量轻,整体连续性好(可做成较大面积的整体),施工方便,抗拉强度较高,耐腐蚀和抗微生物侵蚀性好。缺点是未经特殊处理,抗紫外线能力低,如暴露在外,受紫外线直接照射容易老化。如不直接暴露,则抗老化及耐久性能仍较高。

土工织物的应用特性如下。

（1）目前用于土工织物生产的合成纤维主要为锦纶、涤纶、丙纶、乙纶,它们都具有很强的抗埋、耐腐性能。

（2）土工织物为透水材料,所以具有很好的反滤隔离功能。

（3）非织造土工织物由于结构蓬松,故具有很好的排水性能。

（4）土工织物由于有很好抗穿刺能力,所以具有很好的保护性能。

（5）土工织物有大的摩擦系数与抗拉强度,具有土工加筋性能。

2）土工膜

土工膜一般可分为沥青和聚合物(合成高聚物)两大类。含沥青的土工膜目前主要为复合型的(含编织型或无纺型的土工织物),沥青作为浸润黏结剂。聚合物土工膜又根据不同的主材料分为塑性土工膜、弹性土工膜和组合型土工膜。目前水利工程中常用的土工膜包括 LDPE 土工膜、PE 土工膜、HDPE 土工膜、EVA 土工膜、ECB 土工膜、PVC 土工膜、糙面土工膜、复合土工膜等各种防渗土工膜。图 2-7-2 所示的为 HDPE 土工膜。

图 2-7-1　土工织物　　　　图 2-7-2　HDPE 土工膜

大量工程实践表明,土工膜的不透水性很好,弹性和适应变形的能力很强,能适应于不同的施工条件和工作应力,具有良好的抗老化能力,处于水下和土中的土工膜的耐久性尤为突出。土工膜具有突出的防渗和防水性能。

HDPE 土工膜主要应用特点如下。

（1）抗拉强度高、极佳的弹性。HDPE 防渗膜具有高强抗拉伸机械性,它优良的弹性和强变形能力使其非常适合用于膨胀或收缩基面,可有效克服基面的不均匀沉降。

（2）防渗性能好。HDPE 防渗膜采用优质的高密度聚乙烯原生树脂,采用共挤技术制成,具有高效分子密度,液体渗透性极低,防渗透效果极佳。

（3）施工简单方便,质量轻,便于运输。HDPE 防渗膜质量轻,成品成卷状,便于现场铺设,有很强的灵活性,可满足不同施工场地的需求。

（4）物理、化学性能优。HDPE 防渗膜抗老化，抗紫外线，具有极好的抗撕裂、抗穿刺能力，脆性低，热变形小，具有良好的化学稳定性，耐高低温，耐沥青、油及焦油，耐酸、碱、盐等化学溶液。

（5）成本低，综合效益高。

（6）健康、环保。

3）土工复合材料

土工织物、土工膜、土工格栅和某些特种土工合成材料，将其两种或两种以上的材料互相组合起来就成为土工复合材料，主要分为复合土工膜和土工复合防排水材料两类。土工复合材料可将不同材料的性质结合起来，更好地满足具体工程的需要，能起到多种作用。

（1）复合土工膜。

复合土工膜就是将土工膜和土工织物按一定要求制成的一种土工织物组合物，如图 2-7-3 所示。其中，土工膜主要用来防渗，土工织物起加筋、排水和增加土工膜与土面之间的摩擦力的作用。

复合土工膜具有强度高、伸长率高、变形模量大、耐酸碱、抗老化、防渗性能好、不受气候影响等特点，主要用于工程建设领域的防渗、隔离、增强、防裂、加固、水平面排水、整治翻浆冒泥，特别适合用于高水位、水压力和侧向压力大、防渗要求高的工程。

图 2-7-3 复合土工膜

复合土工膜（复合防渗膜）的主要应用特点如下。

① 土工织物代替颗粒材料作为土工膜保护层，以保护防渗层不受损坏，降低垫层粒径级配要求，并起排水等作用。

② 摩擦系数加大，防止覆盖层的滑移，比单纯 PE 薄膜、无纺布覆膜或胶合为优，可使坡比增大，减少占地面积。

③ 抗拉、撕裂、顶破、穿刺等力学强度较高。

④ 有一定的变形量，对底垫层的凹凸缺陷产生的应力传递分散较快，应变能力较强。

⑤ 土工膜与土体接触面上的孔隙压力及浮托力易于消散。

⑥ 有一定的保温作用，减少了土体冻胀对土工膜的破坏，从而减少土体变形。

⑦ 采用埋入式铺设，有优异的抗老化性能，减少了工程的维护、保养成本。

⑧ 铺设施工简便，减少运输量，降低工程造价，缩短了工期。

（2）土工复合防排水材料。

它是以无纺土工织物和土工网、土工膜或不同形状的土工合成材料芯材组成的排水材料，用于软基排水固结处理、路基纵横排水，以及建筑地下排水管道、集水井、支挡建筑物的墙后排水，隧道排水，堤坝排水设施等。

① 塑料排水带。

塑料排水带也称塑料排水板，是由不同凹凸截面形状、具有连续排水槽的合成材料（塑料）芯材，外包裹非织造土工织物构成的复合排水材料，如图 2-7-4。

塑料排水带在公路、码头、水闸等软基加固工程中应用广泛，以加速软土固结。

② 软式排水管。

软式排水管又称为渗水软管，如图 2-7-5 所示，是由高强钢丝圈作为支撑体，以具有反滤、透水及保护作用的管壁包装材料构成的。软式排水管在土木、水利等工程建设中，往往要排除土壤、岩基等工程本身的渗流和地下水。

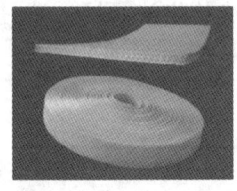

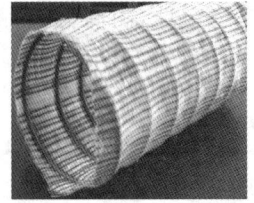
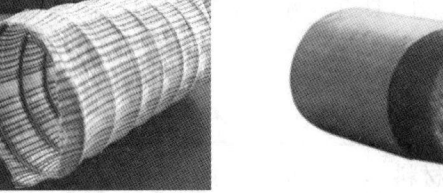

图 2-7-4　塑料排水带　　　　　　　　　图 2-7-5　软式排水管

软式排水管兼有硬水管的耐压与耐久性能,又有软水管的柔性和轻便特点,过滤性强,排水性好,可用于各种排水工程中。

4)土工特种材料

土工特种材料是为工程特定需要而生产的产品,品种比较多,现选择几种主要产品介绍如下。

(1)土工格栅。

土工格栅是由有规则的网状抗拉条带形成的用于加筋的土工合成材料,如图 2-7-6 所示。土工格栅因其高强度和低伸长率而成为加筋的好材料。土工格栅埋在土内,与周围土之间不仅有摩擦作用,而且由于土石料嵌入其开孔中,还有较高的咬合力,它与土的摩擦系数可以高达 0.8~1.0。

土工格栅的品种和规格很多,目前开发的新品种有用加筋带纵横相连而成的,也有用高强合成材料丝纵横连接而成的。

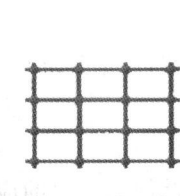
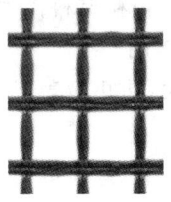

图 2-7-6　土工格栅

(2)土工网。

土工网是由平行肋条以不同角度与其上相同肋条黏结为一体的用于平面排液、排气的土工合成材料,如图 2-7-7 所示。可因网孔尺寸、形状、厚度和制造方法的不同而形成性能上的很大差异。

这类产品常用于坡面防护、植草、软基加固垫层,或用于制造复合排水材料。一般说来,它只有在受力水平不高的场合,才能用于加筋。

(3)土工模袋。

土工模袋是由双层化纤织物制成的连续或单独的袋状材料,袋内填充混凝土或水泥砂浆,凝固后形成整体板状防护块体,如图 2-7-8 所示,可广泛用于江、河、湖、海的堤坝护坡、护岸,

图 2-7-7　土工网　　　　　　　　　　　图 2-7-8　土工模袋

以及港湾、码头等防护工程。

（4）土工格室。

土工格室是由土工格栅、土工织物或土工膜、条带构成的蜂窝状或网格状三维结构材料，如图 2-7-9 所示。格室张开后，可填以土料。它可用于处理软弱地基，增大其承载力，在沙漠地带可用于固砂，还可用于护坡等。

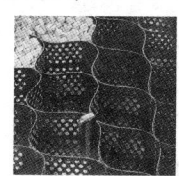

图 2-7-9 土工格室

（5）土工合成材料黏土垫层。

土工合成材料黏土垫层是由两层或多层土工织物（或土工膜）中间夹一层膨润土粉末（或膨润土颗粒），以针刺、缝合或黏结而成的一种复合材料。它与压实黏土垫层相比，具有体积小、质量轻、柔性好、密封性良好、抗剪强度较高、施工简便、适应不均匀沉降等优点，可以代替一般的黏土密封层，用于水利或土木工程中的防渗或密封设计。

2. 土工合成材料的主要技术性能指标

为了选择和应用土工合成材料，必须了解其技术性能指标。土工合成材料的技术性能主要包括物理性能、力学性能、水力性能及耐久性能等。

土工合成材料技术标准按以下规范标准执行：《土工合成材料　短纤针刺非织造土工布》（GB/T 17638—2008）、《土工合成材料　长丝纺粘针刺非织造土工布》（GB/T 17639—2008）、《土工合成材料　长丝机织土工布》（GB/T 17640—2008）、《土工合成材料　裂膜丝机织土工布》（GB/T 17641—1998）、《土工合成材料　非织造布复合土工膜》（GB/T 17642—2008）、《土工合成材料　机织、非织造复合土工布》（GB/T 18887—2002）、《土工合成材料　塑料土工格栅》（GB/T 17689—2008）和《土工合成材料　塑料土工网》（GB/T 19470—2004）等。

1）物理性能

土工合成材料的物理性能指标主要包括单位面积质量、厚度、等效孔径等。

（1）单位面积质量。

单位面积质量是指每平方米土工织物的质量，大多采用称量法测试，一般在 $100 \sim 1000 \ \mathrm{g/m^2}$ 范围内。通常力学强度随质量增大而提高。

（2）厚度。

厚度是在一定标准压力下用测厚仪量测的厚度。厚度变化对土工织物的孔隙率、透水性和过滤性等水力学特性有很大的影响。

常用的各种土工合成材料厚度：土工织物厚度一般为 0.1～5 mm，厚的可达 100 mm 以上；土工膜厚度为 0.25～0.75 mm，厚的可达 2～4 mm；土工格栅的厚度随部位的不同而异，其肋厚一般为 0.5～10 mm。

（3）等效孔径。

土工合成材料具有各种形状和大小不同的孔径。对于孔隙较均匀的采用显微镜直接量测。其他采用粒料筛析法测定，常用等效孔径表示。

等效孔径是指土工织物的表观最大孔径。规范规定,织物允许 5％的颗粒(以重量计)通过(筛布)的(即 95％的颗粒不能通过)的那个孔径为等效孔径,记为 O_{95}。

土工合成材料的等效孔径:土工织物的等效孔径一般为 0.05～1.0 mm;土工网及土工格栅的等效孔径为 5～10 mm。

2)力学性能

土工合成材料的力学性能指标主要包括抗拉强度、撕裂强度、握持强度、顶破强度、刺破强度等。

(1)抗拉强度。

抗拉强度也称为条带法抗拉强度,用拉力机测试,是土工合成材料应用中的重要力学指标。

常用的土工织物抗拉强度为 20～50 kN/m,一般土工格栅的为 30～200 kN/m。

(2)撕裂强度。

土工织物和土工膜在铺设和使用过程中,往往会有程度不同的破损。撕裂强度反映了试样抵抗扩大破损裂口的能力,是土工合成材料应用中的重要力学指标。目前,多用拉力机采用梯形撕裂试验法测定。

土工织物梯形撕裂强度值一般为 0.15～3.0 kN,不加筋土工膜的梯形撕裂强度值一般为 0.03～0.4 kN。

(3)握持强度。

土工织物承受集中力的现象普遍存在,握持强度反映其分散集中力的能力。握持强度试验是握持试样两端部分宽度而进行的一种拉力试验。目前,国内外大多数参照 ASTM(美国试验与材料协会)的标准。由于各单位测定握持强度所采用的试样和夹具不同,所以测得的结果差别很大,故一般不宜作为设计依据,只能用于比较不同土工织物的抗拉特性。

土工织物握持强度值一般为 0.3～6.0 kN。

(4)顶破强度。

模拟土工合成材料铺设在软基面上,遇有粗粒石料对土工合成材料具有顶破作用。一般将织物试样固定在直径为 150 mm 的 CBR 圆筒顶部,然后把直径为 50 mm 的标准圆柱活塞以 60 mm/min 的速率顶压试样,直至材料破坏为止。

(5)刺破强度。

刺破强度反映土工合成材料抵抗小面积集中荷载(如有棱角的石子或树枝等)的能力。将平头钢杆以 300 mm/min 的速率顶入试样,直至试样破坏为止。

土工织物的刺破强度为 0.2～1.5 kN。

3)水力性能

土工合成材料的水力性能主要包括渗透性和阻止颗粒流失的淤堵性,而渗透性在过滤标准及有关水力学设计中是一项不可缺少的重要指标。

(1)垂直于织物平面的渗透性。

当水流方向垂直于织物平面时,其渗透性主要以垂直渗透系数 k_n 表示。测试渗透性的仪器类似于土工试验中所使用的渗透仪。试验时灌入一定的水量,记录水头降至一定高度时的时间,从而得到单位时间内流过单位面积的水量。

土工织物的垂直渗透系数 k_n 一般为 $8×10^{-4}～5×10^{-1}$ cm/s。

(2) 沿织物平面的渗透性。

沿织物平面的水平渗透系数是土工织物排水设计中的重要指标之一。非织造土工织物的水平渗透系数 k_t 一般为 $10^{-3}～10$ cm/s,一般比织物平面的垂直渗透系数 k_n 大。

4) 耐久性特性

土工合成材料暴露于自然条件下,受阳光、水、氧和热的作用将会产生"老化"。大多没有可遵循的规范、规程。一般按工程要求进行专门研究或参考已有工程经验来选取,也常用人工老化箱照射试样进行测试。

表 2-7-1 反映工程中常用土工合成材料品种和设计指标种类。

表 2-7-1　不同功能常用土工合成材料品种和设计指标种类

功能	土工合成材料性能指标						常用主要土工合成材料品种
	单位面积质量	厚度	抗拉强度	伸长率	孔径	渗透系数	
隔离	▲	○	▲	▲	△	△	织造土工织物、土工网复合土工织物
排水	▲	▲	△	△	▲	▲	非织造土工织物、复合非织造土工织物
加筋	▲	○	▲	▲	△	△	织造土工织物、土工格栅、土工带、复合土工织物
反滤	▲	▲	△	△	▲	▲	非织造土工织物、复合非织造土工织物
防护（模袋）	▲	△	▲	△	▲	▲	土工模袋
防渗	▲	▲	○	▲		▲	土工膜、复合土工膜

注　▲为主要指标;△为次要指标;○为不重要指标。

3. 选择土工合成材料应注意的几个问题

主要从主要技术指标、可施工性和经济性等几个方面进行选择。

(1) 作为反滤层的土工织物宜采用耐腐蚀、抗老化的非织造土工织物,且应满足保土、透水、防淤堵设计准则,刺破强度和撕裂强度不应小于 400 N,CBR 顶破强度不应小于 1.5 kN。

(2) 作为隔水防渗材料的土工膜和复合土工膜,膜厚不应小于 0.3 mm,渗透系数不应大于 $10～11$ cm/s,CBR 顶破强度不应小于 2.5 kN,在严寒地区还应具有抗冻性。

(3) 塑料渗水管材应质量轻,耐化学腐蚀,使用寿命长,可在 $-25～60$ ℃条件下使用,有良好的透水、渗滤、纵向排水性能,并具有较高抗拉强度、抗压强度和环形刚度。

(4) 土工格栅在工程中主要用于土体加筋与加固。极限抗拉强度从高到低排列的依次是玻纤格栅、经编格栅、塑料格栅,而极限伸长率从高到低排列依次是经编格栅、塑料格栅(经编格栅的伸长率视原材料有较大变化范围,有的可能比塑料格栅的小)、玻纤格栅。玻纤格栅没有蠕变性。因此要根据工程实际情况进行选择最适宜的土工格栅。

(5) 对于任何一种系列产品来说,土工织物的单价与单位面积质量大致成正比,其力学强度随质量增大而提高。因此,在选用产品时单位面积质量是必须考虑的技术和经济指标。

(6)非织造土工织物的反滤和排水性能远大于织造土工织物。

模块 2   土工合成材料的工程检测

工程材料正确应用于工程结构,首先要掌握其反映工程性能的定量指标,所以需要相应的测试。

土工合成材料的性能指标检测有两方面的用途:一是指导设计,为设计提出合理的设计指标做事先的准备;二是质量控制,在材料出厂前和施工过程中,对材料进行性能指标的测试,保证施工用材的质量。

1. 检测标准

(1)《土工合成材料   规定压力下厚度的测定   第 1 部分:单层产品厚度的测定方法》(GB/T 13761.1—2009)。

(2)《土工合成材料   土工布及土工布有关产品单位面积质量的测定方法》(GB/T 13762—2009)。

(3)《土工布梯形法撕破强力试验方法》(GB/T 13763—2010)。

(4)《纺织品   织物拉伸性能   第 1 部分:断裂强力和断裂伸长率的测定   条样法》(GB/T 3923.1—1997)。

(5)《土工布及其有关产品宽条拉伸试验》(GB/T 15788—2005)。

(6)《土工布及其有关产品有效孔径的测定   干筛法》(GB/T 14799—2005)。

(7)《土工布顶破强力试验方法》(GB/T 14800—2010)。

(8)《土工布及其有关产品刺破强力的测定》(GB/T 19978—2005)。

(9)《土工合成材料动态穿孔试验   落锥法》(GB/T 17630—1998)。

(10)《土工布及其有关产品无负荷时垂直渗透特性的测定》(GB/T 15789—2005)。

(11)《土工合成材料   平面内水流量的测定》(GB/T 17633—1998)。

(12)《纺织品   织物胀破性能   第 1 部分:胀破强力和胀破强扩张度的测定   液压法》(GB/T 7742.1—2005)。

(13)《土工合成材料测试规程》(SL/T 235—1999)。

(14)《公路工程土工合成材料试验规程》(JTG E50—2006)。

2. 取样和样品制备要求

样品不应含有灰尘、折痕、孔洞、损伤部位和可见疵点等不具有代表性地方。这里主要讲解按照《土工合成材料测试规程》(SL/T 235—1999)的规定进行土工合成材料测试取样的方法。

1)试样调湿

调湿的目的在于使测试结果标准化。

调湿的标准:温度为(20±2)℃;相对湿度为(60±5)%;标准大气压;静置 24 h;

如确认材料不受环境影响,可免除上述调湿处理,但应记录试验中的的温度和湿度。

2)取样

土工合成材料特性测试中的大部分项目是破坏性的,所以采用抽样法取样。

抽样率应多于交货卷数的 5%,最少不应少于 1 卷。每项试验一般剪取 6~10 个试样,应从卷材长度和宽度方向上随机剪取样品,距卷材边缘不小于 100 mm。同一项试验的各试样应避免它们位于卷材同一纵向或横向位置上。送检样品应不小于 1 延长米(或 2 m²)。

只有对具有代表性样品的特性测试结果才能用来评价被抽取材料的特性。对土工格栅、土工网和土工带的抽样要求如下。土工带试样是整条宽度,计量长度为 100 mm。每根筋带裁取长度视夹具形式而定,一般不少于 200 mm。

试样数量规定如下。

(1)土工格栅试样,不论纵向或横向,每组应随机取 10 个试样。

(2)土工网试样,不论纵向或横向,每组应随机取 10 个试样。

(3)土工带试样,每组应随机取不少于 6 个试样。

3. 检测方法及结果判定

1)温湿控制要求

大多数织造或非织造土工织物在测试时对实验室无温湿控制要求,只要记录试验时的温度和湿度即可。而一些对温度较敏感的土工合成材料,如土工格栅、土工网等,试验前应对试样进行调湿,即将试样在温度为(20±2)℃和相对湿度为(65±5)%的环境中静置 24 h 以上,然后在该环境下试验。

2)检测项目主要仪器设备及方法

(1)检测项目主要仪器设备如表 2-7-2 所示。

表 2-7-2　土工合成材料检测项目主要仪器设备

序号	检 测 项 目	检 测 方 法	主要仪器设备
1	厚度、单位面积质量	GB/T 13761 GB/T 13762 SL/T 235 JTG E50	厚度试验仪、秒表、天平、钢尺、划样板
2	顶破强力、拉伸强度	GB/T 14800 GB/T 15788 SL/T 235 JTG E50	电子万能试验机
3	有效孔径、垂直渗透	GB/T 14799 GB/T 15789 SL/T 235 JTG E50	筛子、振筛机、标准颗粒、天平、秒表、渗透仪
4	落锥穿孔、抗氧化性能	GB/T 17630 GB/T 17631 SL/T 235 JTG E50	电子土工布强力试验机、烘箱
5	撕破强度、刺破强度	SL/T 235 JTG E50	电子万能试验机

(2)检测项目主要检测方法如下。

① 物理性质检测方法如表 2-7-3 所示。

表 2-7-3　土工合成材料物理检测方法

测 试 项 目	测 试 方 法	说　　明
厚度	用测厚仪在 2 kPa 压力下测厚度	尚应测定不同法向压力时的厚度
单位面积质量	用称质量与量测面积的方法	单位面积质量
等效孔径	用粒料干筛法	表示土工织物的表观最大孔径

② 力学性质检测方法如表 2-7-4 所示。

表 2-7-4　土工合成材料力学性检测方法

测 试 项 目		测 试 方 法	说　　明
力学性质	抗拉强度	宽条法,平行拉伸	
	握持抗拉强度	部分夹持,平行拉伸	夹持面为 50 mm×25 mm
	撕裂强度	梯形,局部拉伸	模拟土工织物边缘有裂口继续抗撕能力
	顶破强度	直径 50 mm 平头刚性杆顶压试样	模拟土工织物遇坚棱石块等的抗破坏能力
	刺破强度	直径 8 mm 的平头顶杆刺压试样	模拟土工织物遇尖锐石块等的抗破坏能力
	胀破强度	试样衬膜后施加液压	模拟土工织物受基土反力时的抗张破能力
	直剪摩擦系数	用直剪摩擦仪测定	确定材料与土或其他材料的界面抗剪强度
	拉拔摩擦系数	用拉拔仪测定	确定材料从土中拔出时的抗力

③ 水力性能检测方法如表 2-7-5 所示。

表 2-7-5　土工合成材料水力性能检测方法

测 试 项 目		测 试 方 法	说　　明
水力学性能	垂直渗透系数	渗透仪,测垂直于试样的渗透系数	测定土工织物的渗透性能
	平面渗透系数	渗透仪,测沿试样平面的渗透系数	沿试样平面的渗透性能
	梯度比 GR	用梯度比渗透仪测定	织物长期工作时,判别其会不会被淤堵

④ 耐久性检测方法如表 2-7-6 所示。

表 2-7-6　土工合成材料耐久性检测方法

测 试 项 目		测 试 方 法	说　　明
耐久性	抗紫外线	用人工老化箱照射试样	估计材料受日光紫外线一定时间后性能的改变
	蠕变	试样上直接加砝码,长期试验	估计材料长期受力时的变形特性
	其他特殊试验（抗酸碱、抗高低温等）	根据需要,专门设计试验方法	估计不同条件下材料性能的改变

(3) 结果判定。

① 外观质量评定——外观瑕疵点分为轻缺陷和重缺陷。

每一种产品不允许存在重缺陷,轻缺陷每 200 m² 应不超过 5 个。

② 内在质量评定——基本项和选择项。

基本项满足表 2-7-1 所规定的项目及土工合成材料技术标准；选择项由供需双方订立合同规定。当需方要求的某些指标不能同时满足时，可由供需双方协商，以满足工程应用中的主要指标为原则，并兼顾其他指标。

模块 3　土工合成材料的工程应用

其应用标准有《土工合成材料应用技术规范》（GB 50290—1998）、《水利水电工程土工合成材料应用技术规范》（SL/T 225—1998）、《公路土工合成材料应用技术规范》（JTJ/T 019—1998）、《水运工程土工合成材料应用技术规范》（JTJ 239—2005）和《铁路路基土工合成材料应用技术规范》（TB 10118—1999）等。

1. 土工合成材料的贮存与保管

土工合成材料以高分子聚合物为原料的化纤产品，在阳关照射下易发生强度降低的现象，即老化。除了在加工制造时采取防老化的措施外，在采购、运输、贮存与保管等环节中都应注意保护，使其老化速度尽可能降低。

土工合成材料在采购时，要严格按设计要求的各项技术指标选购，如物理性能指标、力学性能指标、水力性能指标、耐久性能指标等都要符合设计标准。运输时材料不得受阳光的照射，要有棚盖或包装，并避免机械性损伤，如刺破、撕裂等。材料存放在仓库时，要注意防鼠，按用途分别存放，并标明进货时间、有效期、材料的型号、性能特性和主要用途，存放期不得超过产品的有效期。产品在工地存放时应避免阳光的照射及其他杂物的穿透刺破，应搭设临时存放遮棚，当种类较多、用途不一时，应分别存放，表明性能指标和用途等。存放时还要注意防火。

2. 土工织物在水利工程中的运用

土工合成材料在工程中应用时，不同的材料在不同的部位起不同的作用。其主要作用可归纳为六类，即反滤、排水、隔离、防渗、防护和加筋。

1）反滤作用

当土中水流过土工织物时，水可以顺畅穿过，而土粒却被阻留的现象称为反滤（过滤）。反滤不同于排水，后者的水流是沿织物表面进行的，而不是穿越织物。当土中水从细粒土流向粗粒土，或水流从土内向外流出的出逸处时，需要设置反滤措施，否则土粒将受水流作用而被带出土体外，发展下去可能导致土体破坏。土工织物可以代替水利工程中传统采用的砂砾等天然反滤材料作为反滤层（或称滤层）。用于反滤的土工织物一般是非织造土工织物，有时也可以用织造土工织物。

水利工程中可以用土工合成材料做滤层的情况很多，如图 2-7-10 所示，以下是一些常见的使用场合：

（1）堤坝黏土斜墙和黏土心墙的反滤层；

（2）堤坝内部和下游排水体滤层；

（3）渠道、堤防、海岸等乱石或混凝土板护面下的滤层；

（4）水闸分缝处、下游护坦、河漫下的滤层；

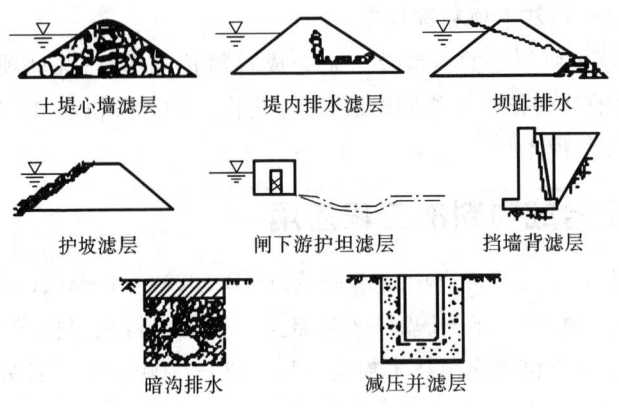

图 2-7-10　反滤作用应用示意图

（5）挡土墙、岸墙等背面排水系统中的滤层；

（6）排水暗管或排水暗沟外面的包裹体；

（7）减压井或测压管的外裹体。

此外，公路和机场跑道的基层，铁轨下道砟与土基间的隔离层等，也都同时要求反滤功能。

2）排水作用

水利工程中需要将土中水排走的情况很多，例如，堤坝工程中降低浸润线位置，以减小渗流力；挡墙背面排水，以消减水压力，提高墙体稳定性；土坡排水，减小孔隙压力，防止土坡失稳；隧道和廊道排水，以减轻渗水压力；软土地基排水，以加速土固结，提高地基承载力等等。传统的排水材料多采用强透水粒状材料，土工织物用做排水时兼起反滤作用，同时，不致因土体固结变形而失效，它具有施工简便，缩短工期，节约工程费用等优点，排水作用应用，如图2-7-11所示。

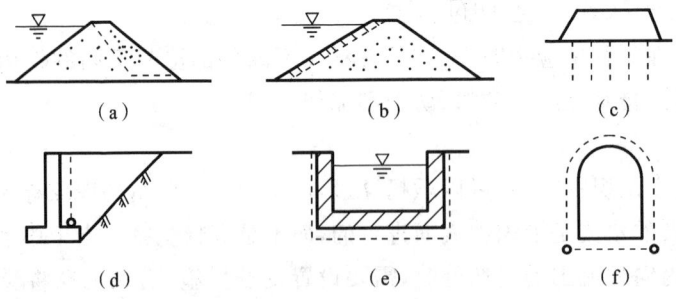

图 2-7-11　排水作用应用示意图

以下是水利工程中可以应用土工合成材料作为排水设施的一些常用场合：

（1）堤坝体内烟囱式排水及下游排水褥垫层；

（2）堤坝防渗土工膜下的排水、排气垫层；

（3）设于水力冲填坝中的孔压消散层；

（4）土堤下游坡的排水层；

（5）挡墙及岸墙后的排水层；

（6）加速软基固结的排水带或排水板；

（7）冻胀区用于截断毛细水上升，防止冻害，干旱区防止毛细水上升造成盐碱化。

3）隔离作用

隔离是将土工合成材料放置在两种不同材料之间或两种不同土体之间，使其不互相混杂的技术，例如，将碎石和细砂土隔离、软土和填土之间隔离等。在水利工程中，经常遇到的是水流从土体中通过，有时要穿越颗粒粗细不同的土层，或从土体中流出。因此，应用于隔离的材料除要求有一定的强度外，还需要有足够的透水性，让水流畅通，避免引起过高的孔隙水压力；有足够的保土性，防止形成土骨架的土粒流失，保证土体稳定性；堤坝坡防护层下的土工织物垫层要保护垫层下的土体不被冲刷带走，实际上也起到隔离作用。由此看来，隔离功能往往不是单独存在的，它常与排水、反滤，甚至防护功能联系在一起，难以截然分开。

用于隔离的土工合成材料应以它们在工程中的用途来确定。应用最多的是织造和非织造土工织物。如果对材料的强度要求较高，有时还要求以土工网或土工格栅作为材料的垫层。当要求隔离防渗时，则需要土工膜或复合土工膜。隔离作用应用如图 2-7-12 所示。

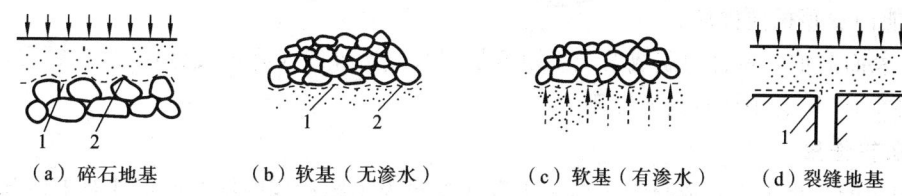

（a）碎石地基　　　（b）软基（无渗水）　　　（c）软基（有渗水）　　　（d）裂缝地基

图 2-7-12　隔离作用应用示意图

1—顶坡；2—刺破

水利工程中要求隔离的实例很多，其典型应用如下。

（1）堤坝黏土心墙和斜墙上下游的过滤层。

（2）堤坝排水体与坝体的隔离层。

（3）岸坡防护层下的垫层，以及地基上填筑粗粒料时的界面隔离层等。

4）防渗作用

防渗是防止流体渗透流失，也包括防止气体的挥发扩散。日常生活中要求防渗的实例很多，水利工程中要修建大量的挡水蓄水、引水和输水等建筑物，更有防渗、防漏的要求。在水利工程中常见的防渗工程可列举如下。

（1）堤坝的防渗斜墙或心墙。

（2）透水地基上堤坝的水平防渗铺盖和垂直防渗墙。

（3）混凝土坝、圬工坝及碾压混凝土坝的防渗体。

（4）渠道的衬砌防渗。

（5）涵闸、海漫与护坦的防渗。

（6）隧道和堤坝内埋管的防渗。

（7）施工围堰的防渗。

防渗作用应用如图 2-7-13 所示。

应注意如下几点。

（1）土工膜材质选择。土工膜的原材料有多种，应根据当地气候条件进行适当选择。例如，在寒冷地带，应考虑土工膜在低温下是否会变脆破坏，是否会影响焊接质量；土和水中的某

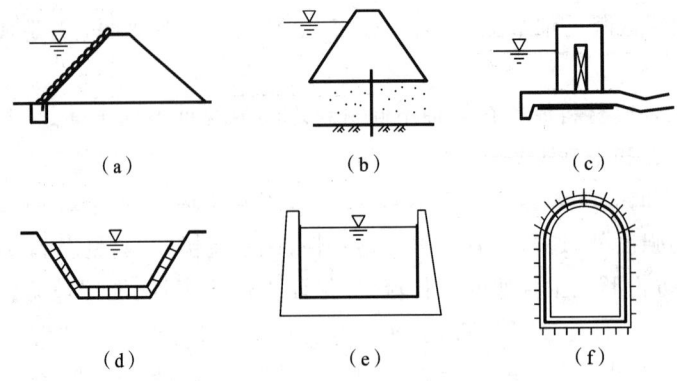

图 2-7-13　防渗作用应用示意图

些化学成分会不会给土工膜或黏结剂带来不良作用等。

（2）排水、排气问题。铺设土工膜后，由于种种原因，膜下有可能积气、积水，如不将它们排走，可能因受顶托而破坏。

（3）表面防护。聚合物制成的土工膜容易因日光紫外线而降解或破坏，故在贮存、运输和施工等各个环节，必须注意封盖遮阳。

5）防护作用

防护功能是指土工合成材料及由土工合成材料为主题构成的结构或构件对土体起到的防护作用。例如，把拼成大片的土工织物或者用土工合成材料做成土工模袋、土枕、石笼或各种排体，铺设在需要保护的岸坡、堤脚及其他需要保护的地方，用于抵抗水流及波浪的冲刷和侵蚀；将土工织物置于两种材料之间，当一种材料受力时，它可使另一种材料免遭破坏。水利工程中利用土工合成材料的常见防护工程有：江河湖泊岸坡防护、水库岸坡防护、水道护底和水下防护、渠道和水池护坡（见图 2-7-14(a)）；水闸护底、岸坡防冲植被（见图 2-7-14(b)）；水闸、挡墙等防冻胀措施（见图 2-7-14(c)）等。用于防护的土工织物应符合反滤准则和具有一定的强度。

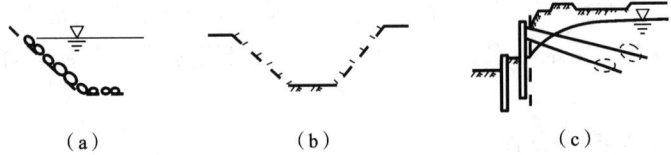

图 2-7-14　防护作用应用示意图

6）加筋作用

加筋是将具有高抗拉强度、拉伸模量和表面摩擦系数的土工合成材料（筋材）埋入土体中，通过筋材与周围土体界面间摩擦力的应力传递，约束土体受力时的侧向位移，从而提高土体的承载力或结构的稳定性的技术。用于加筋的土工合成材料有织造土工织物、土工带、土工网和土工格栅等，较多地应用于软土地基加固、堤坝陡坡、挡土墙等，如图 2-7-15 所示。用于加筋的土工合成材料与土之间结合力良好，蠕变性较低。目前，土工格栅最为理想。

以上 6 种作用的划分是为了说明土工合成材料在实际应用中所起的主要作用。事实上，在实际应用中，一种土工合成材料往往同时发挥多种功能，例如，反滤和排水，隔离和防冲、防

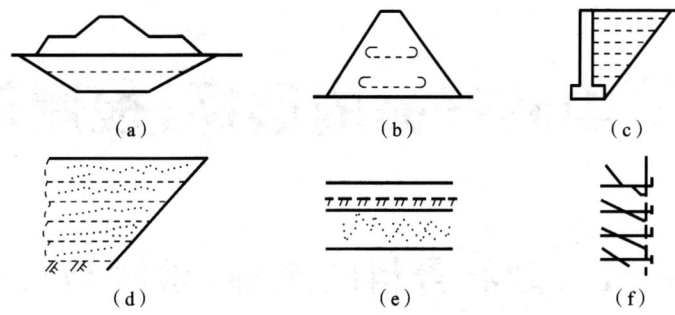

图 2-7-15 加筋作用应用示意图

渗、防护等,不能截然分开。

思 考 题

1. 简述土工合成材料的主要功能。
2. 四类土工合成材料在水利工程中各常起什么作用?
3. 土工合成材料内在质量评定中的基本项有哪些?

项目 3　中间产品的选择、检测与应用

任务 1　砂石骨料的选择、检测与应用

【任务描述】

砂石骨料是混凝土工程中的重要材料之一,且砂石骨料的质量对混凝土工程质量起着举足轻重的作用,因此为确保工程质量,应根据工程中混凝土的要求来选取合理而经济的砂石骨料,并对进场的砂石骨料质量进行规定的检测、检验。

【任务目标】

能力目标

(1)在工作中能正确使用试验仪器对砂石骨料外观、质量指标等进行检测,并依据国家标准对砂石性能作出正确的评价。

(2)在工作中能依据工程所处环境条件,正确贮存、运用砂石骨料。

知识目标

(1)掌握砂石骨料的基本类型及其性质。

(2)熟悉砂石骨料的质量标准。

技能目标

(1)能按国家标准要求,合理准确取样。

(2)能够对砂石常规检测项目进行检测,精确读取检测数据。

(3)具有按规范要求对检测数据进行处理,并评定检测结果的初步能力。

(4)具有对工程中用所检测出的数据分析其合理及其适用与否的初步能力。

模块 1　砂石骨料的选择

砂石骨料是混凝土组成材料的一部分。混凝土的技术性质在很大程度上是由砂石骨料的性质及其相对含量决定的。因此,了解砂石骨料的性质、作用及其质量要求,对合理选择材料及其保证混凝土的质量至关重要。砂、石在混凝土中起骨架作用,故称为骨料(集料)。砂子填充石子的空隙,砂、石构成的坚硬骨架可抑制由于水泥浆硬化和水泥石干燥而产生的收缩。混凝土中砂的作用是调节比例,使配合比最优,从而在少用水泥的情况下更好地发挥各种材料的作用。

1. 砂石骨料基本知识

砂石检验方法有两个标准:一个是国标,例如,《建筑用砂》(GB/T 14684—2011)和《建筑用卵石、碎石》(GB/T 14685—2011);二是行业标准,例如,《普通混凝土用砂、石质量及检验方法标准》(JGJ 52—2006)。而针对水利水电工程的砂石质量标准有《水利工程中的水电水利工

程砂石加工系统设计导则》(DL/T 5098—2010)和《水工混凝土施工规范》(DL/T 5144—2001)。这些都是现行标准。

根据国家标准《混凝土结构工程施工质量验收规范》(GB 50204—2002)的规定,混凝土结构工程应采用行业标准对砂进行检验。如果砂用于其他目的,则可以按国标进行检验。

1)砂的基本类型及其性质

国家标准规定细集料(砂)粒径小于 4.75 mm,而根据行业标准(如建筑工程、水利水电工程等行业标准)的规定,细骨料(砂)的粒径应小于 5 mm。

(1)按产源分类。

砂按产源有天然砂、机制砂(又称人工砂)和混合砂等三类。

天然砂是自然生成的,经人工开采和筛分的粒径小于 4.75 mm 的岩石颗粒,一般有河砂、湖砂、山砂、淡化海砂,但不包括软质、风化的岩石颗粒。山砂的颗粒多具棱角,表面粗糙,与水泥黏结较好。河砂的颗粒多呈圆形,表面光滑,与水泥的黏结较差。因而在水泥用量相同的情况下,山砂拌制的混凝土流动性较差,但强度较高,而河砂则与之相反。

机制砂是经除土处理,由机械破碎、筛分制成的,粒径小于 4.75 mm 的岩石、矿山尾矿或工业废渣颗粒,但不包括软质、风化的颗粒。

混合砂是由机制砂和天然砂按一定比例混合制成的砂,它执行机制砂的技术要求和检测方法。把天然砂和机制砂相混合,可充分利用地方资源,降低机制砂的生产成本。一般在当地缺乏天然砂源时,可采用机制砂或混合砂。

(2)按技术要求分类。

《建筑用砂》(GB/T 14684—2011)按技术要求将砂分为三类,即Ⅰ类砂、Ⅱ类砂和Ⅲ类砂,其中Ⅰ类砂的质量最好。行业标准中没有对其进行分类。

(3)按砂的细度模数大小分类。

其细度模数分别如表 3-1-1 所示。

表 3-1-1　砂的细度模数大小分类　　　　　　　　　　　　　　(单位:mm)

标　　准	粗　　砂	中　　砂	细　　砂	特　细　砂
GB/T 14684—2011	3.7～3.1	3.0～2.3	2.2～1.6	—
JGJ 52—2006	3.7～3.1	3.0～2.3	2.2～1.6	1.5～0.7
DL/T 5144—2001	>2.8 机制砂	2.4～2.8 机制砂	<2.4 机制砂	
	>3.0 天然砂	2.2～3.0 天然砂	<2.2 天然砂	

2)石的基本类型及其性质

粒径为 4.75～150 mm 的矿质材料为粗骨料(石)。

(1)按形状分类。

常用的有卵石和碎石。卵石又称砾石,是在自然条件下形成的、公称粒径大于 4.75 mm 的岩石颗粒,按其产源可分为河卵石、海卵石和山卵石等几种,其中河卵石应用较多。卵石中有机杂质含量较高,但与碎石比较,卵石表面光滑且少棱角,空隙率及表面积小,拌制的混凝土水泥浆用量少,和易性较好,但与水泥石胶结力差。在相同条件下,卵石混凝土的强度等级较碎石混凝土的低。

碎石大多由天然岩石经破碎、筛分而成,表面粗糙,棱角多,较洁净,与水泥浆黏结比较牢固。碎石是工程中用量最多的粗集料。

（2）按技术要求分类。

《建筑用卵石、碎石》（GB/T 14685—2011）按技术要求将卵石、碎石分为三类，即Ⅰ类、Ⅱ类和Ⅲ类。行业标准中没有对其进行分类。

2. 砂石骨料主要技术指标

1）砂的主要技术指标

根据我国《建筑用砂》（GB/T 14686—2011）的规定，对砂的质量要求如下。

（1）细度模数和颗粒级配。

细度模数是表征天然砂粒径的粗细程度及类别的指标。砂的粗细程度是指不同粒径的砂粒混合在一起后的总体砂的粗细程度。建筑用砂通常分为粗、中、细三个级别。在相同质量条件下，细砂的总表面积较大，粗砂的总表面积较小。在混凝土中，砂子表面需用水泥浆包裹，以赋予流动性和黏结强度，砂子的总表面积越大，需要包裹砂粒表面的水泥浆就越多，反之越少。因此，一般用粗砂配制混凝土比用细砂所需的水泥用量要省。

砂的颗粒级配是指不同粒径砂颗粒的分布情况。在混凝土中砂粒之间的空隙是由水泥浆所填充，为节约水泥和提高混凝土强度，就应尽量减小空隙率。如果用同样粒径的砂，空隙率最大（见图 3-1-1(a)）；两种粒径的砂搭配起来，空隙率就减小（见图 3-1-1(b)）；三种粒径的砂搭配，空隙率就更小（见图 3-1-1(c)）。因此，要减小空隙率，就必须由大小不同的颗粒合理搭配。

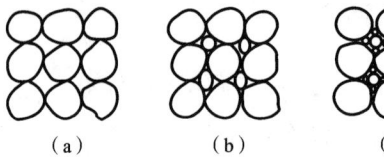

（a）　　　　　　（b）　　　　　　（c）

图 3-1-1　砂的颗粒级配

在拌制混凝土时，砂的粗细程度和颗粒级配应同时考虑。当砂中含有较多的粗颗粒，并以适量的中颗粒及少量的细颗粒填充其空隙，则该种颗粒级配的砂，其空隙率及总表面积均较小，是比较理想的，不仅水泥用量少，而且还可以提高混凝土的密实性与强度。

砂的颗粒级配和粗细程度常用筛分析法进行测定。用细度模数表示砂的粗细程度，用级配区表示砂的级配。筛分析法，是用一套方孔筛筛径为 4.75 mm、2.36 mm、1.18 mm、0.60 mm、0.30 mm、0.15 mm 的标准筛，将经(105±5) ℃的温度下烘干至恒重的 500g 干砂试样由粗到细依次过筛，然后称量余留在各筛上的砂的质量，计算出各筛上的分计筛余百分率 a_1、a_2、a_3、a_4、a_5、a_6（各筛上的筛余量除以砂样总量的百分率，精确至 0.1％）及累计筛余百分率 A_1、A_2、A_3、A_4、A_5 和 A_6（各个筛和比该筛粗的所有分计筛余百分率之和，精确至 0.1％）。分计筛余百分率与累计筛余百分率的关系见表 3-1-2。

砂的粗细程度用细度模数 M_X 表示，其计算公式（精确至 0.01）为

$$M_X = \frac{(A_2 + A_3 + A_4 + A_5 + A_6) - 5A_1}{100 - A_1} \qquad (3\text{-}1\text{-}1)$$

细度模数 M_X 越大，砂越粗。

根据 0.60 mm 筛孔的累计筛余百分率（按质量计，％），将颗粒级配划分成三个级配区，如表 3-1-3 所示。普通混凝土用砂的级配要符合级配要求的条件是：应处于表 3-1-4 或表 3-1-5 中的任何一个级配区中。但砂的实际筛余百分率，除 4.75 mm 和 0.60 mm 筛号外，其余都允

许稍有超出,但超出总量(几个粒级累计筛余百分率超出的和,或只是某一粒级的超出百分率)不应大于 5%。

表 3-1-2　分计筛余百分率与累计筛余百分率的关系

筛孔尺寸	分计筛余百分率/(%)	累计筛余百分率/(%)
4.75 mm	a_1	$A_1 = a_1$
2.36 mm	a_2	$A_2 = a_1 + a_2$
1.18 mm	a_3	$A_3 = a_1 + a_2 + a_3$
0.60 mm	a_4	$A_4 = a_1 + a_2 + a_3 + a_4$
0.30 mm	a_5	$A_5 = a_1 + a_2 + a_3 + a_4 + a_5$
0.15 mm	a_6	$A_6 = a_1 + a_2 + a_3 + a_4 + a_5 + a_6$

表 3-1-3　砂级配类别(GB/T 14686—2011)

类　别	Ⅰ	Ⅱ	Ⅲ
级配区	2 区	1、2、3 区	

表 3-1-4　砂颗粒级配(GB/T 14686—2011)

砂的分类	天　然　砂			机　制　砂		
级配区	1 区	2 区	3 区	1 区	2 区	3 区
方筛孔	累计筛余百分率/(%)					
4.75 mm	10～0	10～0	10～0	10～0	10～0	10～0
2.36 mm	35～5	25～0	15～0	35～5	25～0	15～0
1.18 mm	65～35	50～10	25～0	65～35	50～10	25～0
0.60 mm	85～71	70～41	40～16	85～71	70～41	40～16
0.30 mm	95～80	92～70	85～55	95～80	92～70	85～55
0.15 mm	100～90	100～90	100～90	100～85	100～80	100～75

表 3-1-5　砂颗粒级配(JGJ 52—2006)

筛孔尺寸	Ⅰ区筛余百分率/(%)	Ⅱ区筛余百分率/(%)	Ⅲ区筛余百分率/(%)
5.00 mm	10～0	10～0	10～0
2.50 mm	35～5	25～0	15～0
1.25 mm	65～35	50～10	25～0
630 μm	85～71	70～41	40～16
315 μm	95～80	92～70	85～55
160 μm	100～90	100～90	100～90

注　水利工程砂颗粒级配按表 3-1-5 所示(JGJ 52—2006)执行。

配制混凝土时,宜优先选用Ⅱ区砂。当采用Ⅰ区砂时,应适当提高砂率,并保证足够的水泥用量,以满足混凝土的和易性;当采用Ⅲ区砂时,宜适当降低砂率,以保证混凝土强度;当采用特细砂时,应符合相应的规定。

砂的细度模数相同,颗粒级配可以不同,所以配制混凝土选用砂时,应同时考虑砂的细度模数和颗粒级配。

在实际工程中,若砂的级配不合适,可采用人工掺配的方法来改善,即将粗、细砂按适当的比例进行掺和使用;或将砂过筛,筛除过粗或过细颗粒。

(2)含泥量、石粉含量和泥块含量。

天然砂中含泥量是指砂中粒径小于 0.075 mm 的颗粒含量;机制砂中石粉含量是指机制砂中粒径小于 0.075 mm,且其矿物组成和化学成分与被加工母岩相同的颗粒含量;泥块含量是指砂中粒径大于 1.18 mm,经水洗手捏后小于 0.60 mm 的颗粒含量。

水利工程中规定:含泥量是指粒径小于 0.08 mm 颗粒的总量;石粉含量是指粒径小于 0.16 mm 的颗粒含量;泥块的含量是指砂中粒径大于 1.25 mm,以水洗、手捏后变成小于 0.63 mm 的颗粒含量。

天然砂中的含泥量影响混凝土的强度,天然砂中的泥与机制砂中石粉的成分不同,石粉能够完善混凝土中细集料的级配,提高混凝土的密实性,但含量也要进行控制。而泥和泥块对混凝土的抗压、抗渗、抗冻等均有不同程度的影响,尤其是包裹型泥更为严重。泥遇水成浆,胶结在砂石表面,不易分离,影响水泥与砂石的黏结力。天然砂的含泥量和泥块含量及机制砂的石粉含量和泥块含量应符合表 3-1-6 或表 3-1-7、表 3-1-8 所示的规定。

表 3-1-6　砂的含泥量、石粉含量、泥块含量(GB/T 14684—2011)

类　　别	Ⅰ	Ⅱ	Ⅲ
含泥量(按质量计)/(%)	≤1.0	≤3.0	≤5.0
泥块含量(按质量计)/(%)	0	≤1.0	≤2.0
MB 值不大于 1.4 或快速法试验合格			
MB 值	≤0.5	≤1.0	≤1.4 或合格
石粉含量(按质量计)/(%)	≤10.0(此标准根据使用地区和用途,由供需双方协商确定)		
泥块含量(按质量计)/(%)	0	≤1.0	≤2.0
MB 值大于 1.4 或快速法试验不合格			
石粉含量(按质量计)/(%)	≤1.0	≤3.0	≤5.0
泥块含量(按质量计)/(%)	0	≤1.0	≤2.0

注　MB(亚甲蓝)值:用于判定机制砂中粒径小于 75 μm 颗粒的吸附性能的指标。

表 3-1-7　有害物质限量(GB/T 14684—2011)

类　　别	Ⅰ	Ⅱ	Ⅲ
云母(按质量计)/(%)	≤1.0	≤2.0	
轻物质(按质量计)/(%)	≤1.0		
有机物	合格		
硫化物及硫酸盐(按质量计)/(%)	≤0.5		
氯化物(按氯离子质量计)/(%)	≤0.01	≤0.02	≤0.06

表 3-1-8　(DL/T 5114—2001)水利工程中细骨料的品质要求

项　　目		指　　标		备　　注
		天然砂	机制砂	
石粉含量/(%)		—	6~18	
含泥量/(%)	≥C₉₀30 和有抗冻要求的	≤3	—	
	<C₉₀30	≤5		
泥块含量		不允许	不允许	
坚固性/(%)	有抗冻要求的混凝土	≤8	≤8	
	无抗冻要求的混凝土	≤10	≤10	
表观密度/(kg/m³)		≥2 500	≥2 500	
硫化物及硫酸盐含量/(%)		≤1	≤1	折算成 SO₃,按质量计
有机质含量		浅于标准色	不允许	
云母含量/(%)		≤2	≤2	
轻物质含量/(%)		≤1	—	

（3）有害物质含量。

砂中有害物质包括有云母、硫化物与硫酸盐、氯盐和有机物等。砂中不应混有草根、树叶、树枝、塑料、煤块、炉渣等杂物。表面光滑的小薄片云母与水泥浆的黏结性差,会影响混凝土的强度和耐久性,如表 3-1-9 所示。砂中如含有云母、有机物、硫化物及硫酸盐等,其含量应符合上述规定。

表 3-1-9　砂中有害杂质种类及对混凝土的影响

杂 质 种 类	杂 质 危 害
泥、泥块	影响混凝土强度,增大干缩,降低抗冻、抗渗、耐磨性
云母	使混凝土内部出现大量未能胶结的软弱面,降低混凝土强度
氯盐	腐蚀混凝土中的钢筋
有机质	产生酸,腐蚀混凝土
硫酸盐、硫化物	产生膨胀性破坏
轻物质	混凝土表面因膨胀而剥落破坏

（4）坚固性。

砂的坚固性是指砂在气候、环境变化或其他物理因素作用下抵抗破裂的能力。天然砂的坚固性用硫酸钠溶液检验,砂样经 5 次循环后,其质量损失应符合表 3-1-8 或表 3-1-9 所示的规定。机制砂采用压碎指标反映其坚固性,其总压碎指标值测定不应超过表 3-1-10 或表 3-1-11 所示的规定。

（5）细集料（砂）物理性质。

其物理性质包括表观密度、堆积密度、空隙率和含水状态。

表 3-1-10　砂的坚固性指标(GB/T 14684—2011)

项　目	指　标		
	Ⅰ类	Ⅱ类	Ⅲ类
天然砂,质量损失/(%),不大于	8	8	10
机制砂,单级最大压碎指标/(%),不大于	20	25	30

表 3-1-11　砂的坚固性指标(JGJ 52—2006)

混凝土所处的环境条件及其性能要求	5 次循环后的质量损失/(%)
在严寒及寒冷地区室外使用并经常处于潮湿或干湿交替状态下的混凝土 对于有抗疲劳、耐磨、抗冲击要求的混凝土 有腐蚀介质作用或经常处于水位变化区的地下结构混凝土	≤8
其他条件下使用的混凝土	≤10

　　GB/T 14684—2011 规定,砂应满足表观密度不小于 2 500 kg/m³,松散堆积密度不小于 1 400 kg/m³,空隙率不大于44%的要求。

　　砂的含水状态分为干燥、气干、饱和面干及湿润状态等四种。水工混凝土多以饱和面干状态作为基准状态设计配合比。工业与民用建筑则习惯用干燥状态的砂(含水率小于 5%)及石子(含水率小于 2%)来设计配合比。水利工程中机制砂饱和面干的含水率不宜超过 6%。

　　(6) 碱集料反应。

　　水泥、外加剂等混凝土组成物及环境中的碱与砂中碱活性矿物在潮湿环境下会缓慢发生导致混凝土开裂破坏的膨胀反应。对于长期处于潮湿环境的重要混凝土结构用砂,应进行骨料的碱活性检验。

2) 石的主要技术指标

　　(1) 颗粒级配。

　　① 最大粒径(DM)。

　　粗集料公称粒径的上限称为该粒级的最大粒径。石子的粒径越大,其表面积相应减小,因而包裹其表面所需的水泥浆量减少,可节约水泥。试验研究证明,最佳的最大粒径取决于混凝土的水泥用量。当最大粒径在 150 mm 以下变动时,最大粒径增大,水泥用量明显减少;但当最大粒径大于 150 mm 时,对节约水泥并不明显。因此,在大体积混凝土中,条件许可时,应尽可能采用较大粒径的粗集料。在水利、水港等大型工程中常采用的粒径为 120 mm 或 150 mm,在房屋建筑工程中,由于构件尺寸小,一般所用最大粒径为 40 mm 或 60 mm。集料最大粒径还受结构形式和配筋疏密限制,根据《混凝土结构工程施工及验收规范》(GB 50204—2011)规定,混凝土用粗集料的最大粒径不得大于结构截面最小尺寸的 1/4,同时不得大于钢筋最小净距的 3/4;对于混凝土实心板,骨料的最大粒径不宜超过板厚的 1/3,且不得超过 40 mm;对泵送混凝土,碎石最大粒径与输送管内径之比宜小于或等于 1∶3,卵石最大粒径与输送管内径之比宜小于或等于 1∶2.5。

　　② 颗粒级配。

　　粗集料与细集料一样,也要求有良好的颗粒级配,以减小空隙率,增强密实性,以便节约水泥,保证混凝土的和易性及混凝土的强度。特别是配制高强度混凝土时,粗集料的级配特别重要。粗集料的级配有连续级配和间断级配两种。连续级配是按颗粒尺寸由小到大连续分级,每级骨料都占有一定比例,如天然卵石。连续级配颗粒级差小,颗粒上下限粒径之比较大,配制的混凝土拌和物和易性好,不易发生离析,目前应用较广泛。间断级配是人为剔除某些中间粒级颗粒,大颗粒的空隙直接由比它小得多的颗粒去填充,颗粒级差大,颗粒上下限粒径之比较大,空隙率的降低比连续级配的快得多,可最大限度地发挥骨料的骨架作用,减少水泥用量。但混凝土拌和物易产生离析现象,增加施工困难,工程应用较少。

　　粗集料级配按供应情况分为连续粒级和单粒级两种。单粒级集料可以避免连续级配中的较大粒径集料在堆放及装卸过程中产生离析现象,可以通过不同组合,配制成各种不同要求的级配集料,以保证混凝土的质量,便于大型混凝土搅拌厂使用。

　　水工混凝土所用粗集料粒径大,为避免堆放、运输产生离析,常在石子使用前,按颗粒大小分为若干单粒级,分别堆放。筛分时分为四级,即 5～20 mm(小石)、20～40 mm(中石)、40～80 mm(大石)、80～120 mm(或 150 mm)(特大石)。根据建筑物结构情况和施工条件,可以采用一级、二级、三级或四级的石子配合使用。若石子最大粒径为 20 mm,采用一级配,即只用小石一级;最大粒径为 40 mm,采用二级配,即用小石与中石两级;最大粒径为 80 mm,采用三级配,即用小石、中石、大石三级;最大粒径为 120 mm(或 150 mm)采用四级配,即用小石、中石、大石、特大石四级。各级石子的配合比例,需通过试验确定最佳比例,其原理为空隙率达到最小,或堆积密度达到最大,且满足混凝土拌和物和易性要求。

　　施工现场的分级石子中往往存在超(逊)径现象。超(逊)径是指在某一级石子中混有大于(小于)这一级粒径的石子。《水工混凝土施工规范》(DL/T 5144—2001)规定:以原孔筛检验,超径量小于 5%,逊径量小于 10%;以超逊径筛检验,超径量为零,逊径量小于 2%。若不符合要求,要进行二次筛分或调整集料级配。

　　粗集料的级配也是通过筛分试验来确定的,其方孔筛的筛孔公称直径有 2.36 mm、4.75 mm、9.5 mm、16.0 mm、19.0 mm、26.5 mm、31.5 mm、37.5 mm、53.0 mm、63.0 mm、75.0 mm 和 90.0 mm 共十二个筛。分计筛余百分率及累计筛余百分率的计算与砂的相同。依据我国《建设用卵石、碎石》(GB/T 14685—2011)的规定,普通混凝土用碎石或卵石的颗粒级配应符合表 3-1-12 的规定。

表 3-1-12　碎石或卵石的颗粒级配

级配情况	公称粒径/mm	累计筛余百分率(按质量)/(%)											
		方孔筛筛孔边尺寸/mm											
		2.36	4.75	9.5	16.0	19.0	26.5	31.5	37.5	53	63	75	90
连续粒径	5～16	95～100	85～100	30～60	0～10	—	—	—	—	—	—	—	—
	5～20	95～100	90～100	40～80	—	0～10	0	—	—	—	—	—	—
	5～25	95～100	90～100	—	30～70	—	0～5	0	—	—	—	—	—
	5～31.5	95～100	90～100	70～90	—	15～45	—	0～5	0	—	—	—	—
	5～40	—	95～100	70～90	—	30～65	—	—	0～5	0	—	—	—

续表

级配情况	公称粒径/mm	累计筛余百分率（按质量）/（%）											
		方孔筛筛孔边尺寸/mm											
		2.36	4.75	9.5	16.0	19.0	26.5	31.5	37.5	53	63	75	90
单粒径	5～10	95～100	80～100	0～15	0	—	—	—	—	—	—	—	—
	10～16	—	95～100	80～100	0～15	—	—	—	—	—	—	—	—
	10～20	—	95～100	85～100	—	0～15	0	—	—	—	—	—	—
	16～25	—	—	95～100	55～70	25～40	0～10	—	—	—	—	—	—
	16～31.5	—	95～100	—	85～100	—	—	0～10	0	—	—	—	—
	20～40	—	—	95～100	—	80～100	—	—	0～10	0	—	—	—
	40～80	—	—	—	—	95～100	—	—	70～100	—	30～60	0～10	0

（2）针状、片状颗粒含量。

卵石、碎石颗粒的长度大于该颗粒所属粒级的平均粒径 2.4 倍的为针状颗粒；厚度小于平均粒径 0.4 的为片状颗粒。平均粒径是指该粒级上下限粒径的平均值。为提高混凝土强度和减小骨料间的空隙，石子比较理想的颗粒形状应是三维长度相等或相近的立方体形或球形颗粒，而三维长度相差较大的针状、片状颗粒粒形较差。在石子中，针状、片状颗粒不仅本身在受力时容易折断，影响混凝土的强度，而且会增大骨料的空隙率，使混凝土拌和物的和易性变差。

针状、片状颗粒含量按标准规定的针状规准仪及片状规准仪来逐粒测定，凡颗粒长度大于针状规准仪上相应间距者为针状颗粒；颗粒厚度小于片状规准仪上相应孔宽者为片状颗粒。根据标准规定，卵石和碎石的针状、片状颗粒含量应符合表 3-1-13 所示的规定。水利工程粗骨料的压碎指标如表 3-1-14 所示，其品质要求如表 3-1-15 所示。

表 3-1-13　碎石和卵石技术要求（GB/T 14685—2011）

项　　目	技术要求		
	Ⅰ类	Ⅱ类	Ⅲ类
碎石压碎指标/（%），不大于	10	20	30
卵石压碎指标/（%），不大于	12	14	16
针状、片状颗粒含量（按质量计）/（%），不大于	5	10	15
含泥量（按质量计）/（%），不大于	0.5	1.0	1.5
泥块含量（按质量计）/（%），不大于	0	0.2	0.5
硫化物和硫酸盐（折算为 SO₃ 质量计）/（%），不大于	0.5	1.0	1.0
有机质含量（比色法）	合格	合格	合格
坚固性（质量损失）/（%），不大于	5	8	12
岩石抗压强度/MPa	在饱和水状态下，火成岩的应不小于 80；变质岩的应不小于 60；水成岩的应不小于 30		

表 3-1-14 水利工程粗骨料的压碎指标

骨 料 种 类		不同混凝土强度等级的压碎指标值/（%）	
		$C_{90}55 \sim C_{90}40$	$= C_{90}35$
碎石	水成岩	10	16
	变质岩或深成火成岩	12	20
	火成岩	13	30
卵石		12	16

表 3-1-15 水利工程粗骨料的品质要求

项　目		指　标	备　注
含泥量/（%）	D20、D40 粒径级	≤1	
	D80、D150（D120）	≤0.5	
泥块含量		不允许	
坚固性/（%）	有抗冻要求的混凝土	≤5	
	无抗冻要求的混凝土	≤12	
表观密度/（kg/m³）		≥2500	
硫化物及硫酸盐含量/（%）		≤0.5	折算成 SO_3，按质量计
有机质含量		浅于标准色	如深于标准色，应进行混凝土强度对比试验，抗压强度比不应低于 0.95 MPa
吸水率/（%）		≤2.5	
针片状颗粒含量/（%）		≤15	经试验论证，可放宽至 25%

（3）泥含量和泥块含量。

泥含量是指粒径小于 75 μm 的颗粒含量；泥块含量是指粒径大于 4.75 mm，经水洗、手捏后变成小于 2.36 mm 的颗粒含量。同砂子一样，石子中的泥和泥块对混凝土而言是有害的，必须严格控制其含量。

水利工程中规定：碎石或卵石中的含泥量是指粒径小于 0.08 mm 颗粒的含量；泥块含量是指原颗粒大于 5 mm、经水洗手捏后变成小于 2.5 mm 颗粒的含量。这里所指的泥块包括颗粒大于 5 mm 的纯泥组成的泥块，也包括含有砂、石屑的泥团，以及不易筛除的包裹在碎石、卵石表面的泥。

（4）强度。

为保证混凝土的强度要求，粗集料必须质地致密，具有足够的强度。碎石或碎石的强度可用岩石的抗压强度和压碎指标值两种方法表示。岩石抗压强度检验将碎石的母岩制成直径与高均为 5 cm 的圆柱体试件或边长为 5 cm 的立方体，在水饱和状态下，测定其极限抗压强度值。

压碎指标检验，将一定质量的风干状态下公称粒径为 9.5～19.0 mm 的石子装入标准圆模内，放在压力机上，在 160～300 s 内均匀加荷至 200 kN 并稳定 5 s，卸荷后称取试样质量 m_0，然后用公称直径为 2.36 mm 的方孔筛筛除被压碎的细粒，称出剩余在筛上的试样质量 m_1，按下式计算压碎指标 δ_a（以三次试验结果的算术平均值作为压碎指标测定值）：

$$\delta_\alpha = \frac{m_0 - m_1}{m_0} \times 100\% \tag{3-1-2}$$

压碎指标表示石子抵抗压碎的能力，混凝土用碎石或卵石的压碎指标愈小，石子抵破碎的能力愈强。

（5）坚固性。

坚固性是卵石、碎石在自然风化和其他外界物理、化学等因素作用下抵抗破裂的能力。湿循环或冻融交替等作用引起石子体积变化会导致混凝土破坏。具有某种特征孔结构的岩石会表现出不良的体积稳定性。曾经发现，由某些页岩、砂岩等配制的混凝土，较易遭受冰冻及骨料内盐类结晶所导致的破坏。骨料越密实、强度越高、吸水率越小，其坚固性越好；而结构越疏松，矿物成分越复杂，构造越不均匀，其坚固性越差。

采用硫酸钠溶液法进行检测，卵石和碎石经 5 次循环后，其质量损失应符合标准规定。

（6）有害物质。

为保证混凝土的强度和耐久性，对石子中的硫化物及硫酸盐含量、有机质含量等必须认真检验，不得大于上述标准中所列指标。重要工程所用石子应进行碱活性检验。

（7）碱集料反应。

水泥、外加剂等混凝土组成物及环境中的碱与石子中碱活性矿物在潮湿环境下会缓慢发生导致混凝土开裂破坏的膨胀反应。对于长期处于潮湿环境的重要混凝土，其所使用的碎石或卵石应进行骨料的碱活性检验。当判定骨料存在潜在的碱-硅反应时，应控制混凝土中的碱含量不超过 3 kg/m³，或采用能抑制碱-骨料反应的有效措施。

（8）表观密度、连续级配堆积密度的空隙率。

表观密度应不小于 2600 kg/m³。连续级配堆积密度的空隙率如表 3-1-16 所示。

表 3-1-16　连续级配堆积密度的空隙率

类　　别	Ⅰ	Ⅱ	Ⅲ
空隙率/（%）	≤43	≤45	≤47

模块 2　砂石骨料的性能检测

砂石骨料进场时，应按现行国家标准的规定抽取试样进行其性能检验，其质量必须符合有关标准的规定。

1．一般规定

1）检测数量

（1）砂取样数量。

每组样品的取样数量，对于单项检验项目，砂的每组样品取样数量应分别按《建筑用砂》（GB/T 14684—2011）要求，满足表 3-1-17 所示的规定。当需要做多项检验时，可在确保样品经一项检测后不致影响其他检测结果的前提下，用同组样品进行多项不同的检测。

（2）石子取样数量。

对于每一单项检验项目，石子的每组样品取样数量应分别按《建筑用卵石、碎石》（GB/T 14685—2011）要求，满足表 3-1-18 所示的规定。当需要做多项检验时，可在确保样品经一项检测后不致影响其他检测结果的前提下，用同组样品进行多项不同的检测。

表 3-1-17   单项检验项目所需砂的最小取样质量

试 验 项 目	最少取样质量/g
筛分析	4400
含泥量	4400
泥块含量	20000
表观密度	2600
堆积密度	5000
吸水率	4000
含水率	1000

每验收批砂石至少应进行颗粒级配、含泥量、泥块含量检验,对于碎石或卵石,还应检验针状、片状颗粒含量。对于机制砂及混合砂,还应检验石粉含量,对于重要工程或特殊工程,应根据工程要求增加检测项目。

表 3-1-18   单项检验项目所需碎石或卵石的取样数量　　　　　　　　　　　单位:kg

试验项目	最大公称粒径/mm							
	9.5	16.0	19.0	26.5	31.5	37.5	63.0	75.0
筛分析	9.5	16.0	19.0	25.0	31.5	37.5	63.0	80.0
含泥量	8.0	8.0	24.0	24.0	40.0	40.0	80.0	80.0
泥块含量	8.0	8.0	8.0	24.0	40.0	40.0	80.0	80.0
表观密度	8.0	8.0	8.0	8.0	12.0	16.0	24.0	24.0
堆积密度	40.0	40.0	40.0	40.0	80.0	80.0	120.0	120.0
针状、片状	1.2	4.0	8.0	12.0	20.0	40.0	40.0	40.0
压碎值	按试验要求的粒级及数量取样							
含水率	按试验要求的粒级及数量取样							
吸水率	2.0	4.0	8.0	12.0	20.0	40.0	40.0	40.0

2)检验方法

检验分为出厂检验和型式检验。

(1)出厂检验项目。

建筑用砂检验的项目:颗粒级配、细度模数、松散堆积密度和泥块含量。对天然砂应增加含泥量及云母含量,对机制砂应增加石粉含量及坚固性测定。

建筑用卵石、碎石检测的项目:颗粒级配、含泥量、泥块含量,以及针状、片状含量。

(2)型式检验项目。

有下列情况之一的,应进行型式检验:

① 新产品投产和老产品转产者;

② 原料资源或生产工艺发生变化者;

③ 正常生产者；

④ 国家质量监督机构要求检查者。

建筑用砂型式检验的项目：颗粒级配、含泥量、石粉含量和泥块含量、有害物质及坚固性，碱活性根据需要进行。

建筑用卵石、碎石型式检验的项目：颗粒级配、含泥量和泥块含量、针片状颗粒含量、有害物质、强度及坚固性，碱集料反应根据需要进行。

2. 砂石品质及检验标准

《建筑用砂》(GB/T 14684—2011)、《建筑用卵石、碎石》(GB/T 14685—2011)、《普通混凝土用砂、石质量及检验方法标准》(JGJ 52—2006)或《水工混凝土砂石骨料试验规程》(DL/T 5151—2001)等标准均规定了砂石的品质和性能要求。

3. 砂石骨料的取样要求

1）验收批

按同品种、分类、规格、适用等级及日产量每 600 t 为一批，不足 600 t 者亦为一批。一般以同一产地、同一规格的砂石分批验收。采用大型工具（如火车、货船或汽车）运输的，应以 400 m³ 或 600 t 为一验收批；采用小型工具（如拖拉机等）运输的，应以 200 m³ 或 300 t 为一验收批。不足上述量者，应按一验收批进行验收。如进货量大且质量稳定的可以 1000 t 为一验收批。

2）取样方法

每验收批取样方法应按下列规定执行。

（1）从料堆上取样时，取样部位应均匀分布。取样前应先将取样部位表层铲除。对于砂，由各部位抽取 8 份组成一组样品；对于石子，在堆料的顶部、中部和底部选 15 个不同部位，抽取大致相等的石子 15 份组成一组样品。

（2）从皮带运输机上取样时，应在皮带运输机机尾的出料处用接料器定时抽取砂 4 份、石子 8 份，分别组成一组样品。

（3）从火车、汽车、货船上取样时，应从不同部位和深度抽取大致相等的砂 8 份、石子 16 份，分别组成一组样品。

3）样品处理

将所取试样置于平板上。若为砂样，应在潮湿状态下拌和均匀，堆成厚度约 2 cm 的"圆饼"，然后沿互相垂直的两条直线把"圆饼"分成大致相等的 4 份，取其对角 2 份重新拌匀，再堆成"圆饼"。重复以上过程，直至缩分至质量略多于检测所需质量为止。

碎石或卵石缩分时，应将样品置于平板上，在自然状态下拌和均匀，并堆成锥体，然后沿互相垂直的两条直径把锥体分成大致相等的 4 份，取其对角的 2 份重新拌匀，再堆成锥体。重复上述过程，直至把样品缩分至检测所需量为止。

4. 砂石骨料的合格判定

检测（含重复检测）后，砂石骨料各项指标分别符合《建筑用砂》(GB/T 14684—2011)、《建筑用卵石、碎石》(GB/T 14685—2011)、《普通混凝土用砂、石质量及检验方法标准》(JGJ 52—2006)、《水工混凝土砂石骨料试验规程》(DL/T 5151—2001)等的规定时，可判定为产品合格；若检测有一项性能指标不符合规定，则应从同一批产品中加倍取样。符合要求的项目要进行重复检测,复检后该项目符合规定,可判定该类产品合格,仍然不符合本标准规定的,则该批产品判为不合格。

[案例 1]　某工地进场一批砂,现抽取砂样,经筛析试验,各筛上的筛余量如表 3-1-19 所示,试计算其细度模数,并说明属于哪类砂。

表 3-1-19　各筛上的筛余量

筛孔尺寸/mm	4.75	2.36	1.18	0.60	0.30	0.15	<0.15
筛余量/g	27	43	47	191	102	82	8

分析　如表 3-1-20 所示。

表 3-1-20　工程实例分析

筛孔尺寸/mm	4.75	2.36	1.18	0.60	0.30	0.15	<0.15
筛余量/g	27	43	47	191	102	82	8
分计筛余百分率/(%)	5.4	8.6	9.4	38.2	20.4	16.4	1.6
累计筛余百分率/(%)	5.4	14.0	23.4	61.6	82.0	98.4	100

细度模数　$M_X = [(14.0+23.4+61.6+82.0+98.4)-5 \times 5.4]/(100-5.4) = 2.668$ 为中砂。

模块 3　砂石骨料的应用

1. 砂石骨料的贮存

1)石料生产线骨料堆场的任务和种类

骨料堆场的作用在于贮存一定数量的砂石料,以解决骨料生产与需求之间的不平衡。骨料贮存分毛料堆存、半成品料堆存和成品料堆存三种。毛料堆存在于解决骨料开采与加工之间的不平衡;半成品料(经过预筛分的砂石混合料)堆存在于解决骨料加工各工序之间的不平衡;成品料堆存在于保证混凝土连续生产的用料要求,并起到降低和稳定骨料含水量(特别是砂料脱水)、降低或稳定骨料温度的作用。

成品堆场容量应满足砂石料自然脱水要求。

2)件料堆存中的质量控制

设计料仓时,料仓的位置和高程应选择在洪水位之上,周围应有良好的排水、排污设施,地下廊道内应布置集水井、排水沟和冲洗皮带机污泥的水管。料仓有关结构设计要符合安全、经济和维修方便的要求,尽量减少骨料转运次数,防止栈桥排架变形和廊道不均匀沉陷。

要防止粗骨料跌碎和分离,应将跌落高差控制在 3 m 以下,皮带机接头处高差控制在 1.5 m 以下。堆料时,应分层进行,逐层上升。要重视细骨料脱水,并保持洁净和一定湿度。细骨料在进入拌和机前,其表面含水率应控制在 5% 以内,湿度以 3%~8% 为宜,过干容易分离。

成品料仓各级骨料的堆存,必须设置可靠的隔墙,按骨料自然休止角确定,并超高 0.8 m 以上。

3)侍料堆场的型式

(1)台阶式料仓。如图 3-1-2 所示,利用高差地形,将料仓布置在进料线路下方,便于汽车或铁路矿车直接卸料。料仓底部设有出料廊道（又称地弄），砂石料通过卸料弧形阀门卸在皮带机上运出。为了扩大堆料容积，可用推土机集料或散料。这种料仓设备简单，但须有合适的地形条件。

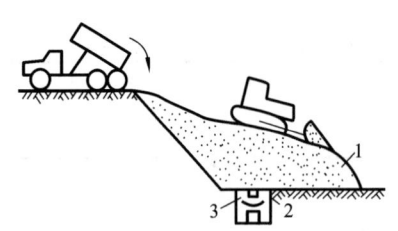

图 3-1-2　台阶式料仓

1—料堆；2—廊道；3—出料皮带

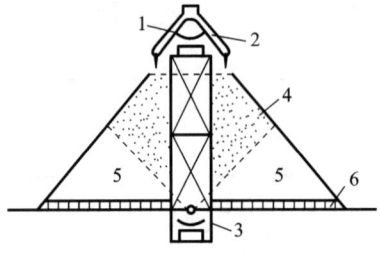

图 3-1-3　栈桥式料仓

1—来料皮带；2—卸料小车；3—出料皮带；
4—自卸容积；5—死容积；6—损失容积

（2）栈桥式料仓。如图 3-1-3 所示，地面上架设栈桥。栈桥顶部安装有皮带机，经卸料小车向两侧卸料。料堆呈棱柱体，由廊道内的皮带机出料。这种利用栈桥堆料的方式，可以增加堆料高度，减少料堆用地面积。但骨料跌落高度大，易造成逊径和分离，而且料堆自卸容积小。

（3）堆料式料仓。堆料机是一种可以沿轨道移动，用悬臂扩大堆料范围的专用机械。双悬臂堆料机如图 3-1-4 所示。动臂堆料机如图 3-1-5 所示，动臂可以旋转和仰俯，能适应堆料位置和堆料高度的变化，避免骨料跌落过高，产生逊径。

堆料机是一种较先进的设备，其堆料能力可达 600t/h。为了增大堆料高度，常将其轨道安装在土堤顶部，出料廊道则设于土堤两侧。

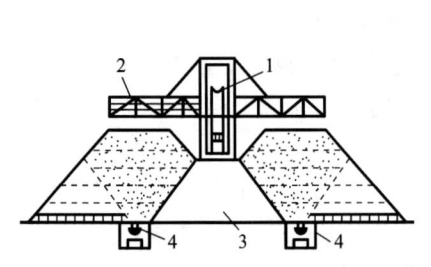

图 3-1-4　双悬臂堆料机料仓

1—进料皮带；2—梭式皮带；3—土堤；4—出料皮带

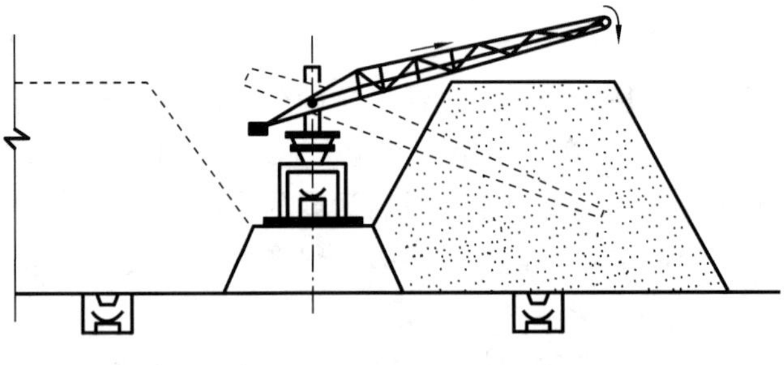

图 3-1-5　动臂堆料机料仓

2. 砂石骨料工程应用

1）混凝土工程应用

砂石骨料可以用来拌制混凝土，并作为骨架作用，砂子填充石子空隙，砂石构成坚硬骨架可抑制由于水泥浆硬化和水泥石干燥而产生的收缩。一般水利、海港等大型工程中，混凝土用石子最大粒径 D_{max} 为 120 mm 或 150 mm。一般房屋建筑工程中，混凝土用石子的最大粒径 D_{max} 一般为 20 mm、31.5 mm、40 mm 或 60 mm。

2）砂浆工程应用

砂可以用来拌制砂浆，砂浆广泛用于堤坝、护坡、桥涵及房屋建筑等砖石结构物的砌筑，还可用于结构物表面的抹面等。

模块 4　试验实训

1. 一般规定

1）试验依据

(1)《建筑用砂》(GB/T 14684—2011)；

(2)《建筑用卵石、碎石》(GB/T 14685—2011)。

2）试验环境

试验应在(20±10) ℃的温度下进行，否则应在报告中注明。

2. 砂筛分试验

1）试验目的

测定砂的颗粒级配，计算细度模数，评定砂的粗细程度。

2）主要仪器设备

(1) 试验筛(见图 3-1-6 (a))：砂的筛分析试验采用直径分别为 9.50 mm、4.75 mm、2.36 mm、1.18 mm、0.60 mm、0.30 mm、0.15 mm 的方孔筛各 1 个，筛的底盘和盖各 1 个，筛框为 300 mm 或 200 mm。其产品质量应符合现行国家标准《金属丝编织网试验筛》(GB/T 6003.1—2012) 和《金属穿孔板试验筛》(GB/T 6003.2—1997)的要求。

(2) 天平：称量为 1000 g，感量为 1 g。

(3) 摇筛机，如图 3-1-6(b)所示。

(4) 烘箱：能使温度控制在(105±5) ℃，如图 3-1-6(c)所示。

(5) 搪瓷盘、毛刷等。

（a）标准方孔筛　　　　　　　（b）摇筛机　　　　　　　（c）烘箱

图 3-1-6　主要检测设备

3）试样制备

先将要取样的样品通过公称直径为 9.5 mm 的方孔筛，并计算筛余量。称取经缩分后试样不少于 550 g 的 2 份，分别倒入 2 个浅盘中，然后将 2 份试样置于温度为(105±5) ℃的烘箱中烘干至恒重。冷却至室温备用。

4）试验步骤

(1) 称取烘干试样 500 g(特细砂可称 250 g)，将试样倒入已按筛孔大小顺序叠放好(大孔在上、小孔在下)的套筛顶层筛中。

(2) 将套筛置于摇筛机上，盖上筛盖并将固定架拧紧，开启摇筛机，筛分 10 min；取下套筛，按筛孔由大到小的顺序，在清洁的浅盘上逐个进行手筛，筛至每分钟通过量小于试样总量的 0.1％为止;通过的试样并入下一个筛中,并和下一个筛中的试样一起进行手筛。按照这样的顺序依次进行,直至所有筛子全部筛完为止。

(3) 当试样含泥量超过 5％时,应先将试样水洗,然后烘干至恒重,再进行筛分。

(4) 试样在各筛子上的筛余量均不得超过按式(3-1-3)计算得出的剩留量,否则应将该筛的筛余试样分成 2 份或数份,再次进行筛分,并以起筛余量之和作为该筛的筛余量。

$$m_t = \frac{A\sqrt{d}}{300} \qquad\qquad (3\text{-}1\text{-}3)$$

式中:m_t 某一筛上的剩留量,g;d 为筛孔边长,mm;A 为筛的面积,mm²。

(5) 分别称出各筛的筛余试样质量(精确至 1 g),所有筛的分计筛余量和筛底剩余量的总和与筛分前试样总量相比,相差不得超过 1％,否则须重新试验。

5) 数据处理与分析

根据各号筛的筛余量,计算分计筛余百分率和累计筛余百分率,计算细度模数(按式(3-1-1)进行计算),以两次试验结果的算术平均值作为测定值,精确至 0.1。当两次试验所得的细度模数之差大于 0.20 时,应重新取试样进行试验。根据各筛两次试验累计筛余百分率的平均值,评定该试样的颗粒级配分布情况,精确至 1％。

3. 砂的含泥量和泥块含量试验

1) 砂的含泥量试验

(1) 试验目的。

测定砂的含泥量,评定砂的质量。

(2) 主要仪器设备。

① 天平:称量为 1 000 g,感量为 1 g。

② 烘箱:能使温度控制在(105±5) ℃。

③ 方孔筛:筛孔直径为 0.075 mm 和 1.18 mm 的筛各 1 个。

④ 洗砂用的容器(深度大于 250 mm)。

⑤ 搪瓷盘、毛刷等。

(3) 试样制备。

将试样在潮湿状态下用四分法缩分至约 1 100 g,置于温度为(105±5) ℃的烘箱中烘干至恒重,冷却至室温后,称取 400 g(m_0)试样各 2 份备用。

(4) 试验步骤。

① 取一份烘干的试样置于容器中,并注入饮用水,使水面高出砂面约 150 mm,充分拌混均匀后浸泡 2 h,然后,用手在水中淘洗试样,使尘屑、淤泥和黏土与砂粒分离。润湿筛子,将浑浊液倒入套筛中(1.18 mm 筛套在 0.075 mm 筛上),滤去小于 75 μm 的颗粒。在检测中,严禁砂粒丢失。

② 再加水于容器中,重复上述过程,直到筒内洗出的水清澈为止。

③ 用水冲洗剩留在筛上的细粒,并将 75 μm 筛放在水中(使水面略高出筛中砂粒的上表面)来回摇动,以充分洗除小于 75 μm 的颗粒。然后将 2 个筛上剩留的颗粒和容器中已经洗净的试样一并装入浅盘,置于温度为(105±5) ℃的烘箱中烘干至恒重,取出来冷却至室温后,称量试样的重量(m_1)。

(5) 数据处理与分析。

泥含量（精确至0.1%）为

$$\omega_c = \frac{m_0 - m_1}{m_0} \times 100\% \tag{3-1-4}$$

式中：ω_c为砂中含泥量，%；m_0为检测前烘干试样的质量，g；m_1为检测后烘干试样的质量，g。

泥含量检测结果评定以两次检测结果的算术平均值作为测定值，两次结果的差值超过0.5%时，测试结果无效，应重新取样进行检测。

2）砂的泥块含量检测

（1）试验目的。

测定砂的泥块含量，评定砂的质量。

（2）主要仪器设备。

① 天平：称量为1000 g，感量为1 g；称量为5000 g，感量为5 g。

② 烘箱：能使温度控制在(105±5) ℃。

③ 方孔筛：筛孔公称直径为600 μm和1.18 mm的筛各1个。

④ 洗砂用的容器（深度大于250 mm）。

⑤ 搪瓷盘、毛刷等。

（3）试样制备。

将样品在潮湿状态下用四分法缩分至500 g，置于温度为(105±5) ℃的烘箱中烘干至恒重后取出，冷却到室温后，用1.18 mm方孔筛筛分，取不少于400 g筛上的砂分为2份备用。特细砂按实际筛分量。

（4）试验步骤。

① 称取试样200 g（m_1）置于容器中，并注入饮用水，使水面高出砂面约150 mm。充分搅混均匀后浸泡24 h，然后用手在水中碾碎泥块，再把试样放在600 μm方孔筛上，用水淘洗，直至水清澈为止。

② 保留下来的试样应小心地从筛中取出，装入浅盘后，置于温度为(105±5) ℃的烘箱中烘干至恒重，冷却后称量其质量（m_2）。

（5）数据处理与分析。

砂中泥块含量（精确至0.1%）为

$$\omega_{cl} = \frac{m_1 - m_2}{m_1} \times 100\% \tag{3-1-5}$$

式中：ω_{cl}为泥块含量，%；m_1为检测前的干燥试样质量，g；m_2为检测后的干燥试样质量，g。

取两次检测结果的算术平均值作为测定值。

4. 砂的表观密度试验

1）试验目的

测定砂的表观密度，评定砂的质量，为混凝土配合比设计提供依据。

2）主要仪器设备

（1）容量瓶：500 mL。

（2）天平：称量为1000 g，感量为0.1 g。

（3）烘箱：能使温度控制在(105±5) ℃。

（4）干燥器、搪瓷盘、滴管、毛刷等。

3）试样制备

将样品在潮湿状态下缩分至 660 g,置于温度为(105±5)℃的烘箱中烘干至恒重后取出,冷却到室温后,分为大致相等的 2 份备用。

4）试验步骤

(1) 称取烘干砂 300 g(精确至 0.1 g),装入容量瓶中,注入冷开水至接近 500 mL 的刻度处,旋转摇动容量瓶,排除气泡,塞紧瓶盖,静置 24 h。然后用滴管小心加水至容量瓶 500 mL 的刻度处,塞紧瓶盖,擦干瓶外水分,称其重量(精确至 1 g)。

(2) 倒出瓶内水和砂,洗净容量瓶,再向瓶内注水至 500 mL 的刻度处,擦干瓶外水分,称其质量(精确至 1 g)。

5）数据处理与分析

砂的表观密度(精确至 10 kg/m³)为

$$\rho_0 = \left(\frac{m_0}{m_0 + m_2 - m_1} a_t \right) \times \rho_H \tag{3-1-6}$$

式中:ρ_H 为水的密度,1 000 kg/m³;ρ_0 为砂的表观密度;m_0、m_1、m_2 分别为烘干试样质量,试样、水及容量瓶的总质量,水及容量瓶的质量和,g;a_t 为水温对表观密度影响的修正系数,如表3-1-21 所示。

表 3-1-21　水温对表观密度影响的修正系数

水温/℃	15	16	17	18	19	20	21	22	23	24	25
a_t	0.002	0.003	0.003	0.004	0.004	0.005	0.005	0.006	0.006	0.007	0.008

取两次检测结果的算术平均值作为测定值,如两次之差大于 20 kg/m³,需重新试验。

5. 砂的堆积密度与空隙率试验

1）试验目的

测定砂的堆积密度,计算砂的空隙率,为混凝土配合比设计提供依据。

2）主要仪器设备

(1) 天平:称量为 10 kg,感量为 1 g。

(2) 烘箱:能使温度控制在(105±5)℃。

(3) 容量筒:圆柱形金属筒,内径为 108 mm,净高为 109 mm,容积为 1 L。

(4) 漏斗、直尺、浅盘、料勺、毛刷等。

3）试样制备

按规定取样,用浅盘装试样约 3 L,在温度为(105±5)℃的烘箱中烘干至恒重,冷却至室温,筛除大于 4.75 mm 的颗粒,分成大致相等的 2 份备用。

4）试验步骤

(1) 松散堆积密度测定。取一份试样,通过漏斗或料勺,从容量瓶中心上方 50 mm 处徐徐装入,装满并超出筒口。用钢尺沿筒口中心线向两个相反方向刮平(勿触动容量筒),称出试样和容量筒总质量,精确至 1 g。

(2) 紧密堆积密度测定。取试样一份,分两次装满容量筒。每次装完后在筒底垫放一根直径为 10 mm 的圆钢(第二次垫放钢筋与第一次方向垂直),将筒按住,左右交替击地面 25 次。再加试样直至超过筒口,用直尺沿筒口中心向两边刮平,称出试样和容量筒总质量,精确至 1 g。

5）数据处理与分析

（1）松散或紧密堆积密度（精确至 10 kg/m³）为

$$\rho_1 = \frac{m_1 - m_2}{V} \tag{3-1-7}$$

式中：ρ_1 为松散或紧密堆积密度，kg/m³；m_1、m_2 分别为试样和容量筒总质量，g；V 为容量筒容积，L。

（2）空隙率（精确至 1%）为

$$V_0 = \left(1 - \frac{\rho_1}{\rho_2}\right) \times 100\% \tag{3-1-8}$$

式中：V_0 为空隙率，%；ρ_1 为试样松散（或紧密）堆积密度，kg/m³；ρ_2 为试样表观密度，kg/m³。

取两次检测结果的算术平均值作为测定值。

6. 砂中有机物含量试验

1）试验目的

测定砂的有机物含量，评定砂的质量。

2）主要仪器设备

（1）天平：称量为 1 000 g，感量为 0.1 g；称量为 100 g，感量为 0.01 g。

（2）量筒：1 000 mL、250 mL、100 mL 和 10 mL。

（3）方孔筛：孔径为 5.00 mm 的筛 1 个。

（4）烧杯、玻璃棒、移液管。

（5）氧化钠、鞣酸、乙醇、蒸馏水等。

（6）标准溶液。称 2 g 鞣酸粉，溶解于 98 mL 浓度为 10% 的乙醇溶液中，取该溶液 25 mL，注入浓度为 3% 的氢氧化钠溶液中，加塞后剧烈摇动，静置 24 h，即得标准溶液。

3）试样制备

按规定取样，筛去试样中 5 mm 以上颗粒，用四分法缩分至 500 g，风干备用。

4）试验步骤

向 250 mL 量筒中装入风干试样至 130 mL 刻度处，再注入浓度为 3% 的氢氧化钠溶液至 200 mL 刻度处。加塞后剧烈摇动，静置 24 h。

5）数据处理与分析

比较试样上部溶液与新配标准溶液的颜色，若上部溶液浅于标准色，则试样的有机物含量合格。若颜色接近，应将试样连同上部溶液倒入烧杯，在 60～70 ℃ 的水浴中加热 2～3 h，再进行比较。若浅于标准色，则试样的有机物含量合格；若深于标准色，应按下述方法做进一步试验：取原试样一份，用 3% 氢氧化钠溶液洗除有机质，再用清水淘洗干净，与另一份原试样分别按相同的配合比制成水泥砂浆，测定其 28 d 的抗压强度。若原试样配制的砂浆强度不低于洗除有机物后试样制成的砂浆强度的 95%，则认为该砂的有机物含量合格。

7. 石子的颗粒级配试验

1）试验目的

测定石子的颗粒级配及粒级规格，作为混凝土配合比设计和一般使用的依据。

2）主要仪器设备

（1）试验筛：筛分析试验采用公称直径分别为 90.0 mm、75.0 mm、63.0 mm、53.0 mm、

37.5 mm、31.5 mm、26.5 mm、19.0 mm、16.0 mm、9.5 mm、4.75 mm 和 2.36 mm 的方孔筛各 1 个,并附有筛底和盖。

（2）天平和秤:天平的称量为 5 kg,感量为 5 g;秤的称量为 10 kg,感量为 1 g。

（3）烘箱:能使温度控制在(105±5) ℃。

（4）摇筛机。

（5）搪瓷盘、毛刷等。

3）试样制备

试验前,根据石子的最大粒径不同,将样品缩分至表 3-1-22 所规定的试样最少质量,并烘干或风干后备用。

表 3-1-22　筛分析所需试样的最少用量

公称粒径/mm	9.5	16.0	19.0	26.5	31.5	37.5	63.0	75.0
试样最少质量/kg	1.9	3.2	3.8	5.0	6.3	7.5	12.6	16.0

4）试验步骤

（1）按表 3-1-15 所示的规定称取试样,精确至 1 g。将试样倒入按筛孔大小从上到下的套筛上 。

（2）将套筛在摇筛机上筛 10 min,取下套筛,按筛孔大小顺序再逐个用手筛,当每只筛上的筛余层厚度大于试样的最大粒径值时,应将该筛上的筛余试样分成两份,再次进行筛分,直至各筛每分钟的通过量不超过试样总量的 0.1% 为止。

（3）称取各筛筛余的质量,精确至试样总质量的 0.1%,各筛的分计筛余量和筛底剩余量的总和与筛分前测定的试样总量相比,其相差不得超过 1%。

5）数据处理与分析

（1）计算分计筛余百分率(各筛上筛余量除以试样的百分率),精确至 0.1%。

（2）计算累计筛余百分率(该筛的分计筛余与筛孔大于该筛的各筛的分计筛余百分率总和),精确至 1%。

（3）根据各筛的累计筛余百分率,评定该试样的颗粒级配。

8. 针状和片状颗粒的总含量测定试验

1）试验目的

测定石子的颗粒级配及粒级规格,作为混凝土配合比设计和一般使用的依据。

2）主要仪器设备

（1）针状规准仪(见图 3-1-7)和片状规准仪(见图 3-1-8)。

（2）台秤:称量为 10 kg,感量为 10 g。

（3）试验筛:筛孔公称直径分别为 4.75 mm、9.5 mm、16.0 mm、19.0 mm、26.5 mm、31.5 mm 及 37.5 mm 的方孔筛各 1 个。

（4）游标卡尺。

3）试样制备

按规定取样 ,将试样缩分至略大于表 3-1-23 所示规定的数量,称量(m_0),烘干或风干后备用。按表 3-1-23 所示的规定称取试样一份,然后按表 3-1-24 所示规定的粒级对石子进行筛分。

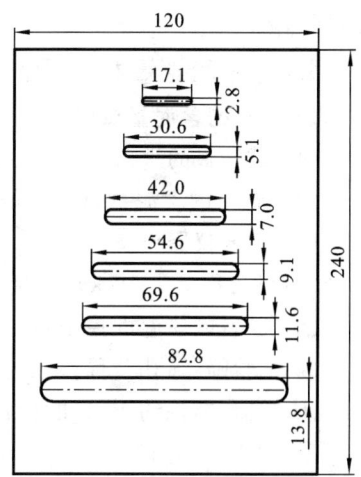

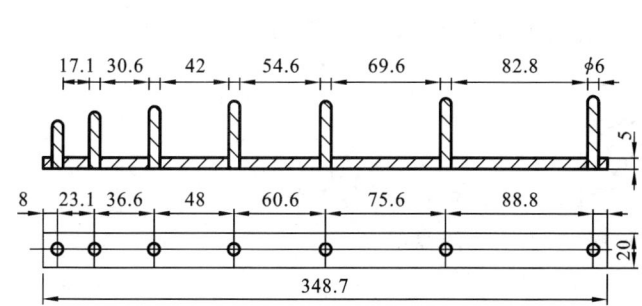

图 3-1-7 针状规准仪   图 3-1-8 片状规准仪

表 3-1-23 针状和片状颗粒总含量检测所需试样最少质量

最大公称粒径/mm	9.5	16.0	19.0	26.5	31.5	≥37.5
试样不少于/kg	0.3	1	2	3	5	30

表 3-1-24 针状和片状颗粒总含量检测的粒径划分及相应的规准仪孔宽或间距

公称粒径/mm	4.75~9.5	9.5~16.0	16.0~19.0	19.0~26.5	26.5~31.5	31.5~37.5
片状规准仪上相对应的孔宽/mm	2.8	5.1	7.0	9.1	11.6	13.8
针状规准仪上相对应的孔宽/mm	17.1	30.6	42.0	54.6	69.6	82.8

4）试验步骤

（1）按表 3-1-17 所示规定的粒级用规准仪逐粒对试样进行鉴定,凡颗粒长度大于针状规准仪相应间距者,为针状颗粒。厚度小于片状规准仪上相对应孔宽的,为片状颗粒。

（2）公称粒径大于 37.5 mm 的碎石或卵石可用游标卡尺鉴定其针、片状颗粒,游标卡尺卡口的设定宽度符合表 3-1-25 所示的规定。

表 3-1-25 公称粒径大于 37.5 mm 用游标卡尺卡口的设定宽度

公称粒径/mm	37.5~63.0	63.0~75.0
片状颗粒的卡口宽度/mm	18.1	27.6
针状颗粒的卡口宽度/mm	108.6	165.6

（3）称量由各粒级挑出的针状和片状颗粒的总重量（m_1）。

5）数据处理与分析

针状、片状颗粒含量（精确至 0.1%）为

$$\omega_p = \frac{m_1}{m_0} \times 100\% \tag{3-1-9}$$

式中：ω_p 为针状、片状颗粒的总含量,%；m_1 为试样中针状、片状颗粒的总含量,g；m_0 为试样

总质量,g。

9. 石子含泥量和泥块含量试验

1) 石子的含泥量试验

(1) 试验目的。

测定石子的含泥量,评定石子的质量,作为混凝土配合比设计使用。

(2) 主要仪器设备。

① 台秤:称量为 10 kg,感量为 10 g。

② 烘箱:能使温度控制在(105±5) ℃。

③ 试验筛:筛孔公称直径为 75 μm 和 1.18 mm 的方孔筛各 1 个。

④ 容器:容积约 10 L 的瓷盘或金属盒、烘干用的浅盘等。

⑤ 搪瓷盘、毛刷等。

(3) 试样制备。

试验前,将试样缩分至表 3-1-26 所示规定的量(注意防止细粉丢失),并置于温度为(105±5) ℃的烘箱内烘干至恒重,冷却至室温后分成 2 份备用。

表 3-1-26　含泥量检测所需试样的最少质量

公称粒径/mm	9.5	16.0	19.0	26.5	31.5	37.5	63.0	75.0
试样不少于/kg	2	2	6	6	10	10	20	20

(4) 试验步骤。

① 称取一份试样(m_0)装入容器中摊平,并注入饮用水,使水面高出石子表面 150 mm,用手在水中淘洗颗粒,使尘屑、淤泥和黏土与较粗的颗粒分离,并使之悬浮或溶解于水中。缓缓地将混浊液倒入 1.18 mm 及 75 μm 的套筛上(1.18 mm 筛放在上面),整个试验过程中应注意避免大于 75 μm 的颗粒丢失。

② 再次加水于容器中,重复上述过程,直至洗出的水清澈为止。

③ 用水冲洗剩留在筛上的细粒,并将 75 μm 筛放在水中(使水面略高于筛内颗粒)来回摇动,以充分洗除小于 75 μm 的颗粒,然后,将 2 个筛上剩留的颗粒和筒中已洗净的试样一并装入浅盘,置于温度为(105±5) ℃的烘箱中烘干至恒重。冷却至室温后取出,称取试样的质量(m_1)。

(5) 数据处理与分析。

卵石、碎石泥含量(精确至 0.1%)为

$$\omega_c = \frac{m_0 - m_1}{m_0} \times 100\% \tag{3-1-10}$$

式中:ω_c 为碎(卵)石中的含泥量,%;m_0 为检测前烘干试样的质量,g;m_1 为检测后烘干试样的质量,g。

含泥量检测结果评定以两次检测结果的算术平均值作为测定值,两次结果的差值超过0.2%时,测试结果无效,应重新取样进行检测。

2) 石子的泥块含量试验

(1) 试验目的。

测定石子的泥块含量,评定石子质量,作为混凝土配合比设计使用。

（2）主要仪器设备。

① 台秤：称量为 10 kg，感量为 1 g。

② 烘箱：能使温度控制在(105±5)℃。

③ 试验筛：筛孔公称直径为 2.36 mm 和 4.75 mm 的方孔筛各 1 个。

④ 水筒及搪瓷盘。

（3）试样制备。

试验前，将样品缩分至略大于表 3-1-23 所示的量，缩分时应注意防止所含黏土块被压碎。缩分后的试样在(105±5)℃的烘箱内烘干至恒重，冷却至室温后分成 2 份备用。

（4）试验步骤。

① 筛去粒径在 2.36 mm 以下的颗粒，称其筛余重量(m_1)。

② 将试样在容器中摊平，加入饮用水使水面高出试样表面，24 h 后把水放出，用手碾压泥块，然后把试样放在 2.36 mm 的筛上，摇动淘洗，直至洗出的水清澈为止。

③ 将筛上试样小心地取出，置于温度(105±5)℃烘箱中烘干至恒重，取出，冷却至室温后称其重量(m_2)。

（5）数据处理与分析。

泥块含量（精确至 0.1%）为

$$\omega_{cl} = \frac{m_1 - m_2}{m_1} \times 100\% \qquad (3\text{-}1\text{-}11)$$

式中：ω_{cl} 为泥块含量，%；m_1 为检测前的干燥试样质量，g；m_2 为检测后的干燥试样质量，g。

取两次检测结果的算术平均值作为测定值。

10. 石子的压碎指标试验

1）试验目的

测定石子的压碎指标值，评定石子的质量。

2）主要仪器设备

（1）压力试验机：量程为 300 kN，示值相对误差为 2%。

（2）压碎值测定仪。

（3）方孔筛：孔径分别为 2.36 mm、9.5 mm 及 19.0 mm 筛各 1 个。

（4）天平：称量为 1 kg，感量为 1 g。

（5）秤：称量为 10 kg，感量为 10 g。

（6）垫棒：直径为 10 mm，长 500 mm 的圆钢。

3）试样制备

按规定取样，风干后筛除大于 19.0 mm 及小于 9.5 mm 的颗粒，并去除针状、片状颗粒，拌匀后分成大致相等的 3 份备用（每份 3 000 g）。

4）试验步骤

（1）置圆模于底盘上，取试样 1 份，分两层装入模内，每装完一层试样后，一手按住模子，一手将底盘放在圆钢上震颤摆动，左右交替颠击地面各 25 次，两层颠实后，平整模内试样表面，盖上压头。

（2）将装有试样的模子置于压力机上，开动压力试验机，以 1 kN/s 的速度均匀加荷至 200 kN 并稳荷 5 s，然后卸荷，取下受压圆模，倒出试样，用孔径为 2.36 mm 的筛筛除被压碎的细粒，称取留在筛上的试样质量，精确至 1 g。

5）数据处理与分析

压碎指标值（精确至 0.1%）为

$$\delta_a = \frac{m_0 - m_1}{m_0} \times 100\%\tag{3-1-12}$$

式中：δ_a 为压碎指标值，%；m_0 为试样的质量，g；m_1 为压碎试验后筛余的试样质量，g。

压碎指标值取三次试验结果的算术平均值。

11. 试验后的处理

（1）试验结束后清理剩余的溶液，洗干净容器及烧杯，可保存的溶液及试剂应妥善保管好。

（2）各仪器设备应回复原位，切断电源，同时做好试验场所的清理工作。

砂检验报告表

检测单位	×××	报告编号	×××
施工单位	×××	试验日期	×××
工程名称	×××	报告日期	×××
产地	××砂石料场	试验规程	×××

序号	检验项目	标准要求	检测结果	单项判定
1	表观密度/(kg/m³)	××	—	合格/不合格
2	石粉含量/(%)	××	—	合格/不合格
3	坚固性/(%)	××	—	合格/不合格
4	泥块含量/(%)	××	—	合格/不合格
5	硫化物及硫酸盐含量/(%)	××	—	合格/不合格
6	云母含量/(%)	××	—	合格/不合格
7	有机质含量/(%)	××	—	合格/不合格
8	轻物质含量/(%)	××	—	合格/不合格
9	颗粒分析试验			

筛孔/mm		4.75	2.36	1.18	0.63	0.315	0.16
标准级配	Ⅰ区	10～0	35～5	65～35	85～71	95～80	100～90
	Ⅱ区	10～0	25～0	50～10	70～41	92～70	100～90
	Ⅲ区	10～0	15～0	25～0	40～16	85～55	100～90
实测累计筛余百分率/(%)							

筛分检验结论	细度模数:3.06		结论		粗砂，合格

备注：

粗砂 $M_x =$

中砂 $M_x =$

细砂 $M_x =$

超细砂 $M_x \leqslant$

批准： 复核： 主检：

粗骨料检测试验记录表

检测单位：　　　　　检测规范：　　　　　合同编号：　　　　　No

委托单位			分项工程					工程部位					
取样地点			取样日期			生产单位				试验日期			

最大粒径/mm	超径/(%)	逊径/(%)	含泥量/(%)	含水率/(%)	吸水率/(%)	有机质含量/(%)	压碎指标/(%)	云母含量/(%)	坚固性/(%)	针状、片状/(%)	硫化物/(%)	软弱颗粒(含量)/(%)	表观密度/(g/cm³)	松散体积密度/(kg/m³)	空隙率/(%)
备注															

校核：　　　　计算：　　　　试验：　　　　年　月　日

思 考 题

1. 在混凝土用细骨料(砂)中，为什么提出级配和细度的要求？两者有何区别？
2. 某实训室现有干砂 500 g，其筛分结果如表 3-1-27 所示，试评价该砂级配情况和细度。

表 3-1-27　砂样筛分试验数据

筛孔公称直径	4.75 mm	2.36 mm	1.18 mm	600 μm	300 μm	150 μm	75 μm
筛余量/g	15	100	70	65	90	115	45

3. 钢筋混凝土梁截面最小尺寸为 300 mm，采用的钢筋直径为 25 mm，钢筋间距为 80 mm，石子最大粒径应选多大？
4. 混凝土用粗集料(石)有哪些级配类型？工程中选用哪种级配较为理想并说明原因。

任务 2　混凝土的主要技术性质与检测方法及标准

【任务描述】

混凝土是人造石材。普通混凝土是当今最重要的结构材料。以普通混凝土为学习基础，熟练掌握各种组成材料的各项性质要求、测定方法及对混凝土性能的影响；混凝土拌和物的性质及其测定和调整方法;硬化混凝土的力学性质、变形性质和耐久性质及其影响因素。学习时应了解混凝土技术的新进展及其发展趋势。

用于大坝、水闸、泵站、堤防、桥梁、涵洞等水工建筑物的混凝土称为水工混凝土(与建筑工程中普通混凝土性能基本一致)。水工混凝土的合理设计及其施工质量的严格控制是水工建筑物工程质量的重要保证,以至关系到整个水工建筑物的安全运行。因此,在水工建筑物施工建设全过程中应自始至终对混凝土的质量进行跟踪检测,确保用于水工混凝土质量满足设计要求,质量稳定、波动小。

【任务目标】

知识目标
(1) 了解普通混凝土的基本性质。
(2) 熟悉普通混凝土的技术参数与检测标准。
(3) 掌握普通混凝土的检测方法、步骤。

能力目标
(1) 能按规范要求对检测数据进行处理,并评定检测结果。
(2) 能够填写规范的检测原始记录并出具规范的检测报告。

技能目标
(1) 能够正确抽取、制备混凝土检测用的试样。
(2) 能够对混凝土常规项目进行检测。

模块 1　普通混凝土的主要技术性质

1. 混凝土的基本知识

将水泥、砂石骨料、水(凡符合国家标准的饮用水均可用于拌和与养护混凝土。未经处理的工业污水和生活污水不得用于拌和与养护混凝土)、掺和料和外加剂等原材料按一定比例配合拌制成混凝土拌和物,再将其浇筑成形和养护到规定龄期,经检测满足设计要求的混凝土被视为质量合格。因此,混凝土的质量受诸多因素的影响,原材料与混凝土拌和物质量的波动、浇筑及养护工艺的变异等均将对混凝土质量产生很大影响。

图 3-2-1　混凝土材料

混凝土各组成材料(见图 3-2-1)按一定比例配合、搅拌而成的尚未凝固的材料,称为混凝土拌和物,亦即新拌混凝土。混凝土的主要技术性质包括混凝土拌和物的和易性,硬化混凝土的强度、变形及混凝土的耐久性。

1) 混凝土的分类
(1) 按表观密度分。

① 重混凝土。为了屏蔽各种射线的辐射,采用各种高密度骨料配制的混凝土,其表观密度大于 2 800 kg/m³。骨料为钢屑、重晶石、铁矿石等重骨料,水泥为钡水泥、锶水泥等重水泥,又称防辐射混凝土,用于核能工厂的屏障结构材料。

② 普通混凝土。表观密度为 2 000~2 800 kg/m³,骨料为天然砂、石,密度一般多在 2 500 kg/m³ 左右,简称混凝土,用于各种建筑的承重结构材料。

③ 轻混凝土。表观密度小于 1 950 kg/m³，骨料为多孔轻质骨料，或无砂的大孔混凝土或不采用骨料而掺入加气剂或泡沫剂形成的多孔结构混凝土，主要用做轻质结构（大跨度）材料和隔热保温材料。

（2）按用途分。

可分为结构混凝土（普通混凝土）、防水混凝土、耐热混凝土、耐酸混凝土、大体积混凝土、道路混凝土和水工混凝土等。

（3）按所用胶凝材料分。

可分为水泥混凝土、石膏混凝土、沥青混凝土、聚合物混凝土、水玻璃混凝土等。

（4）按强度等级分。

可分为低强度混凝土（$f_{cu} \leqslant 30$ MPa）、中强度混凝土（$f_{cu} = 30 \sim 60$ MPa）、高强度混凝土（$f_{cu} = 60 \sim 100$ MPa）、超高强度混凝土（$f_{cu} > 100$ MPa）等四类。

（5）按生产和施工方法分。

可分为普通浇筑混凝土、预拌混凝土、泵送混凝土、喷射混凝土、碾压混凝土、沥青混凝土和压力灌浆混凝土等。

2）混凝土的特点

（1）优点。

① 原材料丰富，造价低廉；

② 混凝土拌和物具有良好的可塑性和浇注性，易加工成形；

③ 可调整性强，可根据使用性能的要求与设计来配制相应的混凝土；

④ 抗压强度高；

⑤ 匹配性好，与钢筋及钢纤维等有牢固的黏结力；

⑥ 耐久性良好；

⑦ 耐火性好，维修费少；

⑧ 生产能耗低。

（2）缺点。

① 自重大，比强度小；

② 抗拉强度低；

③ 变形能力差，易开裂；

④ 导热系数大，保温隔热性能较差；

⑤ 硬化较慢，生产周期长。

3）混凝土的发展趋向

（1）高性能混凝土（HPC）。

要求有高强度等级（$f_{cu} \geqslant 60$ MPa）和良好的工作性、体积稳定性和耐久性。

发展途径：

① 采用高性能的原料及与之相适应的工艺；

② 采用多元复合途径提高混凝土的综合性能，如掺入高效减水剂、缓凝剂、引气剂、硅灰、优质粉煤灰、稻壳灰及沸石粉等。

（2）绿色高性能混凝土（GHPC）。

从节约能源、资源，减少工业废料排放和保护自然环境角度考虑，要求混凝土及其原材料的开发、生产、建筑施工作业等既能满足建设需要,又不危及后代人的延续生存环境。

（3）其他新技术混凝土。

灭菌、环境调节、变色、智能混凝土等。

4) 普通混凝土的组成材料

普通混凝土组成材料是水泥、砂、石、水、掺和料和外加剂。

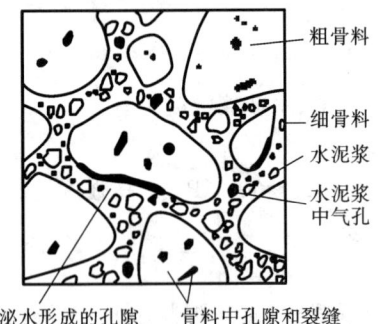

粗骨料

细骨料

水泥浆

水泥浆
中气孔

泌水形成的孔隙　　骨料中孔隙和裂缝

图 3-2-2　硬化混凝土的结构

其组成过程为:水＋水泥 → 水泥浆＋砂 → 水泥砂浆＋粗骨料 → 混凝土。

各成分的作用如下。

（1）水泥浆能充填砂的空隙,起润滑作用,赋予混凝土拌和物一定的流动性。

（2）水泥砂浆能充填石子的空隙,起润滑作用,也能流动。

（3）水泥浆在砼硬化后起胶结作用,将砂石胶结成整体,产生强度,成为坚硬的水泥石。

硬化混凝土的结构如图 3-2-2 所示。

2. 混凝土的物理、力学性质

1) 混凝土拌和物的和易性

（1）和易性的概念。

和易性是指混凝土拌和物易于各种施工工序(拌和、运输、浇筑、振捣等)操作并能获得质量均匀、密实的性能,也称混凝土工作性。它是一项综合技术性质,包括流动性、黏聚性和保水性三方面含义。

① 流动性,是指混凝土拌和物在自重或机械振捣作用下能产生流动,并均匀密实地填满模板的性能。流动性反映混凝土拌和物的稀稠。若混凝土拌和物太干稠,流动性差,难以振捣密实,易造成内部或表面孔洞等缺陷;若拌和物过稀,流动性好,但容易出现分层离析现象(水泥浆上浮、石子颗粒下沉),从而影响混凝土的质量。

② 黏聚性,是指混凝土拌和物各颗粒间具有一定的黏聚力,在施工过程中能够抵抗分层离析,使混凝土保持整体均匀的性能。黏聚性反映混凝土拌和物的均匀性。若混凝土拌和物黏聚性不好,混凝土中骨料与胶凝材料(水泥和硅粉、优质粉煤灰等的组合)容易分离,造成混凝土不均匀,振捣后会出现蜂窝、空洞等现象。

③ 保水性,是指混凝土拌和物保持水分的能力,在施工过程中不产生严重泌水的性能。保水性反映混凝土拌和物的稳定性。保水性差的混凝土内部容易形成透水通道,影响混凝土的密实性,并降低混凝土的强度和耐久性。

混凝土拌和物的和易性是以上三个方面性能的综合体现,它们之间既相互联系,又相互矛盾。提高水胶比,可使流动性增大,但黏聚性和保水性往往变差;要保证拌和物具有良好的黏聚性和保水性,则流动性会受到影响。不同的工程对混凝土拌和物和易性的要求也不同,应根据工程具体情况对和易性三个方面既要有所侧重,又要互相照顾。

（2）和易性的测定。

由于混凝土拌和物的和易性是一项综合的技术性质,目前还很难用一个单一的指标来全面衡量混凝土拌和物的和易性。通常以坍落度试验和维勃稠度试验来评定混凝土拌和物的和易性。先测定其流动性,再以经验观察其黏聚性和保水性。

① 坍落度试验。

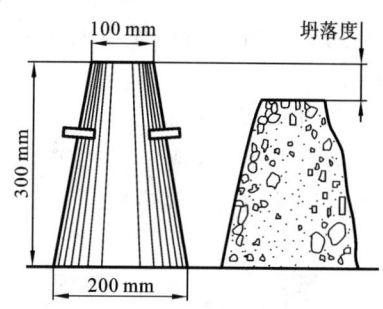

图 3-2-3　混凝土拌和物坍落度测定

在平整、润湿且不吸水的操作面上放置坍落度筒,将混凝土拌和物分三次(每次装料 1/3 筒高)装入坍落度筒内,每次装料后,用插捣棒从周围向中间插捣 25 次,以使拌和物密实。待第三次装料、插捣密实后,刮平表面,然后垂直提起坍落度筒。拌和物在自重作用下会向下坍落,坍落的高度(以 mm 计)就是该混凝土拌和物的坍落度,如图 3-2-3 所示。

坍落度数值越大,混凝土拌和物的流动性越好。根据坍落度大小,《普通混凝土配合比设计规程》(JGJ 55—2011)将混凝土拌和物分为五级,如表 3-2-1 所示。

表 3-2-1　混凝土按坍落度的分级

等　　　级	坍落度/mm
S_1	10～40
S_2	50～90
S_3	100～150
S_4	160～210
S_5	≥220

注　1. 塑性混凝土:拌和物坍落度为 10～90 mm 的混凝土。

2. 流动性混凝土:拌和物坍落度为 100～150 mm 的混凝土。

3. 大流动性混凝土:拌和物坍落度不低于 160 mm 的混凝土。

在进行坍落度试验过程中,同时观察拌和物的黏聚性和保水性。用捣棒在已坍落的拌和物锥体侧面轻轻击打,如果锥体逐渐下沉,则表示拌和物黏聚性良好;如果锥体突然倒坍或部分崩裂或出现离析现象,则表示拌和物黏聚性较差。若有较多的稀浆从锥体底部析出,锥体部分的拌和物也因失浆而骨料外露,则表明混凝土拌和物保水性不好;如无这种现象,则表明保水性良好。

施工中,选择混凝土拌和物的坍落度,一般根据构件截面的大小、钢筋分布的疏密、混凝土成形方式等因素来确定。若构件截面尺寸较小、钢筋分布较密,且为人工捣实,坍落度可选择大一些;反之,坍落度可选择小一些。

水工混凝土的坍落度值可参考表 3-2-2 选用。

表 3-2-2　混凝土在浇筑地点的坍落度

混凝土类别	坍落度/cm
素混凝土或少筋混凝土	1～4
配筋率不超过 1% 的钢筋混凝土	3～6
配筋率超过 1% 的钢筋混凝土	5～9

注　有温度控制要求或高、低季节浇筑混凝土时,其坍落度可根据实际情况酌量增减。

坐落度试验受操作技术及人为因素影响较大,但因其操作简便,故应用很广。该方法一般仅适用于骨料最大粒径不大于 40 mm,坐落度值不小于 10 mm 的混凝土拌和物流动性的测定。

② 维勃稠度试验。

对于干硬性混凝土,若采用坐落度试验,则测出的坐落度值过小,不易准确反映其工作性,这时需用维勃稠度试验测定。

图 3-2-4 维勃稠度仪

其方法是:将坐落度筒置于维勃稠度仪(见图 3-2-4)上的圆形容器内,并固定在规定的振动台上。把拌制好的混凝土拌和物分三次装入坐落度筒内,表面刮平后提起坐落度筒,将维勃稠度仪上的透明圆盘转至试体顶面,使之与试体轻轻接触。开启振动台,同时用秒表计时,振动至透明圆盘底面被水泥浆布满的瞬间关闭振动台并停止计时,由秒表读出的时间即是该拌和物的维勃稠度值。维勃稠度值小,表示拌和物的流动性大。

维勃稠度试验适用于骨料最大粒径不大于 40 mm,维勃稠度在 5～30 s 的混凝土。根据维勃稠度,《普通混凝土配合比设计规程》(JGJ 55—2011)将混凝土拌和物按维勃稠度值的大小也分为五级,如表 3-2-3 所示。维勃稠度试验主要用于测定干硬性混凝土的流动性,例如碾压混凝土。

表 3-2-3 混凝土按维勃稠度的分级

级 别	维勃稠度/s
V_0	≥31
V_1	21～30
V_2	11～20
V_3	6～10
V_4	3～6

(3) 影响混凝土拌和物和易性的主要因素。

① 胶浆的数量。在混凝土拌和物中,水泥浆除了起到胶结作用外,还起着润滑骨料、提高拌和物流动性的作用。在水胶比不变的情况下,单位体积拌和物内,胶浆数量越多,拌和物流动性越大。但若胶浆数量过多,则不仅胶凝材料用量大,而且会出现流浆现象,使拌和物的黏聚性变差,同时会降低混凝土的强度和耐久性;若胶凝材料浆数量过少,则水泥浆不能填满骨料空隙或不能很好包裹骨料表面,会出现混凝土拌和物崩塌现象,使黏聚性变差。因此,混凝土拌和物中胶凝材料浆的数量应以满足流动性和强度要求为度,不宜过多或过少。

② 胶浆的稠度(水胶比)。胶凝材料的稀稠是由水胶比决定的。水胶比是指混凝土拌和物中用水量与胶凝材料用量的比值。当胶凝材料用量一定时,水胶比越小,胶浆越稠,拌和物的流动性就越小。当水胶比过小时,胶浆过于干稠,拌和物的流动性过低,影响施工,且不能保证混凝土的密实性。水胶比增大会使流动性加大,但水胶比过大,又会造成混凝土拌和物的黏聚性和保水性较差,产生流浆、离析现象,并严重影响混凝土的强度和耐久性。所以,胶浆的稠度(水胶比)不宜过大或过小,应根据混凝土强度和耐久性要求合理选用。混凝土常用水胶比

宜为 0.40～0.75。

无论是胶浆数量的多少,还是水胶浆的稀稠,实际上对混凝土拌和物流动性起决定作用的是用水量的多少。当使用确定的材料拌制混凝土时,为使混凝土拌和物达到一定的流动性,所需的单位用水量是一个定值。使用确定的骨料,如果单位体积用水量一定,单位体积胶凝材料用量增减不超过 100 kg,则混凝土拌和物的坍落度大体可以保持不变。

③ 砂率。砂率是指混凝土中砂的质量占砂、石总质量的百分率。砂率的变动会使骨料的空隙率和总表面积有显著改变,因而对混凝土拌和物的和易性产生显著的影响。砂率过大,骨料的总表面积和空隙率都将增大,则胶浆数量相对不足,拌和物的流动性就降低。若砂率过小,则不能保证粗骨料之间有足够的砂浆层,会降低拌和物的流动性,且黏聚性和保水性也将变差。当砂率值适宜时,砂不但能填满石子间的空隙,而且还能保证粗骨料间有一定厚度的砂浆层,以减小粗骨料间的摩擦阻力,使混凝土拌和物有较好的流动性。这个适宜的砂率称为合理砂率。合理砂率的技术经济效果可从图 3-2-5 所示曲线反映出来。图 3-2-5(a)所示曲线表明,在用水量及胶凝材料用量一定的情况下,合理砂率能使混凝土拌和物获得最大的流动性(且能保持黏聚性及保水性能良好);图 3-2-5(b)所示曲线表明,在保持混凝土拌和物坍落度基本相同(且能保持黏聚性及保水性能良好)的情况下,合理砂率能使胶浆的数量减少,从而节约胶凝材料用量。

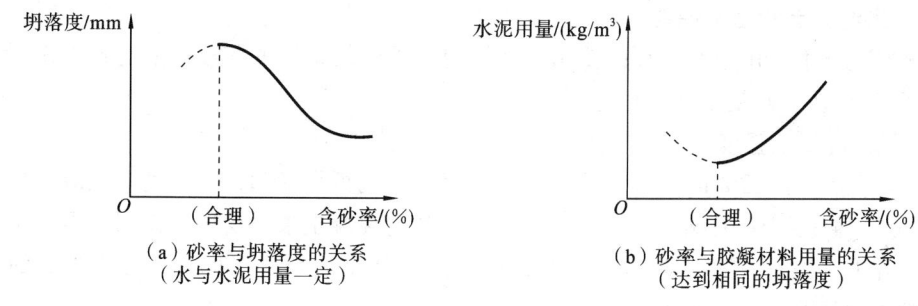

图 3-2-5　合理砂率的技术经济效果

(4) 时间及环境的温度、湿度。

混凝土拌和物随时间的延长,因水泥水化及水分蒸发而逐渐变得干稠,和易性变差;环境温度上升,水分容易蒸发,水泥水化速度也会加快,混凝土拌和物流动性将减小;空气湿度小,拌和物水分蒸发较快,坍落度损失也会加快。夏季施工或较长距离运输的混凝土,上述现象更加明显。

(5) 含气量。

混凝土拌和物是一种固体、液体、气体的多相混合物,气体在混凝土中形成许多大小不同的气泡与孔隙。这些气泡与孔隙的构成情况称为孔结构,孔结构对混凝土拌和物和硬化混凝土性能均会带来较大的影响。

混凝土拌和物内部的气体来源有:原材料本身携带的;引气剂引入的;拌和时裹入的;施工时,如入仓、平仓时带入的;混凝土硬化过程中水分蒸发后,外部补充进入的。

① 对坍落度的影响:混凝土拌和物的坍落度随含气量增加而增加。

② 对泌水率的影响:混凝土拌和物的泌水率随含气量增加而减小。

③ 对表观密度的影响:混凝土拌和物的表观密度随含气量增加而降低。

④ 对凝结时间的影响：混凝土拌和物含气量大，其凝结时间长。

（6）施工工艺。

采用机械拌和的混凝土比同等条件下人工拌和的混凝土坍落度大；采用同一种拌和方式，其坍落度随着有效拌和时间的增长而增大。搅拌机类型不同，拌和时间不同，获得的坍落度也不同。

（7）其他因素的影响。

胶凝材料的品种、骨料种类及形状、外加剂等，都对混凝土的和易性有一定影响。胶凝材料的标准稠度用水量大，则拌和物的流动性小。骨料的颗粒较大、外形圆滑及级配良好时，拌和物的流动性较大。此外，在混凝土拌和物中掺入外加剂（如减水剂），能显著改善和易性。

综上所述，在实际工程中，可采用以下措施调整混凝土拌和物的和易性。

① 通过试验，采用合理砂率，并尽可能采用较低的砂率。

② 改善砂、石的级配。

③ 在可能条件下，尽可能采用较粗的砂、石。

④ 当混凝土拌和物坍落度太小时，保持水胶比不变，适量增加胶凝材料浆数量；当坍落度太大时，保持砂率不变，适量增加砂、石。

⑤ 掺加外加剂，如减水剂、引气剂等。

2）硬化混凝土的基本性能

硬化混凝土主要用于在设计的使用寿命期内承受建筑结构的荷载或抵抗各种作用力。强度、变形和耐久性是其最基本的性能。

（1）硬化混凝土强度。

强度是混凝土最重要的力学性质，包括抗压强度、抗折强度和抗拉强度。混凝土的抗压强度最大，抗拉强度最小，因此在建筑工程中主要是利用混凝土来承受压力作用。混凝土的抗压强度是混凝土结构设计的主要参数，也是混凝土质量评定的重要指标。工程中提到的混凝土强度一般指的是混凝土的抗压强度。

图 3-2-6 150 mm×150 mm×150 mm 的
标准混凝土试件

① 混凝土的立方体抗压强度与强度等级。

混凝土立方体抗压强度是指其标准试件在压力作用下直至破坏时，单位面积所能承受的最大压力。根据国家标准《普通混凝土力学性能试验方法》（GB/T 50081—2002）规定，测定混凝土抗压强度，宜采用 150 mm×150 mm×150 mm 的标准试模，制作 150 mm×150 mm×150 mm 的标准混凝土试件，如图 3-2-6 所示，在标准养护条件（(20±2) ℃，相对湿度 95％以上）下养护 28 d，以标准试验方法测得的抗压强度值。

非标准试件尺寸为 200 mm×200 mm×200 mm 和 100 mm×100 mm×100 mm；当施工涉外工程或必须用圆柱体试件来确定混凝土力学性能等特殊情况时，也可用 ϕ150 mm×300 mm 的圆柱体标准试件或 ϕ200 mm×400 mm 的圆柱体非标准试件。

测定混凝土试件的强度时，试件的尺寸和表面状况等对测试结果产生较大影响。下面以混凝土受压为例来分析这两个因素对检测结果的影响。

当混凝土立方体试件在压力机上受压时，在沿加荷方向发生纵向变形的同时，也按泊松比效应产生横向变形。但是由于压力机上下压板(钢板)的弹性模量比混凝土的大 5～15 倍,而泊松比则不大于混凝土的 2 倍。所以在压力的作用下,钢压板的横向变形小于混凝土的横向变形,因而上下压板与试件的接触面之间产生摩擦阻力。这种摩擦阻力分布在整个受压接触面,对混凝土试件的横向膨胀起约束限制作用,使混凝土强度检测值提高。通常称这种作用称为"环箍效应",如图3-2-7所示,它随离试件端部变远而变小,大约在距离$\frac{\sqrt{3}}{2}a$(a 为立方体试件边长)以外消失,所以受压试件正常破坏时,其上下部分各呈一个较完整的棱锥体,如图 3-2-8 所示。如果在压板和试件接触面之间涂上润滑剂,则环箍效应大大减小,试件出现直裂破坏,如图 3-2-9 所示。如果试件表面凹凸不平,环箍效应小,并有明显应力集中现象,则测得的强度值会显著降低。

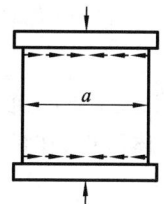 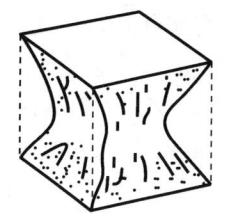 

图 3-2-7　混凝土"环箍效应"　　图 3-2-8　混凝土受压试件　　图 3-2-9　混凝土受压试件不受压板
　　　　　　　　　　　　　　　　　　　　　破坏时　　　　　　　　　　约束时的破坏情况

　　混凝土立方体试件尺寸较大时,环箍效应的作用相对较小,测得的抗压强度偏低;反之测得的抗压强度偏高。另外,由于混凝土试件内部不可避免地存在一些微裂缝和孔隙等缺陷,这些缺陷处易产生应力集中。大尺寸试件存在缺陷的概率较大,使得测定的强度值也偏低。

　　为了使混凝土抗压强度测试结果具有可比性,《普通混凝土力学性能试验方法标准》(GB/T 50081—2002)规定,混凝土强度等级小于 C60 时,用非标准试件测得的强度值均应乘以尺寸换算系数,来换算成标准试件强度值。200 mm×200 mm×200 mm 试件换算系数为 1.05,100 mm×100 mm×100 mm 试件换算系数为 0.95。当混凝土强度等级大于或等于 C60 时,宜采用标准试件;使用非标准试件时,尺寸换算系数应由试验确定。

　　需要说明的是,混凝土各种强度的测定值,均与试件尺寸、试件表面状况、试验加荷速度、环境(或试件)的湿度和温度等因素有关。在进行混凝土各种强度测定时,应按《普通混凝土力学性能试验方法标准》(GB/T 50081—2002)等标准规定的条件和方法进行检测,以保证检测结果的可比性。

　　按国标《混凝土结构设计规范》(GB 50010—2010)的规定,水泥混凝土的强度等级按其立方体抗压强度标准值划分为 C15、C20、C25、C30、C35、C40、C45、C50、C55、C60、C65、C70、C75 和 C80 共 14 个等级。行业标准《水工混凝土结构设计规范》(DL/T 5057—2009)规定水工水泥混凝土的强度等级按其立方体抗压强度标准值划分为 C10、C15、C20、C25、C30、C35、C40、C45、C50、C55 和 C60 共 11 个等级。"C"代表混凝土,C 后面的数字为立方体抗压强度标准值(MPa)。

　　水工混凝土相关规范中针对大体积混凝土还规定"C"后下标数值为龄期,后面的数值则为立方体抗压强度标准值。如 $C_{90}25$ 或 $C_{180}25$ 分别表示 90 d 或 180 d 龄期的立方体抗压强度标准值为 25 MPa,没有下标的就为 28 d。混凝土强度等级是混凝土结构设计时强度计算取值、混凝土施工质量控制和工程验收的依据。

混凝土立方体抗压强度标准值是指按照标准方法制作养护的边长为 150 mm 的立方体试件,在 28 d 龄期用标准试验方法测得的具有 95% 保证率的抗压强度。

强度等级的实用意义如下。

C15 以下:用于垫层、基础、地坪及受力不大的结构。

C15~C25:用于普通砼结构的梁、板、柱、楼梯及屋架。

C25~C30:用于大跨度结构、耐久性要求较高的结构、预制构件等。

C30 以上:用于预应力钢筋混凝土结构、吊车梁及特种构件等。

② 混凝土轴心抗压强度。

确定混凝土强度等级是采用立方体试件,但在实际结构中,钢筋混凝土受压构件多为棱柱体或圆柱体。为了使测得的混凝土强度与实际情况接近,钢筋混凝土受压构件(如柱子、桁架的腹杆等)的强度计算,要采用混凝土的轴心抗压强度。

《普通混凝土力学性能试验方法标准》(GB/T 50081—2002)规定,混凝土轴心抗压强度是指按标准方法制作的,标准尺寸为 150 mm×150 mm×300 mm 的棱柱体试件,在标准养护条件下养护到 28 d 龄期,以标准试验方法测得的抗压强度值。

非标准试件为 100 mm×100 mm×300 mm 和 200 mm×200 mm×400 mm;为当施工涉外工程或必须用圆柱体试件来确定混凝土力学性能等特殊情况时,也可用 ϕ150 mm×300 mm 的圆柱体标准试件或 ϕ100 mm×200 mm 和 ϕ200 mm×400mm 的圆柱体非标准试件。

轴心抗压强度比同截面面积的立方体抗压强度要小,当标准立方体抗压强度在 10~50 MPa 范围内时,两者之间的比值为 0.7~0.8。

③ 抗拉强度。

混凝土是脆性材料,抗拉强度很低,拉压比为 $\frac{1}{10}$~$\frac{1}{20}$。拉压比随着混凝土强度等级的提高而降低。因此在钢筋混凝土结构设计时,不考虑混凝土承受拉力(考虑钢筋承受拉应力),但抗拉强度对混凝土抗裂性具有重要作用,是结构设计时确定混凝土抗裂度的重要指标,有时也用它来间接衡量混凝土与钢筋的黏结强度。

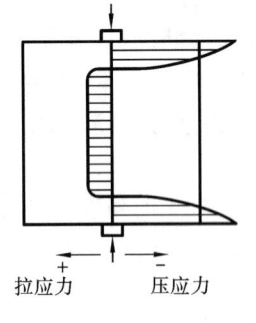

拉应力　压应力

图 3-2-10　劈裂试验时垂直受力面的应力分布

混凝土抗拉强度测定应采用轴拉试件,因此过去多用 8 字形或棱柱体试件直接测定混凝土轴心抗拉强度。但是这种方法由于夹具附近局部破坏很难避免,而且外力作用线与试件轴心方向不易调成一致而较少采用。目前我国采用劈裂抗拉试验来测定混凝土的抗拉强度。劈裂抗拉强度测定时,对试件前期制作方法、试件尺寸、养护方法及养护龄期等的规定,与检验混凝土立方体抗压强度的要求相同。该方法的原理是在试件两个相对的表面轴线上作用着均匀分布的压力,这样就能使在此外力作用下的试件竖向平面内产生均布拉应力,如图 3-2-10 所示。该拉应力可以根据弹性理论计算得出。这个方法克服了过去测试混凝土抗拉强度时出现的一些问题,并且也能较正确地反映试件的抗拉强度。

混凝土劈裂抗拉强度为

$$f_{ts} = \frac{2P}{\pi A} = 0.637 \frac{P}{A} \tag{3-2-1}$$

式中：f_{ts} 为混凝土劈裂抗拉强度，MPa；P 为破坏荷载，N；A 为试件劈裂面积，mm^2。

混凝土劈裂抗拉强度较轴心抗拉强度低，试验证明两者的比值为 0.9 左右。

行业标准《水工混凝土结构设计规范》(DL/T 5057—2009)规定水工水泥混凝土的强度等级按其立方体抗压强度标准值如表 3-2-4 所示。

表 3-2-4 混凝土强度标准值   单位：N/mm^2

强度种类	符号	混凝土强度等级										
		C10	C15	C20	C25	C30	C35	C40	C45	C50	C55	C60
轴心抗压	f_{ck}	6.7	10.0	13.5	16.7	20.1	23.4	26.8	29.6	32.4	35.5	38.5
轴心抗拉	f_{tk}	0.90	1.27	1.54	1.78	2.01	2.20	2.39	2.51	2.64	2.74	2.85

（2）影响混凝土强度的因素。

① 水泥强度等级和水胶比的影响。

水泥强度等级和水胶比是影响混凝土强度的决定性因素。因为混凝土的强度主要取决于水泥石的强度及其与骨料间的黏结力，而水泥石的强度及其与骨料间的黏结力，又取决于水泥的强度等级和水胶比的大小。在相同配合比、相同成形工艺、相同养护条件的情况下，水泥强度等级越高，配制的混凝土强度越高。

在水泥品种、水泥强度等级不变时，混凝土在振动密实的条件下，水胶比越小，强度越高，反之亦然（见图 3-2-11）。但是为了使混凝土拌和物获得必要的流动性，常要加入较多的水（水胶比为 0.35～0.75），它往往超过了水泥水化的理论需水量（水胶比为 0.23～0.25）。多余的水残留在混凝土内形成水泡或水道，随着混凝土硬化而蒸发成为孔隙，使混凝土的强度下降。

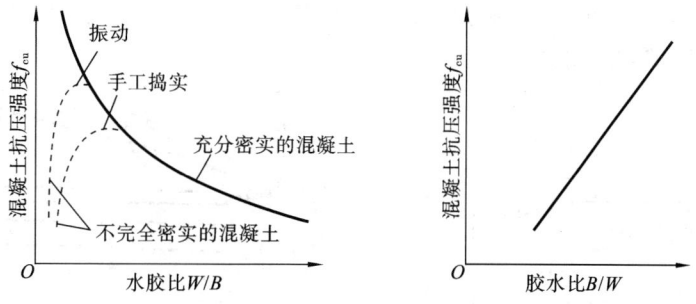

图 3-2-11 混凝土强度与水胶比及胶水比的关系

大量试验结果表明，在原材料一定的情况下，混凝土 28d 龄期抗压强度 f_{cu} 与胶凝材料（水泥与矿物掺和料按使用比例混合）实际强度 f_{ce} 及水胶比（W/B）之间的关系符合下列经验公式式（3-2-2）（又称鲍罗米公式）：

$$f_{cu} = \alpha_a f_{ce}\left(\frac{B}{W} - \alpha_b\right) \tag{3-2-2}$$

式中：f_{cu} 为混凝土 28 d 抗压强度，MPa；α_a、α_b 为回归系数，它们与粗骨料、细骨料、水泥产地有关，可通过历史资料统计计算得到，若无统计资料，可按《普通混凝土配合比设计规程》(JGJ 55—2011)提供的 α_a、α_b 经验值，即采用碎石时，$\alpha_a = 0.53$，$\alpha_b = 0.20$，采用卵石时，$\alpha_a = 0.49$，$\alpha_b = 0.13$；

f_{ce} 为胶凝材料 28 d 实测抗压强度，MPa；C 为混凝土中的水泥用量，kg；W 为混凝土中的用水量，kg；$\dfrac{B}{W}$ 为混凝土的胶水比（胶凝材料与水的质量之比）。

水工混凝土水胶比计算另有公式，见任务 3。

在混凝土施工过程中，常发现往混凝土拌和物中随意加水的现象，这使混凝土水胶比增大，导致混凝土强度的严重下降，是必须禁止的。在混凝土施工过程中，节约水和节约水泥同等重要。

②骨料的影响。

骨料本身的强度一般大于水泥石的强度，对混凝土的强度影响很小。但骨料中有害杂质含量较多、级配不良均不利于混凝土强度的提高。如果骨料表面粗糙，则与水泥石黏结力较大。但达到同样流动性时，需水量大，随着水胶比变大，强度降低。试验证明，水胶比小于 0.4 时，用碎石配制的混凝土比用卵石配制的混凝土强度高 30%～40%，但随着水胶比增大，两者的差异就不明显了。另外，在相同水胶比和坍落度下，混凝土强度随骨灰比（骨料与胶凝材料质量之比）的增大而提高。

③养护温度及湿度的影响。

温度及湿度对混凝土强度的影响，本质上是对水泥水化的影响。养护温度越高，水泥早期水化越快，混凝土的早期强度越高（见图 3-2-12）。但混凝土早期养护温度过高（40 ℃以上），则水泥水化产物来不及扩散而使混凝土后期强度降低。当温度在 0 ℃以下时，水泥水化反应停止，混凝土强度停止发展。这时混凝土中的水结冰产生体积膨胀，对混凝土产生相当大的膨胀压力，使混凝土结构破坏，强度降低。

湿度是决定水泥能否正常进行水化作用的必要条件。若浇筑后的混凝土所处环境湿度相宜，则水泥水化反应可顺利进行，混凝土强度得以充分发展。若环境湿度较低，则水泥不能正常进行水化作用，甚至停止水化，混凝土强度将严重降低或停止发展。图 3-2-13 所示的是混凝土强度与保湿养护时间的关系。

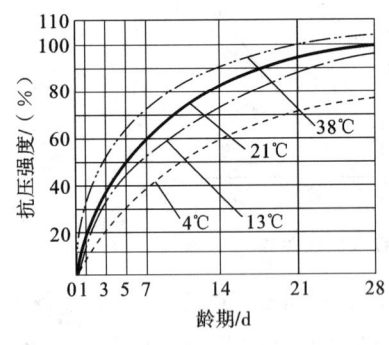

图 3-2-12　养护温度对混凝土强度的影响

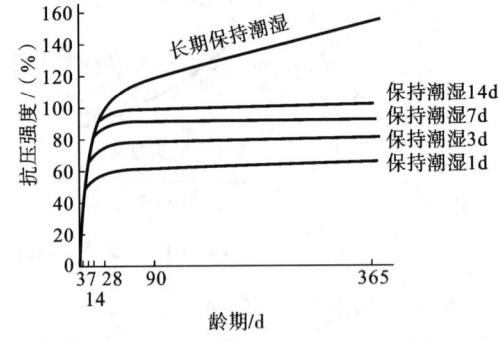

图 3-2-13　混凝土强度与保湿养护时间的关系

为了保证混凝土强度正常发展和防止失水过快引起的收缩裂缝，混凝土浇筑完毕后，应及时覆盖和浇水养护。气候炎热和空气干燥时，不及时进行养护，混凝土中水分会蒸发过快，出现脱水现象，混凝土表面会出现片状、粉状剥落和干缩裂纹等劣化现象，混凝土强度明显降低。在冬季应特别注意保持必要的温度，以保证水泥能正常水化和防止混凝土内水结冰引起的膨胀破坏。

常见的混凝土养护方法有以下几种。

a. 自然养护。混凝土在自然条件下于一定时间内保持湿润状态的养护,包括洒水养护和喷涂薄膜养护两种。

洒水养护是指用草帘等将混凝土覆盖,经常洒水使其保持湿润的养护。养护时间取决于混凝土的特性和水泥品种,非干硬性混凝土浇筑完毕 12 h 以内应加以覆盖并保湿养护,干硬性混凝土应于浇筑完毕后立即进行养护。使用硅酸盐水泥、普通水泥和矿渣水泥时,浇水养护时间不应少于 7 d;使用火山灰水泥和粉煤灰水泥或混凝土掺用缓凝型外加剂或有抗渗要求时,养护时间不得少于 14 d;道路路面水泥混凝土养护时间宜为 14～21 d;使用铝酸盐水泥时,养护时间不得少于 3 d。洒水次数以能保证混凝土表面湿润为宜,混凝土养护用水应与拌制用水相同。

喷涂薄膜养生液适用于不易洒水的高耸构筑物和大面积混凝土结构的养护。它是将过氯乙烯树脂溶液用喷枪喷涂在混凝土表面上,溶液挥发后在混凝土表面形成一层塑料薄膜,将混凝土与空气隔绝,阻止其中水分蒸发,以保证水泥水化用水的养护方法。薄膜在养护完成后要求能自行老化脱落,否则,不宜用于以后要做粉刷的混凝土表面上。在夏季,薄膜成形后要防晒,否则易产生裂纹。地下建筑或基础可在其表面涂刷沥青乳液,以防止混凝土内水分蒸发。

b. 标准养护。将混凝土放在(20±2) ℃,相对湿度为 95% 以上的标准养护室或(20±2) ℃ 的不流动的 $Ca(OH)_2$ 饱和溶液中进行的养护。测定混凝土强度时,一般采用标准养护。

c. 蒸汽养护。将混凝土放在近 100 ℃ 的常压蒸汽中进行的养护。蒸汽养护的目的是加快水泥的水化,提高混凝土的早期强度,以加快拆模,提高模板及场地的周转率,提高生产效率和降低成本,这种养护方法非常适用于生产预制构件、预应力混凝土梁及墙板等。这种养护适合于早期强度较低的水泥,如矿渣水泥、粉煤灰水泥等掺有大量混合材料的水泥,不适合于硅酸盐水泥、普通水泥等早期强度高的水泥。研究表明,硅酸盐水泥和普通水泥配制的混凝土,其养护温度不宜超过 80 ℃,否则待其再养护到 28 d 时的强度,将比一直自然养护至 28 d 的强度低 10% 以上,这是水泥的过快反应,会使水泥颗粒外围过早地形成大量的水化产物,阻碍水分深入内部进一步水化。

d. 同条件养护。将用于检查混凝土实体强度的试件置于混凝土实体旁,试件与混凝土实体在同一温度和湿度条件下进行养护。同条件养护的试件强度能真实反映混凝土构件的实际强度。

④ 含气量的影响。

混凝土含气量高,抗压强度低,每增加 1% 含气量,抗压强度降低 3%～5%。

⑤ 龄期与强度的关系。

在正常养护条件下,混凝土强度随龄期的增长而增大,最初 7～14 d 发展较快,28 d 后强度发展趋于平缓,所以混凝土以 28 d 龄期的强度作为质量评定依据。

在混凝土施工过程中,经常需要尽快知道已成形混凝土的强度,以便决策,所以快速评定混凝土强度一直受到人们的重视。经过多年的研究,国内外已有多种快速评定混凝土强度的方法,有些方法已被列入国家标准中。

在我国,工程技术人员常用经验公式

$$f_{28} = f_n \frac{\lg 28}{\lg n} \tag{3-2-3}$$

来估算混凝土 28 d 龄期的强度。一般来说,混凝土抗压强度与龄期的对数值近似呈直线关系。

式(3-2-3)中:f_{28} 为混凝土 28 d 龄期的抗压强度,MPa;f_n 为混凝土 n d 龄期的抗压强度,MPa;n 为养护龄期,d,n 不小于 3。

应注意的是,式(3-2-3)仅适用于在标准条件下养护,中等强度(C20~C30)的混凝土。对较高强度(不小于 C35)混凝土和掺外加剂的混凝土,用式(3-2-3)计算会产生很大误差。

(3)混凝土的变形性能。

混凝土在硬化和使用过程中,由于受到物理、化学和力学等因素的作用,常发生各种变形。由物理、化学因素引起的变形称为非荷载作用下的变形,包括化学收缩、干湿变形、碳化收缩及温度变形等;由荷载作用引起的变形称为在荷载作用下的变形,包括在短期荷载作用下的变形及长期荷载作用下的变形。

① 在非荷载作用下的变形。

A. 化学收缩。

水泥水化生成物的体积比反应前物质的总体积小而引起的混凝土收缩称为化学收缩。收缩量随混凝土硬化龄期的延长而增加,一般在混凝土成形后 40 d 内增长较快,以后逐渐趋于稳定。化学收缩值很小(小于 1‰),对混凝土结构没有破坏作用。混凝土的化学收缩是不可恢复的。

B. 干湿变形。

混凝土因周围环境湿度变化,会产生干缩和湿胀,统称为干湿变形。

混凝土在水中硬化时,由于凝胶体中的胶体粒子表面的吸附水膜增厚,胶体粒子间距离增大,引起混凝土产生微小的膨胀,即湿胀。湿胀对混凝土无危害。混凝土在空气中硬化时,首先失去自由水;继续干燥时,毛细管水蒸发,使毛细孔中形成负压产生收缩;再继续干燥则吸附水蒸发,引起凝胶体失水而紧缩。以上这些作用的结果是导致混凝土产生干缩变形。混凝土的干缩变形在重新吸水后大部分可以恢复,但不能完全恢复。混凝土抗拉强度低,而干缩变形对混凝土的危害较大,很容易产生干缩裂缝。

混凝土的干缩主要发生在早期,前 3 个月的收缩量为 20 年收缩量的 40%~80%。

C. 碳化收缩。

混凝土的碳化是指混凝土内水泥石中的 $Ca(OH)_2$ 与空气中的 CO_2 在湿度适宜的条件下发生化学反应,生成 $CaCO_3$ 和 H_2O 的过程,也称为中性化。

混凝土的碳化会引起收缩,这种收缩称为碳化收缩。碳化收缩可能是在干燥收缩引起的压应力下,$Ca(OH)_2$ 晶体应力释放和在无应力空间 $CaCO_3$ 的沉淀所引起的。碳化收缩会在混凝土表面产生拉应力,导致混凝土表面产生微细裂纹。观察碳化混凝土的切割面,可以发现细裂纹的深度与碳化层的深度相近。但是,碳化收缩与干燥收缩总是相伴发生的,很难准确区分开来。

D. 温度变形。

混凝土同其他材料一样,也会随着温度的变化而产生热胀冷缩变形。混凝土的温度膨胀系数为 $0.7 \times 10^{-5} \sim 1.4 \times 10^{-5}/(℃)$,一般取 $1.0 \times 10^{-5}/(℃)$,即温度每改变 1 ℃,1 m 混凝土将产生 0.01 mm 膨胀或收缩变形。

混凝土是热的不良导体,传热很慢,因此在大体积混凝土(截面最小尺寸大于 1 m² 的混凝土,如大坝、桥墩和大型设备基础等)硬化初期,由于内部水泥水化热而积聚较多热量,造成混凝土内外层温差很大（可达 50～80 ℃）。这将使内部混凝土的体积产生较大热膨胀,而外部混凝土与大气接触,温度相对较低,产生收缩。内部膨胀与外部收缩相互制约,在外表混凝土中将产生很大的拉应力,严重时使混凝土产生裂缝。大体积混凝土施工时,必须采取一些措施来减小混凝土内外层温差,以防止混凝土温度裂缝,目前常用的方法有以下几种。

　　a. 采用低热水泥（如矿渣水泥、粉煤灰水泥、大坝水泥等）和尽量减少水泥用量,以减少水泥水化热。

　　b. 在混凝土拌和物中掺入缓凝剂、减水剂和掺和料,降低水泥水化速度,使水泥水化热不至于在早期过分集中放出。

　　c. 预先冷却原材料,用冰块代替水,以抵消部分水化热。

　　d. 在混凝土中预埋冷却水管,从管子的一端注入冷水,冷水流经埋在混凝土内部的管道后,从另一端排出,将混凝土内部的水化热带出。

　　e. 在建筑结构安全许可的条件下,将大体积化整为零施工,减轻约束和扩大散热面积。

　　f. 表面绝热,调节混凝土表面温度下降速率。

　　对于纵长和大面积混凝土工程（如混凝土路面、广场、地面和屋面等）,常采用每隔一段距离设置一道伸缩缝或留设后浇带来防止混凝土产生温度裂缝。

　　监测混凝土内部温度场是控制与防范混凝土温度裂缝的重要工作内容。过去多采用点式温度计来测试,这种方法布点有限,施工工艺复杂,温度信息量少;现在一些大型水利水电工程（如三峡大坝）,在混凝土内埋设光纤,利用光纤传感技术来监测内部温度场,该方法具有测点连续、温度信息量大、定位准确、抗干扰性强、施工简便等优点。

　　② 在荷载作用下的变形。

　　A. 在短期荷载作用下的变形。

　　a. 混凝土的弹塑性变形。

　　混凝土是一种弹塑性体,静力受压时,既产生弹性变形,又产生塑性变形,其应力（σ）与应变（ε）的关系是一条曲线,如图 3-2-14 所示。当在图中 A 点卸荷时,$\sigma\varepsilon$ 曲线沿 AC 曲线恢复,卸荷后弹性变形 $\varepsilon_{弹}$ 恢复了,而残留下塑性变形 $\varepsilon_{塑}$。

　　b. 混凝土的弹性模量。

　　材料的弹性模量是指 $\sigma\varepsilon$ 曲线上任一点的应力与应

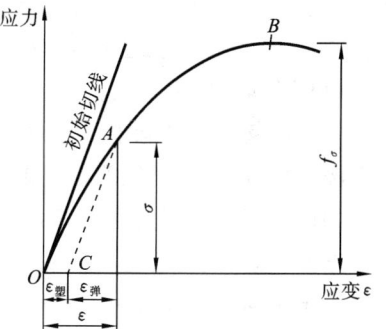

图 3-2-14　混凝土在压力作用下的
$\sigma\varepsilon$ 曲线

变之比。混凝土 $\sigma\varepsilon$ 曲线是一条曲线,因此混凝土的弹性模量是一个变量,这给确定混凝土弹性模量带来不便。依据《普通混凝土力学性能试验方法标准》（GB/T 50081—2002）规定,混凝土弹性模量的测定采用标准尺寸为 150 mm×150 mm×300 mm 的棱柱体试件,试验控制应力荷载值为轴心抗压强度的 1/3,经三次以上反复加荷和卸荷后,测定应力与应变的比值,得到混凝土的弹性模量。

　　混凝土的弹性模量与混凝土的强度、骨料的弹性模量、骨料用量和早期养护温度等因素有关。混凝土强度越高,骨料弹性模量越大,骨料用量越多,早期养护温度较低,混凝土的弹性模量越大。C15～C60 的混凝土其弹性模量为(1.75～3.60)×10⁴ MPa。

　　B. 混凝土在长期荷载作用下的变形。

　　混凝土在长期荷载作用下会发生徐变。所谓徐变是指混凝土在长期恒载作用下,随着时间的延长,沿作用力的方向发生的变形,即随时间而发展的变形。

混凝土的徐变在加荷早期增长较快,然后逐渐减慢,2～3 年才趋于稳定。当混凝土卸载后,一部分变形瞬时恢复,一部分要过一段时间才能恢复(称为徐变恢复),剩余的变形是不可恢复部分,称为残余变形,如图 3-2-15 所示。

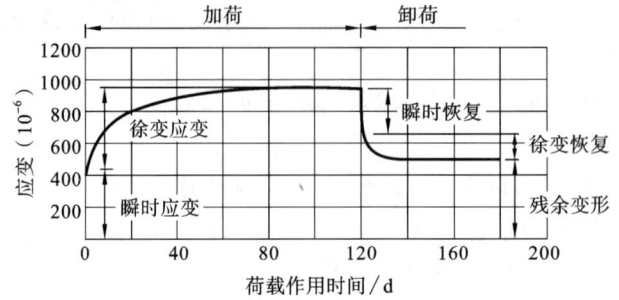

图 3-2-15　混凝土的应变与持荷时间的关系

混凝土产生徐变的原因,一般认为是在长期荷载作用下,水泥石中的凝胶体产生黏性流动,向毛细孔中迁移,或者凝胶体中的吸附水或结晶水向内部毛细孔迁移渗透所致。

因此,影响混凝土徐变的主要因素是水泥用量多少和水胶比大小。水泥用量越多,混凝土中凝胶体含量越大;水胶比越大,混凝土中的毛细孔越多,这两个方面均会使混凝土的徐变增大。

混凝土的徐变对混凝土及钢筋混凝土结构物的影响有有利的一面,也有不利的一面。徐变有利于削弱由温度、干缩等引起的约束变形,从而防止裂缝的产生。但在预应力结构中,徐变将产生应力松弛,引起预应力损失。在钢筋混凝土结构设计中,要充分考虑徐变的影响。

(4) 混凝土的耐久性。

在人们的传统观念中,认为混凝土是经久耐用的,钢筋混凝土结构是由最为耐久的混凝土材料浇筑而成的,虽然钢筋易腐蚀,但有混凝土保护层,钢筋就不会锈蚀,因此,对钢筋混凝土结构的使用寿命期望值也很高,忽视了钢筋混凝土结构的耐久性问题,并为此付出了巨大代价。据调查,美国目前每年由混凝土各种腐蚀引起的损失为 2 500 亿～3 500 亿美元,瑞士每年仅用于桥面检测及维护的费用就高达 8 000 万瑞士法郎,我国每年由混凝土腐蚀造成的损失为 1 800 亿～3 600 亿元。因此,加强混凝土结构耐久性研究,提高建筑物、构筑物使用寿命显得十分迫切和必要。

钢筋混凝土结构耐久性包括材料的耐久性和结构的耐久性两个方面,本任务仅学习混凝土材料的耐久性,结构的耐久性在"混凝土结构"等课程中将涉及。

混凝土的耐久性是指混凝土能抵抗环境介质的长期作用,保持正常使用性能和外观完整性的能力。耐久性是一个综合性的指标,包括抗渗性、抗冻性、抗腐蚀、抗碳化性、抗磨性、抗碱-骨料反应及混凝土中的钢筋耐锈蚀等性能。

水工混凝土中必须掺加适量的外加剂,以改善混凝土拌和物的和易性和硬化后的混凝土耐久性。下面是常见的几种耐久性问题。

① 混凝土的抗渗性。

混凝土的抗渗性是指混凝土抵抗压力液体(水、油和溶液等)渗透作用的能力。它是决定混凝土耐久性最主要的因素。因为外界环境中的侵蚀性介质只有通过渗透才能进入混凝土内部产生破坏作用。

混凝土在压力液体作用下产生渗透的主要原因是其内部存在连通的渗水孔道。这些孔道来源于水泥浆中多余水分蒸发留下的毛细管道、混凝土浇筑过程中泌水产生的通道、混凝土拌和物振捣不密实、混凝土干缩和热胀产生的裂缝等。

由此可见,提高混凝土抗渗性的关键是提高混凝土的密实度或改变混凝土的孔隙特征。在受压力液体作用的工程,如地下建筑、水池、水塔、压力水管、水坝、油罐、港工、海工等,要求混凝土必须具有一定的抗渗性能。

提高混凝土抗渗性的主要措施有降低水胶比,以减少泌水和毛细孔;掺引气型外加剂,将开口孔转变成闭口孔,割断渗水通道;掺用优质掺和料,如掺Ⅰ级粉煤灰,可减少泌水,增加密实性,减少孔隙数量和骨料周边的气孔,从而提高混凝土抗渗性;减小骨料最大粒径,骨料干净、级配良好;加强振捣,充分养护等。

工程上用抗渗等级来表示混凝土的抗渗性。根据《普通混凝土长期性能和耐久性能试验方法》(GB/T 50082—2009)的规定,测定混凝土抗渗标号采用顶面直径为 175 mm、底面直径为 185 mm、高度为 150 mm 的圆台体标准试件,在规定的试验条件下,以 6 个试件中 4 个试件未出现渗水时的最大水压力来表示混凝土的抗渗等级,试验时加水压至 6 个试件中有 3 个试件端面渗水时为止。抗渗等级计算公式为

$$S = 10H - 1 \tag{3-2-4}$$

式中:S 为混凝土的抗渗等级;H 为 6 个试件中 3 个试件表面渗水时的水压力,MPa。

混凝土抗渗标号分为 S4、S6、S8、S10 和 S12,共 5 级,相应表示混凝土能抵抗 0.4 MPa、0.6 MPa、0.8 MPa、1.0 MPa 和 1.2 MPa 的水压力而不渗漏。

《水工混凝土结构设计规范》(DL/T 5057—2009)规定混凝土抗渗等级为 W2、W4、W6、W8、W10 和 W12,共 6 个级别。其最小允许值如表 3-2-5 所示。

表 3-2-5 混凝土抗渗等级的最小允许值

项次	结构类型及运用条件		抗渗等级
1	大体积混凝土结构的下游面及建筑物内部		W2
2	大体积混凝土结构的挡水面	$H < 30$	W4
		$30 \leqslant H < 70$	W6
		$70 \leqslant H < 150$	W8
		$H \geqslant 150$	W10
3	素混凝土及钢筋混凝土结构构件其背水面能自由渗水者	$i < 10$	W4
		$10 \leqslant i < 30$	W6
		$30 \leqslant i < 50$	W8
		$i \geqslant 50$	W10

注 1. 表中 H 为水头(m),i 为水力梯度。

2. 当结构表层设有专门可靠的防渗层时,表中规定的混凝土抗渗等级可适当降低。

3. 承受侵蚀水作用的结构,混凝土抗渗等级应进行专门的试验研究,但不得低于 W4。

4. 埋置在地基中的结构构件(如基础防渗墙等),可按照表中第 3 项的规定选择混凝土抗渗等级。

5. 对背水面能自由渗水的素混凝土及钢筋混凝土结构构件,当水头低于 10 m 时,其混凝土抗渗等级可根据表中第 3 项降低一级。

6. 对严寒、寒冷地区且水力梯度较大的结构,其抗渗等级应按表中的规定提高一个等级。

② 混凝土的抗冻性。

混凝土的抗冻性是指混凝土在水饱和状态下，经受多次冻融循环作用，强度不严重降低，外观能保持完整的性能。

水结冰时体积膨胀约 9%，如果混凝土毛细孔充水程度超过某一临界值（91.7%），则结冰会产生很大的压力。此压力的大小取决于毛细孔的充水程度、冻结速度及尚未结冰的水向周围能容纳水的孔隙流动的阻力（包括凝胶体的渗透性及水通路的长短）。除了水的冻结膨胀引起的压力之外，当毛细孔水结冰时，凝胶孔水处于过冷的状态，过冷水的蒸汽压比同温度下冰的蒸汽压高，将发生凝胶水向毛细孔中冰的界面迁移渗透，并产生渗透压力。因此，混凝土受冻融破坏是其内部的空隙和毛细孔中的水结冰产生体积膨胀和过冷水迁移产生压力所致。当两种压力超过混凝土的抗拉强度时，混凝土发生微细裂缝。在反复冻融作用下，混凝土内部的微细裂缝逐渐增多和扩大，导致混凝土强度降低甚至破坏。

混凝土的抗冻性与混凝土的密实度、孔隙充水程度、孔隙特征、孔隙间距、冰冻速度及反复冻融的次数等有关。对于寒冷地区经常与水接触的结构物，如水位变化区的海工和水工混凝土结构物、水池、发电站冷却塔及与水接触的道路、建筑物勒脚等，以及寒冷环境的建筑物，如冷库等，要求混凝土必须有一定的抗冻性。一般要求混凝土含气量在 3%～6% 时，能保证混凝土具有一定的抗冻等级。

提高混凝土抗冻性的主要措施与抗渗性要求一致，混凝土抗渗性提高了，其抗冻性相应增加。

混凝土的抗冻性用抗冻等级 Fn 来表示，建筑工程混凝土结构规范规定为 F10、F15、F25、F50、F100、F150、F200、F250 和 F300 等 9 个等级，《水工混凝土结构设计规范》（DL/T 5057—2009）规定混凝土抗冻等级为 F50、F100、F150、F200、F250、F300 和 F400 等 7 个等级，其中数字表示混凝土能承受的最大冻融循环次数。按 GB/T 50082—2009 的规定，混凝土抗冻等级的测定有两种方法。一是慢冻法，以标准养护 28 d 龄期的立方体试件，在水饱和后，于 -15～+20 ℃ 情况下进行冻融，最后以抗压强度下降率不超过 25%，质量损失率不超过 5% 时，混凝土所能承受的最大冻融循环次数来表示。二是快冻法，采用 100 mm×100 mm×400 mm 的棱柱体试件，以混凝土快速冻融循环后，相对动弹性模量不小于 60%，质量损失率不超过 5% 时的最大冻融循环次数表示（对于水工混凝土经论证也可按 60 d 或 90 d 龄期试件进行测定）。

《水工混凝土结构设计规范》（DL/T 5057—2009）规定混凝土抗冻等级的具体要求如表3-2-6所示。

表 3-2-6　混凝土抗冻等级

项次	气候分区	严寒		寒冷		温和
	年冻融循环次数（次）	≥100	<100	≥100	<100	—
1	受冻后果严重且难于检修的部位： (1)水电站尾水部位、蓄能电站进出口的冬季水位变化区，闸门槽二期混凝土，轨道基础； (2)冬季通航或受电站尾水位影响的不通航船闸的水位变化区； (3)流速大于 25 m/s、过冰、多沙或多推移质的溢洪道，或其他输水部位的过水面及二期混凝土； (4)冬季有水的露天钢筋混凝土压力水管、渡槽、薄壁闸门井	F300	F300	F300	F200	F100

续表

项次	气候分区	严寒		寒冷		温和
	年冻融循环次数（次）	≥100	<100	≥100	<100	—
2	受冻后果严重但有检修条件的部位： (1)大体积混凝土结构上游面冬季水位变化区； (2)水电站或船闸的尾水渠及引航道的挡墙、护坡； (3)流速小于 25 m/s 的溢洪道、输水洞、引水系统的过水面； (4)易积雪、结霜或饱和的路面、平台栏杆、挑檐及竖井薄壁等构件	F300	F200	F200	F150	F50
3	受冻较重部位： (1)大体积混凝土结构外露的阴面部位； (2)冬季有水或易长期积雪结冰的渠系建筑物	F200	F200	F150	F150	F50
4	受冻较轻部位： (1)大体积混凝土结构外露的阳面部位； (2)冬季无水干燥的渠系建筑物； (3)水下薄壁构件； (4)流速大于 25 m/s 的水下过水面	F200	F150	F100	F100	F50
5	水下、土中及大体积内部的混凝土	F50	F50	—	—	—

注　1. 气候分区划分标准如下。

严寒：最冷月平均气温低于−10 ℃。

寒冷：最冷月平均气温高于−10 ℃，但低于−3 ℃。

温和：最冷月平均气温高于−3 ℃。

2. 冬季水位变化区是指运行期可能遇到的冬季最低水位以下 0.5～1 m 至冬季最高水位以上 1 m(阳面)、2 m(阴面)、4 m(水电站尾水区)的部位。

3. 阳面是指冬季大多为晴天，平均每天有 4 h 阳光照射，不受山体或建筑物遮挡的表面，否则均按阴面考虑。

4. 最冷月平均气温低于−25 ℃地区的混凝土抗冻等级应根据具体情况研究确定。

5. 在无抗冻要求的地区，混凝土抗冻等级也不宜低于 F50。

③ 混凝土冲磨性。

A. 混凝土冲磨破坏机理。

我国的河流属多泥沙河流，混凝土坝高度已到达 300 m 级，高坝大库已很多，由于水头高，高速水流流速已达 40 m/s 以上，高速水流挟带大量泥沙(汛期)和直径达 1 m 以上的石块对泄流建筑物表面造成严重的冲刷磨损破坏。另外，在我国西南地区河流推移质很多，对建筑物造成冲击磨损破坏。

高速水流挟带沙石，在混凝土表面滑动、滚动和跳动，对混凝土表面产生冲击、淘刷、摩擦切削、冲撞捶击作用，导致混凝土破坏，这就是混凝土的冲磨破坏机理。

因此归纳起来，混凝土的冲磨破坏可分为两种，一种是悬移质(泥沙)高速水流造成的冲刷磨损破坏；另一种为推移质(块石、卵石)高速水流造成的冲击磨损破坏。

B. 提高混凝土抗冲磨强度措施。

a. 尽量降低水胶比。

掺用高效减水剂、降低混凝土用水量、降低水胶比、提高混凝土抗压强度，一般来说，混凝土抗冲磨强度随混凝土抗压强度的增加而增加。

b. 选用优良的抗冲磨护面材料。

选用硬质耐磨骨料混凝土,如花岗岩、石英岩、铁矿石等骨料作为抗冲磨混凝土骨料,特别是铁矿石骨料混凝土抗冲磨性最好。

掺用微珠含量高的优质粉煤灰,粉煤灰混凝土抗压强度也可达 70~90 MPa,其抗冲磨强度也高。

铸石骨料混凝土:铸石是一种很好的抗磨材料,但其性脆,将其粉碎后作为骨料拌制成铸石骨料混凝土,C50 铸石骨料混凝土抗冲磨强度比 C50 普通混凝土的提高 3 倍。

④ 抗空蚀性。

A. 混凝土空蚀破坏机理。

水中溶有空气,当高速水流流经不平整表面或表面曲面低于水流射流形成的自然曲面时,水流脱离混凝土表面,局部水流形态恶化,形成真空区。在真空作用下,水迅速蒸发,形成水蒸气,水中的空气在低压作用下从水中向外逃逸,气泡在逃逸过程中迅速长大,达到水流表面时在真空区爆炸破裂。混凝土表面经受不住这样大的爆炸力而破坏。破坏的细屑立即被水流带走,局部形成更加不平整的表面,空蚀作用加剧,短时间可形成大面积的空蚀坑。这就是混凝土的空蚀破坏机理。

B. 发生空蚀的条件。

a. 高速水流,一般流速大于 25 m/s。

b. 过流表面不平整,或过流表面体形不合理,水流条件不好。

C. 提高混凝土抗空蚀性的措施。

a. 修改过流面体型,改善水流条件,保证水流不出现脱离表面的真空区。

b. 控制和处理过流表面不平整度,并符合有关标准要求。

c. 设置通气设施。

d. 改进泄流运行方式。

e. 采用高抗空蚀材料护面,如高强混凝土抗空蚀性较好。

⑤ 混凝土的碳化。

混凝土的碳化弊多利少。由于中性化,混凝土中的钢筋因失去碱性保护而锈蚀,并引起混凝土顺筋开裂;碳化收缩会引起微细裂纹,使混凝土强度降低。但是碳化时生成的碳酸钙填充在水泥石的孔隙中,使混凝土的密实度和抗压强度提高,对防止有害杂质的侵入有一定的缓冲作用。

混凝土碳化由表面逐渐向内部扩散进行,碳化速度越来越慢。碳化必须有水分存在时才能进行,相对湿度在(50%~75%)RH 时,混凝土碳化速度最快,当相对湿度小于 25%RH 或达 100%RH 时,碳化停止。

⑥ 混凝土的抗侵蚀性。

环境介质对混凝土的侵蚀包括软水侵蚀、硫酸盐侵蚀、镁盐侵蚀、酸和强碱侵蚀等,侵蚀机理与水泥石腐蚀机理相同。

混凝土的抗侵蚀性与所采用的水泥品种、混凝土的密实度和孔隙特性有关。内部结构密实、孔隙封闭的混凝土,侵蚀介质不易渗入,抗侵蚀性能越强,选用掺混合材料的混凝土也能提高混凝土的抗侵蚀性。

⑦ 混凝土的碱-骨料反应。

碱-骨料反应（alkali-aggregate reaction，简称 AAR）是指混凝土中的碱与具有碱活性的骨料之间发生反应，反应产物吸水膨胀或反应导致骨料膨胀，造成混凝土开裂破坏的现象，如图 3-2-16 所示。

图 3-2-16　由于碱-骨料反应造成低墙中出现裂纹、剥落及横向位移

混凝土发生碱-骨料反应必须同时具备以下三个条件：水泥中碱含量高；砂石骨料中含有活性二氧化硅成分；有水存在。

模块 2　检测方法及标准

1. 普通混凝拌和物取样

1）取样依据

(1)《普通混凝土拌合物性能试验方法标准》(GB/T 50080—2002)。

(2)《普通混凝土力学性能试验方法标准》(GB/T 50081—2002)。

(3)《水工混凝土标准养护室检验方法》(SL 138—2011)。

(4)《水工混凝土施工规范》(DL/T 5144—2001)。

(5)《混凝土结构工程施工质量验收规范》(GB 50204—2011)。

2）取样方法

(1) 同一组混凝土拌和物的取样应从同一盘混凝土或者同一车运送的混凝土中取出。取样量应多于试验所需量的 1.5 倍，且不宜少于 20 L。

(2) 混凝土拌和物的取样应具有代表性，宜采用多次采样的方法。一般在同一盘混凝土或同一车混凝土中的约 1/4 处、1/2 处和 3/4 处之间分别取样，从第一次取样至最后一次取样不宜超过 15 min，然后人工搅拌均匀。

(3) 从取样完毕至开始做各项性能试验不宜超过 5 min。

(4) 混凝土工程施工中取样进行混凝土试验时，取样方法和原则应按《混凝土结构工程施工质量验收规范》(GB 50204—2011) 及《水泥混凝土拌合物性能试验方法标准》(GB/T 50080—2002) 有关规定进行。混凝土试样应在混凝土浇筑地点随机抽取。

3）取样频率

(1) 每拌制 100 盘，且不超过 100 m³ 的同配合比的混凝土，取样次数不得少于 1 次。

(2) 每一工作班拌制的同配合比的混凝土不足 100 盘时，其取样次数不得少于 1 次。

(3) 一次浇筑 1 000 m³ 以上同配合比的混凝土，每 200 m³ 取样次数不得少于 1 次。

(4) 每一楼层，同配合比的混凝土，取样次数不得少于 1 次。

(5) 每一次取样应至少留置一组标准养护试件，同条件养护试件的留置组数应根据实际需要确定。

2. 混凝土拌和物性能检测

1）混凝土拌和物室内拌和方法

(1) 目的及适用范围：为室内试验提供混凝土拌和物。

(2) 仪器设备。

① 混凝土搅拌机:容量 50～100 L,转速为 18～22 r/min。

② 拌和钢板:平面尺寸不小于 1.5 m×2.0 m,厚为 5 mm 左右。

③ 磅秤:称量为 50～100 kg,感量为 50 g。

④ 台秤:称量为 10 kg,感量为 5 g。

⑤ 架盘天平:称量为 1 kg,感量为 0.5 g。

⑥ 盛料容器和铁铲等。

(3) 操作步骤。

① 人工拌和。

a. 人工拌和在钢板上进行,拌和前应将钢板及铁铲清洗干净,并保持表面润湿。

b. 将称好的砂料、胶凝材料(水泥和掺和料预先拌均匀)倒在钢板上,用铁铲翻拌至颜色均匀,再放入称好的石料与之拌和,至少翻拌三次,然后堆成锥形。将中间扒成凹坑,加入拌和用水(外加剂一般先溶于水),小心拌和,至少翻拌六次,每翻拌一次,用铁铲将全部拌和物铲切一次,拌和从加水完毕时算起,应在 10 min 内完成。

② 机械拌和。

a. 机械拌和在搅拌机中进行。拌和前应将搅拌机冲洗干净,并预拌少量同种混凝土拌和物或水胶比相同的砂浆,使搅拌机内壁挂浆,后将剩余料卸出。

b. 将称好的石料、胶凝材料、砂料、水(外加剂一般先溶于水)依次加入搅拌机,开动搅拌机搅拌 2～3 min。

c. 将拌好的混凝土拌和物卸在钢板上,刮出黏结在搅拌机上的拌和物,人工翻拌 2～3 次,使之均匀。

③ 材料用量以质量计。称量精度:水泥、掺和料、水和外加剂的称量精度为±0.3%;骨料的称量精度为±0.5%。

注意　在拌和混凝土时,拌和间温度宜保持在(20±5) ℃,对所拌制的混凝土拌和物应避免阳光照射及电风扇对着吹风。用于拌制混凝土的各种材料,其温度应与拌和间温度相同。砂石骨料用量均以饱和面干状态下的质量为准。人工拌和一般用于拌和较少量的混凝土,采用机械拌和时,一次拌和量不宜少于搅拌机容量的 20%,不宜大于搅拌机容量的 80%。

2) 混凝土拌和物稠度试验(坍落度法)

(1) 检测试验目的。

测定混凝土拌和物的坍落度,用于评定混凝土拌和物的和易性。必要时,也可用于评定混凝土拌和物和易性随拌和物停置时间变化而变化的情况。

该试验适用于骨料最大粒径不超过 40 mm,坍落度为 10～230 mm 的塑性和流动性混凝土拌和物。

(2) 仪器设备。

① 坍落度筒:用 2～3 mm 厚的铁皮制成,筒内壁必须光滑。

② 捣棒:直径为 16 mm,长 650mm,一端为弹头形的金属棒。

③ 300 mm 钢尺 2 把、40 mm 孔径筛、装料漏斗、抹刀、小铁铲、温度计等。

(3) 试验步骤。

① 若骨料粒径超过 40 mm,应采用湿筛法剔除,亦可用人工剔除。

　　湿筛法是对刚拌制好的混凝土拌和物,按试验所规定的最大骨料粒径选用对应的孔径筛进行湿筛,筛除超过该粒径的骨料,再用人工将筛下的混凝土拌和物翻拌均匀的方法。

　　② 将坍落度筒冲洗干净并保持湿润,放在测量用的钢板上,双脚踏紧踏板。

　　③ 将混凝土拌和物用小铁铲通过装料漏斗分三层装入筒内,每层体积大致相等。底层厚约 70 mm,中层厚约 90 mm。每装一层,用捣棒在筒内从边缘到中心按螺旋形均匀插捣 25次。插捣深度:底层应穿透该层,中、上层应分别插进其下层 10～20 mm。

　　④ 上层插捣完毕,取下装料漏斗,用抹刀将混凝土拌和物沿筒口抹平,并清除筒外周围的混凝土。

　　⑤ 将坍落度筒徐徐竖直提起,轻放于试样旁边。当试样不再继续坍落时,用钢尺量出试样顶部中心点与坍落度筒高度之差,即为坍落度值,精确至 1 mm。

　　⑥ 整个坍落度试验应连续进行,并应在 2～3 min 内完成。

　　⑦ 若混凝土试样发生一边坍陷或剪坏,则该次试验作废,应取另一部分试样重做试验。

　　⑧ 测记试验时混凝土拌和物的温度。

　　(4) 试验结果处理。

　　① 混凝土拌和物的坍落度以 mm 计,取整数。

　　② 在测定坍落度的同时,可目测评定混凝土拌和物的下列性质。

　　a. 棍度。

　　根据做坍落度时插捣混凝土的难易程度分为上、中、下三级。

　　上:表示容易插捣。

　　中:表示插捣时稍有阻滞感觉。

　　下:表示很难插捣。

　　b. 黏聚性。

　　用捣棒在做完坍落度的试样一侧轻打,如试样保持原状而渐渐下沉,则表示黏聚性较好。若试样突然坍倒、部分崩裂或发生石子离析现象,则表示黏聚性不好。

　　c. 含砂情况。

　　根据抹刀抹平程度分多、中、少二级。

　　多:用抹刀抹混凝土拌和物表面时,抹 1～2 次就可使混凝土表面平整无蜂窝。

　　中:抹 4～5 次就可使混凝土表面平整无蜂窝。

　　少:抹面困难,抹 8～9 次后混凝土表面仍不能消除蜂窝。

　　d. 析水情况。

　　根据水分从混凝土拌和物中析出的情况分多量、少量、无三级。

　　多量:表示在插捣时及提起坍落度筒后就有很多水分从底部析出。

　　少量:表示有少量水分析出。

　　无:表示没有明显的析水现象。

　　本试验可用于评定混凝土拌和物和易性随时间的变化,如坍落度损失,此时可将拌和物保湿停置规定时间(如 30 min、60 min、90 min、120 min 等)再进行上述试验(试验前将拌和物重新翻拌2～3 次),将试验结果与原试验结果进行比较,以评定拌和物和易性随时间变化而变化的规律。

　　试验注意事项如下。

　　① 装料时,应使坍落度筒固定在拌和平板上,保持位置不动。

② 坍落度筒提升时避免左右摇摆。

③ 在试验过程中密切观察混凝土的外观状态。

④ 混凝土拌和物坍落度和坍落扩展度值以 mm 为单位，测量值精确至 1 mm，结果表达修约至 5 mm。

3）混凝土拌和物维勃稠度试验

（1）检测试验目的。

① 测定混凝土拌和物的维勃稠度，用于评定混凝土拌和物的和易性。

② 适用于骨料最大粒径不超过 40 mm 的混凝土。测定范围以 5～30 s 为宜。

（2）仪器设备。

① 维勃稠度仪。

② 捣棒、秒表、抹刀、小铁铲等。

（3）试验步骤。

① 骨料粒径大于 40 mm 时，用湿筛法剔除，亦可用人工剔除。

② 用湿布将容量筒、坍落度筒及漏斗内壁润湿。

③ 将容量筒用螺母固定于振动台台面上。把坍落度筒放入容量筒内并对中，然后把漏斗旋转到筒顶位置并把它放于坍落度筒的顶上，拧紧螺丝，以保证坍落度筒不能离开容量筒底部。

④ 按《混凝土拌和物坍落度试验》的规定将混凝土拌和物装入坍落度筒。上层插捣完毕后将螺丝松开，漏斗旋转 90°，然后再将螺丝拧紧。用抹刀刮平顶面。

⑤ 将坍落度筒小心缓慢地竖直提起，让混凝土慢慢坍陷，放松螺丝，把透明圆盘转到坍陷的混凝土锥体上部，小心下降圆盘直至与混凝土面接触，拧紧螺栓。此时可从滑杆上读出坍落度数值。

⑥ 重新拧紧螺丝，放松另一螺栓，开动振动台，同时用秒表计时，当透明圆盘的整个底面都与水泥浆接触时（允许存在少量闭合气泡），立即卡停秒表，关闭振动台。

⑦ 记录秒表上的时间，精确至 1 s。

（4）试验结果处理。

由秒表读出的时间（s）即为混凝土拌和物的维勃稠度值。若测得的维勃稠度值小于 5 s 或大于 30 s，则该拌和物具有的稠度已超出本仪器的适用范围。

4）混凝土土拌和物湿表观密度测定

（1）测定目的。

测定混凝土拌和物单位体积的质量，为配合比计算提供依据。当已知所用原材料密度时，还可用于计算拌和物近似含气量。

（2）试验仪器。

① 容量筒：金属制成的圆筒，两旁装有手把，如图 3-2-17 所示。对骨料最大粒径不大于 40 mm 的拌和物采用容积为 5 L 的容量筒，其内径与筒高均为（186±2）mm，筒壁厚为 3 mm；骨料最大粒径大于 40 mm 时，容量筒的内径与筒高均应大于骨料最大粒径的 4 倍。容量筒上缘及内壁应光滑平整，顶面与底面应平行并与圆柱体的轴垂直。

② 台秤：称量为 50 kg，感量为 50 g。

③ 振动台：频率应为（50±3）Hz，空载时的振幅应为（0.5±0.1）mm，如图 3-2-18 所示。

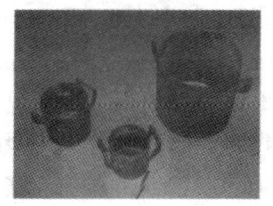

图 3-2-17　各种规格的容量筒　　　　　　图 3-2-18　振动台

④ 捣棒：直径为 16 mm、长 600 mm 的钢棒，端部磨圆。

⑤ 小铲、抹刀、刮尺等。

（3）试验步骤。

① 测定容量筒容积：将干净的容量筒与玻璃板一起称其质量，再将容量筒装满水，仔细用玻璃板从筒口的一边推到一边，使筒内满水及玻璃板下无气泡，擦干筒、盖的外表面，再次称其质量。两次质量之差即为水的质量，除以该温度下水的密度，即得容量筒容积 V（在正常情况下，水温影响可以忽略不计，水的密度可取为 1 kg/L）。

② 擦净空容量筒，称其质量（G_1）。

③ 将混凝土拌和物装入容量筒内，在振动台上振至表面泛浆。若用人工插捣，则将混凝土拌和物分层装入筒内，每层厚度不超过 150 mm，用捣棒从边缘至中心螺旋插捣，每层插捣次数按容量筒容积分为：5 L，15 次；15 L，35 次；80 L，72 次。底层插捣至底面，以上各层插至其下层 10～20 mm 处。

④ 沿容量筒口刮除多余的拌和物，抹平表面，将容量筒外部擦净，称其质量（G_2）。

（4）试验注意事项。

① 容量筒容积应经常予以校正。

② 混凝土拌和物湿表观密度也可以在制备混凝土抗压强度试件时进行，称量试模及试模与混凝土拌和物总重量（精确至 0.1 kg）、试模容积，以一组 3 个试件表观密度的平均值作为混凝土拌和物的表观密度。

（5）试验结果处理。

混凝土拌和物表观密度 ρ（精确至 10 kg/m³）为

$$\rho = \frac{G_2 - G_1}{V} \times 1000 \tag{3-2-5}$$

式中：ρ 为表观密度；G_1 为容量筒质量，kg；G_2 为容量筒及试样总质量，kg；V 为容量筒容积，L。

5）混凝土凝结时间

（1）测定目的。

测定混凝土拌和物的凝结时间。

（2）依据标准。

《普通混凝土拌合物性能试验方法标准》（GB/T 50080—2002）。

（3）主要试验仪器。

① 贯入阻力仪（见图 3-2-19），由加荷装置、测针、砂浆试样筒和标准筛组成，可以是手动的，也可以是自动的。贯入阻力仪应符合下列要求。

图 3-2-19 贯入阻力仪

a. 加荷装置,最大测量值应不小于 1 000 N,精度为±10 N。

b. 测针,长为 100 mm,承压面积为 100 mm²、50 mm² 和 20 mm² 三种;在距贯入端 25 mm 处刻有一圈标记。

c. 砂浆试样筒。上口径为 160 mm、下口径为 150 mm、净高为 150 mm 的刚性不透水的金属圆筒,并配有盖子。

d. 标准筛。筛孔为 5 mm 的符合现行国家标准《试验筛》(GB/T 6005—2008)规定的金属圆孔筛。

② 小铲、抹刀。

(4) 检测步骤。

① 应从取样的混凝土拌和物试样中,用 5 mm 标准筛筛出砂浆,每次应筛净,然后将其拌和均匀。将砂浆一次分别装入三个试样筒中,同时做三个试验。取样混凝土的坍落度不大于 70 mm 的宜用振动台振实砂浆;取样混凝土的坍落度大于 70 mm 的宜用捣棒人工捣实。用振动台振实砂浆时,振动应持续到表面出浆为止,不得过振;用捣棒人工捣实时,应沿螺旋方向由外向中心均匀插捣 25 次,然后用橡皮锤轻轻敲打筒壁,直至插捣孔消失为止。振实或插捣后,砂浆表面应低于砂浆试样筒口约 10 mm;砂浆试样筒应立即加盖。

② 砂浆试样制备完毕,编号后应置于温度为(20±2)℃的环境中或现场同条件下待试,并在以后的整个测试过程中,环境温度应始终保持在(20±2)℃。现场同条件测试时,应与现场条件保持一致。在整个测试过程中,除在吸取泌水或进行贯入试验外,试样筒应始终加盖。

③ 凝结时间测定从水泥与水接触的瞬间开始计时。根据混凝土拌和物的性能,确定测试时间,以后每隔 0.5 h 测试一次,在临近初凝、终凝时可增加测定次数。

④ 在每次测试前 2 min,将一片 20 mm 厚的垫块垫入筒底一侧使其倾斜,用吸管吸去表面的泌水,吸水后平稳地复原。

⑤ 测试时将砂浆试样筒置于贯入阻力仪上,测针端部与砂浆表面接触,然后在(10±2)s 内均匀地使测针贯入砂浆(25±2)mm 的深度,记录贯入压力,精确至 10 N;记录测试时间,精确至 1 min;记录环境温度,精确至 0.5 ℃。

⑥ 各测点的间距应大于测针直径的 2 倍且不小于 15 mm。测点与试样筒壁的距离应不小于 25 mm。

⑦ 贯入阻力测试在 0.2~28 MPa 下应至少进行 6 次,直至贯入阻力大于 28 MPa 为止。

⑧ 在测试过程中应根据砂浆凝结状况,适时更换测针,测针宜按表 3-2-7 选用。

表 3-2-7 贯入阻力分级换针表

贯入阻力/MPa	0.2~3.5	3.5~20	20~28
测针面积/mm²	100	50	20

(5) 数据处理与分析。

贯入阻力的结果计算以及初凝时间和终凝时间的确定应按下述方法进行。

① 贯入阻力为

$$f_{PR} = \frac{P}{A} \tag{3-2-6}$$

式中:f_{PR} 为贯入阻力,MPa;P 为贯入压力,N;A 为测针面积,mm²。

计算应精确至 0.1 MPa。

② 凝结时间宜通过线性回归方法确定，是将贯入阻力 f_{PR} 和时间 t 分别取自然对数 $\ln(f_{PR})$ 和 $\ln(t)$，然后把 $\ln(f_{PR})$ 当做自变量，$\ln(t)$ 当做因变量作线性回归，得到回归方程式为

$$\ln(t) = A + B\ln(f_{PR}) \tag{3-2-7}$$

式中：t 为时间，min；f_{PR} 为贯入阻力，MPa；A 和 B 为线性回归系数。

求得当贯入阻力为 3.5 MPa 时的时间为初凝时间 t_s，贯入阻力为 28 MPa 时的时间为终凝时间 t_e，有

$$t_s = e^{A+B\ln3.5} \tag{3-2-8}$$

$$t_e = e^{A+B\ln28} \tag{3-2-9}$$

式中：t_s 为初凝时间，min；t_e 为终凝时间，min；A 和 B 为线性回归系数。

凝结时间也可用绘图拟合方法确定，以贯入阻力为纵坐标，经过的时间为横坐标（精确至 1 min），绘制出贯入阻力与时间之间的关系曲线，以 3.5 MPa 和 28 MPa 画两条平行于横坐标的直线，分别与曲线相交的两个交点的横坐标即为混凝土拌和物的初凝时间和终凝时间。

③ 用三个试验结果的初凝时间和终凝时间的算术平均值作为此次试验的初凝时间和终凝时间。如果三个值的最大值或最小值中有一个与中间值之差超过中间值的 10%，则以中间值为试验结果；如果最大值和最小值与中间值之差均超过中间值的 10%，则此次试验无效。

凝结时间用 h(min) 表示，并修约至 5 min。

6）混凝土拌和物含气量试验（气压法）

（1）测定目的。

测定混凝土拌和物中的含气量，适用于骨料最大粒径不大于 40 mm 的混凝土拌和物。当骨料最大粒径超过 40 mm 时，应用湿筛法剔除，此时测出的结果不是原级配混凝土的含气量，需要时可根据配合比进行换算。

（2）仪器设备。

① 气压式含气量测定仪（见图 3-2-20）。

② 捣实设备：振动台或捣棒。

③ 磅秤（称量为 50 kg，感量为 50 g）、架盘天平（称量为 1 kg 或 2 kg，感量为 1 g）、打气筒、木槌、水桶、抹刀、刮尺和玻璃板等。

（3）试验步骤。

① 率定仪器。

a. 求量钵的容积：称取量钵和玻璃板的总质量，将量钵加满水，用玻璃板沿钵顶徐徐平推将钵口盖住，使量钵内盛满水而玻璃板下面无气泡。擦干外部并称其质量。两次质量之差即为量钵所装水的质量，除以该温度下水的密度即得量钵的容积（一般可取水的密度为 1 kg/L）。去掉玻璃板并保持量钵满水。

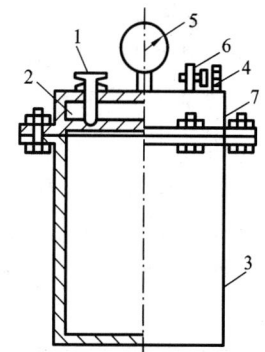

图 3-2-20　气压式含气量测定仪
1—操作阀；2—气箱；3—量钵；4—进气阀；
5—气压表；6—排气阀；7—盖

b. 拧紧盖上的阀门，加橡皮垫圈，盖严钵盖。

c. 打开进气阀，用打气筒往气箱内打气加压，使压强稍大于 0.1 MPa，然后用排气阀调整为 0.1 MPa。

d. 松开操作阀，使气室的压缩气体进入量钵内，测读压力表读数（精确至 0.01 MPa）。此

时指针所指之处相当于含气量为 0% 的起点线。

e. 打开排气阀放气,打开钵盖分别抽出量钵容积 1%、2%、3%、4%……8% 的水,重复 b~d 各步骤。此时压力表上读数即分别对应于含气量 1%、2%、3%、4%……8%。

f. 以压力表读数为纵坐标,含气量为横坐标,绘制含气量与压力表读数关系曲线。

② 擦净经率定好的含气量测定仪,将拌好的混凝土拌和物均匀适量地装入量钵内。用振动台振实,振捣时间以 15~30 s 为宜(如采用人工捣实,可将拌和物分两层装入,每层插捣 25 次)。

③ 刮去表面多余的混凝土拌和物,用抹刀抹平,并使表面光滑无气泡。

④ 擦净量钵边缘,在操作阀孔处贴一塑料膜,垫好橡皮圈,盖严钵盖,保持不漏气。

⑤ 关好操作阀,用打气筒往气箱中打气加压至稍大于 0.1 MPa,然后用排气阀调整压力表至 0.1 MPa。

⑥ 松开操作阀,待压力表指针稳定后,测读压力表读数。

⑦ 测定骨料校正因素(C)。骨料校正因素随骨料种类不同而不同。

a. 装入量钵中的砂石质量分别为

$$G_{s1} = \frac{G_s V_0}{1\ 000 - G_3/\rho_g} \tag{3-2-10}$$

$$G_{g1} = \frac{(G_1 + G_2) V_0}{1\ 000 - G_3/\rho_g} \tag{3-2-11}$$

式中:G_{s1}、G_{g1} 分别为装入量钵中的砂石质量,kg;G_s 为每立方米混凝土中用砂量,kg/m³;G_1、G_2、G_3 分别为每立方米混凝土中 5~20 mm、20~40 mm 及大于 40 mm 的石子用量,kg/m³;ρ_g 为大于 40 mm 的石子表观密度,kg/m³;V_0 为量钵容积,L。

由式(3-2-10)和式(3-2-11)计算出的砂、石用量以饱和面干状态为准,实际用量还需根据砂石料的含水情况进行修正。按修正后的砂、石用量称取砂、石料。

b. 量钵中先盛 1/3 高度的水,将称取的砂石料混合并逐渐加入量钵中,边加料边搅拌以排气,每当水面升高 25 mm 时,用捣棒轻捣 10 次,骨料全部加入后,再加水至满,然后除去水面泡沫,擦净量钵边缘,加橡皮圈,盖紧钵盖,使其密不透气。按测定混凝土拌和物含气量的步骤测定此时的含气量,即骨料校正因素 C。

(4)试验结果处理。

含气量(精确至 0.1%)为

$$A = A_1 - C \tag{3-2-12}$$

式中:A 为拌和物的含气量,%;A_1 为仪器测得的拌和物的含气量,%;C 为骨料校正因素,%。

以两次测量的平均值作为试验结果。如两次含气量测值相差 0.5% 以上,则应找出原因,重做试验。

7)混凝土拌和物泌水率试验

(1)测定目的。

① 测定混凝土拌和物的泌水率,用于评价拌和物的和易性。

② 适用于骨料最大粒径不超过 80 mm 的混凝土。

(2)仪器设备。

① 容量筒:内径及高均为 267 mm 的金属圆筒,带盖(如无盖可用玻璃板代替)。

② 磅秤:称量为 50 kg,感量为 50 g。

③ 带塞量筒:容积为 100 mL。

④ 吸液管、钟表、铁铲、捣棒、抹刀等。

（3）试验步骤。

① 将容量筒内壁用湿布润湿,称容量筒质量。

② 装料捣实,用振动台振实时为一次装料,振至表面泛浆。如人工插捣,则分 2 层装料,每层均匀插捣 35 次,底层捣棒插至筒底,上层插入下层表面 10～20 mm。然后用抹刀轻轻抹平。试样顶面比筒口低 40 mm 左右。每组两个试样。

③ 将筒口及外表面擦净,称出容量筒及混凝土试样的质量,静置于无振动的地方,盖好筒盖并开始计时。

④ 前 60 min 每隔 20 min 用吸液管吸出泌水一次,以后每隔 30 min 吸水一次,直至连续三次无泌水为止。吸出的水注于量筒中,读出每次吸出水的累计值。

⑤ 每次吸取泌水前 5 min,应将筒底一侧垫高约 30 mm,使容量筒倾斜,以便于吸出泌水,吸出泌水后仍将筒轻轻放平盖好。

（4）试验结果处理。

① 泌水率（精确至 0.01%）为

$$B_c = \frac{W_b}{(W/G)G_1} \times 100\% \tag{3-2-13}$$

式中:B_c 为泌水率,%;W 为一次拌和的总用水量,g;G_1 为试样质量,g;W_b 为泌水总质量,g;G 为一次拌和的混凝土总质量,g;以两个测量的平均值作为试验结果。

② 以时间为横坐标,泌水量累计值为纵坐标,绘出泌水过程线。

③ 捣实方法应在结果中注明。

3. 硬化混凝土性能检测

1）混凝土试件的成形与养护方法

（1）测定目的。

为室内混凝土性能试验制作试件。

（2）仪器设备。

① 试模:一般要求试模最小边长应不小于最大骨料粒径的 3 倍。试模拼装应牢固,不漏浆,振捣时不得变形(目前多采用塑料混凝土试模),尺寸精度要求为,边长误差不得超过 1/150,角度误差不得超过 0.5°,平整度误差不得超过边长的 0.05%。

② 振动台:频率为(50±3) Hz,空载时台面中心振幅为(0.5±0.1) mm。

③ 捣棒:直径为 16 mm,长 650 mm,一端为弹头形的金属棒。

④ 养护室:标准养护室温度应控制在(20±3) ℃;相对湿度在 95%RH 以上。在没有标准养护室时,试件可在(20±3) ℃的静水中养护,但应在报告中注明。

（3）试验步骤。

① 制作试件前应将试模清擦干净,并在其内壁上均匀地刷一薄层矿物油或其他脱模剂。

② 如混凝土拌和物骨料最大粒径超过试模最小边长的 1/3,则大骨料用湿筛法筛除。

③ 试件的成形方法应根据混凝土拌和物的坍落度而定。混凝土拌和物坍落度小于 90 mm 时宜采用振动台振实,混凝土拌和物坍落度大于 90 mm 时宜采用捣棒人工捣实。采用

振动台成形时,应将混凝土拌和物一次装入试模,装料时应用抹刀沿试模内壁略加插捣,并使混凝土拌和物高出试模上口,振动应持续到混凝土表面出浆为止(振动时间一般为 30 s 左右)。采用捣棒人工插捣时,每层装料厚度不应大于 100 mm,插捣应按螺旋方向从边缘向中心均匀进行,插捣底层时,捣棒应达到试模底面,插捣上层时,捣棒应穿至下层 20～30 mm,插捣时捣棒应保持垂直,同时,还应用抹刀沿试模内壁插入数次。每层的插捣次数一般每 100 cm² 不少于 12 次(以插捣密实为准)。成形方法需在试验报告中注明。

④ 试件成形后,在混凝土初凝前 1～2 h,需进行抹面,要求沿模口抹平。

⑤ 根据试验目的不同,试件可采用标准养护或与构件同条件养护。确定混凝土特征值、强度等级或进行材料性能研究时应采用标准养护。在施工过程中作为检测混凝土构件实际强度的试件(如决定构件的拆模、起吊、施加预应力等)应采用同条件养护。

⑥ 采用标准养护的试件,成形后的带模试件宜用湿布或塑料薄膜覆盖,以防止水分蒸发,并在(20±5) ℃的室内静置 24～48 h,然后拆模并编号。拆模后的试件应立即放入标准养护室中养护。在标准养护室内试件应放在架上,彼此间隔 1～2 cm,并应避免用水直接冲淋试件。

⑦ 采用同条件养护的试件,成形后应覆盖表面。试件的拆模时间可与实际构件的拆模时间相同。拆模后试件仍需同条件养护。

⑧ 每一龄期力学性能试验的试件个数,除特殊规定外,一般以 3 个试件为一组。

2）混凝土立方体抗压强度试验

(1) 测定目的。

测定混凝土立方体试件的抗压强度。

(2) 仪器设备。

① 压力机或万能试验机:试件的预计破坏荷载宜在试验机全量程的 20%～80%。试验机应定期(1 年)校正,示值误差不应大于标准值的±2%。

② 钢制垫板:其尺寸比试件承压面尺寸稍大,平整度误差不应大于边长的 0.02%。

③ 试模:其规格视骨料最大粒径按表 3-2-8 确定。

(3) 试验步骤。

① 按"混凝土试件的成形与养护方法"的有关规定制作试件。

表 3-2-8　骨料最大粒径与试模规格表　　　　　　　　　　　单位:mm

骨料最大粒径	试 模 规 格	骨料最大粒径	试 模 规 格
≤30	100×100×100	80	300×300×300
40	150×150×150	150(120)	450×450×450

② 到达试验龄期时,从养护室取出试件,并尽快试验。试验前需用湿布覆盖试件,防止试件干燥。

③ 试验前将试件擦拭干净,测量尺寸,并检查其外观,当试件有严重缺陷时,应废弃。试件尺寸测量精确至 1 mm,并据此计算试件的承压面积。如实测尺寸与公称尺寸之差不超过 1 mm,可按公称尺寸进行计算。试件承压面的不平整度误差不得超过边长的 0.05%,承压面与相邻面的不垂直度不应超过±1°。

④ 将试件放在试验机下压板正中间,上下压板与试件之间宜垫以垫板,试件的承压面应与成形时的顶面相垂直。开动试验机,当上垫板与上压板即将接触时,如有明显偏斜,则应调

整球座,使试件受压均匀。

⑤ 以 0.3～0.5 MPa/s 的速度连续而均匀地加载,当试件接近破坏而开始迅速变形时,停止调整油门,直至试件破坏,记录破坏荷载。

(4) 试验结果处理。

混凝土立方体抗压强度(精确至 0.1 MPa)为

$$f_{cc} = \frac{P}{A} \tag{3-2-14}$$

式中:f_{cc} 为抗压强度,MPa;P 为破坏荷载,N;A 为试件承压面积,mm^2。

以 3 个试件测值的平均值作为该组试件的抗压强度试验结果。当 3 个试件强度中的最大值或最小值之一与中间值之差超过中间值的 15% 时,取中间值。当 3 个试件强度中的最大值和最小值与中间值之差均超过中间值的 15% 时,该组试验应重做。

混凝土的立方体抗压强度以边长为 150 mm 的立方体试件的试验结果为标准,其他尺寸试件的试验结果均应换算成标准值。对边长为 100 mm 的立方体试件,试验结果应乘以换算系数 0.95;对边长为 300 mm、450 mm 的立方体试件,试验结果应分别乘以换算系数 1.15、1.36。

3) 混凝土劈裂抗拉强度试验

(1) 测定目的。

测定混凝土立方体试件的劈裂抗拉强度。

(2) 仪器设备。

① 试验机:与"混凝土立方体抗压强度试验"中的相同。

② 试模:劈裂抗拉强度试验应采用 150 mm×150 mm×150 mm 的立方体试模作为标准试模。制作标准试件所用混凝土骨料的最大粒径不应大于 40 mm。

③ 垫条:截面面积为 5 mm×5 mm,长约 200 mm 的钢制方垫条,要求平直。

(3) 试验步骤。

① 按"混凝土试件的成形与养护方法"的有关规定制作试件。

② 到达试验龄期时,从养护室取出试件,并尽快试验。试验前需用湿布覆盖试件,防止试件干燥。

③ 试验前将试件擦拭干净,检查外观,并在试件成形时的顶面和底面中部画出相互平行的直线,准确定出劈裂面的位置。量测劈裂面尺寸,精度同抗压试验的。

④ 将试件放在压力试验机下压板的中心位置。在上、下压板与试件之间垫以垫条。垫条方向应与成形时的顶面垂直(见图 3-2-21)。为保证上、下垫条对准及提高工作效率,可以把垫条安装在定位架上使用。开动试验机,当上压板与试件接近时,调整球座,使接触均衡。

⑤ 以 0.04～0.06 MPa/s 的速度连续而均匀地加载,当试件接近破坏时,停止调整油门,直至试件破坏,记录破坏荷载。

(4) 试验结果处理。

① 混凝土劈裂抗拉强度(精确至 0.01 MPa)为

$$f_{ts} = \frac{2P}{\pi A} = 0.637 \frac{P}{A} \tag{3-2-15}$$

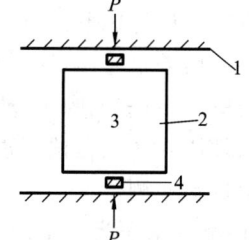

图 3-2-21　劈裂抗拉试验受力示意图

1—压板;2—试件;3—成形时顶面;4—垫条

式中：f_{ts} 为劈裂抗拉强度，MPa；P 为破坏荷载，N；A 为试件劈裂面面积，mm²。

② 以 3 个试件测值的平均值作为该组试件劈裂抗拉强度的试验结果。当 3 个试件强度中的最大值或最小值之一与中间值之差超过中间值的 15% 时，取中间值。当 3 个试件测值中的最大值和最小值与中间值之差均超过中间值的 15% 时，该组试验应重做。

4. 混凝土耐久性检验

1）抗渗性能检测

（1）试验目的。

依据混凝土试件在抗渗试验时承受的最大水压力，划分混凝土的抗渗等级。

（2）依据标准。

《普通混凝土长期性能和耐久性能试验方法》（GB/T 50082—2009）。水工混凝土抗渗试验与之相同。

（3）主要试验仪器。

① 混凝土渗透仪（见图 3-2-22）。应能使水压按规定的制度稳定地作用在试件上。仪器施加压力范围为 0.1～2.0 MPa。

② 试模（见图 3-2-23）。规格为上口直径为 175 mm，下口直径为 185 mm，高为 150 mm 的圆台体。

③ 密封材料，可用石蜡加松香或水泥加黄油等，也可采用一定厚度的橡胶套。

④ 钢尺，分度值为 1 mm。

⑤ 加压设备（见图 3-2-24）。它采用螺旋加压或其他加压形式，其压力以能把试件压入试件套内为宜。

图 3-2-22　混凝土渗透仪　　　　图 3-2-23　试模　　　　图 3-2-24　加压设备

⑥ 辅助设备，如烘箱、电炉、浅盘、铁锅、钢丝网等。

（4）检测步骤。

① 试件为圆台形，上底直径为 175 mm，下底直径为 185 mm，高为 150 mm，每组试件由 6 个试块组成。试件成形 24 h 后拆模，用钢丝刷刷去两端面水泥浆膜，然后送入标准养护室养护。试件一般养护至 28 d 龄期进行检测，如有特殊要求，可在其他龄期进行。试件养护至检测前一天取出，将表面晾干，然后在其侧面涂一层熔化的密封材料，随即在螺旋或其他加压装置上将试件压入经烘箱预热过的试件套中，稍冷却后，即可解除压力，连同试件套装在混凝土渗透仪上进行检测。

② 检测从水压为 0.1 MPa 开始。以后每隔 8 h 增加水压 0.1 MPa，并且要随时注意观察试件端面的渗水情况。

③ 当 6 个试件中有 3 个试件端面有渗水现象时，即可停止检测，记下当时的水压。

④ 在检测过程中，如发现水从试件周边渗出，则应停止检测，重新密封。

水泥混凝土试件抗压强度试验记录表

工程名称：_____　　合同号：_____　　编号：_____

任 务 单 号	/	试 验 环 境	室内温度 21 ℃
试验日期		试验设备	WTY-2000 型压力机
试验规程	DL/T 5150—2001	试验人员	
评定标准	DL/T 5144—2001	复核人员	

结构物名称_____　结构部位(现场桩号)_____

试样描述_____试件完好_____　设计强度/MPa_____C50_____

成形方式_____人工振捣_____　养护方式_____标养_____

龄期/d_____28_____

试件编号	试件尺寸 /mm	承压面积 A/mm^2	破坏荷载 F/kN	尺寸换算系数	抗压强度测值 f_{cu}/MPa	抗压强度测定值 f_{cu}'/MPa	备注
②	③	④	⑤	⑥	⑦	⑧	
1-1	150×150×150	22 500					
1-2	150×150×150	22 500		1.00			
1-3	150×150×150	22 500					
2-1	150×150×150	22 500					
2-2	150×150×150	22 500		1.00			
2-3	150×150×150	22 500					
3-1	150×150×150	22 500					
3-2	150×150×150	22 500		1.00			
3-3	150×150×150	22 500					

混凝土抗渗试验报告

委托单编号_____　试验记录_____　试验报告编号_____

委托日期____年____月____日　试验日期____年____月____日　报告日期____年____月____日

委托单位_____　　工程名称_____

单位工程名称_____　　施工部位_____

强度等级		C		试件成形方式	人　机	
抗渗标号		W		试件养护条件		
配合比编号				成形日期		
坍落度	要求	mm		试验日期		
	实测	mm		龄期		
试验结果	试 验 编 号					
	1	2	3	4	5	6

续表

最大水压/MPa						
端面渗水情况	○	○	○	○	○	○
试件劈裂观察记录	⬡	⬡	⬡	⬡	⬡	⬡
依据标准						
结论						
备注						

试验单位：　　　　批准：　　　　　审核：　　　　　试验：

日期：　　　　　　日期：　　　　　日期：

思 考 题

1. 什么是混凝土的和易性？它包括哪几个方面含义？如何评定混凝土的和易性？

2. 解释关于混凝土强度的几个名词：

立方体抗压强度　　立方体抗压强度标准值　　强度等级

轴心抗压强度　　配制强度　　设计强度

3. 提高混凝土耐久性的措施有哪些？

【知识拓展】 特种混凝土

特种混凝土,这里是指特性混凝土和新工艺混凝土。特性混凝土具有可满足工程要求的某些特性,新工艺混凝土则是能适用于某种施工工艺的混凝土。

1. 碾压混凝土

碾压混凝土是采用振动碾压密实的干硬性(无坍落度)混凝土。未凝固碾压混凝土拌和物性能与常态混凝土的完全不同。其凝固后则与常规混凝土的性能基本相同。碾压混凝土施工机械与常规混凝土的完全不同,仓内运输用自卸汽车、摊铺混凝土用推土机或铺料机,振实用振动碾压机,要求压实度不小于97%。

碾压混凝土的用途为:浇筑重力坝、拱坝,施工导流围堰,公路路面和机场道路等。

其特点为与其普通混凝土的相比,施工速度快;碾压混凝土拌和物工作度用 VC 值表示;碾压混凝土极限拉伸、徐变、干缩、绝热温升均较低;碾压混凝土卸料时易发生骨料分离;碾压混凝土施工必须采用摊铺机、振动碾机械进行铺料、碾压密实和薄层浇筑,一般不埋设冷却水管进行冷却。

2. 防水混凝土

防水混凝土是设法提高混凝土本体的不透水性,以达到抗渗要求的混凝土。

1）普通防水混凝土

普通防水混凝土通过调整普通混凝土的配合比来提高抗渗性。普通防水混凝土的配合比与普通混凝土的相比，表现为水灰比不能超限、水泥用量较多、砂率增大和灰砂比提高，旨在提高砂浆的品质和数量。

2）外加剂防水混凝土

外加剂防水混凝土依靠掺入少量的外加剂来提高混凝土的抗渗性。常用的外加剂如防水剂、引气剂、膨胀剂、减水剂或引气型减水剂等，都能有效提高抗渗性。

3. 聚合物混凝土

采用高分子聚合物、水泥、粗细骨料，以不同工艺配制的混凝土，统称为聚合物混凝土。按其胶结料及配制工艺的不同，通常分为聚合物浸渍混凝土、聚合物水泥混凝土和树脂混凝土三类。

1）聚合物浸渍混凝土

聚合物浸渍混凝土是以事先成形并硬化的混凝土制成品为基材，将其充分干燥，必要时做真空抽气处理，再用配制好的有机浸渍液浸透，然后采用辐射、烘干或化学等不同方法，使浸渍物在混凝土内部的缝隙中聚合后而形成。聚合物浸渍混凝土的强度高、抗渗好、抗冻融能力强，还具有耐腐蚀、耐磨损等特性，非常适合用于盐、碱侵蚀、受压力水、气的渗透，以及磨损、冲刷、冻融等不良使用环境下的混凝土工程。

2）聚合物水泥混凝土

聚合物水泥混凝土以水泥混凝土的用料和配制工艺，拌和时加入适量聚合物，与水泥一起作为胶结料，经成形、养护而成。

在聚合物水泥混凝土中，高聚物的均匀分布，在新拌时具有较好的和易性和抗离析能力，且提高了料浆的黏结性。在硬化后，固化的高聚物膜层与水泥的水化物紧密结合，起到增密、增强的作用，从而提高了混凝土的抗拉和抗折强度，改善了抗渗、抗冻及抗化学侵蚀的性能。聚合物水泥混凝土已在公路、地面、防水、防腐、装饰装修等工程中广泛应用。

3）树脂混凝土

树脂混凝土仅以树脂为胶结料，加入添加剂和填料，一般用普通混凝土骨料，经拌和、成形、养护制得。

树脂混凝土的强度高，抗渗、抗冻、耐磨等性能好，还有较强的耐化学侵蚀性和电绝缘性。但其硬化时收缩大，耐久性和难燃性都差。树脂混凝土已在化工建筑防腐蚀部位、公共建筑的地面、机场跑道面层、构筑地下防水层及混凝土的修补中应用。

4. 纤维混凝土

纤维混凝土是以水泥混凝土做基材，以各种纤维做增强材的复合材料。从广义上讲，纤维混凝土还包括纤维增强水泥砂浆和纤维增强水泥。作为增强材的纤维，主要是使用一定长径比的短纤维，有时也用长纤维或纤维制品。

纤维混凝土采用的纤维品种很多，可归纳为金属纤维、矿物纤维和有机纤维三类。

1）钢纤维混凝土

钢纤维混凝土是研发应用较早、增强效果最佳的一种纤维混凝土，一般能提高抗拉强度或抗折强度 2 倍左右、抗冲击强度 5 倍以上，其韧性可达原来的 100 倍或更多。研究表明，所用钢纤维的抗拉强度、几何形状、长径比，加入的体积率和平均中心间距等，都是影响钢纤维混凝土性能的重要参数。

2）以矿物纤维增强的混凝土

利用天然矿物纤维——石棉增强水泥的技术由来已久。经松解后的温石棉纤维同时具有较高的抗拉强度和弹性模量，因纤维虽短但极细，能取得较大的长径比和较小的平均间距，故能产生十分理想的增强和增韧效果。

3）以有机纤维增强的混凝土

用来增强水泥混凝土的有机纤维包括植物纤维和合成纤维两大类。利用农作物秸秆加工成纤维以增强水泥的产品已有很多。已在应用的合成纤维，如聚乙烯、聚丙烯、聚乙烯醇、尼龙等。以维纶纤维、普通水泥或加入轻质骨料制成的板材，已在批量生产并投入应用。

5. 泵送混凝土

泵送混凝土是利用混凝土泵的泵压产生推动力，沿管道输送和浇筑的混凝土。

1）混凝土的可泵性

对泵送混凝土的技术要求是以满足可泵性为核心的。混凝土的可泵性是指其拌和物具有顺利通过输送管道，摩阻力小、不离析、不阻塞，保持黏塑性良好的性能。为获得适宜的可泵性，要设法避免拌和物发生下列不良表现。

（1）坍落度损失。拌和物的坍落度会随时间的延长而降低，对于水泥用量大、外加剂用量大或者两者同时大的混凝土尤其显著。

（2）黏性不适。为防止拌和物离析、泌水，必须具有足够的黏性。黏性越差，发生离析的倾向越大；但黏性过大的拌和物，由于阻力大、流速慢，对泵送会很不利。

（3）含气量高。混凝土拌和物中含气量过大，会降低泵送效率，严重时会造成堵塞。泵送混凝土中的含气量不宜大于 4%。

2）泵送混凝土对组成材料的要求

（1）水泥。一般用硅酸盐水泥或普通水泥（应选用除火山灰水泥外的四种通用水泥）。

（2）粗骨料。应着重从级配、粒型和最大粒径三个方面来保证可泵性。

（3）细骨料。泵送混凝土用细骨料中，对 0.135 mm 筛孔的通过量不应少于 15%；对 0.16 mm 筛孔的通过量不应少于 5%。

（4）外加剂。目前已有多种型号的泵送剂，由减水剂、缓凝剂和保塑剂等复合而成，比单一使用某种外加剂效果好得多。

（5）矿物掺和料。单掺外加剂的混凝土，其可泵性未必理想，采用粉煤灰或其他磨细矿物掺和料，是改善可泵性的有效措施。

3）泵送混凝土配合比设计要点

现仅从保障可泵性的角度提示若干设计要求如下。

（1）水胶比不应过大。水胶比过大时，浆体的黏度太小，会导致离析。泵送混凝土的水胶比宜为 0.4～0.6。

（2）坍落度必须适宜。坍落度过小时，吸入混凝土泵的泵缸困难，降低充盈度，加大泵送阻力。坍落度过大时，会加大拌和物在管道中的滞留时间，产生泌水、离析而导致阻塞。

（3）要采用最佳水泥用量。水泥和矿物掺和料的总用量不宜小于 300 kg/m³。

（4）砂率适当提高。按影响砂率的各种因素选定砂率，但应比同条件的普通混凝土高 2%～5%。加入矿物掺和料时，可酌情减小砂率。泵送混凝土的砂率宜为 35%～45%。

6. 喷射混凝土

利用喷射机械,以压缩空气或其他动力,将专门配制的拌和料,通过管道输送并高速喷射在接受面上,形成牢固黏结硬化层的混凝土,称为喷射混凝土。

1) 不同作业方式的比较

喷射混凝土多采用干式作业,即喷射机压送干的拌和料,至喷嘴处再加水混合喷出。干式作业利于远距离压送,适用面宽,喷头的脉冲现象少,但作业时粉尘多、物料的回弹率高。湿式作业法可相对减低粉尘和回弹率,但喷头易产生脉冲现象,且不利于远距离压送。采用造壳喷射混凝土工艺,能保证配合比准确,可远距离压送,适用性广,还易于喷射钢纤维混凝土。

2) 喷射混凝土的选材和配合比要点

喷射混凝土组成材料的选择应旨在满足喷射工艺、设备类型的要求,确保施工效率和质量。宜采用细度模数大于 2.5 的中粗砂,砂中小于 0.075 mm 的颗粒应不大于 20%,砂的含水率控制在 6%~8%。石子的最大粒径不宜大于 15 mm。

喷射混凝土所加的速凝剂可采用以铝酸盐、碳酸盐等为主要成分的粉状速凝剂,或以铝酸盐、水玻璃等为主要成分并与其他无机盐复合的液体速凝剂。

水胶比是影响强度和回弹率的重要因素,一般保持在 0.4~0.5,小于或大于此范围,都将明显减低强度和加大回弹率。灰骨比一般在 1∶4~1∶4.5,且胶凝材料用量以 375~400 kg/m³ 为宜。胶凝材料用量过大的喷射混凝土不仅成本高,产生的粉尘多,还会导致硬化后收缩开裂。喷射混凝土的砂率宜为 45%~50%。

7. 沥青混凝土

沥青混凝土是以石油沥青为胶结材料的混凝土。在水工建筑物上采用沥青材料历史十分悠久,远在 5 000 年以前,埃及就在尼罗河护岸砌石工程中采用天然沥青作为胶结材料,在美索不达米亚地区和印度河流域,采用沥青材料进行防渗已比较普遍。

沥青混凝土的用途:土石坝防渗工程,如沥青混凝土斜墙土石坝、沥青混凝土心墙堆石坝等;引水渠道防渗工程,如灌区渠道沥青混凝土衬砌等;抽水蓄能电站上库防渗工程;土石坝与混凝土坝渗漏处理工程,如重力坝上游面沥青混凝土防渗处理、土石坝上游沥青混凝土防渗处理等和公路路面工程等。

1) 沥青混凝土的特性

(1) 沥青混凝土拌制前必须将砂石骨料烘干加热,将石油沥青加热至恒温,并采用强制式搅拌机拌和,拌和温度为 160~180 ℃。

(2) 沥青混凝土拌和物温度对沥青混凝土施工质量影响特别大。这是因为沥青混凝土拌和物温度过低,不利于骨料与沥青黏附,难以碾压密实;沥青混凝土拌和物温度过高,碾压时发生流动且黏附在碾磙上,也无法压实。因此,沥青混凝土施工应严格控制沥青混凝土拌和物出机口温度与浇筑温度,这与水泥混凝土施工严格控制水泥混凝土拌和物坍落度一样重要。

(3) 沥青混凝土力学特性(应力-应变关系)随温度与加荷速度变化而变化。沥青混凝土的破坏有三种。① 强度破坏:温度低、加荷速度快,在一次荷载作用下产生脆性破坏。② 疲劳破坏:沥青混凝土允许变形随荷载次数的增加而减小,在反复荷载作用下,变形不断增加,最后超过允许变形发生破坏。③ 徐变破坏:在长期荷载作用下,沥青混凝土徐变变形逐渐增大,产生大的徐变变形会引起裂缝而破坏。

因此,沥青混凝土在低温或短时间荷载作用下,性能近于弹性,而在高温或长期荷载作用下,就表现出黏弹性或近于黏性。

(4)沥青混凝土变形性能好,变形模量(温度低、加荷时间短时称弹性模量)较低,柔韧性好,适用于软基或不均匀沉降较大的基础上的防渗结构。

(5)沥青混凝土耐水性(水稳定性)好,石油沥青是饱和碳氢化合物的混合物,其化学性质稳定,与水不发生化学反应,因此沥青混凝土耐水性强,也就是水稳定性好。

2)沥青混凝土原材料的组成

沥青混凝土的原材料有沥青、粗骨料、细骨料、填料、掺和料等。

任务3　混凝土配合比设计与强度评定

【任务描述】

为满足混凝土设计强度、耐久性、抗渗性等要求和施工和易性需要,应掌握混凝土实验室配合比优选试验并能调整为施工配合比。对于水工混凝土配合比要考虑掺粉煤灰和外加剂的情况。同时要掌握对施工现场的混凝土进行验收批混凝土强度的评定方法,判断混凝土工程的总体质量。

【任务目标】

知识目标

掌握普通混凝土配合比设计方法和强度评定规则。

能力目标

(1)了解建筑工程或水工混凝土的配制原理与性能。

(2)了解混凝土技术的新进展及其发展趋势。

技能目标

(1)能够独立设计普通混凝土配合比。

(2)能够独立进行混凝土批的强度评定。

模块1　混凝土配合比设计

混凝土的配合比设计就是根据工程所需的混凝土各项性能要求,确定混凝土中各组成材料数量之间的比例关系的过程。这种比例关系常用两种方式表示。一种是以 1 m³ 混凝土中各组成材料的用量来表示,例如,1 m³ 混凝土各项材料的用量为:水泥 310 kg,水 155 kg,砂 750 kg,石子 1 116 kg;另一种是以混凝土各项材料的质量比来表示(以水泥质量为1),例如,水泥、水、砂、石子之比为 1∶0.5∶2.4∶3.6。

1. 混凝土配合比设计的基本要求

配合比设计的任务就是根据原材料的技术性能及施工条件,确定能满足工程要求的技术经济指标的各项组成材料的用量。其基本要求如下。

(1)满足施工条件所要求的和易性。

(2) 满足混凝土结构设计的强度等级。

(3) 满足工程所处环境和设计规定的耐久性。

(4) 在满足上述三项要求的前提下,尽可能节约水泥,降低成本。

2. 设计基本原则

(1) 在满足混凝土强度和耐久性的基础上,确定混凝土的水胶比——取大值(节省胶凝材料)。

(2) 在满足混凝土施工要求的和易性基础上,根据粗骨料的种类和规格,确定混凝土的单位用水量——越少越好。

(3) 砂在细骨料中的数量应以填充石子空隙后略有富余的原则来确定——砂率越小越好。

3. 混凝土配合比设计的资料准备

在设计混凝土配合比之前,应掌握以下基本资料。

(1) 了解工程设计所要求的混凝土强度等级和质量稳定性的强度标准差,以便确定混凝土配制强度。

(2) 了解工程所处环境对混凝土耐久性的要求,以便确定所配制混凝土最大水胶比和最少水泥用量。

(3) 了解结构构件断面尺寸及钢筋配置情况,以便确定混凝土骨料的最大粒径。

(4) 了解混凝土施工方法及管理水平,以便选择混凝土拌和物坍落度及骨料最大粒径。

(5) 掌握原材料的性能指标,包括:水泥的品种、强度等级、密度;砂石骨料的种类、体积密度、级配、最大粒径;拌和用水的水质情况;外加剂的品种、性能、掺量等。

4. 混凝土配合比设计中的三个重要参数

混凝土配合比设计实质上就是确定水泥、水、砂与石子这四种基本组成材料用量之间的三个比例关系:水与胶凝材料用量的比值(水胶比);砂子质量占砂石总质量的百分率(砂率);单位用水量。在配合比设计中正确地确定这三个参数,就能使混凝土满足配合比设计的四项基本要求。

水胶比是影响混凝土强度和耐久性的主要因素,其确定原则是在满足强度和耐久性要求前提下,尽量选择较大值,以节约水泥。砂率是影响混凝土拌和物和易性的重要指标。

用水量的选用原则是在保证混凝土拌和物黏聚性和保水性的前提下,尽量取较小值。单位用水量是指 $1 \mathrm{~m}^3$ 混凝土用水量,它反映混凝土拌和物中胶凝材料浆与骨料之间的比例关系,其确定原则是在达到流动性要求的前提下取较小值。水工混凝土由于体积大,耐久性要求高,因此一般都要掺外加剂和粉煤灰,来提高混凝土的耐久性和减少水泥用量降低水化热。

5. 混凝土配合比设计的步骤

首先,根据原材料的性能和混凝土技术要求进行初步计算,得出初步计算配合比。再经过实验室试拌调整,得出基准配合比。然后,经过强度检验(如有抗渗、抗冻等其他性能要求,应进行相应的检验),定出满足设计和施工要求并比较经济的实验室配合比。最后,根据现场砂、石的实际含水率,对实验室配合比进行调整,得出施工配合比。

1) 国家标准《普通混凝土配合比设计规程》(JGJ 55—2011)

配合比设计应以干燥状态骨料为基准,细骨料含水率应小于 0.5% ,粗骨料含水率应小于 0.2% 。

（1）初步确定配合比。

① 确定配制强度 $f_{cu,0}$。考虑到实际施工条件与实验室条件的差别，为了保证混凝土能够达到设计要求的强度等级，在混凝土配合比设计时，必须使混凝土的配制强度高于设计强度等级。当混凝土的设计强度等级小于 C60 时，配制强度 $f_{cu,0}$ 为

$$f_{cu,0} \geqslant f_{cu,k} + 1.645\sigma \tag{3-3-1}$$

当设计强度等级不小于 C60 时，配制强度为

$$f_{cu,0} \geqslant 1.15 f_{cu,k} \tag{3-3-2}$$

式中：$f_{cu,0}$ 为混凝土配制强度，MPa；$f_{cu,k}$ 为混凝土设计强度等级，MPa；σ 为混凝土强度标准差，MPa。

当具有最近 1～3 个月的同一品种、同一强度等级混凝土的强度资料时，其混凝土强度标准差 σ 为

$$\sigma = \sqrt{\frac{\sum\limits_{i=1}^{n} f_{cu,i}^2 - n m_{f_{cu}}^2}{n-1}} \tag{3-3-3}$$

式中：n 为试件组数，n 值应大于或者等于 30。

对于强度等级不大于 C30 的混凝土，当 σ 计算值不小于 3.0 MPa 时，应按照计算结果取值；当 σ 计算值小于 3.0 MPa 时，σ 应取 3.0 MPa。

对于强度等级大于 C30 且不大于 C60 的混凝土：当 σ 计算值不小于 4.0 MPa 时，应按照计算结果取值；当 σ 计算值小于 4.0 MPa 时，σ 应取 4.0 MPa。

强度标准差 σ 可根据施工单位以往的生产质量水平进行测算，如施工单位无历史统计资料时，可按表 3-3-1 选取。

表 3-3-1　混凝土配合比设计时 σ 取值

混凝土强度等级	≤C20	C25～45	C50～C55
σ/MPa	4.0	5.0	6.0

注　遇有下列情况时应提高混凝土配制强度：

（1）现场条件与实验室条件有显著差异时；

（2）C30 等级及其以上强度等级的混凝土，采用非统计方法评定时。

② 初步确定水胶比（W/B）。

A. 矿物掺和料掺量选择。

按《普通混凝土配合比设计规程》（JGJ 55—2011）要求，其掺和料掺量按表 3-3-2 所示执行。

B. 水胶比计算。

根据已算出的混凝土配制强度（$f_{cu,0}$）及所用胶凝材料的实际强度（f_b），计算出所要求的水胶比值（混凝土强度等级小于 C60 级），其计算式为

$$\frac{W}{B} = \frac{\alpha_a \times f_b}{f_{cu,0} + \alpha_a \times \alpha_b \times f_b} \tag{3-3-4}$$

式中：$f_{cu,0}$ 为混凝土配制强度，MPa；f_b 为胶凝材料（水泥与矿物掺和料按使用比例混合）28 d 胶砂强度，MPa；α_a、α_b 为回归系数。

表 3-3-2   钢筋混凝土中矿物掺和料最大掺量

矿物掺和料种类	水 胶 比	最大掺量/(%)	
		采用硅酸盐水泥时	采用普通硅酸盐水泥时
粉煤灰	≤0.40	45	35
	>0.40	40	30
粒化高炉矿渣粉	≤0.40	65	55
	>0.40	55	45
钢渣粉	—	30	20
磷渣粉	—	30	20

注   1. 采用其他通用硅酸盐水泥时,宜将水泥混合材掺量 20% 以上的混合材量计入矿物掺和料。

2. 复合掺和料各组分的掺量不宜超过单掺时的最大掺量。

3. 在混合使用两种或两种以上矿物掺和料时,矿物掺和料总掺量应符合表中复合掺和料的规定。

当不具备试验统计数据时,可根据《水泥混凝土配合比设计规程》(JGJ 55—2011)提供的 α_a、α_b 值取用。粗骨料采用碎石时,$\alpha_a = 0.536$,$\alpha_b = 0.2$;粗骨料采用卵石时,$\alpha_a = 0.49$,$\alpha_b = 0.13$。

无胶凝材料 28 d 胶砂抗压强度实测值,可按《水泥混凝土配合比设计规程》(JGJ 55—2011)规定的公式及提供的表格数据计算得出。

混凝土的最大水胶比应符合《混凝土结构设计规范》(GB 50010—2010)的规定(控制水胶比是保证耐久性的重要手段,水胶比是配比设计的首要参数)。

《混凝土结构设计规范》(GB 50010—2010)对不同环境条件的混凝土最大(小)水胶比作了规定,如表 3-3-3 至表 3-3-5 所示。

③ 确定每立方米混凝土的用水量(m_{w0})。

每立方米干硬性或塑性混凝土的用水量(m_{w0})应符合下列规定。

a. 混凝土水胶比在 0.40~0.80 范围时,可按表 3-3-6 和表 3-3-7 选取;

b. 混凝土水胶比小于 0.40 时,可通过试验确定。

表 3-3-3   不同环境条件的混凝土最大水胶比

环境类别	Ⅰ	Ⅱ(a)	Ⅱ(b)	Ⅲ
最大水胶比	0.65	0.60	0.55	0.50

表 3-3-4   不同环境条件

环境类别	条 件
一	室内正常环境
二(a)	室内潮湿环境;非严寒和非寒冷地区的露天环境、与无侵蚀性的水或土壤直接接触的环境
二(b)	严寒和寒冷地区的露天环境、与无侵蚀性的水或土壤直接接触的环境
三	使用除冰盐的环境;严寒和寒冷地区冬季水位变动的环境;滨海室外环境
四	海水环境
五	受人为或自然的慢蚀性物质影响的环境

表 3-3-5 混凝土的最小胶凝材料用量

最大水胶比	最小胶凝材料用量/(kg/m³)		
	素混凝土	钢混凝土	预应力混凝土
0.60	250	280	300
0.55	280	300	300
0.50		320	
≤0.45		330	

注 配制 C15 及其以下强度等级的混凝土,可不受表 3-3-5 所示的限制(在满足最大水胶比条件下,最小胶凝材料用量是满足混凝土施工性能和掺加矿物掺和料后满足混凝土耐久性的胶凝材料用量)。

表 3-3-6 干硬性混凝土用水量选用表   单位:kg/m³

拌和物稠度		卵石最大公称粒径/mm			碎石最大粒径/mm		
项目	指标	10.0	20.0	40.0	16.0	20.0	40.0
维勃稠度 /s	16～20	175	160	145	180	170	155
	11～15	180	165	150	185	175	160
	5～10	185	170	155	190	180	165

表 3-3-7 塑性混凝土的用水量   单位:kg/m³

拌和物稠度		卵石最大公称粒径/mm				碎石最大公称粒径/mm			
项目	指标	10.0	20.0	31.5	40.0	16.0	20.0	31.5	40.0
坍落度 /mm	10～30	190	170	160	150	200	185	175	165
	35～50	200	180	170	160	210	195	185	175
	55～70	210	190	180	170	220	205	195	185
	75～90	215	195	185	175	230	215	205	195

注 1. 本表用水量系采用中砂时的取值。采用细砂时,每立方米混凝土用水量可增加 5～10 kg;采用粗砂时,可减少 5～10 kg。

2. 掺用矿物掺和料和外加剂时,用水量应相应调整。

每立方米流动性或大流动性混凝土(掺外加剂)的用水量(m_{w0})为

$$m_{w0} = m'_{w0}(1-\beta) \tag{3-3-5}$$

式中:m_{w0} 为掺外加剂时,每立方米混凝土用水量,kg;m'_{w0} 为未掺外加剂时推定的满足实际坍落度要求的每立方米混凝土用水量,kg,以 90 mm 坍落度的用水量为基础,按每增大 20 mm 坍落度相应增加 5 kg 用水量来计算;β 为外加剂减水率,%,应经试验确定。

④ 每立方米混凝土中外加剂用量(m_{a0})为

$$m_{a0} = m_{b0}\beta_a \tag{3-3-6}$$

式中:m_{a0} 为计算配合比每立方米混凝土中外加剂用量,kg;m_{b0} 为计算配合比每立方米混凝土中胶凝材料用量,kg;β_a 为外加剂掺量,%,应经混凝土试验确定。

也可结合经验并经试验确定流动性或大流动性混凝土的外加剂用量和用水量。

⑤ 确定每立方米混凝土的胶凝材料用量（m_{c0}）。

根据确定出的水胶比和每立方米混凝土的用水量，可求出每立方米混凝土的水泥用量（m_{c0}）为

$$m_{c0} = \frac{m_{w0}}{W/B} \tag{3-3-7}$$

为了保证混凝土的耐久性，由式（3-3-7）计算得出的水泥用量还要满足最小水泥用量的要求，如果算得的水泥用量小于最小水泥量，应取规定的最小水泥用量。

特别提示：根据经验，普通混凝土可以按混凝土强度等级的 1.5～2 倍来选择水泥的强度等级。

⑥ 每立方米混凝土的矿物掺和料用量（m_{f0}）为

$$m_{f0} = m_{b0} \beta_f \tag{3-3-8}$$

式中：β_f 为矿物掺和料掺量，％，可结合前面的规定确定。

⑦ 每立方米混凝土的水泥用量（m_{c0}）为

$$m_{c0} = m_{b0} - m_{f0} \tag{3-3-9}$$

计算得出的配合比中的用量，还要在试配过程中调整验证。

⑧ 选取合理的砂率（β_s）。

砂率应根据骨料的技术指标、混凝土拌和物性能和施工要求，参考既有历史资料确定。

当缺乏砂率的历史资料可参考时，混凝土砂率的确定应符合下列规定。

a. 坍落度小于 10 mm 的混凝土，其砂率应经试验确定（干硬性混凝土）。

b. 坍落度为 10～60 mm 的混凝土，其砂率可根据粗骨料品种、最大公称粒径及水胶比按表 3-3-8 选取。

表 3-3-8　混凝土的砂率　　　　　　单位：％

水胶比	卵石最大公称粒径/mm			碎石最大粒径/mm		
	10.0	20.0	40.0	16.0	20.0	40.0
0.40	26～32	25～31	24～30	30～35	29～34	27～32
0.50	30～35	29～34	28～33	33～38	32～37	30～35
0.60	33～38	32～37	31～36	36～41	35～40	33～38
0.70	36～41	35～40	34～39	39～44	38～43	36～41

注　1. 对细砂或粗砂，可相应地减少或增大砂率。
　　2. 采用机制砂配制混凝土时，砂率可适当增大。
　　3. 只用一个单粒级粗骨料配制混凝土时，砂率应适当增大。

c. 坍落度大于 60 mm 的混凝土，其砂率可经试验确定，也可在表 3-3-7 的基础上，按坍落度每增大 20 mm，砂率增大 1％的幅度予以调整。

⑨ 计算每立方米混凝土粗、细骨料的用量 m_{g0} 及 m_{s0}。

采用质量法计算粗、细骨料用量时，其计算式分别为

$$m_{f0} + m_{c0} + m_{g0} + m_{s0} + m_{w0} = m_{cp} \tag{3-3-10}$$

$$\beta_s = \frac{m_{s0}}{m_{g0} + m_{s0}} \times 100\% \tag{3-3-11}$$

式中：m_{g0} 为每立方米混凝土的粗骨料用量，kg/m³；m_{s0} 为每立方米混凝土的细骨料用量，kg/m³；β_s 为砂率，%；m_{cp} 为每立方米混凝土拌和物的假定质量，kg，可取 2 350～2 450 kg/m³。

采用体积法计算粗、细骨料用量时，其计算式为

$$\frac{m_{c0}}{\rho_c}+\frac{m_{f0}}{\rho_f}+\frac{m_{g0}}{\rho_g}+\frac{m_{s0}}{\rho_s}+\frac{m_{w0}}{\rho_w}+0.01\alpha=1 \tag{3-3-12}$$

$$\beta_s=\frac{m_{s0}}{m_{g0}+m_{s0}}\times100\% \tag{3-3-13}$$

式中：ρ_c 为水泥密度，可取 2 900～3 100 kg/m³；ρ_s 为细骨料的体积密度，kg/m³；ρ_g 为粗骨料的体积密度，kg/m³；ρ_w 为水的密度，可取 1 000kg/m³；α 为混凝土的含气量百分数，在不使用引气型外加剂时，α 可取 1。

通过以上 9 个步骤便可将 1 m³ 混凝土中水泥、水、砂子和石子的用量全部求出，得到混凝土的初步配合比。

（2）确定基准配合比和实验室配合比。

混凝土的初步配合比是根据经验公式估算而得出的，不一定符合工程要求，必须通过试验进行配合比调整。配合比调整的目的有两个：一是使混凝土拌和物的和易性满足施工需要；二是使水胶比满足混凝土强度及耐久性的要求。

① 调整和易性，确定基准配合比。

按初步配合比称取一定量原材料进行试拌。当所用骨料最大粒径 $D_{max}\leqslant31.5$ mm 时，试配的最小拌和量为 15 L；当 $D_{max}=40$ mm 时，试配的最小拌和量为 25L。试拌时的搅拌方法应与生产时使用的方法相同。拌和均匀后，先测定拌和物的坍落度，并检验黏聚性和保水性。如果和易性不符合要求，应进行调整。调整的原则是：若坍落度过大，应保持砂率不变，增加砂、石的用量；若坍落度过小，应保持水胶比不变，增加用水量及相应的水泥用量；如拌和物黏聚性和保水性不良，应适当增加砂率（保持砂、石总重量不变，提高砂用量，减少石子用量）；如拌和物显得砂浆过多，应适当降低砂率（保持砂、石总重量不变，减少砂用量，增加石子用量）。每次调整后再试拌，评定其和易性，直到和易性满足设计要求为止，并记录好调整后各种材料用量，测定实际体积密度。

② 检验强度和耐久性，确定实验室配合比。

经过和易性调整后得到的基准配合比，其水胶比选择不一定恰当，即混凝土强度和耐久性有可能不符合要求，应检验强度和耐久性。强度检验一般采用三组不同的水胶比，其中一组为基准配合比中的水胶比，另外两组配合比的水胶比值应较基准配合比中的水胶比值分别增加和减少 0.05，其用水量应与基准配合比相同，砂率值可分别适当增加或减少 1%。调整好和易性，测定其体积密度，制作三个不同水胶比下的混凝土标准试块，并经标准养护 28 d，进行抗压试验（如对混凝土还有抗渗、抗冻等耐久性要求，还应增添相应的项目试验）。由试验所测得的混凝土强度与相应的胶水比作图，求出与混凝土配制强度 $f_{cu,0}$ 相对应的胶水比，并按以下原则确定 1 m³ 混凝土拌和物的各材料用量，即实验室配合比。

a. 用水量应在基准配合比用水量的基础上，根据制作强度试件时测得的坍落度或维勃稠度进行调整确定。

b. 水泥用量应以用水量乘以选定出来的胶水比计算确定。

c. 粗、细骨料用量应在基准配合比的粗、细骨料用量基础上，按选定的胶水比进行调整后

确定。

经试配确定配合比后,尚应按下列步骤进行校正。混凝土体积密度为

$$\rho_{c,c} = m_c + m_s + m_g + m_w \tag{3-3-14}$$

再计算混凝土配合比校正系数 σ,即

$$\sigma = \frac{\rho_{c,t}}{\rho_{c,c}} \tag{3-3-15}$$

式中:$\rho_{c,t}$ 为混凝土体积密度实测值,kg/m^3;$\rho_{c,c}$ 为混凝土体积密度计算值,kg/m^3。

当混凝土体积密度实测值与计算值之差的绝对值不超过计算值的 2% 时,以前的配合比即为确定的实验室配合比;当两者之差超过 2% 时,应将配合比中每项材料用量乘以校正系数 σ,得到实验室配合比。

③ 确定施工配合比。

以上混凝土配合比设计是以干燥骨料(细骨料含水率小于 0.05%,粗骨料含水率小于 0.2%)为基准得出的,而工地存放的砂石一般都含有水分。假设施工现场砂含水率为 W_s,石子的含水率为 W_g,则施工配合比为

水泥用量:
$$m_c' = m_c$$

砂用量:
$$m_s' = m_s(1 + W_s)$$

石子用量:
$$m_g' = m_g(1 + W_g)$$

用水量:
$$m_w' = m_w - m_s W_s - m_g W_g$$

2) 行业标准《水工混凝土配合比设计规程》(DL/T 5330—2005)

水工混凝土配合比设计应以饱和面干状态骨料为基准进行配制。

(1) 确定初步配合比。

① 确定配制强度 $f_{cu,0}$。

$$f_{cu,0} = f_{cu,k} + t\sigma \tag{3-3-16}$$

式中:$f_{cu,0}$ 为混凝土配制强度,MPa;$f_{cu,k}$ 为混凝土设计龄期立方体抗压强度标准值,MPa;t 为保证率系数,保证率和保证率系数之间的关系如表 3-3-9 所示;σ 为混凝土强度标准差,MPa。

表 3-3-9　保证率和保证率系数的关系

保证率 $P/(\%)$	70.0	75.0	80.0	84.1	85.0	90.0	95.0	97.7	99.9
保证率系数 t	0.525	0.675	0.840	1.0	1.040	1.280	1.645	2.0	3.0

混凝土强度标准差 σ 的计算与国家标准的一致。对于强度等级不大于 C25 的混凝土,当 σ 计算值不小于 2.5 MPa 时,应取不小于 2.5 MPa。对于强度等级大于或等于 C30 的混凝土,当 σ 计算值小于 3.0 MPa 时,应取 σ 计算值不小于 3.0 MPa。

混凝土抗压强度标准差 σ 宜按同品种混凝土抗压强度统计资料确定,当无近期同品种混凝土抗压强度统计资料时,σ 值可按表 3-3-10 取用。

表 3-3-10　混凝土抗压强度标准差 σ 取值表

设计抗压强度/MPa	≤15	20~25	30~35	40~45	50
标准差 σ	3.5	4.0	4.5	5.0	5.5

② 选定水胶比。

根据混凝土配置强度,水胶比为

$$W/(C+P)=A\times f_{ce}/(f_{cu,0}+ABf_{ce}) \tag{3-3-17}$$

式中:A、B 为回归系数,应根据工程中使用的原材料,通过试验由建立的水胶比与混凝土强度关系式确定,也可取 $A=0.46$,$B=0.07$;$f_{cu,0}$ 为混凝土配制强度,MPa;f_{ce} 为水泥 28 d 抗压强度实测值,MPa。

根据《水工混凝土施工规范》(DL/T 5144—2001)对最大水胶比的限值(见表 3-3-11),选取 3～5 个水胶比。掺掺和料的混凝土的最大水胶比应适当降低,并通过试验确定。

表 3-3-11　水胶比最大允许值

部　　　位	严寒地区	寒冷地区	温和地区
上、下游水位以上(坝体外部)	0.50	0.55	0.60
上、下游水位变化区(坝体外部)	0.45	0.50	0.55
上、下游最低水位以下(坝体外部)	0.50	0.55	0.60
基础	0.50	0.55	0.60
内部	0.60	0.65	0.65
受水流冲刷部位	0.45	0.50	0.50

注　在有环境水侵蚀的情况下,水位变化区外部及水下混凝土最大允许水胶比(或水胶比)应减小 0.05。

③ 选取混凝土用水量。

应根据骨料最大粒径、坍落度、外加剂、掺和料及适宜的砂率通过试验确定。当无试验资料,水胶比为 0.40～0.70 时,其初选用水量可按表 3-3-12 选取。水胶比小于 0.40 时用水量要通过试验确定。

流动性混凝土和碾压混凝土最大用水量按规范要求确定。

表 3-3-12　常态(普通)混凝土初选用水量表　　　　　　　　　单位:kg/m³

混凝土坍落度	卵石最大粒径				碎石最大粒径			
	20 mm	40 mm	80 mm	150 mm	20 mm	40 mm	80 mm	150 mm
10～30 mm	160	140	120	105	175	155	135	120
30～50 mm	165	145	125	110	180	160	140	125
50～70 mm	170	150	130	115	185	165	145	130
70～90 mm	175	155	135	120	190	170	150	135

注　1. 本表适用于细度模数 2.6～2.8 的天然中砂。当使用细砂或粗砂时,用水量需增加或减少 3～5 kg/m³。

　　2. 采用机制砂,用水量增加 5～10 kg/m³。

　　3. 掺入火山灰质掺和料时,用水量需增加 10～20 kg/m³;采用 I 级粉煤灰时,用水量可减少 5～10 kg/m³。

　　4. 采用外加剂时,用水量应根据外加剂的减水率作适当调整,外加剂的减水率应通过试验确定。

　　5. 本表适用于骨料含水状态为饱和面干的状态。

④ 选取最优砂率。

最优砂率应根据骨料品种、品质、粒径、水胶比和砂的细度模数等通过试验选取,即在保证混凝土拌和物具有良好的黏聚性并达到要求的工作性时用水量最小的砂率。

混凝土坍落度为 10～60 mm 时砂率按表 3-3-13 选择。坍落度大于 60 mm 的混凝土砂率由试验确定,也可在表 3-3-13 基础上按坍落度每增大 20 mm,砂率相应增大 1‰幅度进行调整。

表 3-3-13 常态混凝土砂率初选表

骨料最大粒径/mm	水 胶 比			
	0.40	0.50	0.60	0.70
20	36～38	38～40	40～42	42～44
40	30～32	32～34	34～36	36～38
80	24～26	26～28	28～30	30～32
150	20～22	22～24	24～26	26～28

注 该表适用于卵石,细度模数为 2.6～2.8 天然中砂拌制的混凝土。砂的细度模数每增减 0.1,砂率相应增减 0.5%～1.0%。使用碎石时,砂率需增加 3%～5%。使用机制砂时,砂率需增加 2%～3%。掺用引气剂时,砂率可减少 2%～3%。掺用粉煤灰时,砂率可减少 1%～2%。

⑤ 石子级配的选取。

石子最佳级配(或组合比)应通过试验确定,一般以紧密堆积密度最大、用水量较小时的级配为宜。无试验资料时可按表 3-3-14 初选。

表 3-3-14 石子组合比初选表

混凝土种类	级 配	石子最大粒径/mm	卵石 $(m_小：m_中：m_大：m_{特大})$	碎石 $(m_小：m_中：m_大：m_{特大})$
常态混凝土	二	40	40：60：0：0	40：60：0：0
	三	80	30：30：40：0	30：30：40：0
	四	150	20：20：30：30	25：25：20：30
碾压混凝土	二	40	50：50：0：0	50：50：0：0
	三	80	30：40：30：0	20：40：30：0

⑥ 外加剂掺量。

外加剂掺量按胶凝材料质量的百分比计,应通过试验确定,并符合国家和行业现行有关标准的规定。

⑦ 掺和料的掺量。

掺和料的掺量按胶凝材料质量的百分比计,应通过试验确定,并符合国家和行业现行有关标准的规定。

⑧ 有抗冻要求的混凝土应掺用引气剂,其掺量应根据混凝土的含气量要求通过试验确定。混凝土的含气量不宜超过 7%。

⑨ 混凝土各组成材料的计算。

混凝土的胶凝材料用量(m_c+m_p)、水泥用量 m_c 和掺和料用量 m_p 分别为

$$\left.\begin{array}{l} m_c+m_p=m_w/[w/(C+P)] \\ m_c=(1-P_m)(m_c+m_p) \\ m_p=P_m(m_c+m_p) \end{array}\right\} \quad (3\text{-}3\text{-}18)$$

每立方米混凝土中砂、石采用绝对体积法计算,其值分别为

$$V_{s,g}=1-[m_w/\rho_w+m_c/\rho_c+m_p/\rho_p+\alpha] \quad (3\text{-}3\text{-}19)$$

$$m_s=V_{s,g}S_v\rho_s$$

$$m_g=V_{s,g}(1-S_v)\rho_g$$

式中：$V_{s,g}$ 为砂、石的绝对体积，m^3；m_w 为每立方米混凝土用水量，kg；m_c 为每立方米混凝土水泥用量，kg；m_p 为每立方米混凝土掺和料用量，kg；m_s 为每立方米混凝土砂料用量，kg；m_g 为每立方米混凝土石料用量，kg；P_m 为掺和料掺量；α 为混凝土含气量，%；S_v 为体积砂率，%；ρ_w 为水的密度，kg/m^3；ρ_c 为水泥密度，kg/m^3；ρ_p 为掺和料密度，kg/m^3；ρ_s 为砂料饱和面干表观密度，kg/m^3；ρ_g 为石料饱和面干表观密度，kg/m^3。

列出混凝土 5 个组成材料的计算用量和比例，各级石料用量按选定的级配比例计算。

（2）混凝土配合比的试配、调整和确定。

① 混凝土配合比的试配。

按计算的配合比进行试拌，根据坍落度、含气量、泌水、离析等情况判断混凝土拌和物的工作性，对初步确定的用水量、砂率、外加剂掺量等进行适当调整。用选定的水胶比和用水量，变动 4~5 个砂率，每次增减 1%~2% 进行试拌，坍落度最大时的砂率即为最优砂率。用最优砂率试拌，调整用水量至混凝土拌和物满足工作性要求。然后提出混凝土试验用配合比。

混凝土强度试验至少采用 3 个不同水胶比的配合比，其中一个应为确定的配合比，其他配合比的用水量不变，水胶比依次增减，变化幅度为 0.05，砂率可相应增减 1%，当不同水胶比的混凝土拌和物坍落度与要求值的差超过允许偏差时，可通过增减用水量进行调整。

根据试配的配合比成形抗压试件，标准养护至规定龄期进行抗压强度试验。根据试验得出的抗压强度与其对应的水胶比的关系，用作图法或计算法求出与混凝土配置强度（$f_{cu,0}$）相对应的水胶比。

② 混凝土配合比的调整。

a. 按试配结果，计算混凝土各组成材料用量与比例。

b. 按确定的材料用量计算每立方米混凝土拌和物的质量。

c. 按下式计算混凝土配合比校正系数：

$$\delta = m_{c,t}/m_{c,c} \tag{3-3-20}$$

式中：δ 为混凝土配合比校正系数；$m_{c,c}$ 为每立方米混凝土拌和物的质量计算值，kg；$m_{c,t}$ 为每立方米混凝土拌和物的质量实测值，kg。

d. 按校正系数 δ 对配合比中每项材料用量进行调整，即为调整的设计配合比。

③ 混凝土配合比的确定。

当混凝土有抗冻、抗渗和其他技术指标要求时，应用满足抗压强度要求的设计配合比，进行相关性能试验。如不满足要求，则应对配合比进行适当调整，直到满足设计要求为止。

在使用过程中遇到下列情况之一时，应调整或重新进行配合比设计：

a. 对混凝土性能指标要求有变化时；

b. 混凝土原材料品种、质量有变化时。

模块 2　混凝土强度评定

1. 混凝土强度检验评定标准

混凝土试块强度验收时其强度合格标准按国家标准《混凝土强度检验评定标准》（GB/T 50107—2010）或行业标准《水利水电工程施工质量检验与评定规程》（SL 176—2007）执行。

混凝土强度应按批进行检验评定，一个验收批应由强度等级相同、龄期相同以及生产工艺条件和配合比基本相同的混凝土组成。对于施工现场的现浇混凝土，应按单位工程的验收项目划分验收批。一个检验批的混凝土应由强度等级相同、试验龄期相同、生产工艺条件和配合比基本相同的混凝土组成。

2. 混凝土强度检验评定方法

1）国家标准《混凝土强度检验评定标准》（GB/T 50107—2010）的规定

（1）统计方法评定。

① 当连续生产的混凝土生产条件在较长时间内保持一致，且同一品种、同一强度等级混凝土的强度变异性保持稳定时，其强度应满足：

$$m_{f_{cu}} \geqslant f_{cu,k} + 0.7\sigma \tag{3-3-21}$$

$$f_{cu,min} \geqslant f_{cu,k} - 0.7\sigma \tag{3-3-22}$$

检验批混凝土立方体抗压强度的标准差 σ 按式（3-3-3）计算。

同时要满足下列条件。

当混凝土强度等级不高于 C20 时，其强度的最小值尚应满足：

$$f_{cu,min} \geqslant 0.85 f_{cu,k} \tag{3-3-23}$$

当混凝土强度等级高于 C20 时，其强度的最小值尚应满足：

$$f_{cu,min} \geqslant 0.90 f_{cu,k} \tag{3-3-24}$$

式中：$m_{f_{cu}}$ 为同一检验批混凝土立方体抗压强度的平均值（N/mm²），精确到 0.1 N/mm²；$f_{cu,k}$ 为混凝土立方体抗压强度标准值（N/mm²），精确到 0.1 N/mm²；σ 为检验批混凝土立方体抗压强度的标准差（N/mm²），精确到 0.01 N/mm²；当检验批混凝土强度标准差计算值小于 2.5 N/mm² 时，应取 2.5 N/mm²；$f_{cu,i}$ 为前一检验期内同一品种、同一强度等级的 i 组混凝土试件的立方体抗压强度代表值（N/mm²），精确到 0.1 N/mm²，该检验期不应少于 60 d，也不得大于 90 d；n 为前一检验期内的样本容量 n，在该期间内样本容量不应少于 45；$f_{cu,min}$ 为同一检验批混凝土立方体抗压强度的最小值（N/mm²），精确到 0.1 N/mm²。

② 标准差未知，指生产连续性较差，即在生产中无法维持基本相同的生产条件，或生产周期较短，无法积累强度数据计算可靠的标准差，此时检验评定只能直接根据每一检验批抽样的样本强度数据确定标准差。每批样本数量不少于 10 组。这种情况混凝土强度应满足评定。

$$m_{f_{cu}} \geqslant f_{cu,k} + \lambda_1 S_{f_{cu}} \tag{3-3-25}$$

$$f_{cu,min} \geqslant \lambda_2 f_{cu,k} \tag{3-3-26}$$

混凝土强度合格评定系数如表 3-3-15 所示。

表 3-3-15　混凝土强度合格评定系数

试件组数	10～14	15～19	≥20
λ_1	1.15	1.05	0.95
λ_2	0.90	0.85	

（2）非统计方法评定。

当用于评定的样本容量小于 10 组时，采用非统计方法评定混凝土强度。其强度应满足：

$$m_{f_{cu}} \geqslant \lambda_3 f_{cu,k} \tag{3-3-27}$$

$$f_{cu,min} \geqslant \lambda_4 f_{cu,k} \tag{3-3-28}$$

混凝土强度的非统计方法合格评定系数如表 3-3-16 所示。

表 3-3-16　混凝土强度的非统计方法合格评定系数

试件组数	<C60	≥C60
λ_3	1.15	1.10
λ_4	0.95	

（3）合格判断。

合格评定方法有标准差已知方案（统计方法一）、标准差未知方案（统计方法二，最常用）、非统计方法方案。

合格评定条件：平均值 $m_{f_{cu}}$、最小值 $f_{cu,min}$ 必须同时满足方案要求。

2）行业标准《水利水电工程施工质量检验与评定规程》（SL 176—2007）的规定

（1）统计方法评定。

同一标号（或强度等级）混凝土试块 28 d 龄期抗压强度的组数 $n \geq 30$ 时，应符合表 3-3-17 所示的要求。

表 3-3-17　混凝土试块 28 d 抗压强度质量标准

项　目		质量标准	
		优良	合格
任何一组试块抗压强度最低不得低于设计值的		90%	85%
无筋（或少筋）混凝土强度保证率		85%	80%
配筋混凝土强度保证率		95%	90%
混凝土抗压强度的离差系数	<20 MPa	<0.18	<0.22
	≥20 MPa	<0.14	<0.18

同一标号（或强度等级）混凝土试块 28 d 龄期抗压强度的组数 $5 \leq n < 30$ 时，混凝土试块强度应同时满足下列要求：

$$R_n - 0.7S_n > R_{标} \tag{3-3-29}$$

$$R_n - 1.60S_n \geq 0.83R_{标} \quad (当 R_{标} \geq 20) \tag{3-3-30}$$

或

$$R_n - 1.60S_n \geq 0.80R_{标} \quad (当 R_{标} < 20) \tag{3-3-31}$$

式中：S_n 为 n 组试件强度的标准差，MPa。

$$S_n = \sqrt{\frac{\sum_{i=1}^{n}(R_i - R_n)^2}{n-1}}$$

当统计得到的 $S_n < 2.0$（或 1.5）MPa 时，应取 $S_n = 2.0$ MPa（$R_{标} \geq 20$ MPa），$S_n = 1.5$ MPa（$R_{标} < 20$ MPa）；R_n 为 n 组试件强度的平均值，MPa；R_i 为单组试件强度，MPa；$R_{标}$ 为设计 28 d 龄期抗压强度值，MPa；n 为样本容量。

（2）非统计方法评定。

① 同一标号（或强度等级）混凝土试块 28 d 龄期抗压强度的组数 $2 \leq n < 5$ 时，混凝土试块强度应同时满足下列要求：

$$\overline{R}_n \geq 1.15R_{标} \tag{3-3-32}$$

$$R_{min} \geq 0.95R_{标} \tag{3-3-33}$$

式中:$\bar{R}_n$ 为 n 组试块强度的平均值,MPa;R_{min} 为 n 组试块中强度最小一组的值,MPa。

② 同一标号(或强度等级)混凝土试块 28 d 龄期抗压强度的组数只有 1 组时,混凝土试块强度应满足下列要求:

$$R \geqslant 1.15R_标 \tag{3-3-34}$$

式中:R 为试块强度实测值,MPa。

实际工作中,同一标号(或强度等级)混凝土试块 28 d 龄期抗压强度的组数不大于 5 组的情况大量存在,故应对非统计方法评定的要求很清楚。

(3) 喷射混凝土抗压强度检验评定标准。

水利水电工程永久性支护工程的喷射混凝土试块 28 d 龄期抗压强度应满足重要工程的合格条件,临时支护工程的喷射混凝土试块 28 d 龄期抗压强度应满足一般工程的合格条件。

① 重要工程的合格条件为

$$f'_{ck} - K_1 S_n \geqslant 0.9f_c \tag{3-3-35}$$

$$f'_{ck\,min} \geqslant K_2 f_c \tag{3-3-36}$$

② 一般工程的合格条件为

$$f'_{ck} \geqslant f_c \tag{3-3-37}$$

$$f'_{ck\,min} \geqslant 0.85f_c \tag{3-3-38}$$

式中:f'_{ck} 为施工阶段同批 n 组喷射混凝土试块抗压强度的平均值,MPa;f_c 为喷射混凝土立方体抗压强度设计值,MPa;$f'_{ck\,min}$ 为施工阶段同批 n 组喷射混凝土试块抗压强度的最小值,MPa;K_1、K_2 为合格判定系数,按表 3-3-18 取值;n 为施工阶段每批喷射混凝土试块的抽样组数;S_n 为施工阶段同批 n 组喷射混凝土试块抗压强度的标准差,MPa。

表 3-3-18　合格判定系数 K_1、K_2 值

n	10～14	15～24	≥25
K_1	1.70	1.65	1.60
K_2	0.90	0.85	0.85

当同批试块组数 $n<10$ 时,可按 $f'_{ck} \geqslant 1.15f_c$ 及 $f'_{ck\,min} \geqslant 0.95f_c$ 验收(同批试块是指原材料和配合比基本相同的喷射混凝土试块)。

思 考 题

1. 当使用相同配合比拌制混凝土时,卵石混凝土与碎石混凝土的性质有何不同?

2. 混凝土配合比设计的基本要求是什么?

3. 在混凝土配合比设计中,需要确定哪三个参数?

4. 某办公楼现浇钢筋混凝土柱,混凝土设计强度等级为 C25,采用 42.5 级普通硅酸盐水泥,实测强度为 43.5 MPa,密度为 3.0 g/cm³,砂子为中砂,细度模数 $M_X=2.5$,体积密度为 2.65 g/cm³,含水率为 3%;石子为碎石,最大粒径 $D_X=20$ mm,体积密度为 2.70 g/cm³,含水率为 1%;混凝土采用机械搅拌、振捣,坍落度为 30～50 mm,施工单位无混凝土强度标准差的统计资料。根据以上条件,设计混凝土的初步配合比、实验室配合比和施工配合比。

任务 4　建筑砂浆的主要技术性质与检测方法及标准

【任务描述】

通过本任务的学习,认识建筑砂浆的种类及用途,学会对砂浆的现场取样及技术性能的检查方法,了解影响砂浆质量的因素。本任务主要讲解砌筑砂浆的主要性质与检测方法及标准。

【任务目标】

能力目标

(1) 能通过阅读现行检测标准总结出砂浆的技术指标。

(2) 能提交完整的建筑砂浆的试验检测报告。

(3) 能清楚表述砂浆取样与检测的方法、规定、原则。

知识目标

(1) 掌握建筑砂浆的基本性质与技术要求。

(2) 掌握建筑砂浆组成及其对原材料的质量要求。

技能目标

(1) 熟练操作仪器对建筑砂浆拌和物或成品的物理、力学性质检测,并具有对检测数据进行处理的能力。

(2) 对砂浆合格与否作出正确判定的能力。

(3) 填写和审阅试验报告的能力。

模块 1　建筑砂浆的主要技术性质

1. 建筑砂浆的基本知识

砂浆在建筑工程中是用量大、用途广泛的一种建筑材料。砂浆可把散粒材料、块状材料、片状材料等胶结成整体结构,也可用于做装饰、保护主体的材料。

1) 砂浆的定义与分类

砂浆是由胶凝材料、细骨料、掺加料和水按一定的比例拌制并经凝结硬化而成的混合物。它与混凝土的主要区别是组成材料中没有粗骨料,因此,砂浆又称为细骨料混凝土。砂浆主要用于砌筑砖石砌体、修饰建筑物表面等。

砂浆按所用胶凝材料的种类,分为水泥砂浆、石灰砂浆、石膏砂浆、混合砂浆和聚合物水泥砂浆等。常用的混合砂浆有水泥石灰砂浆、水泥黏土砂浆和石灰黏土砂浆等三类;按用途,分为砌筑砂浆、抹面砂浆和特种砂浆等三类。

2) 砂浆的技术要求

建筑砂浆的主要技术性质包括:新拌砂浆的和易性,硬化后砂浆的强度、黏结性和收缩性等。硬化后的砂浆则要求具有所需要的强度、与底面的黏结及较小的变形。具体技术要求如下。

(1) 新拌砂浆应具有良好的和易性。

(2) 硬化砂浆应具有一定的强度、良好的黏结力等力学性质。

（3）硬化砂浆应具有良好的耐久性。

3）砌筑砂浆的组成材料要求

（1）水泥。

常用水泥均可以用来配制砂浆,水泥品种的选择与混凝土的选择相同,可根据砌筑部位、环境条件等选择适宜的水泥品种。通常对水泥的强度要求并不很高,一般采用中等强度等级的水泥就能够满足要求。在配制砌筑砂浆时,水泥强度等级一般应为砂浆强度等级的 4～5 倍。但 M15 以下水泥砂浆采用的水泥强度等级宜为 32.5 级;M15 以上水泥砂浆或水泥混合砂浆采用的水泥强度等级宜为 42.5 级。如果水泥强度等级过高,可适当掺入掺加料。不同品种的水泥不得混合使用。

国标《砌筑水泥》(GBT 3183—2003)规定,在普通硅酸盐水泥熟料中掺入大量的炉渣、灰渣(掺量按质量百分比大于 50%)等物质磨细后可以专门用于拌制砌筑砂浆。由于砌筑水泥中熟料的含量很少,一般为 15%～25%,所以砌筑水泥的强度较低,通常分为 12.5、22.5 等两个级别。

（2）掺和料。

为了改善砂浆的和易性和节约水泥,降低砂浆成本,在配制砂浆时,常在砂浆中掺入适量的磨细生石灰、石灰膏、石膏、粉煤灰、黏土膏、电石膏等物质作为掺和料。为了保证砂浆的质量,经常将生石灰先熟化成石灰膏,然后用孔径不大于 3 mm×3 mm 的网过滤,且熟化时间不得少于 7 d;如用磨细生石灰粉制成,其熟化时间不得小于 2 d。沉淀池中贮存的石灰膏,应采取防止干燥、冻结和污染的措施。严禁使用脱水硬化的石灰膏。制成的膏类物质稠度一般为 (120±5) mm,如果现场施工中石灰膏稠度与试配时不一致,可参照表 3-4-1 所示进行换算。

表 3-4-1　石灰膏不同稠度时的换算系数

石灰膏稠度/mm	120	110	100	90	80	70	60	50	40	30
换算系数	1.00	0.99	0.97	0.95	0.93	0.92	0.90	0.88	0.87	0.86

消石灰粉不得直接使用于砂浆中。

（3）聚合物。

在许多特殊的场合可采用聚合物作为砂浆的胶凝材料,由于聚合物为链型或体型高分子化合物,且黏性好,在砂浆中可呈膜状大面积分布,因此可提高砂浆的黏接性、韧性和抗冲击性,同时也有利于提高砂浆的抗渗、抗碳化等耐久性能,但是可能会使砂浆抗压强度下降。常用的聚合物有聚醋酸乙烯酯、甲基纤维素醚、聚乙烯醇、聚酯树脂、环氧树脂等。

有时还采用石膏、黏土或粉煤灰等材料作为胶结料,但必须经过砂浆的技术性质检验,在不影响砂浆质量的前提下才能够使用。

（4）细集料。

配制砂浆的细集料最常用的是天然砂。砂应符合混凝土用砂的技术性质要求。由于砂浆层较薄,砂的最大粒径应有所限制,理论上不应超过砂浆层厚度的 1/4～1/5,例如,砖砌体用砂浆宜选用中砂,最大粒径以不大于 2.5 mm 为宜;石砌体用砂浆宜选用粗砂,砂的最大粒径以不大于 5.0 mm 为宜;光滑的抹面及勾缝的砂浆宜采用细砂,其最大粒径以不大于 1.2 mm 为宜。为保证砂浆质量,尤其在配制高强度砂浆时,应选用洁净的砂。因此对砂的含泥量应予以限制。

砂的粗细程度对砂浆的水泥用量、和易性、强度及收缩等影响很大。

也可以采用细炉渣等作为细骨料,但应该选用燃烧完全、未燃煤分和其他有害杂质含量较小的炉渣,否则将影响砂浆的质量。

(5)水。

拌制砂浆用水与混凝土拌和用水的要求相同,均需满足《混凝土拌合用水标准》(JGJ 63—2006)的规定。

(6)外加剂。

为改善新拌及硬化后砂浆的各种性能或赋予砂浆某些特殊性能,常在砂浆中掺入适量外加剂。例如,为改善砂浆和易性,提高砂浆的抗裂性、抗冻性及保温性,可掺入微沫剂、减水剂等外加剂;为增强砂浆的防水性和抗渗性,可掺入防水剂等;为增强砂浆的保温隔热性能,除选用轻质细骨料外,还可掺入引气剂提高砂浆的孔隙率。混凝土中使用的外加剂,对砂浆也具有相应的作用。

2. 砌筑砂浆的技术性质

1)新拌砂浆的和易性

新拌砂浆的和易性是指在搅拌运输和施工过程中不易产生分层、析水现象,并且易于在粗糙的砖、石等表面上铺成均匀的薄层的综合性能,通常用流动性和保水性两项指标表示。

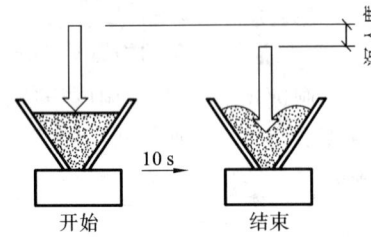

图 3-4-1　砂浆沉入度测定

(1)流动性(稠度)是指砂浆在自重或外力作用下易于流动的性能。

砂浆流动性实质上反映了砂浆的稠度。流动性的大小以砂浆稠度测定仪的圆锥体沉入砂浆中深度的毫米数来表示,称为稠度(沉入度),如图 3-4-1 所示。

砂浆流动性的选择与基底材料种类和吸水性能、施工条件、砌体的受力特点及天气情况等有关。对于多孔吸水的砌体材料和干热的天气,则要求砂浆的流动性大一些;相反对于密实不吸水的砌体材料和湿冷的天气,要求砂浆的流动性小一些。行业标准《砌筑砂浆配合比设计规程》(JGJ 98—2010)规定了砌筑砂浆流动性要求,如表 3-4-2 所示。

表 3-4-2　砌筑砂浆流动性要求

砌 体 种 类	砂浆稠度/mm
烧结普通砖砌体	70～90
蒸压粉煤灰砖砌体	
混凝土实心砖、混凝土多孔砖砌体	50～70
普通混凝土小型空心砌块砌体	
蒸压灰砂砖砌体	
烧结多孔砖、空心砖砌体	60～80
轻骨料小型空心砌块砌体	
蒸压加气混凝土砌块砌体	
石砌体	30～50

影响砂浆流动性的主要因素如下：

① 胶凝材料及掺和料的品种和用量；

② 砂的粗细程度、形状及级配；

③ 用水量；

④ 外加剂品种与掺量；

⑤ 搅拌时间等。

（2）保水性是指新拌砂浆保存水分的能力，也表示砂浆中各组成材料易分离的性能。

新拌砂浆在存放、运输和使用过程中，都必须保持其水分不致很快流失，才能便于施工操作且保证工程质量。如果砂浆保水性不好，在施工过程中很容易泌水、分层、离析或水分易被基面所吸收，使砂浆变得干稠，致使施工困难，同时影响胶凝材料的正常水化硬化，降低砂浆本身的强度以及与基层的黏结强度。因此，砂浆要具有良好的保水性。一般来说，砂浆内胶凝材料充足，尤其是掺加了石灰膏和黏土膏等掺和料后，砂浆的保水性均较好，砂浆中掺入加气剂、微沫剂、塑化剂等也能改善砂浆的保水性和流动性。砂浆的保水率如表 3-4-3 所示。

表 3-4-3　砌筑砂浆的保水率

砂 浆 种 类	保水率/(%)
水泥砂浆	≥80
水泥混合砂浆	≥84
预拌砌筑砂浆	≥88

但是砌筑砂浆的保水性并非越高越好，对于不吸水基层的砌筑砂浆，保水性太高会使得砂浆内部水分早期无法蒸发释放，不利于砂浆强度的增长并且增大了砂浆的干缩裂缝，降低了整个砌体的整体性。

砂浆的保水性也可用分层度表示。分层度的测定是将已测定稠度的砂浆装满分层度筒内（分层度筒内径为 150 mm，分为上下两节，上节高度为 200 mm，下节高度为 100 mm），轻轻敲击筒周围 1～2 下，刮去多余的砂浆并抹平，静置 30 min 后，去掉上部 200 mm 砂浆，取出剩余 100 mm 砂浆倒在搅拌锅中拌 2 min 再测稠度，前后两次测得的稠度差值即为砂浆的分层度（以 mm 计）。砂浆合理的分层度应控制在 10～20 mm，分层度大于 20 mm 的砂浆容易离析、泌水、分层或水分流失过快，不便于施工。一般水泥砂浆分层度不宜超过 30 mm，水泥混合砂浆分层度不宜超过 20 mm。若分层度过小，如分层度为零的砂浆，虽然保水性好但极易发生干缩裂缝。分层度小于 10 mm 的砂浆硬化后容易产生干缩裂缝。砂浆分层度测定仪如图 3-4-2 所示。

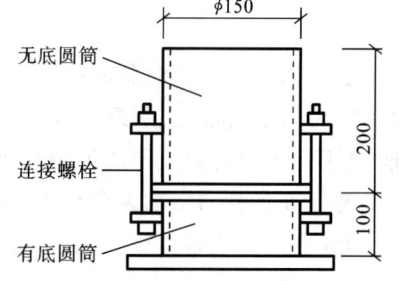

图 3-4-2　砂浆分层度测定仪

2）硬化后砂浆的性质

（1）抗压强度与强度等级。

砂浆强度等级是以 70.7 mm×70.7 mm×70.7 mm 的 6 个立方体试块，按标准条件养护至 28 d 的抗压强度平均值确定的。

根据《砌筑砂浆配合比设计规程》（JGJ 98—2010）的规定，水泥砂浆或预拌砌筑强度等级分为 M5、M7.5、M10、M15、M20、M25、M30 等 7 个等级。水泥混合砂浆的强度等级分为 M5、M7.5、M10、M15 等 4 个级别。

砂浆的实际强度除了与水泥的强度和用量有关外,还与基底材料的吸水性有关,因此其强度可分为下列两种情况。

① 不吸水基层材料。影响砂浆强度的因素与混凝土的基本相同,主要取决于水泥强度和水灰比,即砂浆的强度与水泥强度和灰水比成正比关系。

$$f_{mu} = 0.29 f_{ce}\left(\frac{C}{W} - 0.40\right) \tag{3-4-1}$$

② 吸水性基层材料。砂浆强度主要取决于水泥强度和水泥用量,而与水灰比无关。砂浆强度为

$$f_{mu} = f_{ce} \cdot Q_c \cdot \frac{A}{1000} + B \tag{3-4-2}$$

式中:f_{mu} 为砂浆 28 d 抗压强度,MPa;f_{ce} 为水泥的实测强度值,MPa;Q_c 为每立方米砂浆中水泥用量,kg/m³;A、B 为砂浆的特征系数,其中 $A=3.03$,$B=-15.09$。

从以上可看出,影响砂浆强度的因素有很多,如材料性质、配合比和施工质量等。此外,还受到被黏结的块体材料表面吸水性的影响。

(2) 黏结性。

由于砖、石、砌块等材料是靠砂浆黏结成一个坚固整体并传递荷载的,因此,要求砂浆与基材之间应有一定的黏结强度。两者黏结得越牢,则整个砌体的整体性、强度、耐久性及抗震性等越好。

一般砂浆抗压强度越高,则其与基材的黏结强度越高。此外,砂浆的黏结强度与基层材料的表面状态、清洁程度、湿润状况及施工养护等条件有很大关系,同时还与砂浆的胶凝材料种类有很大关系,加入聚合物可使砂浆的黏结性大为提高。

实际上,针对砌体这个整体来说,砂浆的黏结性较砂浆的抗压强度更为重要。但是,考虑到我国的实际情况,以及抗压强度相对来说容易测定,因此,将砂浆抗压强度作为必检项目和配合比设计的依据。

(3) 变形性。

砌筑砂浆在承受荷载或在温度变化时,会产生变形。变形过大或不均匀,容易使砌体的整体性下降,产生沉陷或裂缝,影响到整个砌体的质量。抹面砂浆在空气中也容易产生收缩等变形,变形过大也会使面层产生裂纹或剥离等质量问题。因此要求砂浆具有较小的变形性。

砂浆变形性的影响因素很多,如胶凝材料的种类和用量,用水量,细骨料的种类、级配和质量,以及外部环境条件等。

(4) 抗冻性。

当设计中有冻融循环要求时,必须进行冻融试验,经冻融试验后,质量损失率不应大于 5%,强度损失率不应大于 25%。行业标准《砌筑砂浆配合比设计规程》(JGJ 98—2010)规定了砌筑砂浆的抗冻性,如表 3-4-4 所示。

3. 其他建筑砂浆

1) 抹面砂浆

凡涂抹在基底材料的表面,兼有保护基层和增加美观作用的砂浆,可统称为抹面砂浆。

表 3-4-4　砌筑砂浆的抗冻性

使 用 条 件	抗 冻 指 标	质量损失率/(%)	强度损失率/(%)
夏热冬暖地区	F15		
夏热冬冷地区	F25	≤5	≤25
寒冷地区	F35		
严寒地区	F50		

根据抹面砂浆功能,一般抹面砂浆可分为普通抹面砂浆、防水抹面砂浆、装饰抹面砂浆和特种抹面砂浆(如绝热、吸声、耐酸、防射线砂浆)等。

与砌筑砂浆相比,抹面砂浆的特点和技术要求如下:抹面层不承受荷载;抹面砂浆应具有良好的和易性,容易抹成均匀平整的薄层,便于施工;抹面层与基底层要有足够的黏结强度,使其在施工中或长期自重和环境作用下不脱落、不开裂;抹面层多为薄层,并分层涂沫,面层要求平整、光洁、细致、美观;多用于干燥环境,大面积暴露在空气中。

抹面砂浆的组成材料与砌筑砂浆的基本上是相同的。但为了防止砂浆层的收缩开裂,有时需要加入一些纤维材料,或者为了使其具有某些特殊功能需要选用特殊骨料或掺和料。

与砌筑砂浆不同,抹面砂浆的主要技术性质不是抗压强度,而是和易性及与基底材料的黏结强度。

(1) 普通抹面砂浆。

普通抹面砂浆对建筑物和墙体起到保护作用。它可以抵抗风、雨、雪等对建筑物的侵蚀,并提高建筑物的耐久性,同时经过抹面的建筑物表面或墙面又可以达到平整、光洁、美观的效果。常用的普通抹面砂浆有水泥砂浆、石灰砂浆、水泥混合砂浆、麻刀石灰砂浆(简称麻刀灰)、纸筋石灰砂浆(简称纸筋灰)等。普通抹面砂浆通常分为两层或三层进行施工。

底层抹灰的作用是使砂浆与基底能牢固地黏结,因此要求底层砂浆具有良好的和易性、保水性和较好的黏结强度。中层抹灰主要是找平,有时可省略。面层抹灰作用是获得平整、光洁的表面效果。各层抹灰面的作用和要求不同,因此每层所选用的砂浆也不一样。同时不同的基底材料和工程部位对砂浆技术性能要求也不同,这也是选择砂浆种类的主要依据。

水泥砂浆宜用于潮湿或强度要求较高的部位;混合砂浆多用于室内底层或中层或面层抹灰;石灰砂浆、麻刀灰、纸筋灰多用于室内中层或面层抹灰。

水泥砂浆不得涂抹在石灰砂浆层上。

普通抹面砂浆的组成材料及配合比可根据使用部位及基底材料的特性确定,一般情况下参考有关资料和手册选用。

(2) 装饰抹面砂浆。

装饰抹面砂浆是指涂抹在建筑物内外墙表面,具有美观装饰效果的抹面砂浆。

装饰抹面砂浆的底层和中层抹灰与普通抹面砂浆的基本相同,但是其面层要选用具有一定颜色的胶凝材料和骨料或者经各种加工处理,使得建筑物表面呈现各种不同的颜色、线条和花纹等装饰效果。

① 装饰抹面砂浆的组成材料如下。

a. 胶凝材料。装饰抹面砂浆所用胶结材料与普通抹面砂浆的基本相同,只是灰浆类饰面更多地采用白色水泥或彩色水泥。

b. 集料。装饰抹面砂浆所用集料,除普通天然砂外,石碴类饰面常使用石英砂、彩釉砂、着色砂、彩色石碴等。

c. 颜料。装饰抹面砂浆中的颜料应采用耐碱和耐光晒的矿物颜料。

② 装饰抹面砂浆主要饰面方式如下。

装饰抹面砂浆饰面方式可分为灰浆类饰面和石碴类饰面两大类。

a. 灰浆类饰面。主要通过水泥砂浆的着色或对水泥砂浆表面进行艺术加工,从而获得具有特殊颜色、线条、纹理等质感的饰面。其主要优点是材料来源广泛,施工操作简便,造价比较低廉,而且通过不同的工艺加工,可以创造不同的装饰效果。

b. 石碴类饰面。用水泥(普通水泥、白水泥或彩色水泥)、石碴、水拌成石碴浆,同时采用不同的加工手段除去表面水泥浆皮,使石碴呈现不同的外露形式以及水泥浆与石碴的色泽对比,构成不同的装饰效果。

石碴是天然的大理石、花岗石及其他天然石材经破碎而成的,俗称米石。常用的规格有大八厘(粒径为 8 mm)、中八厘(粒径为 6 mm)、小八厘(粒径为 4 mm)。石碴类饰面比灰浆类饰面色泽较明亮,质感相对丰富,不易褪色,耐光性和耐污染性也较好。

2）防水砂浆

用做防水层的砂浆称为防水砂浆。砂浆防水层又称作刚性防水层,适用于不受振动和具有一定刚度的混凝土或砖石砌体的表面。

防水砂浆主要有如下三种。

(1) 水泥砂浆。这是由水泥、细骨料、掺和料和水制成的砂浆。普通水泥砂浆多层抹面用做防水层。

(2) 掺加防水剂的防水砂浆。这是在普通水泥中掺入一定量的防水剂而制成的防水砂浆,是目前应用最广泛的一种防水砂浆。常用的防水剂有硅酸钠类、金属皂类、氯化物金属盐及有机硅类。

(3) 膨胀水泥和无收缩水泥配制砂浆。由于该种水泥具有微膨胀或补偿收缩性能,从而能提高砂浆的密实性和抗渗性。

防水砂浆的配合比为水泥与砂的质量比,一般不宜大于 1∶2.5,水灰比应为 0.50~0.60,稠度不应大于 80 mm。水泥宜选用强度等级为 42.5 及以上的普通硅酸盐水泥或矿渣水泥,砂子宜选用中砂。

防水砂浆施工方法由人工多层抹压法和喷射法等。各种方法都以防水抗渗为目的,减少内部连通毛细孔,提高密实度。

3）特种砂浆

(1) 隔热砂浆。

隔热砂浆是采用水泥等胶凝材料,以及膨胀珍珠岩、膨胀蛭石、陶粒砂等轻质多孔骨料,按照一定比例配制的砂浆。其具有质量轻、保温隔热性能好(导热系数一般为 0.07~0.1 W/(m·K))等特点,主要用于屋面、墙体绝热层和热水、空调管道的绝热层。

常用的隔热砂浆有水泥膨胀珍珠岩砂浆、水泥膨胀蛭石砂浆、水泥石灰膨胀蛭石砂浆等。

（2）吸声砂浆。

吸声砂浆一般是采用轻质多孔骨料拌制而成的，由于其骨料内部孔隙率大，因此吸声性能也十分优良。吸声砂浆还可以在砂浆中掺入锯末、玻璃纤维、矿物棉等材料拌制而成，主要用于室内吸声墙面和顶面。

（3）耐腐蚀砂浆。

水玻璃类耐酸砂浆，一般采用水玻璃作为胶凝材料拌制而成，常常掺入氟硅酸纳作为促硬剂。耐酸砂浆主要作为衬砌材料、耐酸地面或内壁防护层等。

① 耐碱砂浆。使用强度等级为 42.5 及以上的普通硅酸盐水泥（水泥熟料中铝酸三钙含量应小于 9%），细骨料可采用耐碱、密实的石灰岩类（石灰岩、白云岩、大理岩等）、火成岩类（辉绿岩、花岗岩等）制成的砂和粉料，也可采用石英质的普通砂。耐碱砂浆可耐一定温度和浓度下的氢氧化钠和铝酸钠溶液的腐蚀，以及任何浓度的氨水、碳酸钠、碱性气体和粉尘等的腐蚀。

② 硫黄砂浆是以硫黄为胶结料，加入填料、增韧剂，经加热熬制而成的砂浆。采用石英粉、辉绿岩粉、安山岩粉作为耐酸粉料和细骨料。硫黄砂浆具有良好的耐腐蚀性能，几乎能耐大部分有机酸、无机酸、中性和酸性盐的腐蚀，对乳酸也有很强的耐蚀能力。

（4）防辐射砂浆。

防辐射砂浆是采用重水泥（钡水泥、锶水泥）或重质骨料（黄铁矿、重晶石、硼砂等）拌制而成的，可防止各类辐射的砂浆，主要用于射线防护工程。

（5）聚合物砂浆。

聚合物砂浆是在水泥砂浆中加入有机聚合物乳液配制而成的，具有黏结力强、干缩率小、脆性低、耐蚀性好等特性，用于修补和防护工程。常用的聚合物乳液有氯丁胶乳液、丁苯橡胶乳液、丙烯酸树脂乳液等。

4. 砌筑砂浆应用

（1）水泥砂浆宜用于砌筑潮湿环境及强度要求较高的砌体。

（2）多层房屋的墙体一般采用强度等级为 M5 的水泥石灰砂浆。

（3）砖柱、砖拱、钢筋砖过梁等一般采用强度等级为 M5 以上的水泥砂浆。

（4）砖基础一般采用强度等级为 M5 的水泥砂浆。

（5）低层房屋找平层可采用石灰砂浆，料石砌体多采用强度等级为 M5 的水泥砂浆或水泥石灰砂浆。

（6）简易房屋可用石灰黏土砂浆。

5. 工程案例

某工地现配制 M10 砂浆砌筑砖墙，把水泥直接倒在砂堆上，再人工搅拌。该砌体灰缝饱满度及黏结性均差。请分析原因。

原因分析如下。

（1）砂浆的均匀性可能有问题。把水泥直接倒入砂堆上，采用人工搅拌的方式往往导致混合不够均匀，使强度波动大，宜加入搅拌机中搅拌。

（2）仅以水泥与砂配制砂浆,使用少量水泥虽可满足强度要求,但往往流动性及保水性较差,而使砌体饱满度及黏结性较差,影响砌体强度,可掺入少量石灰膏、石灰粉或微沫剂等以改善砂浆和易性。

模块 2　建筑砂浆的性能检测

1. 检测标准

《砌筑砂浆配合比设计规程》(JGJ 98—2010)、《混凝土拌合用水标准》(JGJ 63—2006)、《通用硅酸盐水泥》(GB 175—2007)、《建筑砂浆基本性能试验方法标准》(JGJ/T 70—2009)、《混凝土外加剂》(GB 8076—2008)、《砂浆、混凝土防水剂》(JC 474—2008)和《建筑用砂》(GB/T 14684—2011)等标准。

2. 砂浆原材料进场检验

严格按前述任务里所规定的标准进行取样、检测。

1）胶凝材料

砂浆常用的胶凝材料是水泥、石灰、石膏等。其中对水泥的要求如下。

（1）品质应符合现行的国家标准及有关部颁标准的规定。

（2）每一工程所用水泥品种不宜过多,并宜采用固定厂商供应。有条件时,优先选用散装水泥。

（3）水泥的品种应考虑砂浆所处的环境的影响。

（4）运至工地的水泥,应检验是否具备制造商的品质实验报告。在实验室中必须进行复验,必要时还应进行化学分析。

2）细骨料

（1）砂浆用砂应符合普通混凝土用砂的技术要求。

（2）砂料应根据优质条件、就地取材的原则进行选择。可选用天然砂、机制砂,或两者相互补充。砂料应质地坚硬、清洁、级配良好;使用山砂、特细砂,应经过试验论证。

（3）机制砂生产中,应保持进料粒径、进料量及料浆浓度的相对稳定性,以便控制机制砂的细度模数及石粉含量。

（4）砂料中有活性骨料的,必须经过专门试验论证。

3）砂浆拌和水

砂浆拌和水的技术要求与普通混凝土拌和水的相同。

4）掺和料

非成品原状粉煤灰的品质指标应满足:烧失量不得超过 12%;干灰含水量不得超过 1%;三氧化硫(水泥和粉煤灰总量中的)不得超过 3.5%;0.08 mm 方孔筛筛余量不得超过 12%。石灰、黏土均应制成稠度为(120±5) mm 膏状体,并通过 3 mm×3 mm 的网过滤后掺入砂浆中。生石灰熟化成熟石灰膏时,熟化时间不得少于 7 d;磨细生石灰的熟化时间不得少于 2 d;消石灰粉不得直接用于砌筑砂浆中。黏土以选颗粒细、黏性好、砂及有机物含量少的为宜。

5）外加剂

外加剂必须与水混合配成一定浓度的溶液,各种成分用量应准确。对含有大量固体的外加剂(如含石灰的减水剂),其溶液应通过 0.6 mm 孔眼的筛子过滤。

外加剂溶液必须搅拌均匀,并定期取有代表性的样品进行鉴定。

当外加剂贮存时间过长,对其质量有怀疑时,必须进行试验鉴定。严禁使用变质的外加剂。

3. 建筑砂浆的基本性质检测试验

严格按《建筑砂浆基本性能试验方法标准》(JGJ/T 70—2009)进行检测试验。

1）取样

(1)建筑砂浆试验用料应从同一盘砂浆或同一车砂浆中取样。取样量应不少于试验所需量的 4 倍。

(2)施工中取样进行砂浆试验时,其取样方法和原则应按相应的施工验收规范执行。一般在使用地点的砂浆槽、砂浆运送车或搅拌机出料口,至少从三个不同部位取样。现场取来的试样,试验前应人工搅拌均匀。

(3)从取样完毕到开始进行各项性能试验不宜超过 15 min。

2）试样制备

(1)在实验室制备砂浆拌和物时,所用材料应提前 24h 运入室内。拌和时实验室的温度应保持在(20±5) ℃。模拟现场条件时材料温度与施工现场的保持一致。

(2)试验所用原材料应与现场使用材料一致。砂应通过公称粒径 5 mm 筛。

(3)实验室拌制砂浆时,材料用量应以质量计。称量精度:水泥、外加剂、掺和料等的称量精度为±0.5%;砂的称量精度为±1%。

(4)在实验室搅拌砂浆时应采用机械搅拌,搅拌机应符合《试验用砂浆搅拌机》(JG/T 3033)的规定,搅拌的用量宜为搅拌机容量的 30%～70%,搅拌时间不应少于 120 s。掺有掺和料和外加剂的砂浆,其搅拌时间不应少于 180 s。

(5)先拌制适量砂浆(与真正试拌时的砂浆配合比相同),使搅拌机内壁黏附一薄层水泥砂浆,保证拌制质量。称出各项材料用量,再将砂、水泥装入搅拌机内。开动搅拌机,将水缓慢加入(混合砂浆需将石灰膏用水调稀至浆状),搅拌约 3 min(搅拌的用量不宜少于搅拌机容量的 20%,搅拌时间不宜少于 2 min)。

将砂浆搅拌物倒入拌和铁板上,用拌铲翻拌 2 次,使之混合均匀。

3）试验记录

试验记录应包括下列内容。

(1)取样日期和时间;

(2)工程名称、部位;

(3)砂浆品种、砂浆强度等级;

(4)取样方法;

(5)试样编号;

(6)试样数量;

(7)环境温度;

(8)实验室温度;

(9)原材料品种、规格、产地及性能指标;

(10)砂浆配合比和每盘砂浆的材料用量;

(11)仪器设备名称、编号及有效期;

(12) 试验单位、地点；

(13) 取样人员、试验人员、复核人员；

(14) 其他。

4）稠度试验

(1) 试验目的。

确定配合比或施工过程中控制砂浆的稠度，以达到控制用水量的目的。

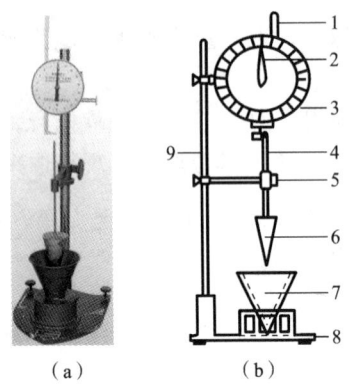

（a）　　　　（b）

图 3-4-3　砂浆稠度测定仪

1—齿条测杆；2—摆针；3—刻度盘；
4—滑杆；5—制动螺丝；6—试锥；
7—盛装容器；8—底座；9—支架

(2) 仪器设备。

① 砂浆稠度仪，如图 3-4-3 所示，由试锥、容器和支座三部分组成。试锥由钢材或铜材制成，试锥高度为 145 mm，锥底直径为 75 mm，试锥连同滑杆的重量应为(300±2) g；盛载砂浆容器由钢板制成，筒高为 180 mm，锥底内径为 150 mm；支座分底座、支架及刻度显示三个部分，由铸铁、钢及其他金属制成。

② 钢制捣棒，直径为 10 mm，长 350 mm，端部磨圆。

③ 秒表等。

(3) 试验步骤。

① 用少量润滑油轻擦滑杆，再将滑杆上多余的油用吸油纸擦净，使滑杆能自由滑动。

② 用湿布擦净盛浆容器和试锥表面，将砂浆拌和物一次装入容器，使砂浆表面低于容器口约 10 mm。用捣棒自容器中心向边缘均匀地插捣 25 次，然后轻轻地将容器摇动或敲击 5～6 下，使砂浆表面平整，然后将容器置于稠度测定仪的底座上。

③ 拧松制动螺丝，向下移动滑杆，当试锥尖端与砂浆表面刚接触时，拧紧制动螺丝，使齿条侧杆下端刚接触滑杆上端，读出刻度盘上的读数(精确至 1 mm)。

④ 拧松制动螺丝，同时计时间，10s 时立即拧紧螺丝，将齿条测杆下端接触滑杆上端，从刻度盘上读出下沉深度(精确至 1 mm)，二次读数的差值即为砂浆的稠度值。

⑤ 盛装容器内的砂浆，只允许测定一次稠度，重复测定时，应重新取样测定。

(4) 稠度试验结果。

① 取两次试验结果的算术平均值，精确至 1 mm；

② 如两次试验值之差大于 10 mm，应重新取样测定。

5）密度试验

(1) 试验目的。

测定砂浆拌和物捣实后的单位体积质量(即质量密度)，以确定每立方米砂浆拌和物中各组成材料的实际用量。

(2) 仪器设备。

① 容量筒，金属制成，内径为 108 mm，净高 109 mm，筒壁厚 2 mm，容积为 1 L。

② 天平，称量为 5kg，感量为 5 g。

③ 钢制捣棒，直径为 10 mm，长 350 mm，端部磨圆。

④ 砂浆密度测定仪，如图 3-4-4 所示。

⑤ 振动台,振幅为(0.5±0.05)mm,频率为(50±3)Hz。

⑥ 秒表。

(3)试验步骤。

① 按前面的规定测定砂浆拌和物的稠度。

② 用湿布擦净容量筒的内表面,称量容量筒质量 m_1,精确至 5 g。

③ 捣实可采用手工或机械方法。当砂浆稠

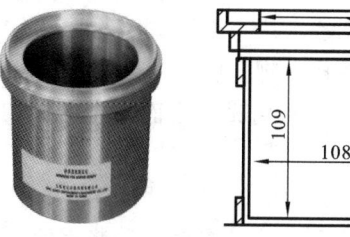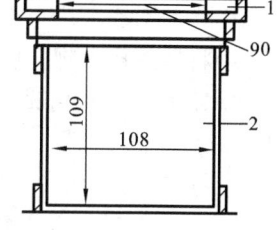

图 3-4-4　砂浆密度测定仪
1—漏斗;2—容量筒

度大于 50 mm 时,宜采用人工插捣法,当砂浆稠度不大于 50 mm 时,宜采用机械振动法。

采用人工插捣时,将砂浆拌和物一次装满容量筒,使稍有富余,用捣棒由边缘向中心均匀地插捣 25 次,插捣过程中如砂浆沉落到低于筒口,则应随时添加砂浆,再用木槌沿容器外壁敲击 5～6 下。

采用振动法时,将砂浆拌和物一次装满容量筒,连同漏斗放在振动台上振动 10 s,振动过程中如砂浆沉入低于筒口,应随时添加砂浆。

④ 捣实或振动后将筒口多余的砂浆拌和物刮去,使砂浆表面平整,然后将容量筒外壁擦净,称出砂浆与容量筒总质量 m_2,精确至 5 g。

砂浆拌和物的质量密度应满足

$$\rho = \frac{m_2 - m_1}{V} \times 1000 \tag{3-4-3}$$

式中:ρ 为砂浆拌和物的质量密度,kg/m³;m_1 为容量筒质量,kg;m_2 为容量筒及试样质量,kg;V 为容量筒容积,L。

取两次试验结果的算术平均值,精确至 10 kg/m³。

容量筒容积校正方法为:称量玻璃板和容量筒质量;边加水边推玻璃板,盖严容量筒,不得存在气泡;称量容量筒、水和玻璃板质量;两次质量之差即为容量筒的容积。

6)保水率试验

(1)试验目的。

测定大部分预拌砂浆保水性能,适用于测定砂浆拌和物在运输及停放时内部组分的稳定性。

(2)仪器设备。

① 金属或硬塑料圆环试模,内径为 100 mm,内部高度为 25 mm。

② 可密封的取样容器应清洁、干燥。

③ 2 kg 的重物。

④ 医用棉纱,尺寸为 110 mm×110 mm,宜选用纱线稀疏、厚度较薄的棉纱。

⑤ 超白滤纸,符合《化学分析滤纸》(GB/T 1914)的中速定性滤纸。直径为 110 mm,密度为 200 g/m²。

⑥ 2 片金属或玻璃的方形或圆形不透水片,边长或直径大于 110 mm。

⑦ 天平:量程为 200 g,感量为 0.1 g;量程为 2 000 g,感量为 1 g。

⑧ 烘箱。

(3)试验步骤。

① 称量不透水片与干燥试模的质量 m_1 和 8 片中速定性滤纸的质量 m_2。

② 将砂浆拌和物一次性填入试模,并用抹刀插捣数次,当填充砂浆略高于试模边缘时,用抹刀以 45°角一次性将试模表面多余的砂浆刮去,然后再用抹刀以较平的角度在试模表面反方向将砂浆刮平。

③ 抹掉试模边的砂浆,称量试模、下不透水片与砂浆总质量 m_3。

④ 用 2 片医用棉纱覆盖在砂浆表面,再在棉纱表面放上 8 片滤纸,用不透水片盖在滤纸表面,以 2 kg 的重物把不透水片压着。

⑤ 静置 2 min 后移走重物及不透水片,取出滤纸(不包括棉砂),迅速称量滤纸质量 m_4。

⑥ 根据砂浆的配合比及加水量计算砂浆的含水率。

砂浆保水率为

$$W=\left[1-\frac{m_4-m_2}{a\times(m_3-m_1)}\right]\times100 \tag{3-4-4}$$

式中:W 为保水性,%;m_1 为下不透水片与干燥试模的质量,g;m_2 为 8 片滤纸吸水前的质量,g;m_3 为试模、下不透水片与砂浆的总质量,g;m_4 为 8 片滤纸吸水后的质量,g;a 为砂浆含水率,%。

取两次试验结果的平均值作为结果,如 2 个测定值中有 1 个超出平均值的 5%,则此组试验结果无效。

7) 立方体抗压强度试验

(1) 试验目的。

测定砂浆立方体的抗压强度,确定砂浆质量是否合格。

(2) 试验设备。

图 3-4-5　砂浆试模

① 试模,尺寸为 70.7 mm×70.7 mm×70.7 mm 的带底试模,试模的内表面应机械加工,其不平度应为每 100 mm 不超过 0.05 mm,组装后各相邻面的不垂直度不应超过±0.5°,如图3-4-5所示。

② 钢制捣棒,直径为 10 mm,长 350 mm,端部应磨圆。

③ 压力试验机,精度为 1%,试件破坏荷载应不小于压力机量程的 20%,且不大于全量程的 80%。

④ 垫板,试验机上、下压板及试件之间可垫以钢垫板,垫板的尺寸应大于试件的承压面,其不平度应为每 100 mm 不超过0.02 mm。

⑤ 振动台,空载中台面的垂直振幅应为(0.5±0.05) mm,空载频率应为(50±3) Hz,空载台面振幅均匀度不大于 10%,一次试验至少能固定(或用磁力吸盘)3 个试模。

(3) 立方体抗压强度试件的制作及养护。

① 采用立方体试件,每组试件 3 个。

② 应用黄油等密封材料涂抹试模的外接缝,试模内涂刷薄层机油或脱模剂,将拌制好的砂浆一次性装满砂浆试模,成形方法根据稠度而定。当稠度不小于 50 mm 时采用人工振捣成形,当稠度小于 50 mm 时采用振动台振实成形。

a. 人工振捣。用捣棒均匀地由边缘向中心按螺旋方式插捣 25 次,插捣过程中如砂浆沉落低于试模口,应随时添加砂浆,可用油灰刀插捣数次,并用手将试模一边抬高 5～10 mm 各振动 5 次,使砂浆高出试模顶面 6～8 mm。

　　b. 机械振动。将砂浆一次装满试模,放置到振动台上,振动时试模不得跳动,振动 5～10 s 或持续到表面出浆为止;不得过振。

　　③ 待表面水分稍干后,将高出试模部分的砂浆沿试模顶面刮去并抹平。

　　④ 试件制作后应在室温为 (20±5) ℃的环境下静置 (24±2) h,当气温较低时,可适当延长时间,但不应超过两昼夜,然后对试件进行编号、拆模。试件拆模后应立即放入温度为 (20±2) ℃,相对湿度为 90%RH 以上的标准养护室中养护。养护期间,试件彼此间隔不小于 10 mm,混合砂浆试件上面应覆盖,以防有水滴在试件上。

　　(4) 试验步骤。

　　① 试件从养护地点取出后应及时进行试验。试验前将试件表面擦拭干净,测量尺寸,检查其外观,并据此计算试件的承压面积,如实测尺寸与公称尺寸之差不超过 1 mm,可按公称尺寸进行计算。

　　② 将试件安放在试验机的下压板(或下垫板)上,试件的承压面应与成形时的顶面垂直,试件中心应与试验机下压板(或下垫板)中心对准。开动试验机,当上压板与试件(或上垫板)接近时,调整球座,使接触面均衡受压。承压试验应连续而均匀地加荷,加荷速度应为 0.25～1.5 kN/s(砂浆强度不大于 5 MPa 时,宜取下限,砂浆强度大于 5 MPa 时,宜取上限),当试件接近破坏而开始迅速变形时,停止调整试验机油门,直至试件被破坏,然后记录破坏荷载。

砂浆立方体抗压强度应满足

$$f_{m,cu} = \frac{N_u}{A} \tag{3-4-5}$$

式中:$f_{m,cu}$ 为砂浆立方体试件抗压强度,MPa,精确至 0.1 MPa;N_u 为试件破坏荷载,N;A 为试件承压面积,mm^2。

　　以三个试件测值的算术平均值的 1.3 倍 (f_2) 作为该组试件的砂浆立方体试件抗压强度平均值,精确至 0.1 MPa。

　　当三个测值的最大值或最小值中如有一个与中间值的差值超过中间值的 15% 时,则把最大值及最小值一并舍除,取中间值作为该组试件的抗压强度值;如有两个测值与中间值的差值均超过中间值的 15% 时,则该组试件的试验结果无效。

　　8) 凝结时间试验

　　(1) 试验目的。

　　用贯入阻力法确定砂浆拌和物的凝结时间,以便确保施工时的砌筑质量。

　　(2) 试验设备。

　　① 砂浆凝结时间测定仪,如图 3-4-6 所示,由试针、容器、台秤和支座四部分组成,并应符合下列规定。

　　a. 试针,不锈钢制成,截面积为 30 mm^2。

　　b. 盛砂浆容器,由钢制成,内径为 140 mm,高 75 mm。

　　c. 压力表,称量精度为 0.5 N。

　　d. 支座,分底座、支架及操作杆三部分,由铸铁或钢制成。

　　② 时钟等。

　　(3) 试验步骤。

　　① 将制备好的砂浆拌和物装入砂浆容器内,并低于容器上口 10 mm,轻轻敲击容器,并予

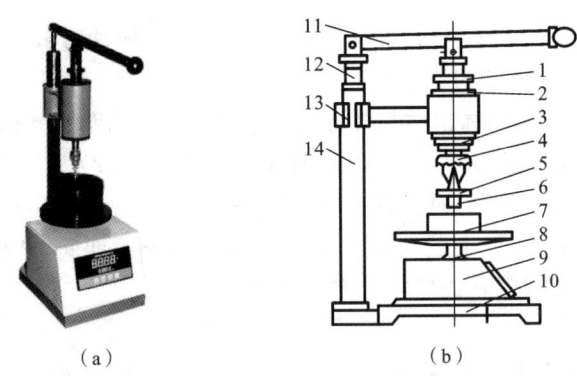

图 3-4-6　砂浆凝结时间测定仪示意图

1—调节套;2—调节螺母;3—调节螺母;4—夹头;5—垫片;6—试针;7—试模;

8—调节螺母;9—压力表座;10—底座;11—操作杆;12—调节杆;13—立架;14—立柱

以抹平,盖上盖子,放在(20±2)℃的试验条件下保存。

② 砂浆表面的泌水不清除,将容器放到压力表圆盘上,然后通过以下步骤来调节测定仪。

a. 调节调节螺母 3,使贯入试针与砂浆表面接触。

b. 松开调节螺母 2,再调节调节套 1,以确定压入砂浆内部的深度为 25 mm 后再拧紧调节螺母 2。

c. 旋动调节螺母 8,使压力表指针调到零位。

③ 测定贯入阻力值,用截面为 30 mm² 的贯入试针与砂浆表面接触,在 10 s 内缓慢而均匀地垂直压入砂浆内部 25 mm 深,每次贯入时记录仪表读数 N_p,贯入杆离开容器边缘或已贯入部位至少 12 mm。

④ 在(20±2)℃的试验条件下,实际贯入阻力值,在成形后 2 h 开始测定,以后每隔 0.5 h 测定一次,至贯入阻力值达到 0.3 MPa 后,改为每 15 min 测定一次,直至贯入阻力值达到 0.7 MPa 为止。

注意　施工现场凝结时间的测定,其砂浆稠度、养护和测定的温度与现场的相同;在测定湿拌砂浆的凝结时间时,时间间隔可根据实际情况来定。如可定为受检砂浆预测凝结时间的 1/4、1/2、3/4 等来测定,当接近凝结时间时,改为每 15 min 测定一次。

砂浆贯入阻力值为

$$f_p = \frac{N_p}{A_p} \tag{3-4-6}$$

式中:f_p 为贯入阻力值,MPa,精确至 0.01 MPa;N_p 为贯入深度至 25 mm 时的静压力,N;A_p 为贯入试针的截面积,即 30 mm。

(4) 由测得的贯入阻力值,可按下列方法确定砂浆的凝结时间。

① 分别记录时间和相应的贯入阻力值,根据试验所得各阶段的贯入阻力与时间的关系绘图,由图求出贯入阻力值达到 0.5 MPa 的所需时间 t_s(min),此时的 t_s 值即为砂浆的凝结时间测定值,或采用内插法确定。

② 砂浆凝结时间测定,应在一盘内取两个试样,以两个试验结果的平均值作为该砂浆的凝结时间值,两次试验结果的误差不应大于 30 min,否则应重新测定。

9)　检测数据的处理

原始记录是检测结果的如实记载,不允许随便更改和删减。

（1）原始记录的格式应统一，不准用铅笔填写。内容应填写整齐完整、字迹要清晰，检测人员和校核人员应签名。

（2）原始记录如需更改，作废数据应画两条平等线，将正确数据填写在上方，并盖上更正人印章或由更改人签字。

（3）原始记录在检测报告发出的同时，送资料室存档，保存期不少于 5 年。

（4）检测数据的有效位数，应与检测系统的准确度相适应，以便测试数据的有效位相等。

（5）按标准对原始数据进行计算。

水泥砂浆试件抗压强度试验报告单

抽（取）样单位：　　　　　施工单位：　　　　　合同号：

工程名称：　　　　　试验日期：　　　　　编号：

试件尺寸/mm						设计标号/MPa			
试件编号	制件日期	试验日期	龄期/d	试件尺寸/cm	受压面积/mm²	破坏荷载/kN	抗压强度/MPa	平均抗压强度/MPa	备注

试验：　　　　　计算：　　　　　复核：　　　　　批准：

监理试验工程师：　　　　　试验单位（盖章）：

思　考　题

1. 新拌砂浆的和易性包括哪两方面含义？如何测定？

2. 砂浆和易性对工程应用有何影响？怎样才能提高砂浆的和易性？

3. 影响砂浆强度的基本因素是什么？写出其强度公式。

4. 砂浆的保水性和流动性如何测定？

5. 配制砂浆时，为什么除水泥外常常还要加入一定量的其他胶凝材料？

任务 5 建筑砂浆的配合比设计与强度评定

【任务描述】

在工程开工前首先就要按设计图纸与设计说明书要求，作出本工程所需的砂浆试验配合比，在工程施工中也要针对分部（分项）工程的砂浆强度进行评定，确保施工质量。

【任务目标】

能力目标

(1) 具有确定建筑砂浆配合比设计参数的能力。

(2) 具有评判现场批砂浆质量的能力。

知识目标

(1) 掌握建筑砂浆的配合比设计方法。

(2) 掌握建筑砂浆强度评定和质量控制要点。

技能目标

(1) 能与团队合作共同完成建筑砂浆配合比设计。

(2) 能独立分析分部或单位工程建筑砂浆的质量情况。

模块 1 建筑砂浆的配合比设计

砂浆配合比用每立方米砂浆中各种材料的用量表示，可以从砂浆配合比速查手册查得，也可按《砌筑砂浆配合比设计规程》(JGJ 98—2010)或行业标准《水工混凝土配合比设计规程》(DL/T 5330—2005)中的设计方法进行计算，但必须经过试配调整，以确保达到设计要求。

1. 按国家标准《砌筑砂浆配合比设计规程》(JGJ 98—2010)现场配制水泥混合砂浆的试配要求

(1) 配合比计算应按下列步骤进行：

① 计算砂浆试配强度($f_{m,0}$)；

② 计算每立方米砂浆中的水泥用量(Q_c)；

③ 计算每立方米砂浆中石灰膏用量(Q_D)；

④ 确定每立方米砂浆砂用量(Q)；

⑤ 按砂浆稠度选每立方米砂浆用水量(Q_w)。

(2) 砂浆的试配强度为

$$f_{m,0}=kf_2 \tag{3-5-1}$$

式中：$f_{m,0}$ 为砂浆的试配强度，MPa，应精确至 0.1 MPa；f_2 为砂浆强度等级值，MPa，应精确至 0.1 MPa；k 为系数，按表 3-5-1 所示取值。

表 3-5-1　砂浆强度标准差 σ 及 k 值

施工水平 \ 强度等级	强度标准差 σ/MPa							k
	M5	M7.5	M10	M15	M20	M25	M30	
优良	1.00	1.50	2.00	3.00	4.00	5.00	6.00	1.15
一般	1.25	1.88	2.50	3.75	5.00	6.25	7.50	1.20
较差	1.50	2.25	3.00	4.50	6.00	7.50	9.00	1.25

强度标准差 σ 计算方法如下。

① 当有统计资料时，应按式(3-5-2)计算：

$$\sigma = \sqrt{\frac{\sum_{i=1}^{n} f_{m,i}^2 - n\mu_{f_m}^2}{n-1}} \tag{3-5-2}$$

式中：$f_{m,i}$ 为统计周期内同一品种砂浆第 i 组试件的强度，MPa；μ_{f_m} 为统计周期内同一品种砂浆 n 组试件强度的平均值，MPa；n 为统计周期内同一品种砂浆试件的总组数，$n \geqslant 25$。

② 当无统计资料时，砂浆强度标准差可按表 3-5-1 取值。

（3）水泥用量的计算应符合下列规定。

每立方米砂浆中的水泥用量为

$$Q_c = 1\,000(f_{m,0} - \beta)/(\alpha f_{ce}) \tag{3-5-3}$$

式中：Q_c 为每立方米砂浆的水泥用量，kg，应精确至 1 kg；f_{ce} 为水泥的实测强度，MPa，应精确至 0.1 MPa；α、β 为砂浆的特征系数，其中 α 取 3.03，β 取 -15.09。

各地区也可用本地区试验资料确定 α、β 值，统计用的试验组数不得少于 30 组。

在无法取得水泥的实测强度值时，水泥强度值为

$$f_{ce} = \gamma_c f_{ce,k} \tag{3-5-4}$$

式中：$f_{ce,k}$ 为水泥强度等级值，MPa；γ_c 为水泥强度等级值的富余系数，宜按实际统计资料确定，无统计资料时可取 1.0。

（4）每立方米砂浆中石灰膏用量。

应按式(3-5-5)计算：

$$Q_D = Q_A - Q_c \tag{3-5-5}$$

式中：Q_D 为每立方米砂浆的石灰膏用量，kg，应精确至 1 kg，石灰膏使用时的稠度宜为(120±5) mm；Q_c 为每立方米砂浆的水泥用量，kg，应精确至 1 kg；Q_A 为每立方米砂浆中水泥和石灰膏总量，应精确至 1 kg，可为 350 kg。

（5）每立方米砂浆中砂子用量 Q_s（kg/m³），应以干燥状态（含水率小于 0.5%）的堆积密度作为计算值，即 1 m³ 的砂浆含有 1 m³ 堆积体积的砂(kg)。

（6）每立方米砂浆中的用水量。可根据砂浆稠度等要求选用 210～310 kg。

① 混合砂浆中的用水量，不包括石灰膏中的水。

② 当采用细砂或粗砂时,用水量分别取上限或下限。

③ 稠度小于 70 mm 时,用水量可小于下限。

④ 施工现场气候炎热或干燥季节,可酌量增加用水量。

2. 现场配制水泥砂浆的试配应符合的规定

(1) 水泥砂浆的材料用量可按表 3-5-2 选用。

表 3-5-2　水泥砂浆的材料用量表　　　　　　　　　　　单位:kg/m³

强 度 等 级	水　　泥	砂	用　水　量
M5	200～230		
M7.5	230～260		
M10	260～290		
M15	290～330	砂的堆积密度值	270～330
M20	340～400		
M25	360～410		
M30	430～480		

注　1. M15 及 M15 以下强度等级水泥砂浆,水泥强度等级为 32.5 级;M15 以上强度等级水泥砂浆,水泥强度等级
　　 为 42.5 级。

　　 2. 当采用细砂或粗砂时,用水量分别取上限或下限。

　　 3. 稠度小于 70 mm 时,用水量可小于下限。

　　 4. 施工现场气候炎热或干燥季节,可酌量增加用水量。

　　 5. 试配强度应按式(3-5-1)计算。

(2) 水泥粉煤灰砂浆材料用量可按表 3-5-3 所示选用。

表 3-5-3　每立方米水泥粉煤灰砂浆材料用量　　　　　　单位:kg/m³

强 度 等 级	水泥和粉煤灰总量	粉 煤 灰	砂	用　水　量
M5	210～240			
M7.5	240～270	粉煤灰掺量可占胶凝材料总量的 15%～25%	砂的堆积密度值	270～330
M10	270～300			
M15	300～330			

注　1. 表中水泥强度等级为 32.5。

　　 2. 当采用细砂或粗砂时,用水量分别取上限或下限。

　　 3. 稠度小于 70 mm 时,用水量可小于下限。

　　 4. 施工现场气候炎热或干燥季节,可酌量增加用水量。

　　 5. 试配强度应按式(3-5-1)计算。

砂浆中掺入粉煤灰后,其早期强度会有所降低,因此水泥与粉煤灰胶凝材料总量比表 3-5-2 中水泥用量略高。考虑到水泥中特别是 32.5 级水泥中会掺入较大量的混合材,为保证砂浆耐久性,规定粉煤灰掺量不宜超过胶凝材料总量的 25%。当掺入矿渣粉等其他活性混合材时,可参照表 3-5-3 选用。

3. 砌筑砂浆配合比试配、调整与确定

(1) 砌筑砂浆试配时应考虑工程实际要求,搅拌应符合相关的规定。

(2) 按计算或查表所得配合比进行试拌时,应按现行行业标准《建筑砂浆基本性能试验方法标准》(JGJ/T 70—2009)测定砌筑砂浆拌和物的稠度和保水率。当稠度和保水率不能满足

要求时,应调整材料用量,直到符合要求为止,然后确定为试配时的砂浆基准配合比。

（3）试配时至少应采用三个不同的配合比,其中一个配合比应为基准配合比,其余两个配合比的水泥用量应按基准配合比分别增加及减少 10%。在保证稠度、保水率合格的条件下,可将用水量、石灰膏、保水增稠材料或粉煤灰等活性掺和料用量作相应调整。

（4）砂浆试配时稠度应满足施工要求,并应按现行行业标准《建筑砂浆基本性能试验方法标准》(JGJ/T 70—2009)分别测定不同配合比砂浆的表观密度及强度,并应选定符合试配强度及和易性要求、水泥用量最低的配合比作为砂浆的试配配合比。

（5）砂浆试配配合比尚应按下列步骤进行校正。

① 应根据上述确定的砂浆配合比材料用量,计算砂浆的理论表观密度值,即

$$\rho_t = Q_c + Q_d + Q_s + Q_w \tag{3-5-6}$$

式中:ρ_t 为砂浆的理论表观密度值,kg/m³,应精确至 10 kg/m³。

② 计算砂浆配合比校正系数 δ,即

$$\delta = \rho_c / \rho_t \tag{3-5-7}$$

式中:ρ_c 为砂浆的实测表观密度值,kg/m³,应精确至 10 kg/m³。

③ 当砂浆的实测表观密度值与理论表观密度值之差的绝对值不超过理论值的 2% 时,可将按本任务前面得出的试配配合比确定为砂浆设计配合比;当超过 2% 时,应将试配配合比中每项材料用量均乘以校正系数(δ)后,确定为砂浆设计配合比。

4. 按行业标准《水工混凝土配合比设计规程》(DL/T 5330—2005)现场配制水泥砂浆的试配要求

1）配合比设计基本要求

（1）砂浆的技术指标要求应与其接触的混凝土的设计指标相适应。

（2）砂浆所使用的原材料应与其接触的混凝土所使用的原材料相同。

（3）砂浆应与其接触的混凝土所使用的掺和料品种、掺量相同,减水剂的掺量为混凝土掺量的 70% 左右;当掺引气剂时,其掺量应通过试验确定,以含气量达到 7%～9% 时的掺量为宜。

（4）采用体积法计算每立方米砂浆各项材料用量,砂子的含水量是以饱和面干表观密度确定的,这与国家标准规定不一样。

2）砂浆的试配强度

砂浆的试配强度应满足

$$f_{m,0} = f_{m,k} + t\sigma \tag{3-5-8}$$

式中:$f_{m,0}$ 为砂浆配制抗压强度,MPa;$f_{m,k}$ 为砂浆设计龄期的立方体抗压强度标准值,MPa;t 为概率度系数,由给定的保证率 P 选定,其值按表 3-5-4 所示选用;σ 为砂浆立方体抗压强度标准差,MPa。

表 3-5-4 保证率和概率度系数的关系

保证率 P/(%)	70.0	75.0	80.0	84.1	85.0	90.0	95.0	97.7	99.9
概率度系数 t	0.525	0.675	0.840	1.0	1.040	1.280	1.645	2.0	3.0

其中,砂浆立方体抗压强度标准差 σ 为

$$\sigma = \sqrt{\frac{\sum_{i=1}^{n} f_{m,i}^2 - n m_{f_m}^2}{n-1}} \qquad (3\text{-}5\text{-}9)$$

式中:σ 为砂浆抗压强度标准差;$f_{m,i}$ 为第 i 组试件抗压强度,MPa;m_{f_m} 为 n 组试件的抗压强度平均值,MPa;n 为试件组数。

当无近期同品种砂浆抗压强度统计资料时,σ 值可按表 3-5-5 所示取用。施工中应根据现场施工时段抗压强度的统计结果调整 σ 值。

表 3-5-5　标准差 σ 选用值　　　　　　　　　单位:MPa

设计龄期砂浆抗压强度标准值	$\leqslant 10$	15	$\geqslant 20$
砂浆抗压强度标准差	3.5	4.0	4.5

3）水胶比 $w/(c+p)$ 的确定

可选择与其接触混凝土的水胶比作为砂浆的初选水胶比。

4）用水量 m_w 的确定

按表 3-5-6 所示执行。

表 3-5-6　砂浆用水量参考表(稠度 40~60 mm)

水 泥 品 种	砂 子 细 度	用水量/(kg/m³)
普通硅酸盐水泥	粗砂	270
	中砂	280
	细砂	310
矿渣硅酸盐水泥	粗砂	275
	中砂	285
	细砂	315
稠度±10 mm	用水量±(8~10) kg/m³	

5）砂浆的胶凝材料用量 (m_c+m_p)、水泥用量 m_c 和掺和料用量 m_p 的确定

按下列公式计算:

$$m_c + m_p = \frac{m_w}{w/(c+p)} \qquad (3\text{-}5\text{-}10)$$

$$m_c = (1-P_m)(m_c+m_p) \qquad (3\text{-}5\text{-}11)$$

$$m_p = P_m(m_c+m_p) \qquad (3\text{-}5\text{-}12)$$

式中:m_c 为每立方米砂浆水泥用量,kg;m_p 为每立方米砂浆掺和料用量,kg;m_w 为每立方米砂浆用水量,kg;$w/(c+p)$ 为水胶比;P_m 为掺和料掺量。

6）砂子用量的确定

砂子用量由已确定的用水量和胶凝材料用量,根据体积法计算,即

$$V_s = 1 - \left[\frac{m_w}{\rho_w} + \frac{m_c}{\rho_c} + \frac{m_p}{\rho_p} + \alpha\right] \qquad (3\text{-}5\text{-}13)$$

$$m_s = \rho_s V_s \qquad\qquad (3\text{-}5\text{-}14)$$

式中：V_s 为砂的绝对体积，m^3；m_w 为每立方米砂浆用水量，kg；m_c 为每立方米砂浆水泥用量，kg；m_p 为每立方米砂浆掺和料用量，kg；α 为含气量，一般为 $7\%\sim9\%$；ρ_w 为水的密度，kg/m^3；ρ_c 为水泥密度，kg/m^3；ρ_p 为掺和料密度，kg/m^3；ρ_s 为砂子饱和面干表观密度，kg/m^3；m_s 为每立方米砂浆砂料用量，kg。

7）砂浆配合比的试配与调整和确定

与国家标准基本一致。

5. 砂浆配合比计算实例

要求设计用于砌筑砖墙的 M7.5 等级，稠度为 $70\sim100$ mm 的水泥石灰砂浆配合比。

1）设计资料

（1）水泥：32.5 MPa 矿渣水泥。

（2）石灰膏：稠度为 120 mm。

（3）砂：中砂，堆积密度为 1 450 kg/m^3，含水率为 2%。

（4）施工水平：一般。

2）设计步骤

（1）根据式(3-5-1)，计算试配强度 $f_{m,0}$。

由式(3-5-1)知，$f_{m,0}=kf_2$，k 按表 3-5-1 所示取值，已知施工水平一般，可得 $k=1.2$。

f_2 为砂浆强度等级值，已知为 M7.5，可得 $f_2=7.5$ MPa。

所以 $\qquad\qquad f_{m,0}=kf_2=1.2\times7.5\ \text{MPa}=9\ \text{MPa}$

（2）根据式(3-5-3)，计算水泥用量 Q_c。

$$Q_c = 1\,000(f_{m,0}-\beta)/(\alpha f_{ce})$$

α、β 为砂浆的特征系数，$\alpha=3.03$，$\beta=-15.09$。

$$f_{ce}=\gamma_c f_{ce,k}=1.0\times32.5\ \text{MPa}=32.5\ \text{MPa}$$

所以 $\qquad Q_c = 1\,000(f_{m,0}-\beta)/(\alpha f_{ce})$

$\qquad\qquad\quad = [1\,000\times(9+15.09)/(3.03\times32.5)]\ kg/m^3$

$\qquad\qquad\quad = 244.63\ kg/m^3 \approx 245\ kg/m^3$

（3）根据式(3-5-5)，计算石灰膏用量 Q_D。

$$Q_D = Q_A - Q_c = (350-245)\ kg/m^3$$

$$= 105\ kg/m^3$$

式中：$Q_A=350\ kg/m^3$（按水泥和掺和料总量规定选取）。

（4）根据砂子堆积密度和含水率，计算砂用量 Q_S。

$$Q_S = 1\,450\times(1+2\%)\ kg/m^3 = 1\,479\ kg/m^3$$

（5）选择用水量 Q_w。

$$Q_w=260\ kg/m^3 \quad （根据砂浆稠度等要求在 210\sim310\ \text{kg} 中选用）$$

所以砂浆试配时各材料（水泥、石灰膏、砂、水）的用量比例为 245：105：1 479：260，即 1：0.43：6.04：1.06。

水泥砂浆配合比设计试验报告单

| 试验报告 | JGJ/T 70—2009 建筑砂浆基本性能试验方法标准 | | 编号：_____ |

项目名称		合同段		报告单编号	
检验单位		施工单位		拟用工程	

设计抗压强度/MPa		配制抗压强度/MPa		稠度要求/s	成形日期		试验日期	
设计抗折强度/MPa		配制抗折强度/MPa		搅拌方式	振捣方式		养护方式	
试验依据								

原　材　料

	厂牌		外掺剂	产地			
水泥	种类及标号			型号	容重		浓度
	出场日期/批号		粉煤灰	产地			
				级别	容重		浓度
砂	产地		水质				
	细度模数		温度/(℃)		砂率/(%)		水灰比
	产地		型号				

每立方米砂浆材料用量/kg						实测稠度 /s	各龄期强度结果/MPa		
材料名称	水泥	砂	水	外掺剂	粉煤灰		龄期	7 d	抗折
									抗压
容重/(kg/m³)								8 d	抗折
重量比									抗压

备注		试验结论	

制表：	复核：	实验室主任：	监理工程师：

模块 2　建筑砂浆的强度评定

1. 建筑砂浆强度检验评定标准

砌筑砂浆试块强度验收时其强度合格标准按国标《砌体工程施工质量验收规范》(GB 50203—2011)或行业标准《水利水电工程施工质量检验与评定规程》(SL 176—2007)执行。

2. 建筑砂浆强度检验评定方法

1) 国标《砌体工程施工质量验收规范》(GB 50203—2011)的规定

(1) 同一验收批砂浆试块强度平均值应大于或等于设计强度等级值的 1.10 倍。

(2) 同一验收批砂浆试块抗压强度的最小一组平均值应大于或等于设计强度等级值的 85%。

① 砌筑砂浆的验收批,同一类型、强度等级的砂浆试块应不少于 3 组;同一验收批砂浆只有 1 组或 2 组试块时,每组试块抗压强度的平均值应大于或等于设计强度等级值的 1.1 倍;对

于建筑结构的安全等级为一级或设计使用年限为 50 年及以上的房屋,同一验收批砂浆试块的数量不得少于 3 组。

② 砂浆强度应以标准养护,28 d 龄期的试块抗压强度为准。

③ 制作砂浆试块的砂浆稠度应与配合比设计一致。

抽检数量:每一检验批且不超过 250 m³ 砌体的各类、各强度等级的普通砌筑砂浆,每台搅拌机应至少抽检一次。验收批的预拌砂浆、蒸压加气混凝土砌块专用砂浆,抽检可为 3 组。

检验方法:在砂浆搅拌机出料口或在湿拌砂浆的储存容器出料口随机取样制作砂浆试块(现场拌制的砂浆,同盘砂浆只应制作 1 组试块),试块标养 28 d 后做强度试验。预拌砂浆中的湿拌砂浆稠度应在进场时取样检验。

施工中或验收时出现下列情况时,可采用现场检验方法对砂浆或砌体强度进行实体检测,并判定其强度。

a. 砂浆试块缺乏代表性或试块数量不足。

b. 对砂浆试块的试验结果有怀疑或有争议。

c. 砂浆试块的试验结果不能满足设计要求。

d. 发生工程事故,需要进一步分析事故原因。

2) 行业标准《水利水电工程施工质量检验与评定规程》(SL176—2007)的规定

同一标号(或强度等级)试块组数 $n \geqslant 30$ 时,28 d 龄期的试块抗压强度应同时满足以下标准。

(1) 强度保证率不小于 80%。

(2) 任意一组试块强度不低于设计强度的 85%。

(3) 设计 28 d 龄期抗压强度小于 20.0 MPa 时,试块抗压强度的离差系数不大于 0.22;设计 28 d 龄期抗压强度大于或等于 20.0 MPa 时,试块抗压强度的离差系数小于 0.18。

同一标号(或强度等级)试块组数 $n < 30$ 时,28 d 龄期的试块抗压强度应同时满足以下标准。

(1) 各组试块的平均强度不低于设计强度。

(2) 任意一组试块强度不低于设计强度的 80%。

思 考 题

1. 砂浆强度试件与混凝土强度试件有什么不同?

2. 某工程需配置强度等级为 M7.5。稠度为 70～100 mm 的水泥石灰混合砂浆,用于砌筑烧结普通砖墙体。采用强度等级为 32.5 的矿渣水泥(实测强度为 34.1 MPa),含水率为 2%、堆积密度为 1 450 kg/m³ 的中砂,石灰膏的稠度为 120 mm,施工水平优良。试计算该砂浆的配合比。

项目 4 其他原材料及中间产品的选择、检测与应用

任务 1 石灰的选择、检测与应用

【任务描述】

石灰是建筑工程中应用较广泛的原材料之一,为确保其在工程中应用的安全性及其经济性,需对石灰质量进行规定的检测、检验,并判断其是否合格。

【任务目标】

能力目标

(1) 在工作中能正确了解石灰的各种性能,并依据国家标准对石灰质量性能作出正确的评价。

(2) 在工作中能依据工程所处环境条件正确贮存、运用石灰。

知识目标

(1) 熟悉生产石灰的原材料及其生产过程的副产品,并合理控制副产品的质量。

(2) 掌握石灰的特性。

(3) 了解石灰的主要技术性能指标。

技能目标

(1) 能依据国家标准对石灰质量作出准确的评价。

(2) 能够根据工程需要,正确运输和贮存石灰,并合理使用。

模块 1 石灰的选择

石灰具有原料来源广、生产工艺简单、成本低廉和使用方便等特点,是工程中最早和较常用的无机气硬性胶凝材料之一。公元前 8 世纪,古希腊人已将其用于建筑,中国也在公元前 7 世纪开始使用石灰。至今石灰仍然是用途广泛的建筑材料。

1. 石灰基本知识

1) 石灰的原料及生产

生产石灰的原料是以碳酸钙为主要化学成分的天然岩石,如石灰岩、白垩、白云质石灰岩等。

将主要成分为碳酸钙的天然岩石在适当温度下煅烧,排除分解出的二氧化碳后,所得的以氧化钙(CaO)为主要成分的产品即为石灰,又称生石灰。其反应式为

$$CaCO_3 \xrightarrow{900 \sim 1\,200\,℃} CaO + CO_2 \uparrow$$

在实际生产中,为加快分解,煅烧温度常提高到 1 000～1 100 ℃。由于石灰石原料的尺

寸大或煅烧时窑中温度分布不匀等,石灰中常含有欠火石灰和过火石灰。欠火石灰中的碳酸钙未完全分解,含有未烧透的内核,未消化残渣含量高,有效氧化钙和氧化镁含量低,使用时缺乏黏结力,降低了利用率,但无危害;过火石灰烧制的温度过高或时间过长,使得石灰表面出现裂缝或玻璃状的外壳,体积收缩明显,颜色呈灰黑色,块体密度大,消化缓慢。与水作用缓慢,使用后仍能继续消化,引起结构物体积膨胀,导致鼓包、隆起、起皮等破坏现象,工程上称为“爆灰”。“爆灰”是建筑工程质量的通病之一。正火石灰质轻(表观密度为 $800 \sim 1\,000\ \text{kg/m}^3$),色匀(白色或灰白色),工程性质优良。

石灰原料中常含有碳酸镁($MgCO_3$),因此生石灰中还含有次要成分氧化镁(MgO),根据氧化镁含量的多少,生石灰分为钙质石灰(氧化镁含量等于 5%)和镁质石灰(氧化镁含量大于5%)两类。

2)石灰的熟化与凝结硬化

(1)石灰的熟化。

石灰的熟化又称消解,是指生石灰加水生成氢氧化钙的过程。氢氧化钙俗称熟石灰或消石灰。石灰熟化的化学反应式为

$$Ca + 2H_2O \Longrightarrow Ca(OH)_2 + H_2 \uparrow$$

石灰熟化时放出大量的热,体积膨胀 $1.0 \sim 2.5$ 倍。通常熟化时控制加水量,可将熟石灰制成熟石灰粉(加水量为生石灰量的 70%)和熟石灰膏(加水量为生石灰质量的 $2.5 \sim 3$ 倍),供不同施工场合使用。

石灰膏多存放在工地现场的贮灰坑中,产品含水量约为 50%,表观密度为 $1\,300 \sim 1\,400$ kg/m^3。由于过火石灰熟化缓慢,为防止过火石灰在建筑物中吸收空气中的水分继续熟化,造成建筑物局部膨胀开裂,通常采用“陈伏”使生石灰充分熟化后用于工程。“陈伏”即石灰膏应在贮灰坑中隔绝空气,存放半个月以上。

(2)石灰的凝结硬化。

石灰浆体的凝结硬化包括干燥结晶和碳化两个同时进行的过程。

① 干燥结晶。石灰浆体因水分蒸发或被吸收而干燥,在浆体内的孔隙网中,使石灰颗粒更加紧密而获得强度。这种强度类似于黏土失水而获得的强度,其值不大,遇水会丧失。同时,由于干燥失水,引起浆体中氢氧化钙溶液过饱和,结晶析出氢氧化钙晶体,产生强度;但析出的晶体数量少,强度增长也不大。

② 碳化。在大气环境中,氢氧化钙在潮湿状态下会与空气中的二氧化碳反应生成碳酸钙,并释放出水分,即发生碳化。其反应式为

$$Ca(OH)_2 + CO_2 + nH_2O \Longrightarrow CaCO_3 + (n+1)H_2O$$

碳化所生成的碳酸钙晶体相互交叉连生或与氢氧化钙共生,形成紧密交织的结晶网,使硬化石灰浆体的强度进一步提高。但是,由于空气中的二氧化碳含量很低,表面形成的碳酸钙层结构较致密,会阻碍二氧化碳的进一步渗入,因此,碳化过程是十分缓慢的。

2. 石灰特性及选用

1)拌和物可塑性好

石灰浆体的氢氧化钙颗粒极细(粒径约为 $1\ \mu\text{m}$),比表面积很大(达 $10 \sim 30\ \text{m}^2/\text{g}$),其表

面吸附一层较厚的水膜,用石灰拌制的拌和物均匀,保持水分的能力强,拌和物可塑性好。

2)硬化过程中体积收缩大

石灰浆体需水量大,硬化时需脱去大量游离水使体积产生显著收缩。为抑制体积收缩,避免建筑物开裂,常在石灰中掺入砂、纸筋、马刀等。

3)碳化慢、强度低

石灰的凝结硬化过程十分缓慢,特别是表层碳酸钙薄层的形成,阻碍了浆体内部的水分蒸发及碳化向其内部的深入。硬化后的石灰强度较低,1∶3 的石灰砂浆 28 d 的抗压强度只有0.2～0.5 MPa。

4)耐水性差

在处于潮湿环境时,石灰中的水分不蒸发,二氧化碳也无法渗入,凝结硬化将停止;加上氢氧化钙微溶于水,已硬化的石灰遇水还会溶解溃散。因此,石灰不宜在长期潮湿和受水浸泡的环境中使用。

总之,石灰的品种、组成、特性如表 4-1-1 所示。

表 4-1-1　石灰的品种、组成、特性

品种	块灰 (生石灰)	磨细生石灰 (生石灰粉)	熟石灰 (消石灰)	石灰膏	石灰乳 (石灰水)
组成	由以含碳酸钙(CaCO₃)为主的石灰石,经 800～1 000 ℃高温煅烧而成,其主要成分为氧化钙(CaO)	由火候适宜的块灰经磨细而成粉末状的物料	将生石灰(块灰)淋以适当的水(为石灰重量的 60%～80%),经熟化作用所得的粉末材料[Ca(OH)₂]	将块灰加入足量的水,经过淋制熟化而成的厚膏状物质[Ca(OH)₂]	将石灰膏用水冲淡所成的浆液状物质
特性和细度要求	块灰中的灰分含量愈少,质量愈高;通常所说的三七灰,即指三成灰粉七成块灰	与热石灰相比,具快干、高强等特点,便于施工。成品需经 4 900 孔/cm² 的筛子过筛	需经 3～6 mm 的筛子过筛	淋浆时应用6 mm 的网格过滤;应在沉淀池内储存 2 周后使用;保水性能好	

模块 2　石灰的检测

1. 石灰品质及检验标准

《建筑生石灰》(JC/T 479—1992)、《建筑生石灰粉》(JC/T 480—1992)和《建筑消石灰粉》(JC/T 479—1992)规定各类石灰产品质量及性能要求,详见表 4-1-2 至表 4-1-4。

表 4-1-2　建筑生石灰的技术指标

项　　目	钙质生石灰			镁质生石灰		
	优等品	一等品	合格品	优等品	一等品	合格品
氧化钙和氧化镁的含量/(%),不小于	90	85	80	85	80	75
未消化残渣的含量(5 mm 圆孔筛余)/(%),不大于	5	10	15	5	10	15
二氧化碳的含量/(%),不大于	5	7	9	6	8	10
产浆量/(L/kg),不小于	2.8	2.3	2.0	2.8	2.3	2.0

注　钙质生石灰氧化镁含量不大于 5%,镁质生石灰氧化镁含量大于 5%。

表 4-1-3 建筑生石灰粉技术指标

项　　目		钙质生石灰粉			镁质生石灰粉		
		优等品	一等品	合格品	优等品	一等品	合格品
氧化钙和氧化镁的含量/(%)，不小于		85	80	75	80	75	70
二氧化碳的含量/(%)，不大于		7	9	11	8	10	12
细度	0.9 mm 筛的筛余百分率/(%)，不大于	0.2	0.5	1.5	0.2	0.5	1.5
	0.125 mm 筛的筛余百分率/(%)，不大于	7.0	12.0	18.0	7.0	12.0	18.0

表 4-1-4 建筑消石灰粉技术指标

项　　目		钙质消石灰粉			镁质消石灰粉		
		优等品	一等品	合格品	优等品	一等品	合格品
氧化钙和氧化镁的含量/(%)，不小于		70	65	60	65	60	55
游离水/(%)		0.4~2	0.4~2	0.4~2	0.4~2	0.4~2	0.4~2
体积安定性		合格	合格		合格	合格	
细度	0.9 mm 筛的筛余百分率/(%)，不大于	0	0	0.5	0	0	0.5
	0.125mm 筛的筛余百分率/(%)，不大于	3	10	15	3	10	15

2. 石灰的合格判定

石灰中产生黏结性的有效成分是活性氧化钙和氧化镁。它们的含量是评价石灰质量的主要指标，其含量越多，活性越高，质量也越好。

每批产品出厂时，应向用户提供产品质量证明书。证明书中应注明生产厂家、产品名称、质量等级、试验结果、批量编号、出厂日期及标准编号等。若用户对产品质量产生异议，可按规定方法取样，送质量监督部门复验。复验有一项指标达不到标准规定时，应降级使用，达不到合格品要求时，判定为不合格产品。

模块 3　石灰的应用

1. 石灰的贮存

（1）生石灰贮存时间不宜过长，一般不超过 1 个月。

（2）不得与易燃、易爆等危险液体物品混合存放和混合运输。

（3）熟石灰在使用前必须陈伏 15 d 以上，以防止过火石灰对建筑物产生的危害。

（4）磨细的生石灰粉应贮存于干燥仓库内，采取严格防水措施。

（5）如需较长时间贮存生石灰，最好将其消解成石灰浆，并使表面隔绝空气，以防碳化。

2. 石灰在工程中的应用

1）石灰砂浆

用石灰膏或消石灰粉可配制石灰砂浆或水泥石灰混合砂浆，用于砌筑或抹灰工程。

2）石灰稳定土

将消石灰粉或生石灰粉掺入各种粉碎或原来松散的土中，经拌和、压实及养护后得到的混合料，称为石灰稳定土。它包括石灰土、石灰稳定砂砾土、石灰碎石土等。石灰稳定土具有一定的强度和耐水性，广泛用做建筑物的基础、地面的垫层及道路的路面基层。

3）硅酸盐制品

以石灰（消石灰粉或生石灰粉）与硅质材料（砂、粉煤灰、火山灰、矿渣等）为主要原料，经过配料、拌和、成形和养护后可制得砖、砌块等各种制品。因内部的胶凝物质主要是水化硅酸钙，所以称为硅酸盐制品，常用的有灰砂砖、粉煤灰砖等。

4）配制无熟料水泥

石灰是生产无熟料水泥的重要原料，如石灰矿渣水泥、石灰粉煤灰水泥和石灰火山灰水泥等。无熟料水泥具有生产成本低和工艺简单的特点。

5）碳化制品

石灰碳化制品是将石灰粉和纤维（或集料）按规定比例混合，在水湿条件下混拌成形，经干燥后再进行人工碳化而成的，如碳化砖、瓦、管材及石灰碳化板等。

各类石灰的主要用途如表 4-1-5 所示。

表 4-1-5　各类石灰的主要用途

品种	块灰（生石灰）	磨细生石灰（生石灰粉）	熟石灰（消石灰）	石灰膏	石灰乳（石灰水）
用途	用于配制磨细生石灰、熟石灰、石灰膏等	用做硅酸盐建筑制品（砖、瓦、砌块）的原料，并可制作碳化石灰板、砖等制品（碳化制品）还可配制熟石灰、石灰膏等	用于拌制灰土（石灰、黏土）和三合土（石灰、黏土、砂或炉渣）	用于配制石灰砌筑砂浆和抹灰砂浆	用于简易房屋的室内粉刷

思 考 题

1. 何为陈伏，陈伏的作用是什么？
2. 石灰的原料是什么？在生产过程中有哪些副产品及其对石灰生产有哪些不良影响？
3. 石灰凝结硬化有哪几个过程，并写出碳化的反应式。
4. 举例说明石灰在工程中的应用。
5. 石灰在贮存时，应注意哪些？

任务 2　建筑石膏的特性、检测与应用

【任务描述】

建筑石膏制品是一种新型的建筑材料，具有质轻、防火、隔热、加工性能好、尺寸稳定及具有特有的"呼吸作用"等优点，但是，由于材料本身特点及生产工艺不当等原因，也存在强度低、耐水性能差等弊端，致使其应用范围受到一定的局限。依据施工合同文件中相关要求，本任务对常见石膏品种进行规定的检测、检验，要求了解其特点及主要用途。

【任务目标】

能力目标

（1）清楚石膏的特性。

（2）了解石膏的主要性能。

知识目标

（1）了解石膏的主要成分、原材料和制备。

（2）了解石膏的水化和硬化。

（3）了解建筑石膏的技术性质和应用。

技能目标

（1）能按国家标准要求进行石膏的选择、试样的制作。

（2）能依据国家标准对石膏质量作出准确的评价。

模块 1　建筑石膏的特性

在建筑中应用石膏作胶凝材料和制品已经有很长的历史。石膏是一种以硫酸钙为主要成分的气硬性胶凝材料。由于石膏胶凝材料及其制品具有许多优良的性质，原料来源丰富、生产能耗低，因而在建筑工程中得到广泛应用。目前，常用的石膏胶凝材料有建筑石膏、高强石膏、无水石膏水泥、高温煅烧石膏等。

1. 石膏的来源

生产石膏胶凝材料的原料主要是天然二水石膏（$CaSO_4 \cdot 2H_2O$），又称为软石膏或生石膏。

天然二水石膏是以二水硫酸钙为主要成分的矿石。纯净的石膏呈无色透明或白色，但天然石膏常含有杂质而呈灰色、褐色、黄色、红色、黑色等颜色。

国家标准《天然石膏》（GB/T 5483—2008）规定，天然二水石膏按矿物成分含量分级，分为特级、一级、二级、三级、四级。

除天然原料之外，也可用一些含有二水石膏的化工副产品作为生产石膏胶凝材料的原料，常称为化工石膏。如磷石膏是制造磷酸和磷肥时的废料，硼石膏是生产硼酸时得到的废料，氟石膏是制造氟化氢时的副产品。此外，还有盐石膏、芒石膏、钛石膏，等等。

2. 石膏胶凝材料的制备

生产石膏胶凝材料的主要工艺流程是破碎、加热和磨细。

由于加热方式和加热温度的不同，可以得到具有不同性质的石膏产品，如图 4-2-1 所示。

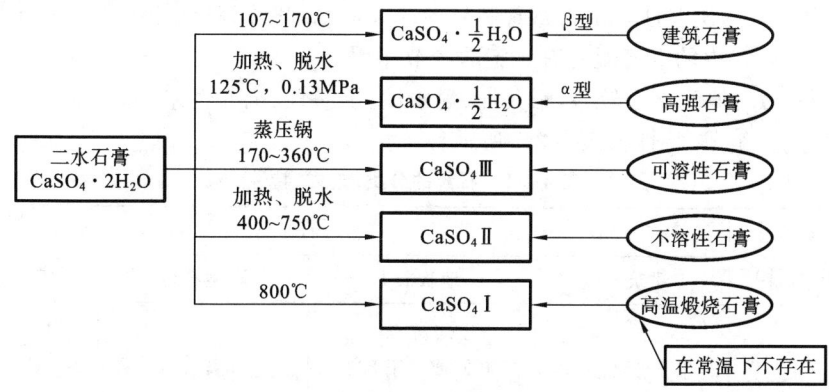

图 4-2-1　二水石膏在不同温度作用下生成的产品

在土木建筑工程中，应用的石膏胶凝材料主要是建筑石膏。建筑石膏是将熟石膏磨细而成的白色粉末，密度为 $2.60 \sim 2.75 \ \text{g/cm}^3$，堆积密度为 $800 \sim 1\ 000 \ \text{kg/cm}^3$。根据 GB 9776—

1988 规定，生产建筑石膏用的二水石膏应符合 A 型三级及三级以上的要求。

3. 建筑石膏的凝结硬化过程

建筑石膏遇水时，将重新水化成二水石膏，其反应式为

$$CaSO_4 \cdot \frac{1}{2}H_2O + \frac{3}{2}H_2O \longrightarrow CaSO_4 \cdot 2H_2O$$

建筑石膏与适量的水拌和后，最初成为可塑的浆体，经过一段时间反应，很快失去塑性，这个过程称为凝结；以后迅速产生强度，并发展成为坚硬的固体，这个过程称为硬化。

石膏的凝结是一个连续的溶解、水化、胶化、结晶过程。

半水石膏极易溶于水（溶解度达 8.5 g/L），加水后，溶液很快即达到饱和状态，并生成溶解度低的二水石膏（溶解度达 2.05 g/L）。由于二水石膏在水中的溶解度仅为半水石膏溶解度的 1/5 左右，所以半水石膏的饱和溶液对二水石膏来说，就成了过饱和溶液，因此，二水石膏从过饱和溶液中以胶体微粒析出，这样促进了半水石膏的不断溶解和水化，直到半水石膏完全溶解。在这个过程中，浆体中的游离水分逐渐减少，二水石膏胶体微粒不断增加，浆体稠度增大，可塑性逐渐降低，这个过程称为"凝结"。

随着浆体继续变稠，胶体微粒逐渐凝聚称为晶体，晶体逐渐长大、共生并相互交错，使浆体产生强度，并不断增长，这个过程称为"硬化"。实际上，石膏的凝结和硬化是一个连续的、复杂的物理化学过程。

4. 建筑石膏的主要性能

（1）凝结硬化快、强度较低。建筑石膏在加水拌和后，浆体在 6～10 min 内便开始失去可塑性，20～30 min 内完全失去可塑性而产生强度，在室温自然干燥条件下，石膏的强度发展较快，2 h 的抗压强度可达 3～6 MPa，7 d 时可达最大抗压强度值为 8～12 MPa。

（2）凝结硬化时体积微膨胀。石膏浆体在凝结硬化初期会产生微膨胀。膨化率为 0.5%～1.0%，具有这一性质石膏制品的表面光滑、细腻，尺寸精确，形体饱满，装饰性好。

（3）孔隙率大。建筑石膏在拌和时，为使浆体具有施工要求的可塑性，需加入石膏用量 60% 的用水量，而建筑石膏水化的理论需水量为 18.6%，所以大量的自由水在蒸发时，在建筑石膏制品内部形成大量的毛细孔隙。导热系数小，吸声性较好，属于轻质保温材料。

（4）具有一定的调湿性。由于石膏制品内部大量毛细孔隙对空气中的水蒸气具有较强的吸附能力，所以对室内的空气湿度有一定的调节作用。

（5）防火性好，但耐火性较差，耐久性、耐水性、抗渗性、抗冻性差。

石膏的分类、组成、特性如表 4-2-1 所示。

表 4-2-1　石膏的分类、组成、特性

分类	天然石膏（生石膏）	熟　石　膏			
		建筑石膏	地板石膏	模型石膏	高强度石膏
组成	二水石膏	生石膏经 150～170 ℃煅烧而成	生石膏在 400～500 ℃或高于 800 ℃下煅烧而成，分子式为 CaSO₄	生石膏在 190 ℃下煅烧而成	生石膏在 750～800 ℃下煅烧并与硫酸钾或明矾共同磨细而成

续表

分类	天然石膏（生石膏）	熟 石 膏			
		建筑石膏	地板石膏	模型石膏	高强度石膏
特性	质软，略溶于水，呈白、灰或红青等色	与水调和后凝固很快，并在空气中硬化，硬化时体积不收缩	磨细及用水调和后，凝固及硬化缓慢，7 d 的抗压强度为 10 MPa，28 d 的为 15 MPa	凝结较快，调制成浆后于数分钟至 10 余分钟内即可凝固	凝固很慢，但硬化后强度高，25 MPa 或 30 MPa，色白，能磨光，质地坚硬且不透水

模块 2　建筑石膏的性能检测

1. 检测标准

(1)《建筑石膏检测标准》(GB/T 17669.1 至 GB/T 17669.5)；

(2)《建筑石膏一般试验条件》(GB/T 17669.1—1999)；

(3)《建筑石膏力学性能的测定》(GB/T 17669.3—1999)。

2. 建筑石膏的性能检测

1）凝结硬化速度快

建筑石膏的凝结时间随煅烧温度、磨细程度和杂质含量等情况的不同而不同。一般与水拌和后，在常温下数分钟即可初凝，30 min 以内即可达到终凝。这对于普通工程施工操作十分方便。有时需要操作时间较长，可加入适量的缓凝剂，如硼砂、动物胶、亚硫酸盐酒精废液等，以降低半水石膏的溶解度和溶解速度。若要加速建筑石膏的凝结，则可掺入促凝剂，如氯化钠、氯化镁、硫酸钠、硫酸镁和硅氟酸钠等。在室内自然干燥状态下，达到完全硬化约需 1 周时间。

2）凝结时体积产生微膨胀

建筑石膏凝结硬化是石膏吸收结晶水后的结晶过程，其体积不仅不会收缩，而且还稍有膨胀(0.2%~1.5%)，这种膨胀不仅不会对石膏造成危害，还能使石膏的表面较为光滑饱满，棱角清晰完整，避免了普通材料干燥时的开裂。

3）硬化后的表观密度与强度(多孔，重量轻，但强度低)

建筑石膏在使用时，为获得良好的流动性，常加入的水分要比水化所需的水量多。建筑石膏的水化，理论需水量只占半水石膏重量的 18.6%，但是实际上为使石膏浆体具有一定的可塑性，往往需要加水 60%~80%，多余的水分在硬化过程中逐渐蒸发，使硬化后的石膏留有大量的孔隙，一般的孔隙率为 50%~60%。因此，建筑石膏硬化后，强度较低，表观密度较小。通常石膏硬化后的表观密度为 800~1 000 kg/m³，抗压强度为 3~5 MPa。

4）防火性能

硬化后石膏的主要成分是二水石膏，当受到高温作用时或遇火后会脱出 21%左右的结晶水，在表面蒸发形成水蒸气幕和脱水物隔热层，可有效地阻止火势的蔓延和温度升高，并且无有害气体产生，所以石膏具有良好的防火效果。

5）隔热、吸声、"呼吸"作用(调温调湿作用和吸声作用)

石膏硬化体中大量的微孔使其传热性显著下降，因此具有良好的绝热能力；石膏的大量微孔,特别是表面微孔,使其对声音传导或反射的能力也显著下降,因此具有较强的吸声能力。大热容量和大的孔隙率及开口孔结构,使石膏具有呼吸水蒸气的功能。

6) 耐水性、抗冻性和耐热性

建筑石膏硬化后,具有很强的吸湿性和吸水性,在潮湿环境中,晶体间的黏结力削弱,强度明显降低,在水中晶体还会溶解而引起破坏,在流动的水中破坏更快,硬化石膏的软化系数为 $0.2\sim0.3$;若石膏吸水后受冻,则孔隙中的水分结冰,产生体积膨胀,使硬化后的石膏体破坏。所以,石膏的耐水性和抗冻性均差。

此外,若在温度过高的环境中使用,二水石膏会脱水分解,造成强度降低。因此,建筑石膏不宜用于潮湿和温度过高的环境中。

在建筑石膏中掺入一定量的水泥或其他含有活性二氧化硅、三氧化二铝和氧化钙的材料,如粒状高炉矿渣、石灰、粉煤灰,或掺有机防水剂等,可不同程度地改善建筑石膏制品的耐水性。

7) 储存及保质期

建筑石膏在贮存、运输过程中,应防止受潮及混入杂物,不同等级的建筑石膏应分别贮运,不得混杂,一般贮存期为 3 个月,超过 3 个月,强度将降低 30% 左右。超过贮存期限的石膏要重新进行质量检验,以确定其等级。

8) 良好的装饰性和可加工性

石膏表面光滑饱满,颜色洁白,质地细腻,具有良好的装饰性。

微孔结构使其脆性有所改善,硬度也较低,所以硬化石膏可锯、可刨、可钉,具有良好的可加工性。

9) 技术标准

根据 GB 9776—1988 的规定,建筑石膏按强度、细度和凝结时间指标,分为优等品、一等品和合格品三类。具体技术要求可参阅规范之规定。其中,抗折强度和抗压强度为试样与水接触后 2 h 测得的。

建筑石膏按产品名称、抗折强度和标准号的顺序进行产品标记,例如,抗折强度为 2.5 MPa 的建筑石膏表示为"建筑石膏 2.5GB 9776"。

模块 3　建筑石膏的应用

石膏与水泥、白灰一起并列为传统的三大无机胶凝材料。石膏自身特有的诸多优良性能,以及公认的生态建材、健康建材的特性,使其成为重要的工业原料,被广泛应用于各个行业,在人们的日常生活和国民经济中发挥着越来越重要的作用。

1. 石膏工程运用种类

在很长的历史时期内,由于对石膏的用途研究不够,消费石膏量很低,石膏多用于制作粉笔、腻子、豆腐和简单工艺品等。自 20 世纪 70 年代后期,才着手研究应用石膏,相应发展了石膏产业。改革开放政策以来,随着经济的高速发展,建筑、建材及其他相关工业对石膏的需求急剧增加,对石膏的质量、品种的要求也日益严格,石膏产制品工业目前在品种、质量、装备和生产技术方面得以快速发展,已成为种类齐全、性能优良、极有发展前途的新型轻质内墙材料,已基本形成与国际同步的新兴产业。

建筑工程石膏的种类如下。

（1）粉刷石膏（抹灰石膏）是近几年来发展起来的一种新型抹灰材料，是用于建筑的重要的一个石膏品种。粉刷石膏是由建筑石膏（单一相）或由建筑石膏与无水石膏（混合相）两者混合，再掺入外加剂、细集料等制成的气硬性胶凝材料。粉刷石膏除具有优良快硬、早强、尺寸稳定、防火、轻质等优点外，还具备良好的施工操作性能，粉刷墙面时，能拉开自如，收光容易，与基层有较强的黏结力，即可在水泥砂浆、混合砂浆上罩面，也可在砼墙板及石膏板墙面等光滑底层罩面。这种罩面具有致密光滑、不起灰，硬度高，不收缩，表面含碱量低，与精装修层涂料、油漆、墙纸具有较好的黏结强度的特点。

我国粉刷石膏的研究开发从 20 世纪 80 年代起步，第一条年产 30 000 吨的生产线由宁夏中卫新型建材厂从德国克脑夫公司引进，1989 年建成。目前，粉刷石膏在北方大多数地区已得到了较好的推广，年用量以 20% 以上的速度递增，预计将超过 150 万吨，是一种具有发展前景的石膏建材产品。

（2）纸面石膏板，是目前国内建筑石膏产制品中最主要的品种，其性能特点如下。

① 耐火性：纸面石膏板为难燃材料，不同构造产品的耐火极限达 1～4 h。

② 质轻：采用纸面石膏板隔墙，可减小建筑物的静荷载，减小基础重量，纸面石膏板隔墙的重量仅为同样厚度的砖墙的 1/5。

我国在 1978 年建成了第一条年产 400 万平方米的连续自动化纸面石膏板生产线，20 世纪 80 年代又引进了年产 2 000 万平方米的生产线，目前，全国已形成纸面石膏板设计产量 4 亿多平方米，市场年需求增量达到 10%～35%，但与发达国家相比，我国人均年消费纸面石膏板的比例依然很低，因此，我国的纸面石膏板产业仍然存在着巨大的市场潜力。

（3）纤维石膏板，又称纤维板、无纸石膏，加入木质刨花的称为石膏刨花板，也称木质纤维板；加入纸纤维的称为纸纤维石膏板，兼具纸面石膏板和普通刨花板的优点。同时，纤维石膏板具有轻质、高强、保温、易加工、易施工、阻燃性能好、装饰加工性能好、不含挥发性刺激物、不含有毒有害物质等优点，是一种绿色环保板材，被广泛应用于天花板、隔墙板和内墙装饰，在高层建筑、低层结构和活动房屋中有广泛的应用。

20 世纪 90 年代，我国从德国引进两条 3 万平方米的石膏刨花板生产线，分别在山东苍山和山西侯马建厂并投入生产，湖北引进了德国 300 万平方米纸纤维石膏板生产线，并于 1997 年建成投产，还经消化吸收，已在国内形成了一定的生产规模。

（4）石膏砌块与石膏空心条板，是以建筑石膏为主要原料，加入各种轻集料、填充料、纤维增强材料、发泡剂等辅助原料，经加水搅拌，浇注成形和干燥而取得的轻质建筑制品，主要用于建筑物内隔墙。石膏砌块又有空心砌块与实心砌块之分。

用石膏砌块做建筑物内隔墙，对建筑物的成本的影响主要体现在：大幅度减少建筑物自重，减少基础和框架的承重等级，降低建筑成本；对建筑物性能的影响主要体现在，增加居住面积 8%～10%，通过提高隔声能力、热惰性能、自动调节室内空气湿度提高居住舒适度，使建筑物的性能档次上一个台阶。

石膏砌块作为建筑物内隔墙材料，在国外已广泛应用。国外通常通过使用大量储存和均化设备，使大批量石膏粉熟化和均化，提高生产条件和环境条件，实现石膏制品的自动化生产。因国内经济发展水平的限制，我国过去只有 10 多条小规模半机械化生产线，年产量约 100 万平方米。北京力博特尔公司研究发现了石膏水化反应中内在物理力学参数的变化规律，成功开发了智能控制生产线，已经实现单线年产 150 万平方米，有望达到单线年产

300万平方米,机械抽孔空心石膏墙板体系技术导则已获批准,为石膏墙体大规模进入市场铺平了道路。

2. 石膏的用途

石膏是只能在空气中硬化的气硬性胶凝材料,属无机非金属材料,是一种重要的工业原料,广泛用于建筑、建材、工业模具和艺术模型、化学工业及农业、其他特殊行业等众多应用领域,在国民经济中占有重要的地位。

1) 建筑

石膏胶凝材料是一种古老的建材,具有悠久的发展史,早在公元前,中国、埃及、希腊、罗马等国家就已开始利用经煅烧的石膏和石灰作为胶结材料应用,著名的大金字塔等许多古代宏伟建筑均采用石灰石膏作为胶凝材料砌筑而成。

随着建筑业的发展及石膏基础产业的飞速提升,作为新型内墙体材料主导产品的石膏产制品,在我国目前的墙体材料改革中起到举足轻重的作用。目前已广泛应用于建筑领域的石膏产制品如下。

(1) 粉刷石膏,一种建筑内墙及顶板表面的抹面材料,是传统水泥砂浆或混合砂浆的换代产品,由石膏胶凝材料作为基料配置而成。

(2) 自流平地面找平石膏,简称自流平石膏,是一种在混凝土楼板垫层上能自流动摊平,即在自重力作用下形成平滑表面,成为较为理想的地面找平层,是铺设地毯、木地板和各种地面装饰材料的基层材料。

(3) 石膏刮墙腻子,是以建筑石膏粉和滑石粉为主要原料,辅以少量石膏改性剂配置而成的粉状料,主要用于喷刷涂料和粘贴壁纸前的墙面找平,也可以直接作为内墙的装饰面层。

(4) 石膏嵌缝腻子,是用于石膏墙体材料或板材之间接缝、嵌填、找平和黏结的通用型接缝腻子。

(5) 纸面石膏板,是以建筑石膏为基料,加入少量添加剂与水搅拌后,连续浇注在两层护面纸之间,再经封边、压平、凝固、切断、烘干而成的一种轻质建筑板材。纸面石膏板又分为普通纸面石膏板、耐水纸面石膏板、耐火纸面石膏板。

(6) 纤维石膏板,由建筑石膏、木质刨花或纸纤维等和少量化学添加剂制成,主要作为建筑内墙体材料,表面可加工或进行装饰处理。

(7) 石膏空心条板,是以建筑石膏为原料,辅以珍珠岩、水泥、玻纤布等浇注而成的状似混凝土空心楼板的条形板材,主要用于建筑物内隔墙。

(8) 石膏砌块,是以建筑石膏为主要原料,加入各种轻集料、填充料、纤维增强材料、发泡剂等辅助原料,经加水搅拌,浇注成形和干燥而取得的块状轻质建筑制品。石膏砌块有实心、空心和夹心三种类型,空心砌块为单排孔和双排孔,规格有 500 mm×333 mm、500 mm×666 mm 两种,厚度为 80 mm、100 mm、120 mm、140 mm、180mm 五种,主要用于建筑物的内隔墙。

另外,还有装饰石膏板、石膏速成墙板、石膏线条、石膏浮雕等。

建筑行业是石膏应用的主要市场之一,也是目前最具潜力的石膏市场,将会对石膏产业的发展起到举足轻重的作用。

2) 建材

建材行业是目前石膏应用的最大市场之一,2004 年全行业的用量达 2 800 万吨,约占总量的 84%,同时建材行业对石膏的利用形式是直接利用石膏原矿,其所产生的经济效益较低,其中的 95% 用做水泥缓凝剂,其用量仍将随着我国水泥产量的持续增长而增长。建材行业的主要利用形式如下。

(1) 作为水泥生产的缓凝剂,以及矿化剂、特种水泥的生产原料。

(2) 用于生产建筑石膏、高强石膏、无水石膏胶凝材料、石膏复合胶凝材料。

(3) 用于制作工业模具和艺术模型。石膏的优良性能使其成为工业生产中模具的优质材料,使其在陶瓷、铸造、医疗、装饰等行业成为必需的一种原材料。

(4) 模具石膏粉用于日用陶瓷、高级卫生陶瓷的模具制作材料。

(5) 铸造石膏粉用于精密模具、金银首饰及铝合金模具,以及飞机、汽车、机床工业的高标准模具的制作材料。

(6) 齿科用超硬石膏粉、模型石膏粉等诸多产品。

(7) 用石膏作为生产硫酸的原料或用于改良碱性土壤。

(8) 其他特种行业,如食用石膏、中药材、化工原料、饲料添加剂、造纸填料、其他填料。

各种石膏在工程中的用途如表 4-2-2 所示。

表 4-2-2 各种石膏在工程中的用途

分类	天然石膏（生石膏）	熟 石 膏			
		建筑石膏	地板石膏	模型石膏	高强度石膏
用途	通常白色者用于制作熟石膏,青色者制作水泥农肥等	制配石膏抹面灰浆,制作石膏板、建筑装饰,以及吸声、防火制品	制作石膏地面;配制石膏灰浆,用于抹灰及砌墙;配制石膏混凝土	供模型塑像、美术雕塑、室内装饰及粉刷用	制作人造大理石、石膏板、人造石,用于湿度较高的室内抹灰及地面等

思 考 题

1. 建筑石膏的主要成分是什么,对于气硬性胶凝材料,成形养护的条件有哪些?

2. 影响石膏强度测试结果的主要因素有哪些?

3. 建筑石膏的特性如何? 用途如何?

4. 什么是石膏制品的"呼吸作用"? 此种"呼吸作用"会引起石膏制品的变形或开裂吗?

5. 如何防止位于厕所中的建筑石膏制品发生变形和发霉现象?

6. 石膏制品从天花板上脱落的原因是什么? 怎么解决?

任务 3 沥青的选择、检测与应用

【任务描述】

沥青是由复杂的高分子碳氢化合物及其非金属(氧、硫、氮)衍生物混合组成的有胶凝材料。它能溶于二硫化碳等有机溶剂中,在常温下呈固态、半固态或液态,具有良好的黏结性、憎水性、塑性及抗酸碱腐蚀能力。水利工程如渠道、蓄水池、堤防护面、大坝和坝基的防渗体以及伸缩缝、止水井的灌注等多使用黏滞性较低、塑性好的道路石油沥青。本章将对常见的沥青品种进行规定的检测、检验，了解其特点及主要用途。

【任务目标】

能力目标

（1）能够进行沥青试样的选择。

（2）能够对检测项目进行检测，精确读取检测数据。

（3）能够按规范要求对检测数据进行处理，并评定检测结果。

知识目标

（1）了解沥青的分类、沥青的改性种类，以及煤沥青和石油沥青在性质上和用途上的不同。

（2）掌握石油沥青的组分划分、特性和技术指标。

（3）掌握沥青试验检测项目。

技能目标

（1）能正确操作试验仪器对沥青各项技术性能指标进行检测。

（2）能依据国家标准对沥青质量作出准确的评价。

（3）正确阅读、填写沥青质量检测报告单。

模块 1　沥青的选择

沥青是一种有机胶结材料，为有机化合物的复杂混合物。沥青溶于二硫化碳、四氯化碳、苯及其他有机溶剂，在常温下呈固体、半固体或液体形态，颜色呈辉亮褐色以至黑色。沥青具有良好的黏结性、塑性、不透水性及耐化学侵蚀性，并能抵抗大气的风化作用。沥青在建筑工程上主要用于地下的防水、车间耐腐蚀地面及道路路面，水利工程，如渠道、蓄水池、堤防护面、大坝和坝基的防渗体，以及伸缩缝、止水井的灌注等。此外，沥青是防水卷材、防水涂料、防水油膏、胶黏剂及防锈防腐涂料的重要原材料。一般用于建筑工程的有石油沥青和煤沥青两种。

1. 沥青的分类

沥青一般分为地沥青（asphalt）和焦油沥青（tar asphalt）两类。地沥青按产源，分为天然沥青（natural asphalt）和石油沥青（petroleum asphalt）两类。天然沥青是石油渗入地表经长期暴露和蒸发后的残留物，存在于自然界，或含沥青砂岩和砂中。天然沥青最著名的产地为中美洲的特里尼达（Trinidad）沥青湖。我国新疆虽然也有沥青矿，但开采困难，产量很少，工程中很少应用。石油沥青是石油原油经蒸馏炼制出汽油、煤油、柴油及润滑油后的残渣或在经加工的副产品，再经处理而成的。其成分与性能取决于原油的成分与性能。它的韧性较好，略有弹性，燃烧时烟无色，略有松香或石油味，但无刺激性臭味。工程上采用的绝大部分为石油沥青。焦油沥青又称煤焦沥青、柏油、臭柏油，按产源分为煤沥青、木沥青、泥炭沥青和页岩沥青。煤沥青是煤焦油蒸馏后的残余物。木沥青是木焦油蒸馏后的残余物，页岩沥青由油页岩残渣经加工处理而得。

沥青的分类可表示如下。

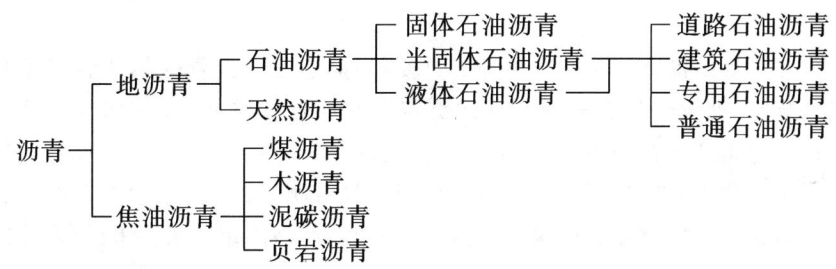

2. 沥青的技术性质

1）黏滞性

石油沥青的黏滞性是反映沥青材料内部阻碍其相对流动的一种特性,用黏度表示。黏性的实质反映了沥青胶体的紧密程度。黏性大小与组分含量及温度有关。地沥青质含量多,同时有适量的胶质,而油分含量较少时,呈凝胶结构,黏性较大。在一定温度范围内,温度升高,黏度降低;反之黏度提高。

黏稠石油沥青的黏度是用针入度仪测定的针入度(penetration)来表示的。针入度是用一定重量的标准针(200 g、100 g 或 50 g),在一定的温度(0 ℃、25 ℃或 46.1 ℃)条件下,经一定时间(5 s 或 60 s)插入沥青试样的深度,以 1/10 mm 为单位表示。通常采用的试验条件是标准针重 100 g,温度 25 ℃,贯入时间 5 s。针入度值反映石油沥青抵抗剪切变形的能力,针入度愈小,黏度愈大。

液体石油沥青的黏度是用标准黏度计测定的标准黏度表示的。标准黏度是在规定温度(20 ℃、25 ℃、30 ℃或 60 ℃)、规定直径(3.5 mm 或 10 mm)的孔口流出的 50 cm³ 沥青所需的时间,常用符号"$C_t^d T$"表示,d 为流孔直径,单位为 mm,t 为试样温度,T 为流出 50 cm³ 沥青的时间(s)。T 值越大,黏度越大。

2）塑性

塑性是指石油沥青受到外力作用时,产生变形而不破坏,除去外力后,仍保持变形后的形状的性质。石油沥青的塑性与其组分、温度等因素有关,当石油沥青中油分和地沥青质适量时,树脂含量越多,沥青膜层越厚,塑性越大,温度升高,塑性增大。反之沥青膜层薄,塑性差,当膜层薄至 1 μm,塑性近于消失,即接近于弹性。沥青的塑性对冲击振动荷载有一定的吸收能力,并能减少摩擦时的噪声,故沥青是一种优良的道路路面材料。石油沥青的塑性用延度(伸长率)表示,将沥青试件置于一定温度的水中,以一定的拉伸速度将其拉断时所延伸的长度即为延度,以 cm 为单位。试验温度通常为 25 ℃,拉伸速度为 5 cm/min。延度越大,沥青的塑性越大。

3）温度敏感性

温度敏感性是指石油沥青的黏滞性和塑性随温度升降而变化的性能。沥青是一种高分子非晶态热塑性物质,没有固定的熔点,当温度升高时,沥青塑性增大,黏性减小,由固态或半固态逐渐软化,此时沥青就像液体一样发生黏性流动,称为黏流态。与此相反,当温度降低时,沥青的黏度增大,塑性减小,由黏流态凝固为固态,进而变脆变硬。当温度在一定范围升降时,各种沥青的黏度和塑性变化程度是不同的。变化程度小,即温度感应性小;反之,温度感应性大。

通常石油沥青中的沥青质含量较多时,在一定程度上能够减小其温度敏感性,沥青中含蜡较多时,则会增大温度敏感性,在工程中使用时往往加入滑石粉、石灰石粉或其他矿物填料来减小其温度敏感性。用于防水工程的沥青,要求具有较小的温度敏感性,以免高温下流淌和低温下脆裂。

沥青软化点是反映沥青的温度敏感性的重要指标,它表示沥青受热从固态转变为黏流态的温度。我国规定,沥青软化点采用环球法测定。在沥青试样上安好钢球后,置于水或甘油中,以 5 ℃/min 的速度升温,沥青试件逐渐软化流动,当下垂到 1 英寸(2.54 cm)时水或甘油的瞬间温度即为软化点,以℃表示。沥青加热过程,没有明显的熔点,也没有状态的急剧变化,软化点只是沥青达到一定稠度时所表现的温度,必须在严格固定的条件下试验,才能取得可比性的结果。软化点越高,沥青温度感应性越小。

4)耐久性

耐久性在工程上称为大气稳定性,即沥青在各种自然因素的长期综合作用下保持其性能稳定的能力。

在贮运、加工、施工及应用过程中,由于长期遭受温度、空气、阳光、风雨等因素的作用,沥青将发生蒸发、脱氢、缩合、氧化等复杂的物理化学变化,逐渐硬化变脆,沥青物理化学性质及力学性质出现的这种不可逆的变化称为老化。

沥青受温度的影响,轻质组分蒸发损失,原有的化学组分改变,使其性质变硬。但沥青老化更主要的原因还是沥青在空气中受到氧化作用,油分部分地转变为胶质,胶质又部分地转化为沥青质,其结果是油分显著减少而沥青质增加。组分所发生的这一变化必然使沥青的塑性、黏滞性降低,脆性增大,从而导致性能的恶化。沥青中各组分的老化速度,虽然与其性质和工艺条件有关,但温度条件是一个很重要的影响因素。氧化作用虽然主要发生在沥青的表面,但有时也会扩展到沥青内部。

沥青在正常使用条件下,温度一般不会超过 80 ℃,但当受到阳光的辐射时,沥青所受光量子能量的作用远大于热能的影响,以致氧化速度显著增大,成为老化的主要原因。通常光氧化作用主要是无光照下的氧化引起的,老化速度缓慢得多。

沥青在浸水条件下,对老化没有显著的影响,对沥青光氧化反应的催化作用也不大。但有些微量金属元素存在,会大大加速沥青的氧化速度。沥青中加入 1% 的硬脂酸铜,可使吸氧量提高 4 倍,铁盐对氧化则有抑制的作用。工程上,为了提高沥青的黏附性而掺入各种金属皂类掺和料,但应注意它对耐久性可能造成的影响,要避免带来不利的后果。

5)防水性

石油沥青是憎水性材料,几乎完全不溶于水。不仅本身构造致密,而且与矿物材料表面有很好的黏结力,能紧密黏附于矿物材料表面,形成致密的膜层。同时,它还有一定的塑性,能适应材料或构件的变形,所以石油沥青具有良好的防水性,广泛用做建筑工程的防潮、防水、抗渗材料。

6)耐蚀性

耐蚀性是石油沥青抵抗腐蚀介质侵蚀的能力。石油沥青对于大多数中等浓度的酸、碱、盐类都有较好的耐蚀能力。

此外,为评定沥青的品质和保证施工安全,还应当了解石油沥青的溶解度、闪点和燃点。

溶解度是指石油沥青在三氯乙烯、四氯化碳或苯中溶解的百分率,表示石油沥青中有效物质的含量,即纯净程度。那些不溶物质会降低石油沥青的性能,应加以限制。闪点(也称闪火点)是指加热沥青至挥发出可燃气体,与火焰接触闪火时的最低温度。燃点是指加热沥青产生的气体与火焰接触,持续燃烧 5 s 以上时沥青的温度。燃点的温度比闪点温度约高 10 ℃。为安全起见,沥青应与火焰隔离。

根据我国现行标准,石油沥青分为道路石油沥青、建筑石油沥青、普通石油沥青和专用石油沥青。道路石油沥青和建筑石油沥青的标号是按针入度指标来划分的,专用石油沥青的标号是按其用途划分的,普通石油沥青的标号是按其性质及用途划分的。

(1) 建筑石油沥青的技术指标。

建筑石油沥青按沥青的针入度值划分为 40 号、30 号和 10 号等三个标号。建筑石油沥青针入度较小、软化点较高,但延度较小。建筑石油沥青的技术性能应符合《建筑石油沥青》(GB/T 494—2010)的规定,如表 4-3-1 所示。

表 4-3-1　建筑沥青技术性能指标

项　　目	质　量　指　标		
	10 号	30 号	40 号
针入度(25 ℃,100 g,5 s)/(1/10 mm)	10~25	26~35	36~50
针入度(0 ℃,100 g,5 s)/(1/100 mm),不小于	3	6	6
延度 D(25 ℃,5 cm/min)/cm,不小于	1.5	2.5	3.5
软化点(环球法)/(℃),不小于	95	75	60
溶解度(三氯乙烯,四氯化碳,苯)/%,不小于	99.0		
蒸发损失(60℃,5 h)/(%),不大于	1		
蒸发后针入度比/(%),不小于	65		
闪点(开口)/(℃),不小于	260		

(2) 道路石油沥青的技术指标。

在国家标准《沥青路面施工及验收规范》(GB 50092—1996)中,将道路石油沥青分为中、轻交通量道路石油沥青和重交通量道路石油沥青两种。中、轻交通量道路石油沥青的技术要求如表 4-3-2 所示。重交通量道路石油沥青的技术要求如表 4-3-3 所示。中、轻交通量道路石油沥青用于二级以下公路和城市次干路、支路路面。重交通量道路石油沥青用于高速公路、一级公路和城市快速路、主干路铺筑路面。

表 4-3-2　中、轻交通道路石油沥青技术指标

试验项目 ＼ 标号	A-200	A-180	A-140	A-100 甲	A-100 乙	A-60 甲	A-60 乙
针入度(25 ℃,100 g,5 s)/0.1 mm	200~300	160~200	120~160	90~120	90~120	50~80	50~80
延度 D(15 ℃,5 cm/min)/cm,不小于	—	100	100	90	60	70	40
软化点(环球法)/(℃)	30~45	35~45	38~48	42~52	42~52	45~55	45~55
闪点(COC)/(℃),不小于	180	200	230	230	230	230	230
溶解度(三氯乙烯)/(%),不小于	99.0	99.0	99.0	99.0	99.0	99.0	99.0
蒸发损失试验,163 ℃,5 h　质量损失/(%),不大于	1	1	1	1	1	1	1
蒸发损失试验,163 ℃,5 h　针入度比/(%),不小于	50	60	60	65	65	70	70

注　当 25 ℃延度达不到 100 cm,但 15 ℃延度不小于 100 cm 时,也认为是合格的。

表 4-3-3　重交通道路沥青技术指标

试验项目 ＼ 标号		AH-130	AH-110	AH-90	AH-70	AH-50
针入度(25 ℃,100 g,5 s)/0.1 mm		120～140	100～120	80～100	60～80	40～60
延度 D(15 ℃,5 cm/min)/cm,不小于		100	100	100	100	80
软化点(环球法)/(℃)		40～50	41～51	42～52	44～54	45～55
闪点(COC)/(℃),不小于		230				
溶解度(三氯乙烯)/(%),不小于		99.0				
含蜡量(蒸馏法)/(%),不大于		3				
密度(15 ℃)/(g/cm³)		实测记录				
薄膜加热试验 163 ℃,5 h	质量损失/(%),不大于	1.3	1.2	1.0	0.8	0.6
	针入度比/(%),不小于	45	48	50	55	58
	延度(25 ℃)/cm,不小于	75	75	75	50	40
	延度(15 ℃)/cm	实测记录				

注　1. 有条件时,应测定沥青 60 ℃温度的动力黏度(Pa·s)及 135 ℃温度的运动黏度(mm²/s),并在检验报告中注明。

2. 对高速公路、一级公路和城市快速路、主干路的沥青路面,如有需要,用户可对薄膜加热试验后的 15 ℃延度、黏度等指标向供方提出要求。

（3）液体石油沥青的技术指标。

液体石油沥青是指在常温下呈液体状态的沥青。它可以是油分含量较高的直馏沥青,也可以是稀释剂稀释后的黏稠沥青。随稀释剂挥发速度的不同,沥青的凝结速度快慢也不同。国家标准《沥青路面施工及验收规范》(GB 50092—1996)规定,依据凝结速度的快慢,液体石油沥青可分为 AL(R)-1 和 AL(R)-2 等两个标号,中凝和慢凝液体沥青按黏度分为 AL(M)-1 至 AL(M)-6 和 AL(S)-1 至 AL(S)-6 各六个标号。

煤沥青是将煤焦油进行蒸馏,蒸去水分和所有的轻油及部分中油、重油和蒽油后所得的残渣。根据蒸馏程度不同,煤沥青为低温沥青、中温沥青和高温沥青。建筑上所采用的煤沥青多为黏稠或半固体的低温沥青。

与石油沥青相比,由于两者成分不同,煤沥青具有如下性能特点。

① 由固态或黏稠态转变为黏流态(或液态)的温度间隔较小,夏天易软化流淌,而冬天易脆裂,即温度敏感性较大。

② 含挥发性成分和化学稳定性差的成分较多,在热、阳光、氧气等长期综合作用下,煤沥青的组成变化较大,易硬脆,故大气稳定性差。

③ 含有较多的游离碳,塑性较差,容易因变形而开裂。

④ 因含有蒽、酚等,故有毒性和臭味,防腐能力较好,适用于木材的防腐处理。

⑤ 因含表面活性物质较多,与矿物表面的黏附力较好。

3. 沥青的掺配、改性及主要沥青制品

在工程中,往往一种牌号的沥青不能满足工程要求,因此常常需要用不同牌号的沥青进行

掺配。在进行掺配时,为了不使掺配后的沥青胶体结构破坏,应选用表面张力相近和化学性质相似的沥青。试验证明同源的沥青容易保证掺配后的沥青胶体结构的均匀性。所谓同源是指同属石油沥青或同属于煤沥青。当采用两种沥青时,每种沥青的配合量宜按下列公式计算:

$$Q_1 = \frac{T_2 - T_1}{T_2 + T_1} \times 100\% \qquad\qquad (4\text{-}3\text{-}1)$$

$$Q_2 = 100\% - Q_1 \qquad\qquad (4\text{-}3\text{-}2)$$

式中:Q_1 为较软沥青用量,%;Q_2 为较硬沥青用量,%;T 为掺配后的沥青软化点,℃;T_1 为较软沥青软化点,℃;T_2 为较硬沥青软化点,℃。

根据估算的掺配比例和在其邻近的比例(±5%)进行试配,测定掺配后沥青的软化点,然后绘制"掺配比-软化点"曲线,即可从曲线上确定所要求的比例。同样可采用针入度指标进行估算及试配。如采用三种沥青混配时,可先计算两种沥青的配合比,再与第三种沥青进行配合比计算,然后再试配。

建筑上使用的石油沥青必须具有较好的物理性质,如在低温条件下具有较好的弹性和塑性,在高温条件下具有足够的强度和稳定性,在加工和使用过程中具有优异的抗老化能力,还应该与各种矿物掺和料的结构表面有较强的黏附力,以及对构件变形的适应性和耐疲劳性。而一般的沥青材料很难全面满足工程上的多项使用要求,因此,必须对沥青材料进行有效的改性,常用的改性材料有橡胶、树脂和矿物填料等。

橡胶是一类重要的石油改性材料。它与沥青具有较好的混溶性,并能使沥青具有橡胶的很多优点,如高温变形小,低温柔性好等。沥青中掺入一定量的橡胶后,可改善其耐热性、耐候性等。

常用于沥青改性的橡胶有氯丁橡胶、丁基橡胶、再生橡胶等。

4. 沥青的选择原则

沥青是沥青混凝土的主要组成材料之一,是决定沥青混合料质量的主要因素。因此选择沥青时,除了要注意沥青自身品质的优劣以外,还要注意沥青标号对当地环境的适应性,既要兼顾冬季的抗裂性,又要兼顾到夏季的抗塑变能力。

模块 2　沥青的性能检测

1. 检测标准与基本检测项目

1)检测标准

(1)《水工沥青混凝土试验规程》(DL/T 5362—2006);

(2)《公路工程沥青路面施工技术规范》(JTG F40—2004);

(3)《公路工程质量检验评定标准》(JTG F80/1—2004);

(4)《公路工程沥青及沥青混合料试验规程》(JTJ 052—2000)。

施工前必须检查各种材料的来源和质量。

对经招标程序购进的沥青、集料等重要材料,必须提供最新的正式的检测报告。对首次使用的集料,应检查生产单位的生产条件、加工机械、覆盖层清理情况。

所有材料都必须按规定频率取样检验,经质量认可后方可订货。

材料来源、规格发生变化时,应对材料来源、质量、数量、供应条件、料场堆放、储存条件进行检查。

2）基本检测项目

石油沥青的必试项目：软化点、针入度、延度试验。

2. 沥青取样方法

1）试验前的准备及注意事项

沥青试验前应按规定进行取样，并依据标准准备沥青试样，取样时应注意检查取样和盛样器是否干净、干燥，盖子是否配合严密。使用过的取样器或金属桶等盛样容器必须洗净、干燥后才可使用。对供质量仲裁用的沥青试样，应采用未使用过的新容器存放，且由供需双方人员共同取样，取样后双方在密封上签字盖章。

2）目的与适用范围

（1）本方法适用于在生产厂、贮存或交货验收地点为检查沥青产品质量而采集各种沥青材料的样品。

（2）进行沥青性质常规检验的取样数量为：黏稠或固体沥青不少于 1.5 kg；液体沥青不少于 1 L；沥青乳液不少于 4 L。

进行沥青性质非常规检验及沥青混合料性质试验所需的沥青数量，应根据实际需要确定。

图 4-3-1　沥青取样器

3）仪具与材料

（1）盛样器：根据沥青的品种选择。液体或黏稠沥青采用广口、密封带盖的金属容器（如锅、桶等）；乳化沥青也可使用广口、带盖的聚氯乙烯塑料桶；固体沥青可用塑料袋，但需有外包装，以便携运。

（2）沥青取样器：金属制、带塞、塞上有金属长柄提手，形状如图 4-3-1 所示。

4）方法与步骤

（1）试验步骤。

① 从贮油罐中取样。

A. 从无搅拌设备的贮罐中取样的要求。

a. 液体沥青或经加热已经变成流体的黏稠沥青取样时，应先关闭进油阀和出油阀，然后取样。

b. 用取样器按液面上、中、下位置（液面高各为 1/3 等分处，但距罐底不得低于总液面高度的 1/6）各取规定数量样品。每层取样后，取样器应尽可能倒净。当贮罐过深时，亦可在流出口按不同流出深度分 3 次取样。对静态存取的沥青，不得仅从罐顶用小桶取样，也不能仅从罐底阀门流出少量沥青取样。

c. 将取出的 3 个样品充分混合后取规定数量样品作为试样，样品也可分别进行检验。

B. 在有搅拌设备的贮罐中取样的要求。

将液体沥青或经加热已经变成流体的黏稠沥青充分搅拌后，用取样器从沥青层的中部取规定数量试样。

② 从槽车、罐车、沥青洒布车中取样。

取样要求如下。

a. 设有取样阀时，可旋开取样阀，待流出至少 4 kg 或 4 L 后再取样。取样阀如图 4-3-2 所示。

b. 仅有放料阀时，待放出全部沥青的一半时再取样。

c. 从顶盖处取样,可用取样器从中部取样。

③ 在装料或卸料过程中取样。

在装料或卸料过程中取样时,要按时间间隔均匀地取至少 3 个规定数量样品,然后将这些样品充分混合后取规定数量样品作为试样。样品也可分别进行检验。

④ 从沥青储存池中取样。

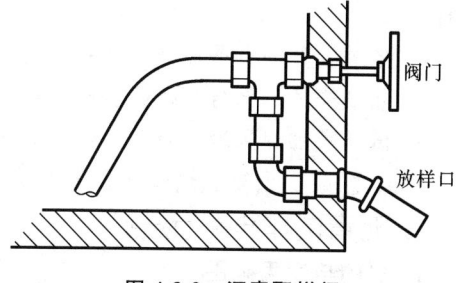

图 4-3-2　沥青取样阀

沥青贮存池中的沥青应待加热熔化后,经管道或沥青泵流至沥青加热锅之后取样。分间隔每锅至少取 3 个样品,然后将这些样品充分混匀后再取规定数量作为试样,样品也可分别进行检验。

⑤ 从沥青运输船取样。

沥青运输船到港后,应分别从每个沥青仓取样,每个仓从不同的部位取 3 个样品,混合在一起,作为一个仓的沥青样品供检验用。在卸油过程中取样时,应根据卸油量,大体均匀地分 3 次从卸油口或管道途中的取样口取样,然后混合作为一个样品供检验用。

⑥ 从沥青桶中取样。

取样要求如下。

a. 当能确认是同一批生产的产品时,可随机取样。如不能确认是同一批生产的产品,则应根据桶数按照表 4-3-4 所示规定或按总桶数的立方根数随机选出沥青桶数。

b. 将沥青桶加热,使桶中沥青全部熔化成流体后,按罐车取样方法取样。每个样品的数量以充分混合后能满足供检验用样品的规定数量要求为限。

c. 若沥青桶不便加热熔化沥青,亦可在桶高的中部将桶凿开取样,但样品应在距桶壁 5 cm 以上的内部凿取,并采取措施防止样品散落地面沾上尘土。

表 4-3-4　选取沥青样品桶数

沥青桶总数	选 取 桶 数	沥青桶总数	选 取 桶 数
2～8	2	217～343	7
9～27	3	344～512	8
28～64	4	513～729	9
65～125	5	730～1 000	10
126～216	6	1 001～1 331	11

⑦ 固体沥青取样。

从桶、袋、箱装或散装整块中取样,应在表面以下及容器侧面以内至少 5 cm 处采取。如沥青能够打碎,可用一个干净的工具将沥青打碎后取中间部分试样;若沥青是软塑的,则用一个干净的热工具切割取样。

(2) 试样的保护与存放。

① 除液体沥青、乳化沥青外,所有需加热的沥青试样必须存放在密封带盖的金属容器中,严禁灌入纸袋、塑料袋中存放。试样应存放在阴凉干净处,注意防止试样污染。装有试样的盛样器应加盖、密封,外部擦拭干净,并在其上标明试样来源、品种、取样日期、地点及

取样人。

②　冬季乳化沥青取试样要注意采取妥善防冻措施。

③　除试样的一部分用于检验外,其余试样应妥善保存备用。

④　试样需加热采取时,应一次取够一批试验所需的数量装入另一盛样器,其余试样密封保存,应尽量减少重复加热取样。用于质量仲裁检验的样品,重复加热的次数不得超过两次。

3. 沥青试样准备方法

1) 目的与适用范围

(1) 本方法规定了按本章沥青取样法取样的沥青试样在试验前的试样准备方法。

(2) 本方法适用于黏稠道路石油沥青、煤沥青等需要加热后才能进行试验的沥青试样,按此法准备的沥青供立即在实验室进行各项试验使用。

(3) 本方法也适用于在实验室按照乳化沥青中沥青、乳化剂、水及外加剂的比例制备乳液的试样进行各项性能测试使用。每个样品的数量根据需要决定,常规测定宜不少于 600 g。

2) 仪具与材料

(1) 烘箱:200 ℃,装有温度调节器。

(2) 加热炉具:电炉或其他燃气炉(丙烷石油气、天然气)。

(3) 石棉垫:不小于炉具上面积。

(4) 滤筛:筛孔孔径为 0.6 mm。

(5) 沥青盛样器:金属锅或瓷坩埚。

(6) 乳化剂。

(7) 烧杯:1 000 mL。

(8) 温度计:0~100 ℃及 0~200 ℃,分度为 0.1 ℃。

(9) 天平:称量为 2 000 g,感量不大于 1 g;称量为 100 g,感量不大于 0.1 g。

(10) 其他:玻璃棒、溶剂、洗油、棉纱等。

3) 方法与步骤

(1) 热沥青试样制备。

①　将装有试样的盛样器带盖放入恒温烘箱中,当石油沥青试样中含有水分时,烘箱温度为 80 ℃左右,加热至沥青全部熔化后供脱水用。当石油沥青中无水分时,烘箱温度为软化点温度以上 90 ℃,通常为 135 ℃左右。对取来的沥青试样不得直接采用电炉或煤气炉明火加热。

②　当石油沥青试样中含有水分时,将盛样器放在可控温的砂浴、油浴、电热套上加热脱水,不得已采用电炉、煤气炉加热脱水时必须加放石棉垫。时间不超过 30 min,并用玻璃棒轻轻搅拌,防止局部过热。在沥青温度不超过 100 ℃的条件下,仔细脱水至无泡沫为止,最后的加热温度不超过软化点以上 100 ℃(石油沥青)或 50 ℃(煤沥青)。

③　将盛样器中的沥青通过 0.6 mm 的滤筛过滤,不等冷却立即一次灌入各项试验的模具中。根据需要也可将试样分装入擦拭干净并干燥的一个或数个沥青盛样器中,数量应满足一批试验项目所需的沥青样品并有富余。

④　沥青在灌模过程中如温度下降可放入烘箱中适当加热,试样冷却后反复加热的次数不得超过 2 次,以防沥青老化影响试验结果。注意在沥青灌模时不得反复搅动沥青,应避免混进气泡。

⑤ 灌模剩余的沥青应立即清洗干净,不得重复使用。

(2) 乳化沥青试样制备。

① 将取有乳化沥青的盛样器适当晃动,使试样上下均匀,试样数量较少时,宜将盛样器上下倒置数次,使上下均匀。

② 将试样倒出要求数量,装入盛样器或烧杯中,供试验使用。

③ 当乳化沥青在实验室自行配制时,配制步骤如下。

a. 按上述方法准备热沥青试样。

b. 根据所需制备的沥青乳液质量,以及沥青、乳化剂、水的比例计算各种材料的数量。

沥青用量为

$$m_b = m_E P_b \qquad (4\text{-}3\text{-}3)$$

式中:m_b 为所需的沥青质量,g;m_E 为乳液总质量,g;P_b 为乳液中沥青的含量,%。

乳化剂用量为

$$m_e = m_E P_E / P_e \qquad (4\text{-}3\text{-}4)$$

式中:m_e 为乳化剂用量,g;P_E 为乳液中乳化剂的含量,%;P_e 为乳化剂浓度(乳化剂中有效成分的含量,%)。

水的用量为

$$m_w = m_E - m_E P_b \qquad (4\text{-}3\text{-}5)$$

式中:m_w 为配制乳液所需水的质量,g。

c. 称取所需的乳化剂量放入 1 000 mL 烧杯中。

d. 向盛有乳化剂的烧杯中加入所需的水(扣除乳化剂中所含水的质量)。

e. 将烧杯放到电炉上加热并不断搅拌,直到乳化剂完全溶解,如需调节 pH 值,可加入适量的外加剂,将溶液加热到 40~60 ℃。

f. 在容器中称取准备好的沥青并加热到 120~150 ℃。

g. 开动乳化机,用热水先把乳化机预热几分钟,然后把热水排净。

h. 将预热的乳化剂倒入乳化机中,随即将预热的沥青徐徐倒入,待全部沥青乳液在机中循环 1 min 后放出,进行各项试验或密封保存。在倒入沥青过程中,需随时观察乳化情况,如出现异常,应立即停止倒入沥青,并把机中的沥青乳化剂混合液放出。

4. 沥青质量控制

1) 进场控制(料源控制)

沥青材料必须提供炼油厂的质量检验报告。

复验:不应采用供应商提供的检测报告,或商检报告代替现场检测,施工单位必须在监理见证下,根据沥青的技术要求逐项复验,经评定合格后方可使用。

检验内容及要求:按规范中的道路石油沥青技术指标、道路用乳化沥青技术指标、道路用液体石油沥青技术指标、道路用煤沥青技术指标、聚合物改性沥青技术指标、改性乳化沥青技术指标进行检验,并填写检验表。

将厂家质量检测报告、进场材料复验报告向监理报验。

监理应平行取样。

2) 过程控制

(1) 石油沥青:针入度、延度、软化点(随时)、含蜡量(必要时)。

（2）道路用煤沥青：黏度（按设计或规范要求）。

（3）道路用改性沥青：针入度、软化点（每天一次）、低温延度、弹性恢复（必要时）、显微镜观察（现场改性沥青、随时）、离析试验（成品改性沥青、每周一次）。

（4）道路用乳化沥青：蒸发残留含量、蒸发残留物针入度（按设计或规范要求）。

（5）改性乳化沥青：蒸发残留物含量、蒸发残留物针入度、蒸发残留物软化点、蒸发残留物延度（按设计或规范要求）。在制作乳化沥青的同时，加入聚合物胶乳，或将聚合物胶乳与乳化沥青成品混改性合，或对聚合物改性沥青进行乳化加工，得到的乳化沥青产品。

（6）乳化沥青：石油沥青与水在乳化剂、稳定剂等的作用下，经乳化加工制得的均匀沥青产品，也称沥青乳液。其成分为沥青、水、乳化剂、稳定剂。

符号：P——喷洒型、B——拌和型；C——阳离子、A——阴离子、N——非离子乳化沥青。

乳化沥青一般 30 min 破乳，颜色由黄褐色变为黑色，不黏鞋。

（7）液体石油沥青（又称轻制沥青、稀释沥青）：用汽油、煤油或柴油等溶剂将石油沥青稀释而成的沥青产品，即沥青＋溶剂。液体石油沥青宜采用针入度大的石油沥青，使用前先加热沥青，后加稀释剂，经适当的搅拌、稀释制成。掺配比例根据使用要求由试验确定。目前汽油、柴油价太贵，多采用煤油。

（8）改性沥青：沥青加改性剂（橡胶、树脂、高分子聚合物、物磨细橡胶料或其他材料），制成的新沥青胶凝材料，使沥青或沥青混合料性能改善。例如，非改性沥青增加 0.5% 的油石比，车辙增加 54%，改性沥青的抗车辙性能对沥青用量的敏感性大为降低。

制造改性沥青的基质沥青应与改性剂有良好的配伍性，供应商在提供改性沥青的质量报告时应提供基质沥青的质量报告或沥青样品。

施工方按自检频率送样检测，监理对施工单位自检进行见证。监理按平行取样频率平行取样。

必要时，施工单位、监理、建设单位等各个部门对其质量产生怀疑，提出要求检测时，根据需要商定的检查频率。

随时，需要经常检查的项目，其检查频率可根据材料来源或质量波动情况，由建设单位或监理确定。

5. 矿料控制

1）进场控制（料源控制）

复验：施工单位选择料源时应在监理见证下，对每个料源、每种规格的矿料以 1000 m³ 为一批次（小于 1 000 m³ 也为一批次），根据矿料的质量要求，逐项检验。

检验内容及要求：规范中沥青用粗集料质量技术要求、沥青用粗集料规格、粗集料与沥青的黏附性磨光性技术要求、粗集料对破碎面的要求；沥青混合料用细集料质量要求，沥青混合料用天然砂、机制砂或石屑规格两种材料性能表；沥青混合料用矿粉技术要求。

确定料源的原则是质量合格，就近取材。进场材料需报验。

2）过程控制

（1）粗集料：外观（石料品种、含泥量等）（随时）、针片状颗粒含量、颗粒组成、压碎值、磨光值、洛杉矶磨耗率、含水量（必要时）。

（2）细集料：颗粒组成、含水量、砂当量、堆积密度（必要时）。

（3）矿粉：外观（随时）、小于 0.075 mm 的颗粒的含量、含水量（必要时）。

施工方按自检频率送样检测,监理按平行取样频率平行取样,对施工单位自检进行见证。

(4) 机制砂:采用专用的制砂机制造,并选用优质石料生产,级配符合要求。

(5) 石屑:采石场破碎石料时通过 4.75 mm 或 2.36 mm 的筛下部分,级配符合要求。

模块 3　沥青的应用

沥青是一种有机高分子聚合物。它防渗性能好、变形能力大,且能抵抗侵蚀,构造致密,与石料、砖、混凝土及砂浆等能牢固地黏结在一起。沥青制品具有良好的隔潮、防水、抗渗、耐腐蚀等性能,掺入外加剂还可以调整其性能,因而在水利水电工程及道路工程中得到广泛的应用。

1. 沥青在水利工程中的应用

水利工程中采用水工沥青配制沥青混凝土。

1) 沥青混凝土的特点

目前在水工大坝中主要用到的是沥青混凝土。沥青混凝土作为防渗材料,变形性能好、防渗性能高、无接缝、抗侵蚀性强、对水质无污染、在自重和水压作用下能自封自愈,具有一定的隔热性能,对混凝土坝上游面有保温防裂作用,有很强的抗震能力,适用于强地震区建坝,且具有工程量小、施工快速等众多优点。

作为防渗体,其主要应用于大坝面板、大坝心墙、蓄水库防渗护面、渠道衬砌、河海堤岸护坡、垃圾填埋场防渗、旧坝(或渠、库)防渗面翻修等。用沥青混凝土做水坝的防渗面层或心墙,沥青混凝土的渗透系数一般可达 $10^{-7} \sim 10^{-10}$ cm/s,其防渗性能比钢筋混凝土的优越,具有较高的塑性与柔性,能更好地适应水工建筑物的不均匀沉陷和变形。全世界目前已建成的沥青混凝土面板坝有 200 多座,心墙坝有 70 多座,用沥青混凝土防渗的蓄水库数量超过 60 座,此外还有众多的用不同沥青混合物防渗的其他水工结构物,如渠道、河道、堤岸等。沥青混凝土防渗技术的理论研究和施工实践的进步,推动了此项技术的进一步发展,其特征是防渗形式多样化,设计结构简单化,施工高度机械化。我国从 20 世纪 70 年代以来,已建成了东北的尼尔基、三峡茅坪溪、重庆黔江洞塘、四川冶勒、新疆鄯善坎尔其等许多座沥青混凝土心墙坝,目前都在运行中。土石坝沥青防渗心墙如图 4-3-3 所示。土石坝沥青防渗斜墙如图 4-3-4 所示。

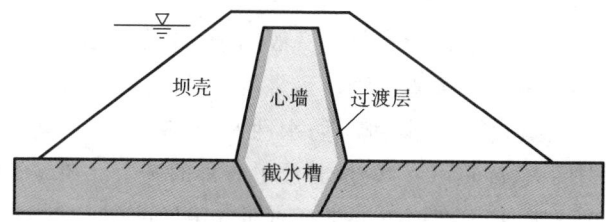

图 4-3-3　土石坝沥青防渗心墙

2) 沥青混凝土的分类

沥青混凝土按施工方法分为碾压式沥青混凝土和浇筑式沥青混凝土。碾压式沥青混凝土是将沥青混凝土摊铺后经过机具碾压密实成形,浇筑式沥青混凝土是将沥青混凝土置于模具中用振捣器振捣密实成形,前者用沥青量少于后者。如中水十五局修建的重庆洞塘和新疆鄯善坎尔其工程,属于碾压式沥青混凝土心墙,新疆卡布其海和哈拉索克工程属于浇筑式沥青

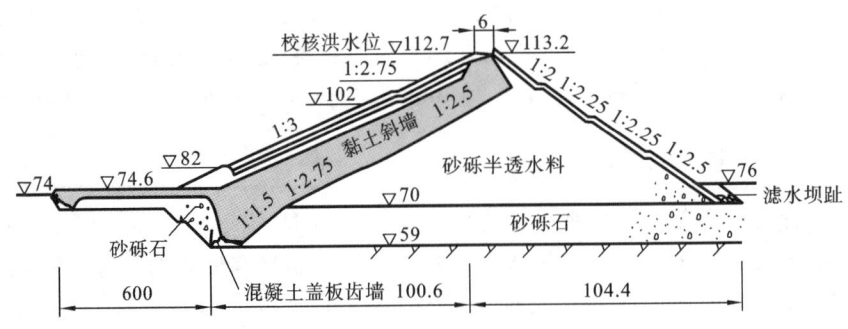

图 4-3-4　土石坝沥青防渗斜墙

心墙。

沥青混凝土分为粗砾石混凝土（最大料径为 35 mm）、中砾石混凝土（最大料径为 25 mm）和细砾石混凝土（最大料径为 15 mm），沥青砂浆（也称沥青玛蹄脂）。我国目前使用的配合比主要是中粒石混凝土、细砾石混凝土和沥青玛蹄脂。

沥青混凝土按孔隙率分为密级和开级，密级指孔隙率小于 5％，开级指孔隙率大于 5％，密级用细骨料填料，沥青用量较多，防渗效果好，我国目前采用的是密级配合比。

沥青混凝土技术要求如表 4-3-5 所示。

表 4-3-5　沥青混凝土技术要求

项　目		数　据
基本要求	骨料最大粒径/mm	20
	孔隙率/（％）	≤3
	渗透系数/（cm/s）	$<10^{-7}$
马歇尔试验	稳定度/kN	>5
	流值/（10^{-1} mm）	30～50
水稳定系数		>0.85

2. 沥青在道路工程中的应用

由于我国目前的技术限制，道路沥青材料一般用于高等级道路建设及防水材料等，主要可以分为煤焦沥青、石油沥青和天然沥青三种。最常见的是石油沥青材料，这是目前我国高等级功能的最基本材料，具有寿命长、舒适性高、防水性好、平整度高、扬尘性低、易养护等多种优点，同时也有造价高、遇明火、高热可燃，燃烧时放出有毒的刺激性烟雾等缺点。目前我国年沥青实际用量约为 7 000 万吨，其中高等级道路石油沥青用量占 50％以上。

1）石油沥青的牌号

道路石油沥青、建筑石油沥青和防水防潮石油沥青都是按针入度指标来划分牌号的。在同一品种石油沥青材料中，牌号越小，沥青越硬，牌号越大，沥青越软，同时随着牌号增加，沥青的黏性减小（针入度增加），塑性增加（延度增大），而温度敏感性增大（软化点降低）。

2）石油沥青的选用

在选用沥青材料时，应根据工程性质（房屋、道路、防腐）及当地气候条件、所处工程部位

(屋面、地下)来选用不同品种和牌号的沥青。

（1）道路石油沥青牌号较多，主要用于道路路面或车间地面等工程，一般拌制成沥青混凝土、沥青拌和料或沥青砂浆等使用。道路石油沥青还可用做密封材料、黏结剂及沥青涂料等。此时宜选用黏性较大和软化点较高的道路石油沥青，如 60 甲。道路石油沥青的应用如图 4-3-5 所示。

（a）　　　　　　　　　　　　（b）

图 4-3-5　道路石油沥青应用

（2）建筑石油沥青黏性较大，耐热性较好，但塑性较小，主要用做制造油毡、油纸、防水涂料和沥青胶。它们绝大部分用于屋面及地下防水、沟槽防水、防腐蚀及管道防腐等工程。对于屋面防水工程，应注意防止过分软化。据高温季节测试，沥青屋面达到的表面温度比当地最高气温高 25～30 ℃，为避免夏季流淌，屋面用沥青材料的软化点应比当地气温下屋面可能达到的最高温度高 20 ℃以上。例如，某地区沥青屋面温度可达 65 ℃，选用的沥青软化点应在 85 ℃以上。但软化点也不宜选择过高，否则冬季低温易发生硬脆甚至开裂，对一些不易受温度影响的部位，可选用牌号较大的沥青。

（3）防水防潮石油沥青的温度稳定性较好，特别适于做油毡的涂覆材料及建筑屋面和地下防水的黏结材料。其中 3 号沥青温度敏感性一般，质地较软，用于一般温度下的室内及地下结构部分的防水。4 号沥青温度敏感性较低，用于一般地区可行走的缓坡屋面防水。5 号沥青温度敏感性低，用于一般地区暴露屋顶或气温较高地区的屋面防水。6 号沥青温度敏感性最低，并且质地较软，除一般地区外，主要用于寒冷地区的屋面及其他防水防潮工程。

（4）普通石油沥青含蜡较多，其一般含量大于 5%，有的高达 20%以上（称多蜡石油沥青），温度敏感性高，故在工程中不宜单独使用，只能与其他种类石油沥青掺配使用。

3. 沥青的贮运管理

沥青在贮运过程中，应防止混入杂质、砂土和水分，现场临时存放时，场地应平整、干净，地势要高，最好设有棚盖，以防日晒和雨淋。放置地应远离火源，周围不得有易燃物。不同品种或不同标号的沥青要分别堆放，切忌勿混放，煤沥青因含有蒽、萘、酚等有毒成分，所以在贮存和施工过程中，必须根据有关劳保规定，注意防毒。

4. 工程实例分析

每到冬天，某沥青路面总会出现一些裂缝，裂缝大多是横向的，且几乎为等间距的，在冬天裂缝尤其明显，如图 4-3-6 所示。

分析　初步判断是沥青材料老化及低温所致。从裂缝的形状来看，沥青老化低温引起的裂缝大多为横向的，且裂缝几乎为等间距的。这与该路面破损情况吻合。该路已修筑多年，沥青老化后变硬、变脆，延伸性下降，低温稳定性变差，容易产生裂缝、松散。在冬

图 4-3-6　沥青路面现场图

天,气温下降,沥青混合料受基层的约束而不能收缩,产生了应力,应力超过沥青混合料的极限抗拉强度,路面产生开裂。

模块 4　试验与实训

1. 执行标准

(1)《建筑石油沥青》(GB/T 494—2010);

(2)《沥青针入度测定法》(GB/T 4509—2010);

(3)《沥青延度测定法》(GB/T 4508—2010);

(4)《沥青软化点测定法(环球法)》(GB/T 4507—1999)。

2. 沥青针入度试验

1)目的与适用范围

本方法适用于测定道路石油沥青、改性沥青针入度以及液体石油沥青蒸馏或乳化沥青蒸发后残留物的针入度。其标准试验条件为:温度 25 ℃,荷重 100 g,贯入时间 5 s,以 0.1 mm计。用本方法评定聚合物改性沥青的改性效果时,仅适用于融混均匀的样品。针入度指数 PI用于描述沥青的温度敏感性,宜在 15 ℃、25 ℃、30 ℃等 3 个或 3 个以上温度条件下测定针入度后按规定的方法计算得到,若 30 ℃时的针入度值过大,可采用 5 ℃代替。当量软化点 T_{800}是相当于沥青针入度值为 800 时的温度,用于评价沥青的高温稳定性。当量脆点 $T_{1.2}$ 是相当于沥青针入度值为 1.2 时的温度,用于评价沥青的低温抗裂性能。

2)仪具与材料

(1)针入度仪。凡能保证针和针连杆在无明显摩擦下垂直运动,并能指示针贯入深度精确至 0.1mm 的仪器均可使用。针和针连杆组合件总质量为(50±0.05) g,另附(50±0.05) g砝码 1 个,试验时总质量为(100±0.05) g。当采用其他试验条件时,应在试验结果中注明。仪器设有放置平底玻璃保温皿的平台,并有调节水平的装置,针连杆应与平台相垂直。仪器设有针连杆制动按钮,使针连杆可自由下落。针连杆易于装拆,以便检查其质量。仪器还设有可自由转动与调节距离的悬臂,其端部有一面小镜或聚光灯泡,借以观察针尖与试样表面接触情况。当为自动针入度仪时,各项要求与此相同,温度采用温度传感器测定,针入度值采用位移计测定,并能自动显示或记录,且应对自动装置的准确性进行经常校验。为提高测试精密度,不同温度的针入度试验宜采用自动针入度仪进行。

(2)标准针由硬化回火的不锈钢制成,洛氏硬度为(54～60)HRC,表面粗糙度为Ra0.2 μm～Ra0.3 μm,针及针杆总质量为(2.5±0.05) g,针杆上应打印有号码标志,针应设有固定用装置盒(筒),以免碰撞针尖,每根针必须附有计量部门的检验单,并定期进行检验。

(3)盛样器:金属制,圆柱形平底。小盛样器的内径为 55 mm,深 35 mm(适用于针入度小于 200 的试样);大盛样器内径为 70 mm,深 45 mm(适用于针入度 200～350 的试样);对针入度大于 350 的试样需使用特殊盛样器,其深度不小于 60 mm,试样体积不小于 125 mL。

(4)恒温水槽:容量不小于 10 L,控温的准确度为 0.1 ℃。水槽中应设有一带孔的搁架,位于水面下不得小于 100 mm,距水槽底不得小于 50 mm 处。

(5)平底玻璃器,容量不小于 1 L,深度不小于 80 mm。内设有一不锈钢三脚支架,能使盛样器稳定。

(6) 温度计:0～50 ℃,分度为 0.1 ℃。

(7) 秒表:分度为 0.1 s。

(8) 盛样器盖:平板玻璃,直径不小于盛样器开口尺寸。

(9) 溶剂:三氯乙烯等。

(10) 其他:电炉或砂浴、石棉网、金属锅或瓷把坩埚等。

3) 方法与步骤

(1) 准备工作。

① 按本章沥青试样准备方法准备试样。

② 按试验要求将恒温水槽调节到要求的试验温度 25 ℃,或 15 ℃、30 ℃(5 ℃)等,保持稳定。

③ 将试样注入盛样器中,试样高度应超过预计针入度值 10 mm,并盖上盛样器,以防落入灰尘。盛有试样的盛样器在 15～30 ℃室温中冷却 1～1.5 h(小盛样器)、1.5～2 h(大盛样器)或 2～2.5 h(特殊盛样器)后移入保持规定试验温度±0.1 ℃的恒温水槽中 1～1.5 h(小盛样器)、1.5～2 h(大试样器)或 2～2.5 h(特殊盛样器)。

④ 调整针入度仪使之水平。检查针连杆和导轨,以确认无水和其他外来物无明显摩擦。用三氯乙烯或其他溶剂清洗标准针,并拭干。将标准针插入针连杆,用螺丝固紧。按试验条件,加上附加砝码。

(2) 试验步骤。

① 取出达到恒温的盛样器,并移入水温控制在试验温度±0.1 ℃(可用恒温水槽中的水)的平底玻璃皿中的三脚支架上,试样表面以上的水层深度不少于 10 mm。

② 将盛有试样的平底玻璃皿置于针入度仪的平台上。慢慢放入针连杆,用适当位置的反光镜或灯光反射观察,使针尖恰好与试样表面接触。拉下刻度盘的拉杆,使之与针连杆顶端轻轻接触,调节刻度盘或深度指示器的指针指示为零。

③ 开动秒表,在指针正指向 5 s 的瞬间,用手紧压按钮,使标准针自动下落贯入试样,经规定时间,停压按钮,使针停止移动。当采用自动针入度仪时,计时与标准针落下贯入试样同时开始,至 5 s 时自动停止。

④ 拉下刻度盘拉杆与针连杆顶端接触,读取刻度盘指针或指示器的读数,精确至 0.5(0.1 mm)。

⑤ 同一试样平行试验至少 3 次,各测试点之间及与盛样器边缘的距离不应少于 10 mm。每次试验后应将盛有盛样器的平底玻璃皿放入恒温水槽,使平底玻璃皿中的水温保持试验温度。每次试验应换一根干净标准针或将标准针取下用蘸有三氯乙烯溶剂的棉花或布揩净,再用干棉花或布擦干。

⑥ 测定针入度值大于 200 的沥青试样时,至少用 3 支标准针,每次试验后将针留在试样中,直至 3 次平行试验完成后,才能将标准针取出。

⑦ 测定针入度指数 PI 时,按同样的方法在 15 ℃、25 ℃、30 ℃(或 5 ℃)等 3 个或 3 个以上(必要时增加 10 ℃、20 ℃等)温度条件下分别测定沥青的针入度,但用于仲裁试验的温度条件应为 5 个。

4) 计算

根据测试结果可按以下方法计算针入度指数、当量软化点及当量脆点。

（1）诺模图法。

将 3 个或 3 个以上不同温度条件下测试的针入度值绘于图 4-3-7 所示的针入度温度关系诺模图中,按最小二乘法法则绘制回归直线,将直线向两端延长,分别与针入度值为 800 及 1.2 的水平线相交,交点的温度即为当量软化点 T_{800} 和当量脆点 $T_{1.2}$。以图 4-3-8 中 0 点为原点,绘制回归直线的平行线,与 PI 线相交,读取交点处的 PI 值即为该沥青的针入度指数。

此法不能检验针入度对数与温度直线回归的相关系数,仅供快速草算时使用。

（2）公式计算法。

① 对不同温度条件下测试的针入度值取对数,令 $y=\lg P$,$x=T$,按针入度对数与温度的直线关系,进行 $y=a+bx$ 一元一次方程的直线回归,求取针入度温度指数 A_{lgpen},即

$$\lg P = K + A_{lgpen} \cdot T \qquad (4-3-6)$$

式中：T 为试验温度,相应温度下的针入度为 P；K 为回归方程的常数项 a。A_{lgpen} 为回归方程系数 b。

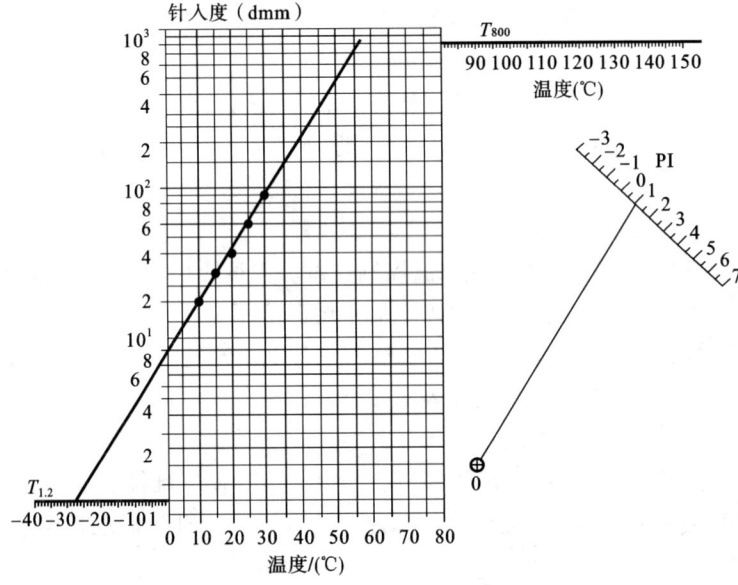

图 4-3-7　确定道路沥青 PI、T_{800}、$T_{1.2}$ 的针入度温度关系诺模图

按式(4-3-6)回归时必须进行相关性检验,直线回归相关系数 R 不得小于 0.997(置信度为 95％),否则,试验无效。

② 确定沥青的针入度指数 PI,并记为 PI_{lgpen},有

$$PI_{lgpen} = \frac{20 - 500A_{lgpen}}{1 + 50A_{lgpen}} \qquad (4-3-7)$$

③ 确定沥青的当量软化点 T_{800},有

$$T_{800} = \frac{\lg 800 - K}{A_{lgpen}} = \frac{2.9031 - K}{A_{lgpen}} \qquad (4-3-8)$$

④ 确定沥青的当量脆点 $T_{1.2}$,有

$$T_{1.2} = \frac{\lg 1.2 - K}{A_{lgpen}} = \frac{0.0792 - K}{A_{lgpen}} \qquad (4-3-9)$$

⑤ 计算沥青的塑性温度范围 ΔT,有

$$\Delta T = T_{800} - T_{1.2} = \frac{2.8239}{A_{\text{lgpen}}} \qquad (4\text{-}3\text{-}10)$$

5）报告

（1）应报告标准温度（25 ℃）时的针入度 T_{25} 以及其他试验温度 T 所对应的针入度 P，及由此求取针入度指数 PI、当量软化点 T_{800}、当量脆点 $T_{1.2}$ 的方法和结果，当采用公式计算法时，应报告直线回归相关系数 R。

（2）同一试样 3 次平行试验结果的最大值和最小值之差在下列允许偏差范围内时，计算 3 次试验结果的平均值，取整数作为针入度试验结果，以 0.1 mm 为单位，如表 4-3-6 所示。

表 4-3-6　针入度及允许误差

针入度(0.1 mm)	允许差值(0.1 mm)
0～49	2
50～149	4
150～249	12
250～500	20

当试验值不符合此要求时，应重新进行。

6）精密度或允许差

（1）当试验结果小于 50(0.1 mm)时，重复性试验的允许差为 2(0.1 mm)，复现性试验的允许差为 4(0.1 mm)。

（2）当试验结果等于或大于 50(0.1 mm)时，重复性试验的允许差为平均值的 4%，复现性试验的允许差为平均值的 8%。

3. 沥青软化点试验方法（环球法）

1）目的与适用范围

本方法适用于测定道路石油沥青、煤沥青的软化点，也适用于测定液体石油沥青经蒸馏或乳化沥青破乳蒸发后残留物的软化点。

2）仪具与材料

（1）软化点试验仪：如图 4-3-8 所示，由下列部件组成。

① 钢球：直径为 9.53 mm，质量为 3.5 g±0.05 g。

② 试样环：由黄铜或不锈钢等制成。

③ 钢球定位环：由黄铜或不锈钢制成。

④ 金属支架：由两个主杆和三层平行的金属板组成。

图 4-3-8　软化点试验仪（单位：mm）

上层为一圆盘，直径略大于烧杯直径，中间有一圆孔，用于插放温度计。中层板形状尺寸如图 4-3-9 所示，板上有两个孔，各放置金属环，中间有一小孔可支持温度计的测温端部。一侧立杆距环上面 51 mm 处刻有水高标记。环下面距下层底板为 25.4 mm，而下底板距烧杯底不少于 12.7 mm，也不得大于 19 mm。三层金属板和两个主杆由两螺母固定在一起。

⑤ 耐热玻璃烧杯：容量为 800～1 000 mL，直径不小于 86 mm，高不小于 120 mm。

⑥ 温度计：0～80 ℃，分度为 0.5 ℃。

（2）环夹：由薄钢条制成，用于夹持金属环，以便刮平表面，形状、尺寸如图 4-3-10 所示。

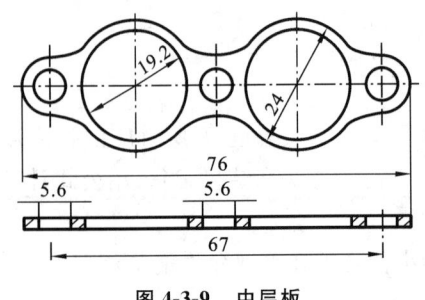

图 4-3-9　中层板　　　　　　　　　　图 4-3-10　环夹

（3）装有温度调节器的电炉或其他加热炉具（液化石油气、天然气等）。应采用带有振荡搅拌器的加热电炉，振荡子置于烧杯底部。

（4）试样底板：金属板（表面粗糙度应达 Ra0.8 μm）或玻璃板。

（5）恒温水槽：控温准确度为 0.5 ℃。

（6）平直刮刀。

（7）甘油滑石粉隔离剂（甘油与滑石粉的质量比为 2∶1）。

（8）新煮沸过的蒸馏水。

（9）其他：石棉网。

3）方法与步骤

（1）准备工作。

① 将试样环置于涂有甘油滑石粉隔离剂的试样底板上。按模块 2 规定的方法将准备好的沥青试样徐徐注入试样环内至略高出环面为止。如估计试样软化点高于 120 ℃，则试样环和试样底板（不用玻璃板）均应预热至 80～100 ℃。

② 试样在室温下冷却 30 min 后，用环夹夹着试样杯，并用热刮刀刮除环面上的试样。

（2）试验步骤。

① 试样软化点在 80 ℃以下者。

a. 将装有试样的试样环连同试样底板置于（5±0.5）℃水的恒温水槽中至少 15 min。同时将金属支架、钢球、钢球定位环等亦置于相同水槽中。

b. 烧杯内注入新煮沸并冷却至 5 ℃的蒸馏水，水面略低于立杆上的深度标记。

c. 从恒温水槽中取出盛有试样的试样环放置在支架中层板的圆孔中，套上定位环；然后将整个环架放入烧杯中，调整水面至深度标记，并保持水温为（5±0.5）℃。环架上任何部分不得附有气泡。将 0～80 ℃的温度计由上层板中心孔垂直插入，使端部测温头底部与试样环下面齐平。

d. 将盛有水和环架的烧杯移至放有石棉网的加热炉具上，然后将钢球放在定位环中间的试样中央，立即开动振荡搅拌器，使水微微振荡，并开始加热，使杯中水温在 3 min 内调节至维持每分钟上升（5±0.5）℃。在加热过程中，应记录每分钟上升的温度值，如温度上升速度超出此范围时，则试验应重做。

e. 试样受热软化逐渐下坠，至与下层底板表面接触时，立即读取温度，精确至 0.5 ℃。

② 试样软化点在 80 ℃以上者。

a. 将装有试样的试样环连同试样底板置于装有（32±1）℃甘油的恒温槽中至少 15 min，同时将金属支架、钢球、钢球定位环等亦置于甘油中。

b. 在烧杯内注入预先加热至32 ℃的甘油,其液面略低于立杆上的深度标记。

c. 从恒温槽中取出装有试样的试样环,按上述试验步骤的方法进行测定,精确至1 ℃。

4) 报告

同一试样平行试验两次,当两次测定值的差值符合重复性试验精密度要求时,取其平均值作为软化点试验结果,精确至0.5 ℃。

5) 精密度或允许差

(1) 当试样软化点小于80 ℃时,重复性试验的允许差为1 ℃,复现性试验的允许差为4 ℃。

(2) 当试样软化点大于或等于80 ℃时,重复性试验的允许差为2 ℃,复现性试验的允许差为8 ℃。

4. 沥青延度试验方法

1) 目的与适用范围

(1) 本方法适用于测定道路石油沥青、液体沥青蒸馏残留物和乳化沥青蒸发残留物等材料的延度。

(2) 沥青延度的试验温度与拉伸速度可根据要求采用,通常采用的试验温度为25 ℃、15 ℃、10 ℃或5 ℃,拉伸速度为(5±0.25) cm/min。当低温采用(1±0.05) cm/min拉伸速度时,应在报告中注明。

2) 仪具与材料

(1) 延度仪:将试件浸没于水中,能保持规定的试验温度及按照规定拉伸速度拉伸试件且试验时无明显振动的延度仪均可使用,其形状及组成如图4-3-11所示。

图 4-3-11 延度仪

图 4-3-12 延度8字试模

(2) 试模:黄铜制,由两个端模和两个侧模组成,其形状及尺寸如图4-3-12所示。试模内侧表面粗糙度为Ra0.2 μm,当装配完好后可浇铸成符合表4-3-7所示尺寸的试样。

表 4-3-7 延度试样尺寸　　　　　　　　　　　　　　　　　单位:mm

总　　长	74.5~75.5
中间缩颈部长度	29.7~30.3
端部开始缩颈处宽度	19.7~20.3
最小横断面宽	9.9~10.1
厚度(全部)	9.9~10.1

(3) 试模底板:玻璃板或磨光的铜板、不锈钢板(表面粗糙度为Ra0.2 μm)。

(4) 恒温水槽:容量不小于10 L,控制温度的准确度为0.1 ℃,水槽中应设有带孔搁架,搁架距水槽底不得小于50 mm。试件浸入水中深度不小于100 mm。

(5) 温度计:0~50 ℃,分度为0.1 ℃。

（6）砂浴或其他加热炉具。

（7）甘油滑石粉隔离剂（甘油与滑石粉的质量比为 2∶1）。

（8）其他：平刮刀、石棉网、酒精、食盐等。

3）方法与步骤

（1）准备工作。

① 将隔离剂拌和均匀，涂于清洁干燥的试模底板和两个侧模的内侧表面，并将试模在试模底板上装妥。

② 准备沥青试样，然后将试样仔细自试模的一端至另一端往返数次缓缓注入模中，最后略高出试模，灌模时应注意勿使气泡混入。

③ 试件在室温中冷却 30～40 min，然后置于规定试验温度±0.1 ℃的恒温水槽中，保持 30 min 后取出，用热刮刀刮除高出试模的沥青，使沥青面与试模面齐平。沥青的刮法应自试模的中间刮向两端，且表面应刮得平滑。将试模连同底板再浸入规定试验温度的水槽中 1～1.5 h。

④ 检查延度仪延伸速度是否符合规定要求，然后移动滑板使其指针正对标尺的零点。将延度仪注水，并保温达试验温度±0.5 ℃。

（2）试验步骤。

① 将保温后的试件连同底板移入延度仪的水槽中，然后将盛有试样的试模自玻璃板或不锈钢板上取下，将试模两端的孔分别套在滑板及槽端固定板的金属柱上，并取下侧模。水面距试件表面应不小于 25 mm。

② 开动延度仪，并注意观察试样的延伸情况。此时应注意，在试验过程中，水温应始终保持在试验温度规定范围内，且仪器不得有振动，水面不得有晃动，当水槽采用循环水时，应暂时中断循环，停止水流。

在试验中，如发现沥青细丝浮于水面或沉入槽底，则应在水中加入酒精或食盐，调整水的密度至与试样的相近后，重新试验。

③ 试件拉断时，读取指针所指标尺上的读数，以 cm 表示，在正常情况下，试件延伸时应成锥尖状，拉断时实际断面接近于零。如不能得到这种结果，则应在报告中注明。

4）报告

同一试样，每次平行试验不少于 3 个，如 3 个测定结果均大于 100 cm，试验结果记作"＞100 cm"；如有特殊需要，也可分别记录实测值。如 3 个测定结果中，有 1 个以上的测定值小于 100 cm，若最大值或最小值与平均值之差满足重复性试验精密度要求，则取 3 个测定结果的平均值的整数作为延度试验结果，若平均值大于 100 cm，记作"＞100 cm"；若最大值或最小值与平均值之差不符合重复性试验精密度要求，则试验应重新进行。

5）精密度或允许差

当试验结果小于 100 cm 时，重复性试验的允许差为平均值的 20%；复现性试验的允许差为平均值的 30%。

5. 沥青混合料马歇尔稳定度试验

1）目的与适用范围

（1）本方法适用于马歇尔稳定度试验和浸水马歇尔稳定度试验，以进行沥青混合料的配合比设计或沥青路面施工质量检验。浸水马歇尔稳定度试验（根据需要，也可进行真空饱水马歇尔试验)供检验沥青混合料受水损害时抵抗剥落的能力时使用,通过测试其水稳定性检验配合比设计的可行性。

(2) 本方法适用于按击石法成形的标准马歇尔试件圆柱体和大型马歇尔试件圆柱体。

2) 仪具与材料

(1) 马歇尔试验仪(见图 4-3-13):符合国家标准《沥青混合料马歇尔试验仪》(GB/T 11823—1989)技术要求的产品。用于高速公路和一级公路的沥青混合料宜采用自动马歇尔试验仪,用计算机或 $X\text{-}Y$ 记录仪记录荷载-位移曲线。自动马歇尔试验仪具有自动测定荷载与试件垂直变形的传感器、位移计,能自动显示或打印试验结果。对于 $\phi63.5$ mm 的标准马歇尔试件,马歇尔试验仪最大荷载不小于 25kN,读数精确度为 100 N,加载速度应保持在(50±5)mm/min。钢球直径为 16 mm,上下压头曲率半径为 50.8 mm。当采用 $\phi152.4$ mm 大型马歇尔试件时,马歇尔试验仪最大荷载不得小于 50 kN,读数精确度为 100 N。上下压头的曲率内径为(152.4±0.2) mm,上下压头间距为(19.05±0.1) mm。大型马歇尔试件的压头尺寸如图4-3-14所示。

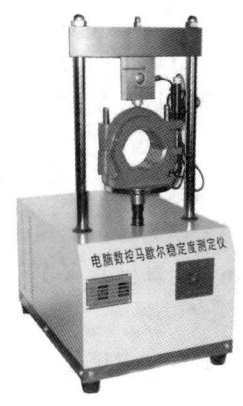

图 4-3-13　马歇尔试验仪

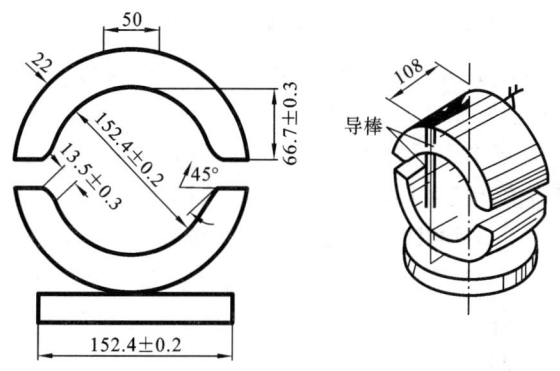

图 4-3-14　大型马歇尔试验的压头

(2) 恒温水槽:控温精确度为 1 ℃,深度不小于 150 mm。

(3) 真空饱水容器:包括真空泵及真空干燥器。

(4) 烘箱。

(5) 天平:感量不大于 0.1 g。

(6) 温度计:分度为 1 ℃。

(7) 卡尺。

(8) 其他:棉纱、黄油。

3) 标准马歇尔试验方法

(1) 准备工作。

① 标准马歇尔尺寸应符合直径(101.6±0.2) mm、高(63.5±1.3) mm 的要求。对于大型马歇尔试件,尺寸应符合直径(152.4±0.2) mm、高(95.3±2.5) mm 的要求。一组试件的数量不得少于 4 个,并符合相关的规定。

② 量测试件的直径及高度:用卡尺测量试件中部的直径,用马歇尔试件高度测定器或用卡尺在十字对称的 4 个方向量测离试件边缘 10mm 处的高度,准确至 0.1mm,并以其平均值作为试件的高度。如试件高度不符合(63.5±1.3) mm 或(95.3±2.5) mm 要求或两侧高度

差大于 2 mm,则此试件应作废。

③ 按规定的方法测定试件的密度、空隙率、沥青体积百分率、沥青饱和度、矿料间隙率等物理指标。

④ 将恒温水槽调节至要求的试验温度,对黏稠石油沥青或烘箱养生过的乳化沥青混合料为(60±1) ℃,对煤沥青混合料为(33.8±1) ℃,对空气养生的乳化沥青或液体沥青混合料为(25±1) ℃。

(2)试验步骤。

① 将试件置于已达规定温度的恒温水槽中保温,保温时间对于标准马歇尔试件,需 30～40 min,对于大型马歇尔试件需 45～60 min。试件之间应有间隔,底下应垫起,离容器底部不小于 5cm。

② 将马歇尔试验仪的上下压头放入水槽或烘箱中达到同样温度。将上下压头从水槽或烘箱中取出擦拭干净内面。为使上下压头滑动自如,可在下压头的导棒上涂少量黄油。再将试件取出置于下压头上,盖上上压头,然后装在加载设备上。

③ 在上压头的球座上放妥钢球,并对准荷载测定装置的压头。

④ 当采用自动马歇尔试验仪时,自动马歇尔试验仪的压力传感器、位移传感器与计算机或 X-Y 记录仪应正确连接,调整好适宜的放大比例。调整好计算机程序或将 X-Y 记录仪的记录笔对准原点。

⑤ 当采用压力环和流值计时,流值计应安装在导棒上,使导向套管轻轻地压住上压头,同时将流值计读数调零。调整压力环中的百分表,对零。

⑥ 启动加载设备,使试件承受荷载,加载速度为(50±5) mm/min。计算机或 X-Y 记录仪自动记录传感器压力和试件变形曲线,并将数据自动存入计算机。

⑦ 当试验荷载达到最大值的瞬间,取下流值计,同时读取压力环中百分表读数及流值计的流值读数。

⑧ 从恒温水槽中取出试件至测出最大荷载值的时间,不得超过 30 s。

4)浸水马歇尔试验方法

浸水马歇尔试验方法与标准马歇尔试验方法的不同之处在于,试件在已达规定温度恒温水槽中的保温时间为 48 h,其余均与标准马歇尔试验方法的相同。

5)真空饱水马歇尔试验方法

试件先放入真空干燥器中,关闭进水胶管,开动真空泵,使干燥器的真空度达到 98.3 kPa(730 mmHg)以上,维持 15 min,然后打开进水胶管,靠负压进入冷水流,使试件全部浸入水中,浸水 15 min 后恢复常压,取出试件再放入已达规定温度的恒温水槽中保温 48 h,其余均与标准马歇尔试验方法的相同。

6)计算

(1)试件的稳定度及流值。

① 当采用自动马歇尔试验仪时,计算机采集的数据要绘制成压力和试件变形曲线,或由 X-Y 记录仪自动记录的荷载-变形曲线,按图 4-3-15 所示的方法,在切线方向延长曲线与横坐标相交于 O_1,将 O_1 作为修正原点,从 O_1 起量取相应于荷载最大值时的变形作为流值(FL),以 mm 计,精确至 0.1 mm。最大荷载即为稳定度(MS),以 kN 计,精确至 0.01 kN。

② 采用压力环和流值计测定时,根据压力环标定曲线,将压力环中百分表的读数换算为

荷载值,或者由荷载测定装置读取的最大值即为试样的稳定度(MS),以 kN 计,精确至 0.01 kN。由流值计及位移传感器测定装置读取的试件垂直变形,即为试件的流值(FL),以 mm 计,精确至 0.1 mm。

(2)试件的马歇尔模数为

$$T = \frac{MS}{FL}$$　　　　(4-3-11)

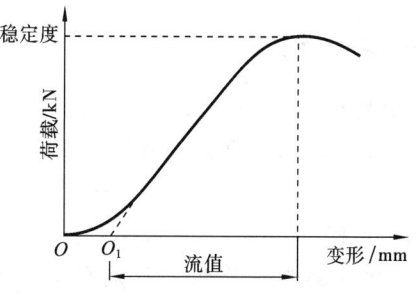

图 4-3-15　马歇尔试验结果的修正方法

式中:T 为试件的马歇尔模数,kN/mm;MS 为试件的稳定度,kN;FL 为试件的流值,mm。

(3)试件的浸水残留稳定度为

$$MS_0 = \frac{MS_1}{MS} \times 100\%$$　　　　(4-3-12)

式中:MS_0 为试件的浸水残留稳定度,%;MS_1 为试件浸水 48 h 后的稳定度,kN。

(4)试件的真空饱水残留稳定度为

$$MS'_0 = \frac{MS_2}{MS} \times 100\%$$　　　　(4-3-13)

式中:MS'_0 为试件的真空饱水残留稳定度,%;MS_2 为试件真空饱水后浸水 48 h 后的稳定度,kN。

7)报告

(1)当一组测定值中某个测定值与平均值之差大于标准差的 k 倍时,该测定值应予舍弃,并以其余测定值的平均值作为试验结果。当试件数目 n 为 3、4、5、6 个时,k 值分别为 1.15、1.46、1.67、1.82。

(2)采用自动马歇尔试验仪时,试验结果应附上荷载-变形曲线原件或自动打印结果,并报告马歇尔稳定度、流值、马歇尔模数,以及试件尺寸、试件的密度、空隙率、沥青用量、沥青体积百分率、沥青饱和度、矿料间隙率等各项物理指标。

思　考　题

1. 试比较煤沥青和石油沥青在路用性能上的差异。
2. 试述乳化沥青的形成机理。
3. 简述石油沥青的主要组成及其与石油沥青主要性质的关系。
4. 沥青胶中加入填料的主要作用是什么?

任务 4　石料的选择、检测与应用

【任务描述】

在水利水电工程施工中,各类挡墙、基础、渠道衬砌、堤坝工程砌筑及护岸等都需采用大量的石料进行干砌石和浆砌石的施工。而石料的质量是决定这些工程施工质量的保证项目,因此首先要正确选择所需各类石料,并依据设计文件与质量要求进行检测、检验,判断其是否合格。

【任务目标】

能力目标

（1）在工作中能正确判断石料是否符合质量要求，并确定其能在工程中使用。

（2）在工作中能依据工程所处环境条件，正确选择、应用石料。

知识目标

（1）熟悉石料的种类、级别及表示方法。

（2）了解石料的强度性能和耐久性能检测。

（3）了解石料的主要技术性能指标。

（4）了解不同环境对石料性能的影响。

技能目标

（1）能按国家标准要求进行石料的取样、试件的制作。

（2）能对石料各项技术性能指标进行检测。

（3）能依据国家标准对石料质量作出准确的评价。

模块 1　石料的选择

石材是最古老的土木工程材料之一，藏量丰富、分布很广，便于就地取材，坚固耐用，砌筑石材广泛用于土木工程，特别是在水利工程中更是大量使用。

1. 石料基本知识

岩石是在地质作用下产生的、由一种或多种矿物按一定的规律组成的自然集合体。天然石材是指从天然岩石中采得的毛石，或经加工制成的石块、石板及其定形制品等。天然石材具有抗压强度高、耐久性好、生产成本低等优点，是古今土木建筑工程的主要建筑材料。

1）造岩矿物

（1）岩石是矿物的集合体。矿物是有一定化学成分和一定结构特征的天然化合物或单质，如石英的化学成分是二氧化硅，结构呈六方柱状晶体。

（2）造岩矿物是组成岩石的矿物。有些岩石由一种矿物组成（单矿岩），如大理石由方解石或白云石所组成。大部分岩石由多种矿物组成（多矿岩），如花岗岩由长石、石英、云母及某些暗色矿物组成。岩石并无确定的化学成分及物理性质，不同的岩石具有不同的矿物成分、结构和构造。因此，不同岩石具有不同的特征与性能。同种岩石，产地不同，其矿物组成、结构均有差异，因而其颜色、强度、硬度、抗冻性等物理力学性能都不相同。

造岩矿物大部分是硅酸盐、碳酸盐矿物，按其岩石中的含量，可分为主要矿物、次要矿物和副矿物；按其组成，分为深色（或暗色）矿物、浅色矿物（其内部富含 Si、Al 等元素）。

2）岩石的种类及特点

（1）岩石的种类。

① 按岩石的成因，岩石分为岩浆岩、沉积岩、变质岩。

a. 岩浆岩：由地壳内部熔融岩浆上升冷却而成，又称火成岩。根据冷却条件不同，又分为深层岩、喷出岩及火山岩三类。岩浆岩又称火成岩，由地壳内的岩浆冷凝而成，具有结晶构造而没有层里。

深层岩是地壳深处的岩浆，在受上部覆盖压力的作用下经缓慢冷凝而形成的岩石，结构致密,结晶完整,具有抗压强度高、孔隙小等特点。常见的有花岗石、正长石。

喷出岩是岩浆喷出地表时,在压力降低和冷却较快的条件下形成的岩石。常见的喷出岩是玄武岩、辉绿岩、安山石。

火山岩是火山爆发时,岩浆被喷到空中而急速冷却后形成的岩石,具有化学不稳定性。比较常见的是火山灰和浮石。

b. 沉积岩:沉积岩又称为水成岩,是由岩石经风化、破碎后,在水流、山峰或者冰川作用下搬运、堆积,再经过胶结、压密等成岩作用而成的岩石。沉积岩的主要特征是具有层状结构,各层的成分、结构、颜色、厚度都有差异。其表观密度小,孔隙率和吸水率大,强度较低,耐久性较差。沉积岩根据沉积方式,又可分为机械沉积岩、化学沉积岩及生物沉积岩三类。

机械沉积岩是各种岩石风化后,经流水、冰川或者风力作用搬运,逐渐沉积而成的。岩石特点是矿物成分复杂,颗粒较大,如页岩、砂岩。

化学沉积岩是原生岩石经化学分解后,其中的易溶成分常呈溶液或胶体状,被水流搬运至低洼处形成的,如石膏、石灰岩等。

生物沉积岩是由海水或淡水中的生物死亡后的残骸沉积而成的,岩石大都质轻松软,强度低。

c. 变质岩是原生的岩浆岩或沉积岩经过地质上的变质作用而形成的岩石。沉积岩变质后,性能变好,结构变得致密,坚实耐久;而岩浆岩变质后,性质反而变差,如大理石。

② 岩石按抗压强度,分为硬石、中硬石、软石。

③ 按岩石形状,分为砌筑和装饰两类。砌筑用岩石分为毛石和料石;装饰用岩石主要为板材。

④ 按其岩石表观密度,分为重石和轻石两类。表观密度大于 1 800 kg/m³ 的为重石,主要用于建筑的基础、贴面、地面、路面、房屋外墙、挡土墙、桥梁及水工构筑物等。表观密度小于 1 800 kg/m³ 的为轻石,主要用做墙体材料,如采暖房屋外墙等。

(2) 岩石的特点。

① 工程中常用的岩浆岩。

a. 花岗岩、正长岩。

花岗岩的主要矿物成分为正长石、石英,次要矿物成分有云母、角闪石等,质均粒状结构,块状构造,表观密度大,孔隙率和吸水率小,抗酸侵蚀性强,表色泽美观,可作为装饰材料。花岗岩在工程中常用于基础、基座、闸坝、桥墩、路面等。

正长岩为深成中性岩,主要成分为正长石,颜色深暗,结构构造、主要岩性相似,但正长岩抗风化能力较差。

b. 玄武岩、辉绿岩。

玄武岩为喷出岩,多呈隐晶质或斑状结构,主要矿物成分为斜长石和辉石。颜色深暗,密度大,抗压强度因构造不同而波动较大,一般为 100~500 MPa,材质硬脆,不易加工,主要用于铺筑路面、砌砌堤岸边坡等,也是铸石原料和高强混凝土的良好集料。

辉绿岩为浅成基性岩,主要矿物成分与玄武岩的相同,具有较高的耐酸性,可作为耐酸混凝土集料。其熔点在 1 400~1 500 ℃,可用做铸石的原料,铸出的材料结构均匀、密实,抗酸蚀,常用做化工设备的耐酸衬里。

c. 浮石、火山凝灰岩。

火山喷发时,部分熔岩喷至空中,因温度和压力急剧降低,形成不同粒径的粉碎疏松颗粒,其中粉状或疏松的沉积物称为火山灰,粒径大于 5 mm 的泡沫状多孔岩石称为浮石,经胶结并致密的火山灰称为火山凝灰岩。这些岩石为多孔结构,表观密度小,强度比较低,导热系数小,可用做砌墙材料和轻混凝土集料。

② 工程中常用的沉积岩。

a. 石灰岩。

石灰岩俗称"灰岩",或"青石",主要矿物成分是方解石,常含有白云石、菱镁石、石英、黏土矿物等。其特点是构造细密、层理分明,密度为 2.6～2.89 g/cm³,抗压强度一般为 80～160 MPa,并且具有较高的耐水性和抗冻性。由于石灰岩分布广、易于开采加工,广泛用于工程建设中。块石可砌筑基础、墙体、桥洞桥墩、堤坝护坡等。碎石是常用的混凝土集料。石灰岩还是生产石灰与水泥的重要原材料。

b. 砂岩。

砂岩是由粒径为 0.05～2 mm 的砂粒(多为耐风化的石英、长石、白云母等矿物及部分岩石碎屑)经天然胶结物质胶结变硬的碎屑沉积岩。其性能与胶结物的种类及胶结的密实程度有关,以氧化硅胶结的称硅质砂岩,呈浅灰色,质坚硬耐久,加工困难,其性能接近于花岗岩;以碳酸钙胶结的称石灰质砂岩,近于白色,质地较软,容易加工,但易受化学腐蚀;以氧化铁胶结的称铁质砂岩,呈黄色或紫红色,质地较差,次于石灰质砂岩;黏土胶结的称黏土质砂岩,呈灰色,遇水易软化,不宜用于基础及水工建筑物中。

③ 工程中常用的变质岩。

a. 大理岩。

大理岩由石灰岩、白云岩变质而成,俗称大理石,主要矿物成分为方解石、白云石。大理岩构造致密,抗压强度高(70～110 MPa),硬度不大,易于开采、加工与磨光。纯大理岩为白色,又称汉白玉;当含有杂质时呈灰、绿、黑、黄、红等色,形成各种美丽图案,磨光后是室内外的高级装饰材料;大理石下脚料可作为水磨石的彩色石渣。但大理石抗二氧化碳和酸腐蚀的性能较差,经常接触易风化,失去表面美丽光泽。

b. 石英岩。

石英岩是由硅质砂岩变质而成的。砂岩变质后形成坚硬致密的变晶结构,强度高(达 400 MPa),硬度大,加工困难,耐久性强,可用于各类砌筑工程、重要建筑物的贴面、铺筑道路及作为混凝土集料。

c. 片麻岩。

片麻岩由花岗岩变质而成。矿物成分与花岗岩的类似,片麻状构造,各个方向物理力学性质不同。垂直于片理的抗压强度为 150～200 MPa,沿片理易于开采和加工,但在冻融作用下易成层剥落,常用做碎石、堤坝护岸、渠道衬砌等。

2. 石材主要技术指标

1)物理性质

(1)表观密度。

各类岩石的密度极相近似,大多为 2.50～2.70 g/cm³,但岩石的表观密度却相去甚远。岩石形成时压力大、凝聚紧密者,孔隙率小,表观密度接近其密度。这类岩石孔隙率小,吸水率低,硬度、强度高,耐久性好,但加工困难。反之,表观密度小者,孔隙率和吸水率大,硬度、强度低,耐久性差,但加工较容易。

（2）吸水性。

天然石材的吸水性主要与其孔隙率及空隙特征有关。孔隙率大、孔隙多为毛细管，则吸水性大；反之，孔隙率小、空隙很细小或很粗大，则吸水性较低。石材的吸水性对其强度、耐水性、抗冻性、导热性均有较大的影响。

当岩石的吸水率大，且含有较多的黏土、石膏等易溶物质时，岩石的软化系数低。软化系数小于 0.80 的岩石，不可用于重要建筑物及水工构筑物中。

（3）抗冻性。

石材吸水达饱和，遇冷冻结膨胀产生裂缝，经过反复冻融后使石材逐渐破坏。吸水率小于 0.5％的石材，可以认为是抗冻的。石材的抗冻性是用石材在吸水饱和状态下能经受冻融循环次数来表示的。石料抗冻性标号为 F10、F15、F25、F100、F200。

（4）硬度。

它取决于石材的矿物组成的硬度与构造。凡由致密、坚硬矿物组成的石材，其硬度就高。岩石的硬度以莫氏硬度表示。

（5）耐火性。

石材的抗火性与所含矿物成分及结构、构造关系较大。含石膏矿的岩石在 1 100 ℃以上分解破坏；石英在 573 ℃晶体发生转化，体积膨胀而破坏岩石；含碳酸镁、碳酸钙的岩石在 700 ℃或 800 ℃分解破坏；层片状岩石遇高温易剥落。

2）岩石的力学性质

石材的抗压强度很高，抗拉强度较低，只有抗压强度的 1/20～1/50。因此，石材主要用于承受压力。按《砌体结构设计规范》（GB 50003—2011）的规定，石材的强度等级以三块边长为 70 mm 的立方体试件，用标准试验方法所测得极限抗压强度平均值（MPa）表示，可分为 MU100、MU80、MU60、MU50、MU40、MU30 和 MU20 等 7 个级别。

抗压试件也可采用表 4-4-1 所列各种边长尺寸的立方体，但应对其试验结果乘以相应的换算系数。

表 4-4-1   石材强度等级换算系数

立方体边长/mm	200	150	100	70	50
换算系数	1.43	1.28	1.14	1	0.86

水利工程中，将天然石料按 ϕ50 mm×100 mm 圆柱体或 50 mm×50 mm×100 mm 棱柱体试件，浸水饱和状态的极限抗压强度，划分为 100、80、70、60、50、30 等 6 个标号。并按其抗压强度分为硬质岩石、中硬岩石及软质岩石等 3 类（见表 4-4-2）。水利工程中所用石料的标号一般均应大于 30 号。

表 4-4-2   岩石软硬分类表

岩石类型	单轴饱和抗压强度/MPa	代表性岩石
硬质岩石	>80	中细粒花岗岩、花岗片麻岩、闪长岩、辉绿岩、安山岩、流纹岩、石英岩、硅质灰岩、硅质胶结的砾岩、玄武岩
中硬岩石	30～80	厚层与中厚层石灰岩、大理岩、白云岩、砂岩、钙质岩、板岩、粗粒或斑状结构的岩浆岩
软质岩石	<30	泥质岩、互层砂质岩、泥质灰岩、部分凝灰岩、绿泥石片岩、千枚岩

岩石受力后的变形:应力-应变曲线为非直线,属于非弹性变形。

岩石的硬度、耐磨性均随抗压强度增强而提高。

3) 岩石的化学性质

岩石的化学性质有化学风化、物理风化和化学风化(两者经常互相促进)、耐久性。

4) 岩石的热学性质

岩石属于不燃烧材料;岩石的导热系数小于钢材的导热系数,大于混凝土和烧结普通砖的导热系数(说明其能力优于钢材,但比混凝土和烧结普通砖的要大)。

总之,由于用途和使用条件的不同,对石材的性质及其所要求的指标均有所不同。工程中用于基础、桥梁、隧道及石砌工程的石材,一般规定其抗压强度、抗冻性与耐水性必须达到一定指标。

3. 石料的选用原则

石料品种多,性能差别大,在建筑设计时应根据建筑物等级、建筑结构、环境和使用条件、地方资源等因素选用适当的石料,使其主要技术性能符合使用及工程要求,以达到适用、安全、经济和美观的效果。

1) 适用性

在选用石材时,根据其在建筑物中的用途和部位,选定其主要技术性质能满足要求的石材。如承重用石材,主要应考虑强度、耐水性、抗冻性等技术性能;饰面用石材,主要考虑表面平态度、光泽度、色彩与环境的协调、尺寸公差、外观缺陷及加工性等技术要求;围护结构用石材,主要考虑其导热性;用做地面、台阶等的石材应坚韧耐磨;用在高温、高湿、严寒、水下等特殊环境中的石材,还分别考虑其耐水性、抗冻性及耐化学侵蚀性等。

2) 经济性

天然石材表观密度大,运输不便,应综合考虑地方资源,尽可能做到就地取材。难以开采和加工的石料,必然成本提高,选材时应充分考虑。

3) 安全性

由于天然石材是构成地壳的基本物质,因此可能存在含有放射性的物质。石材中的放射性物质主要是指镭、钍等放射性元素,在衰变中会产生对人体有害的物质。

模块2　石料的性能检测及应用

1. 石料品质及检验标准

《浆砌石坝设计规范》(SL 25—2006)、《砌体结构设计规范》(GB 50003—2011)、《公路工程石料试验规程》(JTJ 054—1994)等标准及规程均规定了石料的品质和性能要求。

1) 石料制品规格和几何尺寸要求

(1) 细料石:通过细加工,外表规则,截面宽、高度不小于 200 mm,且不小于长度的 1/4。叠砌面凹入深度不大于 10 mm。

(2) 半细料石:规格尺寸同细料石。叠砌面凹入深度不大于 15 mm。

(3) 粗料石:规格尺寸同细料石。叠砌面凹入深度不大于 20 mm。

(4) 毛料石:外形大致方正,一般不加工或稍加修整,高度不小于 200 mm,叠砌面凹入深度不大于 25 mm。

（5）毛石：形状不规则，中部厚度不小于 200 mm，长度为 300～400 mm，质量为 20～30 kg，其强度不宜小于 10 MPa。

2）石料加工后的用途

将岩石经锯解、刨平、粗磨及抛光等工序加工制成的具有规定尺寸的板材，主要用于道路路面及建筑物内外装饰等。常用的有天然花岗岩建筑板材和天然大理石板材等。

2. 石料的取样要求

1）密度试验

取代表性岩石试样进行初碎，再置于球磨机中进一步磨碎，然后用研钵研细，使之全部磨细成能通过 0.25 mm 筛孔的石粉。将制备好的石粉放在瓷皿中，置于温度为（105±5）℃的烘箱中，烘至恒重，烘干时间一般为 6～12 h，然后再置于干燥器中冷却至室温备用。

2）表观密度试验

将石料试样锤打成粒径约 50 mm 的不规则形状试件至少 3 块或将石料试样制成边长 50 mm 的立方体试件（或直径与高均为 50 mm 的圆柱体试件）3 个，冲洗干净注明编号备用。

3）吸水率试验

将石料试样制成直径和高均为 50 mm 的圆柱体或边长为 50 mm 的正立方体试件。如采用不规则试件，其边长不得小于 40 mm，每组试件至少 3 个。石质组织不均匀者，每组试件不少于 5 个。用毛刷将试件洗涤干净，并用不易被水浸褪掉的颜料标号。有裂纹的试件应弃之不用。

4）干燥、饱水试件抗压强度试验

用切石机或钻石机从岩石试样或岩芯中制取边长为（50±0.5）mm 的正立方体或直径与高均为（50±0.5）mm 的圆柱体试件 12 个。有显著层理的岩石分别沿平行和垂直层理的方向各取试件 12 个。试件上、下端面应平行和磨平。试件端面的平面度公差应小于 0.05 mm，端面对于试件轴线垂直度偏差不应超过 0.25°。

3. 石料物理、力学性质试验检测方法

石料的物理、力学性质试验应依据我国现行《公路工程石料试验规程》（JTJ 054—1994）进行，常规试验检测包括以下几个方面。

1）石料物理试验检测方法

（1）石料真实密度试验。

石料的真实密度（简称密度）是石料在规定条件（（105±5）℃下烘干至恒重，温度为 20 ℃）下，单位真实体积（不含孔隙的矿质实体的体积）的质量。

试验常用方法为李氏密度瓶法（见 JTJ 054—1994/T 0204—1994），即将石料样品粉碎磨细后，在（105±5）℃条件下烘至恒重，称其质量；然后在密度瓶中加水经沸煮后，使水充分进入闭口孔隙中，通过"置换法"测定其真实体积。已知真实体积和质量即可按公式求得真实密度。现行试验法也允许采用李氏密度瓶法近似测定石料的真实密度。

以 2 次试验结果的算术平均值作为测定值，如 2 次试验结果之差大于 0.02 g/cm³，则应重新取样进行试验。

（2）石料毛体积密度试验。

石料的毛体积密度是石料在规定条件下，单位毛体积（包括矿质实体和孔隙的体积）的质量。

试验方法采用静水称量法（参见 JTJ 054—1994/T 0205—1994），即将规则石料在（105±5）℃条件下烘至恒重，称其质量。然后使石料吸水 24 h，使其饱水后用湿毛巾揩去表面水，即可称得饱和面干时的石料质量。最后用静水天平法测得饱和面干石料的水中质量，由此可计算出石料的毛体积，并求得毛体积密度。此外，现行试验法亦允许用封蜡法来测定毛体积密度。这两种方法各有其优缺点。

组织均匀的岩石，其密度应为 3 个试件测得结果之平均值；组织不均匀的岩石，密度应记录最大值与最小值。

（3）石料孔隙率试验。

石料的孔隙率是石料的孔隙体积占其总体积的百分率。按以上方法求得石料的毛体积密度及密度后，用公式计算孔隙率，精确至 1%。

（4）石料吸水率试验。

试验依据 JTJ 054—1994/T 0211—1994，即将石料加工为规则试件，经（105±5）℃烘干称量后，在铺有薄砂的盛水容器中，用分层逐渐加水的方法使石料中的空气逐渐逸出，最后完全浸于水中任其自由吸水 48 h 后，取出浸水试件，用湿纱布擦去试件表面水分，立即称其质量。测得烘干至恒重的质量和吸水至恒重的质量，即可按公式求得吸水率。

组织均匀的试件，取 3 个试件试验结果的平均值作为测定值；组织不均匀的，则取 5 个试件试验结果的平均值作为测定值。

（5）石料抗冻性试验。

石料抵抗冻融循环的能力称为抗冻性。石料抗冻性的试验方法采用直接冻融法（参见 JTJ 054—1994/T 0211—1994），即将石料加工为规则的块状试样，在常温条件下，采用逐渐浸水的方法，使开口孔隙吸饱水分，然后置于负温（通常采用−15 ℃）的冰箱中冻结 4h，最后在常温条件下融解，如此为 1 次冻融循环。经过 10、15、25 或 50 次冻融循环后，观察其外观破坏情况并加以记录。采用经过规定冻融循环后的质量损失百分率表征其抗冻性。

2）石料力学性能试验检测方法

（1）石料单轴抗压强度试验。

石料的单轴抗压强度，是指将石料（岩块）制备成 50 mm×50 mm×50 mm 的正方体（或直径和高度均为 50 mm 的圆柱体）试件，经吸水饱和后，在单轴受压并按规定的加载条件下，达到极限破坏时，单位承压面积的强度。

试验时是用切石机或钻石机从岩石试样或岩芯中制取标准试件，用游标卡尺精确地测出受压面积，按规定方法浸水饱和后，放在压力机上进行试验，加荷速率为 0.5～1.0 MPa/s。取 6 个试件试验结果的算术平均值作为抗压强度测定值，如 6 个试件中的 2 个与其他 4 个的算术平均值相差 3 倍以上时，则取试验结果相近的 4 个试件的算术平均值作为抗压强度测定值。

另外，对有显著层理的岩石，取垂直与平行于层理方向的试件各 1 组，取其强度平均值作为试验结果。

（2）石料磨耗率试验。

磨耗性是石料抵抗撞击、剪切和摩擦等综合作用的性能，用磨耗率来定量描述它。石料磨耗试验有两种方法：我国现行试验规程(JTJ 054—1994)规定，石料磨耗试验以洛杉矶式试验法为标准方法。

洛杉矶式磨耗试验又称搁板式磨耗试验。该试验机由一个直径为 711 mm、长为 508 mm 的圆鼓和鼓中一个搁板所组成。试验用的试样是按一定规格组成的级配石料，总质量为 5 000 g。在试样加入磨耗鼓的同时，加入 12 个钢球，钢球总质量为 5 000 g，磨耗鼓以 30～33 r/min 的转速旋转，在旋转时，由于搁板的作用，可将石料和钢球带到高处落下。经旋转 500 次后，将石料试样取出，用 2 mm 圆孔筛筛去石屑，并洗净烘干称其质量。

取 2 次平行试验结果的算术平均值作为测定值，当采用洛杉矶式试验法时，2 次试验误差应不大于 2%，否则须重新试验。

4. 石料的应用

1）工程中常用石料的应用

建筑中常用天然石材的性能及用途如表 4-4-3 所示。

表 4-4-3　建筑中常用天然石材的性能及用途

名称	主要质量指标			主要用途
	项目		指标	
花岗岩	表观密度/(kg/m³)		2 500～2 700	基础、桥墩、堤坝、拱石、阶石、路面、海港结构、基座、勒脚、窗台、装饰石材等
	强度/MPa	抗压	120～250	
		抗折	8.5～15.0	
		抗剪	13～19	
	吸水率/(%)		<1	
	膨胀系数/(10⁻⁶/℃)		5.6～7.34	
	平均韧性/cm		8	
	平均质量磨耗率/(%)		11	
	耐用年限/a		75～200	
石灰岩	表观密度/(kg/m³)		1 000～2 600	墙身、桥墩、基础、阶石、路面、石灰及粉刷材料的原料等
	强度/MPa	抗压	22.0～140.0	
		抗折	1.8～20	
		抗剪	7.0～14.0	
	吸水率/(%)		2～6	
	膨胀系数/(10⁻⁶/℃)		6.75～6.77	
	平均韧性/cm		7	
	平均质量磨耗率/(%)		8	
	耐用年限/a		20～40	

续表

名称	主要质量指标			主要用途
	项目		指标	
砂岩	表观密度/(kg/m³)		2 200～2 500	基础、墙身、衬面、阶石、人行道、纪念碑及其他装饰石材等
	强度/MPa	抗压	47～140	
		抗折	3.5～14	
		抗剪	8.5～18	
	吸水率/(%)		<10	
	膨胀系数/(10⁻⁶/℃)		9.02～11.2	
	平均韧性/cm		10	
	平均质量磨耗率/(%)		12	
	耐用年限/a		20～200	
大理岩	表观密度/(kg/m³)		2 500～2 700	装饰材料、踏步、地面、墙面、柱面、柜台、栏杆、电气绝缘板等
	强度/MPa	抗压	47～140	
		抗折	2.5～16	
		抗剪	8～12	
	吸水率/(%)		<1	
	膨胀系数/(10⁻⁶/℃)		6.5～11.2	
	平均韧性/cm		10	
	平均质量磨耗率/(%)		12	
	耐用年限/a		30～100	

2）水利工程中常用的砌筑石材的应用

水利工程中，《浆砌石坝设计规范》(SL 25—2006)规定，用于砌体的石材必须质地坚硬、新鲜、完整，按其形状分为毛石、块石及粗料石三种。

（1）毛石：无一定规则形状，单块质量大于 25 kg，中部厚不小于 150 mm，主要用于砌石坝内部，以及堆石坝和护坡等。

（2）块石：上下两面大致平整，无尖角，块厚宜大于 200 mm，主要用于浆砌石坝、闸墩内部，以及建筑物的基础、挡土墙等大体积结构。

（3）粗料石：棱角分明，六面大致平整，同一面最大高差宜小于长度的 1%～3%，长度宜大于 500 mm，块高宜大于 250 mm，长厚比不大于 3.0，主要用于闸、坝、桥墩等砌石工程。

思 考 题

1. 岩石按成因可分为哪几类？并举例说明。

2. 岩石孔隙率的大小对哪些性质有影响？为什么？

3. 如何确定石材的强度等级?

4. 选择天然石材应考虑哪些原则? 为什么?

任务 5　墙体材料的选择、检测与应用

【任务描述】

墙体材料是建筑工程中十分重要的建筑材料,在建筑中起着承重、围护、分隔、保温及隔热等作用。合理选材对建筑物的功能、安全及造价等均具有重要意义。本任务主要要求学生掌握墙体材料的选择、检测与应用。

【任务目标】

能力目标

(1) 掌握砌墙砖、墙用砌体的技术性能及其应用。

(2) 掌握砌墙砖、墙用砌体的合格判断标准。

知识目标

(1) 了解墙体材料的基本性质与特点。

(2) 熟悉墙体材料的质量标准、技术要求与检测标准。

技能目标

(1) 能了解种类墙体材料的作用。

(2) 能够抽取砌块砖及砌块检测的试样。

模块 1　墙体材料的选择

墙体材料是指用来砌筑、拼装或用其他方法构成承重或非承重墙的材料。

我国传统墙体材料主要是烧结黏土砖,其应用历史较长。但烧结黏土砖的生产会消耗大量的能源,破坏大量的土地,影响农业生产和生态环境,而且砖自重大,体积小,生产效率低,影响建筑工地的发展速度。1993 年开始,国家已开始限制和取缔毁田烧砖的行为,明文规定禁止生产黏土实心砖,限制生产黏土空心砖,即所谓"禁黏限实"政策,同时推广和鼓励以页岩砖、煤矸石矿为原料生产砖。因此,因地制宜地利用地方性资源和工业废料生产轻质、高强、多功能、大尺寸的新型砌筑材料,是土木工程可持续发展的一项重要内容。

墙体材料按其形状和使用功能可分成砌墙砖、墙用砌体和墙用板材三大类。目前我国墙体材料中,砖的用量占 90% 左右,同时对于水利工程来说,运用较多的是砌墙砖、墙用砌体。所以这里只介绍砌墙砖、墙用砌体的选择、检测与应用。

1. 砌墙砖的种类及其技术性质

砌墙砖按制造工艺,分为烧结砖和非烧结砖两类。按孔洞率,分为:无孔洞或孔洞率小于 15%(砖面上孔洞总面积占砖面积的百分率)的普通砖;孔洞率等于或大于 33%,孔的尺寸小而数量多的多孔砖;孔洞率等于或大于 35%,孔的尺寸大而数量少的空心砖等三类。

各类砌墙砖如图 4-5-1 所示。

（a）烧结普通砖

（b）烧结多孔砖

（c）烧结空心砖

（d）蒸压灰砂砖

（e）蒸压（养）粉煤灰砖

（f）炉渣砖

图 4-5-1　各类砌墙砖

1）烧结砖

以黏土、页岩、煤矸石或粉煤灰为原料，经成形及焙烧所得的用于砌筑承重或非承重墙体的砖称为烧结砖。

（1）烧结普通砖。

目前全国很多大中城市都禁止使用烧结普通砖，但在农村及偏远地区还在少量使用。这里不做过多介绍。

（2）烧结多孔砖。

① 生产工艺及类别。

烧结普通砖有自重大、体积小、生产能耗高、施工效率低等缺点，用烧结多孔砖和烧结空心砖代替烧结普通砖，可使建筑物自重减轻 30% 左右，节约黏土 20%～30%，节省燃料 10%～20%，墙体施工功效提高 40%，并改善砖的隔热隔声性能。通常在相同的热工性能要求下，用空心砖砌筑的墙体厚度比用实心砖砌筑的墙体减薄半砖左右，所以推广使用烧结多孔砖和烧结空心砖是加快我国墙体材料改革，促进墙体材料工业技术进步的重要措施之一。

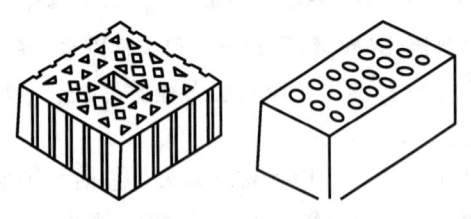

图 4-5-2　烧结多孔砖外形

烧结多孔砖和烧结空心砖的生产工艺与烧结普通砖的相同，但由于坯体有孔洞，增加了成形的难度，因而对原料的可塑性要求很高，按主要原料，分为黏土砖（N）、页岩砖（Y）、煤矸石砖（M）、粉煤灰砖（F）、淤泥砖（U）和固体废弃物砖（G）等。烧结多孔砖为大面有孔的直角六面体，孔多而面小，孔洞垂直于受压面，在与砂浆接合面上应设有增加黏合力的粉刷槽和砌筑砂浆槽，如图 4-5-2 所示。

② 主要技术性质。

a. 技术标准。

《烧结多孔砖和多孔砌块》（GB 13544—2011）。

b. 外形尺寸。

烧结多孔砖长度、宽度、高度尺寸要符合下面要求：290 mm、240 mm、190 mm、180 mm、

140 mm、115 mm 和 90 mm,如烧结多孔砖规格尺寸可为 290 mm×140 mm×90 mm。其他规格尺寸由供给双方确定。其型号有 KM1、KP1 和 KP2 三种。

　　c. 外观质量。

外观质量要符合表 4-5-1 和表 4-5-2 所示的规定要求。

表 4-5-1　烧结多孔砖和多孔砌块的尺寸允许偏差　　　　　　　单位:mm

尺　　寸	样本平均偏差	样本极差,不大于
>400	±3.0	10.0
300~400	±2.5	9.0
200~300	±2.5	8.0
100~200	±2.0	7.0
<100	±1.5	6.0

表 4-5-2　烧结多孔砖和多孔砌块的外观质量

项　　目	技术指标/mm
1.完整面,不得少于	一条面和一顶面
2.缺棱掉角的三个破坏尺寸,不得同时大于	30
3.裂纹长度	
a.大面(有孔面)上深入孔壁 15 mm 以上宽度方向及其延伸到条面的长度,不大于	80
b.大面(有孔面)上深入孔壁 15 mm 以上长度方向及其延伸到顶面的长度,不大于	100
c.条顶面上的水平裂纹,不大于	100
4.杂质在砖或砌块上造成的凸出高度,不大于	5

　　注　凡有下列缺陷之一者,不得称为完整面:
　　　　① 缺损在条面或顶面上造成的破坏面尺寸同时大于 20 mm×30 mm;
　　　　② 条面或顶面上裂纹宽度大于 1 mm,其长度超过 70 mm;
　　　　③ 压陷、焦花、黏底在条面或顶面上的凹陷或凸出超过 2 mm,区域最大投影尺寸同时大于 20 mm×30 mm。

　　d. 强度等级。

烧结多孔砖根据抗压强度分为 MU30、MU25、MU20、MU15、MU10 等 5 个强度等级。砖的密度等级分为 1000、1100、1200、1300 等 4 个等级,要符合表 4-5-3 和表 4-5-4 所示的规定要求。

表 4-5-3　烧结多孔砖和多孔砌块的强度等级　　　　　　　单位:MPa

强　度　等　级	抗压强度平均值 $\overline{f}$,不小于	强度标准值 f_k,不小于
MU30	30.0	22.0
MU25	25.0	18.0
MU20	20.0	14.0
MU15	15.0	10.0
MU10	10.0	6.5

表 4-5-4 烧结多孔砖和多孔砌块的密度等级   单位:kg/m³

密 度 等 级		3块砖或砌块干燥表观密度平均值
砖	砌块	
—	900	≤900
1 000	1 000	900～1 000
1 100	1 100	1 000～1 100
1 200	1 200	1 100～1 200
1 300	—	1 200～1 300

e. 孔型、孔结构及孔洞率。

孔型、孔结构及孔洞率要符合表 4-5-5 的要求。

表 4-5-5 烧结多孔砖和多孔砌块的孔型、孔结构及孔洞率

孔型	孔洞尺寸/mm		最小外壁厚/mm	最小肋厚/mm	孔洞率/(%)		孔 洞 排 列
	孔宽度尺寸 b	孔长度尺寸 L			砖	砌块	
矩形条孔或矩形孔	≤13	≤40	≥12	≥5	≥28	≥33	1. 所有孔宽应相等。孔采用单向或双向交错排列。 2. 空洞排列上下、左右应对称,分布均匀,手抓孔的长度方向尺寸必须平行于砖的条面

注 1. 矩形孔的孔长 L、孔宽 b 满足式 L≥3b 时,为矩形条孔。

2. 孔的 4 个角应做成过渡圆角,不得做成直尖角。

3. 如设有砌筑砂浆槽,则砌筑砂浆槽不计算在孔洞率内。

4. 规格大的砖和砌块应设置手抓孔,手抓孔尺寸为(30～40) mm×(75～85) mm。

f. 泛霜。

泛霜含有硫、镁等可溶性盐。在砖使用中,盐类会随砖内水分蒸发而在砖表面产生盐析,一般为白色粉末。泛霜严重时,大量盐类的溶出和结晶膨胀会造成砖砌体表面粉化及剥落,内部孔隙率增大,抗冻性显著下降,同时破坏砖与砂浆之间的黏结。每块砖或砌块不允许出现严重泛霜。

g. 石灰爆裂。

石灰爆裂是因为原料中有石灰石,烧成过程中生石灰留在砖内,吸收外界的水分,消化并产生体积膨胀。石灰爆裂不仅造成砖体的外观缺陷和强度降低,还可能造成对砌体的严重危害。最大破坏尺寸大于 2 mm 且小于等于 15 mm 的爆裂区域,每组砖和砌块不得多于 15 处。其中大于 10 mm 的不得多于 7 处。不允许出现最大破坏尺寸大于 15 mm 的爆裂区域。

h. 抗风化性能。

严重风化区中的 1、2、3、4、5 地区的砖、砌块和其他地区以淤泥、固体废弃物为主要原料生产的砖和砌块必须进行冻融试验;其他地区以黏土、粉煤灰、页岩、煤矸石为主要原料生产的砖和砌块的抗风化性能符合表 4-5-6 所示规定时不做冻融试验,否则必须进行冻融试验。

15 次冻融循环试验后,每块砖和砌块不允许出现裂纹、分层、掉皮、缺棱掉角等冻坏现象。

(3) 烧结空心砖。

① 生产工艺及类别。

表 4-5-6　抗风化性能

种类	严重风化区				非严重风化区			
	5h 沸煮吸水率/(%),不大于		饱和系数,不大于		5h 沸煮吸水率/(%),不大于		饱和系数,不大于	
	平均值	单块最大值	平均值	单块最大值	平均值	单块最大值	平均值	单块最大值
黏土砖和砌块	21	23	0.85	0.87	23	25	0.88	0.90
粉煤灰砖和砌块	23	25			30	32		
页岩砖和砌块	16	18	0.74	0.77	18	20	0.78	0.80
煤矸石砖和砌块	19	21			21	23		

注　粉煤灰掺入量(质量比)小于 30% 时按黏土砖和砌块规定判定。

烧结空心砖为顶面有孔洞的直角六面体,孔大而少,孔洞为矩形条孔或其他孔形,平行于大面和条面,孔洞率等于或大于 35%,按主要原料分为黏土砖(N)、页岩砖(Y)、煤矸石砖(M)和粉煤灰砖(F)。

强度、密度、抗风化性能和放射性物质合格的砖和砌块,根据尺寸偏差、外观质量、孔洞排列及其结构、泛霜、石灰爆裂、吸水率分为优等品(A)、一等品(B)、合格品(C)等 3 个质量等级。

② 主要技术性质。

A. 技术标准。

《烧结空心砖和空心砌块》(GB 13545—2003)。

B. 外形尺寸。

砖和砌块的长、宽、高尺寸应符合下列要求:390 mm、290 mm、240 mm、190 mm、180(175) mm、140 mm、115 mm、90 mm(也可由供需双方商定)。

C. 外观质量。

外观质量要符合表 4-5-7 和表 4-5-8 所示的规定。

表 4-5-7　烧结空心砖和空心砌块尺寸允许偏差　　　　　　　　　　单位:mm

尺寸	优等品		一等品		合格品	
	样本平均偏差	样本极差,不大于	样本平均偏差	样本极差,不大于	样本平均偏差	样本极差,不大于
>300	±2.0	6	±3.0	7	±2.5	8
200~300	±1.5	5	±2.5	6	±3.0	7
100~200	±1.5	4	±2.0	5	±2.5	6
<100	±1.5	3	±1.7	4	±2.0	5

表 4-5-8　烧结空心砖和空心砌块外观质量　　　　　单位:mm

项　　目	优等品	一等品	合格
1. 弯曲,不大于	3	4	5
2. 缺棱掉角的三个破坏尺寸,不得同时大于	15	30	40
3. 垂直度,不大于	3	4	5
4. 未贯穿裂纹长度,不大于			
① 大面上宽度方向及其延伸到条面的长度	不允许	100	120
② 大面上长度方向或条面上水平面方向的长度	不允许	120	140
5. 贯穿裂纹的长度			
① 大面上宽度方向及其延伸到条面的长度	不允许	40	60
② 壁、肋沿长度方向、宽度方向及其水平方向的长度	不允许	40	60
6. 肋、壁内残缺长度,不大于	不允许	40	60
7. 完整面,不少于	一条面和一大面	一条面或一大面	—

注　凡有下列缺陷之一者,不得称为完整面:
　　① 缺损在大面、条面上造成的破坏面尺寸同时大于 20 mm×30 mm;
　　② 大面、条面上裂纹宽度大于 1 mm,其长度超过 70 mm;
　　③ 压陷、黏底、焦花在大面、条面上的凹陷或凸出超过 2 mm,区域尺寸同时大于 20 mm×30 mm。

　　D. 强度等级。

　　根据抗压强度分为 MU10.0、MU7.5、MU5.0、MU3.5、MU2.5 等 5 个强度等级;按体积密度分为 800 级、1000 级、1100 级等 4 个体积密度级别,要符合表 4-5-9 和表 4-5-10 所示的规定。

表 4-5-9　烧结空心砖和空心砌块强度等级　　　　　单位:MPa

强度等级	抗压强度平均值 f,不小于	变异系数 $\delta \leqslant 0.21$	变异系数 $\delta > 0.21$	密度等级范围
		强度标准值 f_k,不小于	单块最小抗压强度值 f_{min},不小于	
MU30	30.0	22.0	25.0	≤1100
MU25	25.0	18.0	22.0	
MU20	20.0	14.0	16.0	
MU15	15.0	10.0	12.0	≤800

表 4-5-10　烧结空心砖和空心砌块密度等级　　　　　单位:MPa

密 度 等 级	5 块平均密度值
800	≤800
900	801~900
1 000	901~1 000
1 100	1 001~1 100

　　E. 孔洞排列及其结构。

　　孔洞率和孔洞排数应符合表 4-5-11 所示的规定。

表 4-5-11　烧结空心砖和空心砌块孔洞排列及其结构

等　级	孔 洞 排 列	孔洞排数/排		孔洞率/(%)，不小于
		宽度方向	高度方向	
优等品	有序交错排列	$b \geqslant 200$ mm，$\geqslant 7$ $b < 200$ mm，$\geqslant 5$	$\geqslant 2$	40
一等品	有序排列	$b \geqslant 200$ mm，$\geqslant 5$ $b < 200$ mm，$\geqslant 4$	$\geqslant 2$	
合格品	有序排列	$\geqslant 3$	—	

注　b 为宽度的尺寸。

F. 泛霜。

每块砖和砌块应符合下列规定。

优等品:无泛霜。

一等品:不允许出现中等泛霜。

合格品:不允许出现严重泛霜。

G. 石灰爆裂。

优等品:不允许出现最大破坏尺寸大于 2 mm 的爆裂区域。

一等品:最大破坏尺寸大于 2 mm 且小于或等于 10 mm 的爆裂区域,每组砖样不得多于 15 处;不允许出现最大破坏尺寸大于 10 mm 的爆裂区域。

合格品:最大破坏尺寸大于 2 mm 且小于或等于 15 mm 的爆裂区域,每组砖样不得多于 15 处,其中大于 10 mm 的不得多于 7 处;不允许出现最大破坏尺寸大于 15 mm 的爆裂区域。

H. 吸水率。

每组砖和砌块的吸水率平均值应符合表 4-5-12 所示的规定。

表 4-5-12　烧结空心砖和空心砌块吸水率　　　　　　　　　　单位:%

等级	吸水率,不大于	
	黏土砖和砌块、页岩砖和砌块、煤矸石砖和砌块	粉煤灰砖和砌块
优等品	16.0	20.0
一等品	18.0	22.0
合格品	20.0	24.0

注　粉煤灰掺入量(体积比)小于 30%时,按黏土砖和砌块规定判定。

I. 抗风化性能。

严重风化区中的 1、2、3、4、5 地区的砖必须进行冻融试验,其他地区砖的抗风化性能符合表 4-5-13 所示规定时可不做冻融试验,否则必须进行冻融试验。

③ 烧结多孔砖和烧结空心砖在工程中的运用。

烧结多孔砖强度较高,主要用于砌筑六层以下的承重墙体。烧结空心砖自重轻,强度较低,多用做非承重墙,如多层建筑内隔墙或框架结构的填充墙等。

2）非烧结砖

不经焙烧而制成的砖均为非烧结砖。目前应用较广的是蒸养(压)砖,这类砖是以含钙材

表 4-5-13　烧结空心砖和空心砌块抗风化性能

分　类	饱和系数，不大于			
	严重风化区		非严重风化区	
	平均值	单块最大值	平均值	单块最大值
黏土砖和砌块	0.85	0.87	0.88	0.90
粉煤灰砖和砌块				
页岩砖和砌块	0.74	0.77	0.78	0.80
煤矸石砖和砌块				

料和含硅材料与水拌和，经压制成形、常压（蒸养）或高压（蒸压）蒸养养护而成的，称为蒸养（压）砖。主要品种有灰砂砖、粉煤灰砖、炉渣砖等。非烧结砖是国家大力介导的环保型建材。还有一类是以水泥为主要胶凝材料制成的砖，称为混凝土砖。

（1）蒸压灰砂砖（灰砂砖）。

蒸压灰砂砖是由磨细生石灰或消石灰粉、天然砂和水按一定配合比，经搅拌混合、陈伏、加压成形，再经蒸压（温度为 175～203 ℃，压力为 0.8～1.6 MPa 的饱和蒸汽）养护而成。

蒸压灰砂砖有彩色（Co）和本色（N）两类，表观密度一般为 1 800～1 900 kg/m³。实心灰砂砖规格尺寸与烧结普通砖的相同。标准尺寸为 240 mm×115 mm×53 mm。

我国国家标准《蒸压灰砂砖》（GB 11945—1999）规定如下。

蒸压灰砂砖按砖的外观质量、尺寸偏差、强度及抗冻性分为优等品（A）、一等品（B）、合格品（C）。其外观质量、尺寸偏差如表 4-5-14 所示。

表 4-5-14　蒸压灰砂砖尺寸偏差和外观

项　目			指　标		
			优等品	一等品	合格品
尺寸允许偏差，mm	长度	L	±2	±2	±3
	宽度	B	±2		
	高度	H	±1		
缺棱掉角	个数，不大于		1	1	2
	最大尺寸/mm，不大于		10	15	20
	最小尺寸/mm，不大于		5	10	10
对应高度差/mm，不大于			1	2	3
裂纹	条数，不大于		1	1	2
	大面上宽度方向及其延伸到条面的长度/mm，不大于		20	50	70
	大面上长度方向及其延伸到顶面上的长度或条、顶面水平裂纹的长度/mm，不大于		30	70	100

蒸压灰砂砖按浸水 24 h 后抗压强度和抗折强度分为 MU25、MU20、MU15 和 MU10 等 4 个等级，优等品的强度等级不得小于 MU15，如表 4-5-15 所示。

表 4-5-15　蒸压灰砂砖强度指标和抗冻指标

强度等级	抗压强度/MPa（5块）		抗折强度/MPa（5块）		抗冻性	
	平均值，不小于	单块值，不小于	平均值，不小于	单块值，不小于	冻后抗压强度（平均值）/MPa，不小于	单块砖的干质量损失/(%)，不大于
MU25	25.0	20.0	5.0	4.0	20.0	2.0
MU20	20.0	16.0	4.0	3.2	16.0	
MU15	15.0	12.0	3.3	2.6	12.0	
MU10	10.0	8.0	2.5	2.0	8.0	

MU25、MU20、MU15 的砖可用于基础及其他建筑；MU10 的砖仅可用于防潮层以上的建筑。灰砂砖不得用于长期受热 200 ℃以上、受急冷急热和有酸性介质侵蚀的建筑部位以及不能用于有水流冲刷的地方。

（2）蒸压（养）粉煤灰砖。

蒸压（养）粉煤灰砖是以粉煤灰、石灰或水泥为主要原料，掺加适量石膏、外加剂和骨料，经坯料制备、压制成形、常压或高压蒸汽养护而成的实心砖。粉煤灰砖呈深灰色或彩色，表观密度约为 1 500 kg/m³。粉煤砖规格尺寸与烧结普通砖的相同。标准尺寸为 240 mm×115 mm× 53 mm。

我国行业标准《粉煤灰砖》(JC 239—2001)规定如下。

蒸压（养）粉煤灰砖按外观质量、尺寸偏差、强度、抗冻性及干燥收缩值，可分为优等品（A）、一等品（B）、合格品（C）。其外观质量、尺寸偏差如表 4-5-16 所示。

表 4-5-16　蒸压（养）粉煤灰砖尺寸允许偏差表　　　　　单位：mm

项　　目	指　　标		
	优等品（A）	一等品（B）	合格品（C）
尺寸允许偏差			
长	±2	±3	±4
宽	±2	±3	±4
高	±1	±2	±3
对应高度差，不大于	1	2	3
缺棱掉角的最小破坏尺寸，不大于	10	15	20
完整面，不少于	二条面和一顶面或二顶面和一条面	一条面和一顶面	一条面和一顶面
裂纹长度，不大于			
a. 大面上宽度方向的裂纹（包括延伸到条面上的长度）	30	50	70
b. 其他裂纹	50	70	100
层裂	不允许		

注　在条面或顶面上破坏面的两个尺寸同时大于 10 mm 和 20 mm 者为非完整面。

按抗压强度和抗折强度,蒸压(养)粉煤灰砖可分为 MU30、MU25、MU20、MU15 和 MU10 等 5 个等级。优等品的强度等级不得小于 MU15;优等品和一等品的干燥收缩值应不大于 0.65 mm/m,合格品的干燥收缩值应不大于 0.75 mm/m;碳化系数应不小于 0.8,如表 4-5-17 所示。

表 4-5-17　蒸压(养)粉煤灰砖强度指标

强度级别	抗压强度/MPa		抗折强度/MPa		抗冻性	
	10 块平均值,不小于	单块值,不小于	10 块平均值,不小于	单块值,不小于	抗压强度(平均值)/MPa,不小于	单块砖的干质量损失/(%),不大于
MU30	30.0	24.0	6.2	5.0	24.0	
MU25	25.0	20.0	5.0	4.0	20.0	
MU20	20.0	16.0	4.0	3.2	16.0	2.0
MU15	15.0	12.0	3.3	2.6	12.0	
MU10	10.0	8.0	2.5	2.0	8.0	

蒸压(养)粉煤灰砖可用于工业与民用建筑的墙体和基础,但用于基础或易受冻融和干湿交替作用的建筑部位,必须使用一等砖与优等砖。蒸压(养)粉煤灰砖不得用于长期受热(200 ℃以上),受急冷、急热和有酸性介质侵蚀的建筑部位。用蒸压(养)粉煤灰砖砌筑的建筑物,应适当增设圈梁及伸缩缝,以减少或避免产生收缩裂缝。

(3) 蒸压(养)粉炉渣砖。

蒸压(养)粉炉渣砖以炉渣为主要原料,掺入适量(水泥、电石渣)石灰、石膏,经混合、压制成形、蒸养或蒸压养护而成的实心炉渣砖。蒸压(养)炉渣砖主要用于一般建筑物的墙体和基础部位。

蒸压(养)炉渣砖表观密度约为 1 600 kg/m³。标准尺寸为 240 mm×115 mm×53 mm。

我国行业标准《炉渣砖》(JC/T 525—2007)规定如下。

① 没有等级划分,只有合格品。

② 按抗压强度分为 MU25、MU20 和 MU15 等 3 个等级。

③ 由于强度不是很高,蒸压(养)炉渣砖可用于一般工程的内墙和非承重外墙。其他使用要点与灰砂砖、粉煤灰砖的相似。

(4) 混凝土实心砖。

以水泥、骨料为原料,根据需要加入掺和料、外加剂等,经加水搅拌、成形、养护制成的砖为混凝土实心砖。但由于它容重大且保温性较差,所以加大了建筑物基础处理的费用,也不节能,目前我国有些城市限制使用。现以混凝土多孔砖使用更普遍。

国家标准《混凝土实心砖》(GB/T 21144—2007)规定,其主规格尺寸为 240 mm×115 mm×53 mm,按混凝土自身的密度分为 A 级、B 级和 C 级等 3 个密度等级。密度等级应符合表 4-5-18 的规定。

砖的抗压强度分为 MU40、MU35、MU30、MU25、MU20、MU15 等 6 个等级。强度等级应符合表 4-5-19 的规定。

密度等级为 B 级和 C 级的砖,其强度等级应不小于 MU15;密度等级为 A 级的砖,其强度等级应不小于 MU20。

表 4-5-18　混凝土实心砖密度等级　　　　单位:kg/m³

密 度 等 级	3 块平均值
A 级	≥2 100
B 级	1 681～2 099
C 级	≤1 680

表 4-5-19　混凝土实心砖抗压强度　　　　单位:MPa

强 度 等 级	抗 压 强 度	
	平均值,不小于	单块最小值
MU40	40.0	35.0
MU35	35.0	30.0
MU30	30.0	26.0
MU25	25.0	21.0
MU20	20.0	16.0
MU15	15.0	12.0

(5) 混凝土多孔砖。

混凝土多孔砖是以水泥为胶凝材料,以砂、石等为主要集料,加水搅拌、成形、养护制成的一种多排小孔的混凝土砖。它可直接替代烧结黏土砖用于各类承重、保温承重和框架填充等不同建筑墙体结构中,具有广泛的推广应用前景。

行业标准《混凝土多孔砖》(JC 943—2004)规定其产品名称(代号为 CPB)。

混凝土多孔砖为直角六面体,其长度、宽度、高度应符合下列要求:290 mm、240 mm、190 mm、180 mm、240 mm、190 mm、115 mm、90 mm、115 mm、90 mm。如混凝土多孔砖主要规格尺寸为 240 mm×115 mm×90 mm。按其尺寸偏差、外观质量,混凝土多孔砖可分为一等品(B)和合格品(C),按其强度等级,分为 MU10、MU15、MU20、MU25、MU30。其强度等级应符合表 4-5-20 的规定。

表 4-5-20　混凝土多孔砖强度等级要求　　　　单位:MPa

强 度 等 级	抗 压 强 度	
	平均值,不小于	单块最小值
MU10	10.0	8.0
MU15	15.0	12.0
MU20	20.0	16.0
MU25	25.0	20.0
MU30	30.0	24.0

2. 墙用砌体的种类及其技术性质

砌块是砌筑用的人造块材。砌块系列中主规格的长度、宽度或高度有一项或一项以上分别大于 365 mm、240 mm 或 115 mm(这也是砌块与砖的主要区别),但高度不大于长度或宽度

图 4-5-3　混凝土空心砌块

的 6 倍,长度不超过高度的 3 倍。图 4-5-3 所示的为混凝土空心砌块。

工程中常用砌块分类如下。

(1)按原材料分:普通混凝土砌块、轻集料混凝土砌块、炉渣砌块、粉煤灰砌块及其他硅酸盐砌块、水泥混凝土铺地砖等。

(2)按尺寸规格分:小型砌块(高度为 115～380 mm)、中型砌块(高度为 380～980 mm)、大型砌块(高度大于 980 mm)。

(3)按用途分:承重砌块和非承重砌块。

(4)按有无孔洞分:实心砌块(无孔洞或空心率小于 25%)和空心砌块(空心率不小于 25%)。

1)普通混凝土小型空心砌块

普通混凝土小型空心砌块是以水泥、砂、碎石和砾石为原料,加水搅拌、振动加压或冲击成形,再经养护制成的一种墙体材料,其空心率不小于 25%。普通混凝土小型空心砌块可用于多层建筑的内外墙,具有质量轻、生产简便、施工速度快、适用性强、造价低等优点。

国家标准《普通砼小型空心砌块》(GB 8239—1997)规定,混凝土小型空心砌块按其尺寸偏差、外观质量分为优等品(A)、一等品(B)和合格品(C),按其强度等级分为 MU3.5、MU5.0、MU10.0、MU15.0 和 MU20.0。其尺寸允许偏差和外观质量标准如表 4-5-21 和表 4-5-22 所示。

表 4-5-21　混凝土小型空心砌块尺寸允许偏差　　　　　　单位:mm

项 目 名 称	优等品(A)	一等品(B)	合格品(C)
长度	±2	±3	±3
宽度	±2	±3	±3
高度	±2	±3	±3—4

表 4-5-22　混凝土小型空心砌块外观质量

项 目 名 称		优等品(A)	一等品(B)	合格品(C)
弯曲/mm,不大于		2	2	3
缺棱掉角	个数,不多于	0	2	2
	三个方向投影尺寸的最小值/mm,不大于	0	20	30
裂纹延伸的投影尺寸累计/mm,不大于		0	20	20

其主规格尺寸为 390 mm×190 mm×190 mm,其他规格尺寸可由供需双方协商。最小外壁厚度应不小于 30 mm,最小肋厚应不小于 25 mm,空心率应不小于 25%。

混凝土小型空心砌块强度等级应符合表 4-5-23 所示的规定。

普通混凝土小型空心砌块适用于地震设防烈度为 8 度和 8 度以下地区的一般民用与工业建筑物的墙体,还可以用做高层建筑的填充墙、其他围墙和挡土墙。这种砌块在砌筑时一般不宜浇水,但在气候特别干燥炎热时,可在砌筑前稍微喷水湿润。砌筑时尽量采用主规格砌块,并应先清除砌块表面污物和砌块孔洞的底部边毛。采用反砌(即砌块底面朝上),砌块之间应对孔错缝砌筑。

表 4-5-23　　混凝土小型空心砌块强度等级要求　　　　　　　单位:MPa

强 度 等 级	砌块抗压强度	
	平均值,不小于	单块最小值,不小于
MU3.5	3.5	2.8
MU5.0	5.0	4.0
MU7.5	7.5	6.0
MU10.0	10.0	8.0
MU15.0	15.0	12.0
MU20.0	20.0	16.0

2）蒸压加气混凝土砌块

蒸压加气混凝土砌块是以钙质材料和硅质材料、少量调节剂,经配料、搅拌、浇筑成形、切割和蒸压养护而成的多孔轻质块体材料。原料中的钙质和硅质材料可分别采用石灰、水泥、矿渣、粉煤灰和砂等。

国家标准《蒸压加气混凝土砌块》(GB 11968—2006)规定,蒸压加气混凝土砌块按外观质量、尺寸偏差、干密度、抗压强度和抗冻性,分为优等品(A)和合格品(B)等 2 个产品等级,按强度,分为 A1.0、A2.0、A2.5、A3.5、A7.5、A10 等 6 个级别;按干密度,分为 B03、B05、B06、B07、B08 等 5 个级别。

蒸压加气混凝土砌块(见图 4-5-4)具有轻质、保温隔热、隔声、耐火、可加工性能好等特点。其表观密度小,一般为黏土砖的 1/3,作为墙体材料,可减轻建筑物自重的 2/5～1/2;导热系数为 0.14～0.28 W/(m·K),用做墙体可降低建筑物的采暖、制冷等使用能耗。但其干缩较大,如使用不当,墙体会产生裂纹。

蒸压加气混凝土砌块可用于一般建筑物的墙体,可作为低层建筑物的承重墙、多层建筑的非承重墙及内隔墙,体积密度级别低的砌块用于屋面保温。蒸压加气混凝土砌块不得用于建筑物基础和处于浸水、高湿和有化学侵蚀的环境中,也不能用于承重制品表面温度高于 80 ℃的建筑部位。

3）粉煤灰砌块

粉煤灰砌块是以粉煤灰、石灰、石膏和骨料等为原料,经加水搅拌、振动成形、蒸汽养护而制成的密实砌块,如图 4-5-5 所示。

图 4-5-4　蒸压加气混凝土砌块

图 4-5-5　粉煤灰实心砌块

行业标准《粉煤灰砌块》(JC 238—1996)规定其主规格外形尺寸为 880 mm×380 mm×240 mm 及 880 mm×430 mm×240 mm。砌筑按其立方体试件的抗压强度分为 10 级和 13 级等 2 个强度等级;砌块按外观质量、尺寸偏差和干缩性能分为一等品(B)和合格品(C)等 2

个产品等级。

粉煤灰砌块可用于一般工业和民用建筑的墙体和基础,但不宜用于有酸性介质侵蚀的建筑部位,也不宜用于经常处于高温下的建筑物。常温施工时,砌块应提前浇水湿润;冬季施工不得浇水湿润。

4) 烧结多孔砌块与空心砌块

其性能指标详见烧结多孔砖与烧结空心砖的相关内容。

5) 其他砌块

常用的建筑砌块还有轻集料混凝土小型空心砌块、粉煤灰砌块、粉煤灰小型空心砌块、石膏砌块等。

3. 运用墙体材料应注意的几个问题

(1)粉煤灰砌块和矿渣砌块有释放放射元素氡的可能性,不是一种理想的绿色建材。

(2)混凝土砌块的导热系数较大,砌块的连接不好做,容易渗漏、开裂(粉煤灰砌块的抗裂、抗渗性能较好)。

(3)需用专用的混凝土砌块砂浆砌筑。采用砌块专用砂浆,其强度等级与普通砂浆的相同,但专用砂浆和普通砂浆比,多了一些外加剂,如减水剂、缓凝剂、促凝剂、还有颜料等。

(4)设计地面以下有防潮要求,不得采用空心砖或多孔砖,而应采用实心砖(黏土实心砖或水泥实心砖、页岩实心砖),当地可能习惯不一样。

(5)地震区不得采用蒸压类空心或多孔砖,以及 KP1 和 M 型以外的多孔砖型。

(6)非烧结砖墙体开裂是制约、阻碍我国非烧结砖发展、推广应用的主要问题。非烧结砖材料收缩值大是产生墙体裂缝的主要因素。在寒冷的北方,特别是冬季多雨雪的严寒地区,如吉林省、黑龙江省等,雪水侵入砖墙体后反复冻融造成墙体冻坏,砖材层层剥落,使该地区人们不敢使用这类产品。蒸压灰砂砖或蒸压粉煤灰砖与水泥砂浆黏结力较低,致使蒸压灰砂砖或蒸压粉煤灰砖砌体的抗剪强度仅是烧结实心黏土砖墙砌体的 70%,影响其在抗震建筑中的使用效果。

(7)蒸压加气混凝土砌块应用于外墙时,应进行饰面处理或憎水处理。因为风化和冻融会影响蒸压加气混凝土砌块的寿命。长期暴露在大气中,日晒雨淋,干湿交替,蒸压加气混凝土砌块会风化而产生开裂破坏。在局部受潮时,冬季有时会产生局部冻融破坏。

模块 2　墙体材料的工程检测

墙体材料在工程中大量使用,质量的好坏直接影响工程的安全及使用年限。产品检验分出厂检验和型式检验。

出厂检验项目为尺寸偏差、外观质量和强度等级。每批出厂产品必须进行出厂检验,外观质量检验在生产厂内进行。

型式检验项目包括技术要求的全部项目。

1. 进入工地现场的要求

砌体工程所使用的砖和砌块应具有质量证明书,进场应进行外观检验,并应符合设计要求。设计和规范规定要进行复试的材料性能,要在复试合格后方可使用。

2. 检验标准

《砌墙砖试验方法》(GB/T 2542—2003)、《砌墙砖检验规则》(JC/T 466—1992(1996))、

《混凝土小型空心砌块试验方法》(GB/T 4111—1997)和《蒸压加气混凝土性能试验方法》
(GB/T 11969—2008)等检验标准。

具体的工程验收标准、方法、基本项目及取样方法如表 4-5-24 所示。

表 4-5-24　墙体材料验收标准、方法、基本项目及取样方法

材料名称	验收规范及产品标准	验收检验项目	代表批量	试样数量	抽样方法
烧结普通砖	《砌体工程施工质量验收规范》(GB 50203—2011)《烧结普通砖》(GB/T 5101—2003)	1.抗压强度；2.外观质量尺寸偏差；3.放射性	以同一产地、同一规格不超过 15 万块为一验收批，不足者按一批计	抗压强度：10块放射性：4块送样：15～20块	从外观质量和尺寸偏差检验均合格的产品中随机抽取试样
烧结多孔砖	《砌体工程施工质量验收规范》(GB 50203—2011)《烧结多孔砖》(GB 13544—2011)	1.抗压强度；2.外观质量尺寸偏差；3.砖吸水率	以同一产地、同一规格，不超过 5 万块为一验收批，不足者按一批计	抗压强度：10块吸水率：5块送样：15～20块	从外观质量和尺寸偏差检验均合格中随机抽取试样
烧结空心砖和空心砌块	《砌体工程施工质量验收规范》(GB 50203—2011)《烧结空心砖和空心砌块》(GB 13545—2003)	1.抗压强度；2.外观质量尺寸偏差；3.砖吸水率；4.密度；5.放射性	以同一产地、同一规格、3 万块为一验收批，不足者按一批计	抗压强度：10块密度：5块放射性：3块送样：15～20块	从外观质量和尺寸偏差检验均合格品中随机抽取试样
轻集料砼空心砌块	《轻集料混凝土小型空心砌块》(GB/T 15229—2002)《砌体工程施工质量验收规范》(GB 50203—2011)	1.抗压强度；2.外观质量尺寸偏差；3 砖吸水率；4.密度；5.放射性	以同一品种、相同密度等级、相同强度等级、质量等级和同一生产工艺制成的 1 万块为一验收批，不足 1 万块按一批计(试验龄期不应小于 28 d)	抗压强度：5块密度：3块吸水率：3块送样：8～10块	从外观质量和尺寸偏差检验均合格的砌块中抽取试样
混凝土路面砖	《混凝土路面砖》(JC/T 446—2000)	1.抗压强度；2.抗折强度；3.外观质量尺寸偏差；4.吸水率	以同一类别、同一规格、同一等级每 2 万块为一验收批，不足者按一批计(试验龄期不应小于 28d)	抗压强度：5块抗折强度：5块吸水率：5块规格尺寸：20块送样：30块(5块备用)	从外观质量和尺寸偏差检验均合格的样品中抽取试样

3. 合格判断

(1)尺寸偏差、外观质量应符合各类标准要求，否则判为不合规品。

(2)技术指标。

① 烧结砖。

a. 出厂检验质量等级的判定。

按出厂检验项目和在时效范围内最近一次型式检验中的抗风化性能、石灰爆裂及泛霜项目中最低质量等级进行判定。其中有一项不合格，则判为不合格。

b. 型式检验质量等级的判定。

强度、抗风化性能和放射性物质合格,按尺寸偏差、外观质量、泛霜、石灰爆裂检验中最低质量等级判定。其中有一项不合格,则判该批产品质量不合格。

c. 外观检验中有欠火砖、酥砖和螺旋纹砖,则判该批产品不合格。

② 非烧结砖。

a. 每一批出厂产品的质量等级按出厂检验项目的检验结果和抗冻性检验结果综合判定。

b. 每一型式检验的质量等级按全部检验项目的检验结果综合判定。

c. 抗冻性和颜色合格,按尺寸偏差、外观质量和强度级别中最低的质量等级判定,其中有一项不合格,则判该批产品不合格。

③ 普通混凝土小型空心砌块。

a. 若受检的 32 块砌块中,尺寸偏差和外观质量的不合格数不超过 7 块,则判该批砌块符合相应等级。

b. 当所用项目的检验结果均符合本标准中相关的技术要求等级时,则判该批砌块为相应等级。

④ 蒸压加气混凝土砌块。

a. 若受检的 50 块砌块中,尺寸偏差和外观质量不符合标准规定的砌块数量不超过 5 块,则判定该批砌块符合相应等级;若不符合表标准规定的砌块数量超过 5 块,则判定该批砌块不符合相应等级。

b. 以 3 组干密度试件的测定结果平均值判定砌块的干密度等级别,符合标准规定,则判定该批砌块合格。

c. 以 3 组抗压强度试件测定结果按标准判定其强度级别。当强度和干密度级别关系符合标准规定,同时,3 组试件中各个单组抗压强度平均值全部大于标准的规定的此强度级别的最小值时,判定该批砌块符合相应等级;若有 1 组或 1 组以上小于此强度级别的最小值,则判定该批砌块不符合相应等级。

d. 出厂检验中受检验产品的尺寸偏差、外观质量、立方体抗压强度、干密度各项检测全部符合相应等级的技术要求规定时,判定为相应等级,否则降等或判定为不合格。

⑤ 混凝土实心砖和空心砖判断方法与非烧结砖的相同。

4. 工程案例

[案例 1]　某县城于 1997 年 7 月 8 号至 10 日遭受洪灾,某住宅楼底部单车库进水,12 日上午倒塌,墙体破坏后部分呈粉末状,该楼为五层半砖砌体承重结构。在残存北纵墙基础上随机抽取 20 块砖进行试验。自然状态下实测抗压强度平均值为 5.85 MPa,低于设计要求的 MU10 砖抗压强度。从砖厂成品堆中随机抽取了砖测试,抗压强度十分离散,高的达21.8 MPa,低的仅 5.1MPa。请对其砌体材料进行分析讨论。

分析　(1) 砖的质量差。设计要求使用 MU10 砖,而在施工时使用的砖大部分为 MU7.5,现场检测结果,砖的强度低于 MU7.5。该砖土质不好,砖匀质性差。

(2) 砖的软化系数小,且被积水浸泡过,强度大幅度下降,故部分砖破坏后呈粉末状。

(3) 砌筑砂浆强度低,无黏结力。

[案例 2]　新疆某石油基地库房砌筑采用蒸压灰砂砖,由于工期紧,灰砂砖亦紧俏。出厂 4 d 的灰砂砖即砌筑。8 月完工,后发现墙体有较多垂直裂缝,至 11 月底裂缝基本固定。

分析　(1) 首先是砖出厂到上墙时间太短,灰砂砖出釜后含水量随时间而减少,20 多天后才基本稳定。出釜时间太短必然导致灰砂砖干缩大。

（2）气温影响。砌筑时气温很高，而几个月后气温明显下降，温差导致温度变形。

（3）灰砂砖表面光滑，砂浆与砖的黏结程度低。需要说明的是，灰砂砖砌体的抗剪强度普遍低于普通黏土砖的抗剪强度。

思 考 题

1. 未烧透的欠火砖为何不宜用于地下？
2. 用于厕卫间墙体或砖基础时，应如何选择砖？
3. 多孔砖与空心砖有何异同？
4. 墙用砌块与砌墙砖在应用上有何不同？你认为哪种更适用？为什么？

【知识拓展】 新型环保墙体材料

1. 石粉砖

石粉砖是采用石粉等材料混合，经高吨位机械冲压成形，再用蒸汽蒸压养护而成的。目前，该生产技术已申请了专利。生产石粉砖的原材料主要为石粉，而石井作为全国石材生产重镇，石材加工过程中产生的大量石粉造成的污染曾一度是困扰当地的老大难问题，而如今，大量石粉用来生产石粉砖，既遏制了石粉所造成的污染，保护了耕地，又不用担心原材料的匮乏。

2. 页岩陶粒

页岩陶粒是以天然页岩经破碎，焙烧、膨化制成的一种新型轻体建筑材料。它具有质轻、高强、保温、隔音、耐腐蚀、抗震、倾附性好等特点，在产品生产过程中同时有陶粒、陶砂两种产品生产。陶粒可用来生产建筑砌块，预制墙板、间墙、屋顶保温、隔热的浇铸骨料、大型建筑穹顶的轻骨浇铸料，黑天棚的隔热保温材料等。陶粒砌块容量不超过 600 kg/m^3，只是红砖容量的40%，热损失是红砖的1/10，用它做墙体材料，可使建筑物自重较实心黏土砖减轻40%，大大提高了建筑物的抗震能力，大幅度降低了工程造价。它不但没有放射性，还具有防辐射的功能，是一种绿色墙体材料。陶砂更是一种高级耐火和过滤材料，广泛用于热工设备的隔热衬里、管道保温、高质音响环境声音处理、建筑物室内外装饰材料、工业废水及污水过滤材料、无土栽培基料等，在国内钢厂、大型化工厂、水处理厂都大量使用。

任务6 合成高分子材料的选择与应用

【任务描述】

水利水电工程广泛采用合成高分子材料及相关制品，如聚合物混凝土和聚合物砂浆、土工织物（参见项目2中的任务7）、塑料防渗材料、灌浆材料、管材与板材、防腐涂料、橡胶坝、塑料水草和网坝（网坝工程，目前被认为是用于海涂围垦、河川治理和海堤防护的一种新型整治建筑物。网坝工程的兴起是近10年来的事情。它的主要材料是利用聚烯烃编组结网而成的。网坝的最大优点是造价低廉，技术简单，施工方便）、混凝土面板堆石坝和闸门止水材料（参见项目2中的任务6）。由于合成高分子材料的检测试验要在专门实验室中才能做，所以本任务主要介绍水利工程中最常用的合成高分子材料的选择与应用。

【任务目标】

能力目标

（1）在工作中能正确判断合成高分子材料的类型。

（2）在工作中能依据工程所处环境条件，正确选择、应用合成高分子材料。

知识目标

（1）熟悉合成高分子材料的种类及工程中常用的合成高分子材料。

（2）了解常用合成高分子材料的主要技术性能指标。

（3）了解不同环境对合成高分子材料性能的影响。

技能目标

（1）能了解合成高分子材料的特点。

（2）能确定各类合成高分子材料的基本性能。

（3）能选用水利工程中常用的合成高分子材料。

模块1　合成高分子材料的选择

合成高分子材料是指由人工合成的高分子化合物组成的材料。合成有机高分子材料具有许多优良的性能，因而在建筑中得到了广泛的应用，如塑料、合成橡胶、涂料、胶黏剂、高分子防水材料等已成为主要建筑材料。

1. 合成高分子材料基本知识

合成高分子材料是以不饱和的低分子碳氢化合物（单体）为主要成分，含少量氧、氮、硫等，经人工加聚或缩聚而合成的相对分子质量很大的物质，常称为高分子聚合物（简称高聚物或聚合物）。

1）高分子聚合物的分类及命名

（1）按高分子聚合物的合成方法，高分子聚合物可以分为加聚聚合物和缩聚聚合物两类。

加聚聚合物是一种或几种含有双键的单体在引发剂或光、热、辐射等作用下，经聚合反应合成的聚合物。

用一种单体聚合成的称为均聚物，其一般命名方法为在单体名称前冠以"聚"字，如由乙烯加聚而得的称为聚乙烯，由氯乙烯加聚而得的称为聚氯乙烯。

由两种或两种以上的单体聚合成的称为共聚物，其一般命名方法为"单体名称＋共聚物"，如丁二烯苯乙烯共聚物（又称丁苯橡胶）、乙烯丙烯二烯炔共聚物（又称三元乙丙橡胶）等。若高聚物为弹性体，一般后面附上"橡胶"二字。

缩聚聚合物是由含有两个或两个以上官能团的单体，在催化作用下经化学反应而合成的聚合物。其品种很多，其一般命名方法为"单体名称＋树脂"，如酚醛树脂、脲醛树脂、环氧树脂等。习惯上常将塑料工业使用的高聚物统称为"树脂"，有时将未加工成形的高聚物也统称为"树脂"。

（2）根据聚合物在热作用下表现出来的性质，高分子聚合物可分为热塑性聚合物和热固性聚合物两类。

热塑性聚合物是指可反复受热软化、冷却硬化的聚合物，一般是线性分子结构，如聚乙烯、聚氯乙烯等。

热固性聚合物是指经一次受热软化（或熔化）后，在热和催化剂或热和压力作用下发生化学反应而变成坚硬的体形结构,之后再受热也不软化,在强热作用下即分解破坏的聚合物,如环氧树脂、不饱和聚酯树脂、酚醛树脂等。

（3）按聚合物所表现的性状,分为塑料类、合成橡胶类及合成纤维类(在建筑工程中它们被称为"三大合成材料",用途最广泛)等。

高分子聚合物也有相应的英文名称的缩写。例如,聚乙烯——PE,聚氯乙烯——PVC,聚乙烯醇—PVA,聚酰胺(尼龙)——PA,环氧树脂——ER,丁苯橡胶——SBR,丙烯腈、丁二烯、苯乙烯共聚物——ABS 树脂等。

2）"三大合成材料"的特性及选用

高分子聚合物主要用于制成塑料、橡胶、合成纤维,还广泛用于制成胶黏剂、涂料及各种功能材料。

（1）塑料。

塑料是一种以高分子聚合物为主要成分,内含各种助剂,在一定条件下可塑制成一定形状,并在常温下能保持形状不变的材料。

塑料的主要成分是高分子聚合物,占塑料总质量的 $40\%\sim100\%$,常称为合成树脂或树脂。合成树脂是指一些类似树脂的高分子化合物。以合成树脂为主要成分,掺入(或不掺)填料、增塑剂、稳定剂、固化剂等塑制成形的材料称塑料,如聚乙烯、聚氯乙烯等。树脂在塑料中主要起胶结作用,它不仅能自身胶结,还能将其他材料牢固地胶结在一起,所以塑料的主要性质取决于所采用的树脂。

水利工程中塑料可代替部分止水铜片;塑料薄膜可用于渠道、蓄水池的防渗衬砌。塑料与玻璃纤维或其织物的层叠材料称玻璃纤维增强塑料,也称玻璃钢,用于钢丝网水泥薄壁构件和溢流面的护面层。多孔塑料板可用于排水系统;泡沫塑料板可用于混凝土的表面保温,也可制作为聚合物混凝土。

（2）合成橡胶。

合成橡胶是具有可逆形变的高弹性合成高分子化合物。常用的合成橡胶有氯丁橡胶、丁苯橡胶等,用于混凝土永久缝或闸门的止水材料;合成橡胶与锦纶或其他帆布组合的层叠材料可用做橡胶坝的坝袋;其乳液作为外加剂可提高水泥混凝土的塑性和用于水工钢结构的防护涂料。

（3）合成纤维。

合成纤维是全人工合成的线形高分子化合物抽成的纤维,非常坚韧,具有强度高、变形小、耐磨、耐腐蚀等特点。工程上常用的有聚酰胺(商品名锦纶、尼龙、卡普隆)、聚丙烯等。纤维织物(土工布)可用于代替传统的砂砾石反滤层或梢料沉排,或做成巨型砂袋堆筑堤坝,也可制作防裂混凝土或砂浆。

2. 水工建筑物中常用的合成高分子材料

1）聚氯乙烯

聚氯乙烯(简称 PVC)是由氯乙烯单体加聚聚合而得的热塑性线形树脂,经成塑加工后制成聚氯乙烯塑料,具有较高的黏结力和良好的化学稳定性,也有一定的弹性和韧性,但耐热性和大气稳定性较差。

用聚氯乙烯生产的塑料有硬质和软质两种。软质聚氯乙烯有较好的柔韧性和弹性、较大的伸长率和低温韧度,但强度、耐热性、电绝缘性和化学稳定性较低。软质聚氯乙烯可制成塑料止水带(塑料止水带是价格比较低廉而且具有良好的防渗效果和较大变形能力的止水材料)、土工膜、气垫薄膜等止水及护面材料;也可挤压成板材、型材和片材,作为地面材料和装饰材料;软管可作为混凝土坝施工的塑料拔管,其波纹管常在预应力锚杆中使用。硬质聚氯乙烯的化学稳定性和电绝缘性都较高,而且抗拉、抗压、抗弯强度及冲击韧性都较好,但其柔韧性不如其他塑料,可用于制作塑钢窗、水管或塑料闸门。

聚氯乙烯乳胶可作为各种护面涂料和浸渍材料,也可制成合成纤维,称为氯纶。

聚氯乙烯制品可以焊接、黏结,也可以机械加工,因此在各领域使用很普遍。

2) 环氧树脂

环氧树脂(简称 ER)是一类重要的热固性塑料。环氧树脂主要由环氧氯丙烷和酚类(如二酚基丙烷)等缩聚而成,本身不会硬化,使用时必须加入固化剂,经室温放置或加热后才能成为不熔、不溶的固体,固化后环氧树脂材料具有相当高的强度和良好的耐热性,同时收缩率、吸水率和膨胀系数都较小,并不易老化。环氧树脂是水利工程中常用的合成高分子材料之一,广泛用做黏结剂、涂料和用于制成各种增强塑料,如环氧玻璃钢等。部分环氧树脂的牌号、性质与技术指标如表 4-6-1、表 4-6-2 所示。

表 4-6-1　双酚 A 型环氧树脂的牌号与性质表

新牌号	原牌号	外观	黏度/(Pa·s)	软化点/(℃)	环氧值
E-55	616#	浅黄黏稠液体	6~8	—	0.55~0.56
E-51	618#	浅黄黏稠液体	10~16	—	0.48~0.54
E-44	6101#	黄色高黏度液体	20~40	—	0.41—0.47
E-42	634#	黄色高黏度液体	—	21~27	0.38~0.45
E-35	637#	黄色高黏度液体	—	20~35	0.30~0.40
E-31	638#	浅黄黏稠液体	—	40~55	0.23~0.38
E-20	601#	黄色透明固体	—	64~76	0.18~0.22
E-14	603#	黄色透明固体	—	78~85	0.10~0.18
E-12	604#	黄色透明固体	—	85~95	0.10~0.18
E-06	607#	黄色透明固体	—	110~135	0.04~0.07
E-03	609#	黄色透明固体	—	135~155	0.02~0.04
E-01	665#	液体	30~40	—	0.01~0.3

表 4-6-2　部分环氧树脂的主要技术指标

名称　项目	指标		
	6101(E-44)	634(E-42)	618(E-51)
分子量	350~450	430~600	350~400
环氧当量/(g)	210~240	230~270	184~200
有机氯当量/100g	≤0.02	≤0.001	≤0.02
无机氯当量/100g	≤0.01	≤0.001	≤0.001
挥发分/(%)	≤1	≤1	≤2
软化点/(℃)	12~20	21~27	—

环氧树脂加固化剂固化后,其脆性较大,常加入增塑剂提高韧性和抗冲击强度,为了有利于施工操作、增加韧性、减少树脂用量、减少收缩与发热量,常掺入适量的稀释剂、增韧剂和填充料。环氧树脂是主要的化学灌浆材料之一。环氧树脂具有较强的抗冲耐磨性,工程中也常用于配制抗冲耐磨部位或高速水流部位混凝土缺陷修补的混凝土或砂浆,但环氧砂浆成本较高、毒性大、施工不便。

3）聚酯树脂

聚酯树脂(简称 MP)是二元或多元酸与二元或多元醇经缩聚而成的树脂的总称,有饱和聚酯树脂和不饱和聚酯树脂两种,工程中常用不饱和聚酯树脂。它的黏结力和耐腐蚀能力强,但收缩较大。其力学性能指标略低于环氧树脂的。

聚酯树脂可制成黏结剂以生产聚酯砂浆和聚酯混凝土,作为过水建筑物护面材料,具有较高的硬度及耐磨性;还可制成纤维、橡胶及涂料。聚酯树脂能耐一切化学侵蚀,常与玻璃纤维共同制成玻璃钢作为结构材料使用。

4）呋喃树脂

呋喃树脂(简称 FR)是以糠醇或糠醛等为原料制成的热固性树脂的总称,包括糠醇树脂、糠醛树脂、糠醛丙酮树脂和苯酚糠醛树脂等几种。

呋喃树脂在酸性固化剂作用下,在常温情况下即能固化。呋喃树脂具有不透水性,能耐侵蚀介质及承受拉力荷载的作用,是一种耐火材料,具有较好的黏结力和机械强度,具有很高的电绝缘性和足够的抗冻性,但较环氧树脂稍差,性亦较脆,常用做耐磨蚀涂料、胶黏剂、胶泥和塑料。呋喃树脂涂料常用于木材及混凝土的防腐护面材料,也可用于浸渍混凝土,以提高其抗渗性能。呋喃胶黏剂常用于配制聚合物混凝土和聚合物砂浆,作为防渗抗腐蚀材料,如隧洞衬砌防水或处于侵蚀性介质中的结构防腐。

5）有机硅树脂

有机硅树脂(简称 SI)是有机硅单体经水解和缩合而成的树脂的总称,属热固性。有机硅树脂具有较高的耐热和化学稳定性、优良的电绝缘性和非常好的憎水性,同时具有较高的黏结力,低温时抗脆裂较强,但耐溶剂性较差。常制成胶黏剂、涂料、浸渍剂及耐热和绝缘性较高的塑料。硅胶就是其中的一种胶黏剂。有机硅漆即是以有机硅树脂为主要成膜物质的涂料。同时硅树脂也是生产消泡剂和混凝土模板上脱模剂的原料。

6）聚丙烯酸酯

聚丙烯酸酯(简称 PAE)是丙烯酸酯共聚乳液(简称丙乳),具有优良的黏结、抗裂、防水、防氯离子渗透、防腐、抗冻、耐磨、耐老化性能,并具有无毒、无污染、不燃、不爆、无腐蚀性等优点,主要用于配制丙乳砂浆,作为护面和修补材料,适用性较广。

7）聚氨基甲酸酯

聚氨基甲酸酯(简称 PU)又称聚氨酯,是由多异氰酸酯和聚醚多元醇或聚酯多元醇或/及小分子多元醇、多元胺或水等扩链剂或交联剂等原料制成的聚合物,具有优良的抗渗性、耐低温性和黏结性,并有良好的弹性,主要用于制造涂料、胶黏剂、密封胶、合成革涂层树脂、弹性纤维等。水溶性聚氨基甲酸酯材料具有良好的亲水性,遇水可分散、乳化进而凝固,适用于潮湿或带水部位的防渗堵漏处理,在水利工程中主要用于裂缝灌浆材料。

8）丁苯橡胶

丁苯橡胶(简称 SBR)由丁二烯与苯乙烯共聚而成,是合成橡胶中应用最广的一种通用橡胶,按苯乙烯占总量的比例,分为丁苯-10、丁苯-30、丁苯-50 等牌号。随着苯乙烯含量增大,硬度、耐磨性增大,弹性降低。丁苯橡胶综合性能较好,强度较高,伸长率大,耐磨性亦较好。

丁苯橡胶是水泥混凝土和沥青混合料常用的改性剂。丁苯橡胶可直接用于拌制聚合物水泥混凝土;也可与乳化沥青共混制成改性沥青乳液,用于混凝土面板堆石坝中面板与垫层料砂浆斜面之间的涂层,也可用于道路路面和桥面防水层。丁苯橡胶对水泥混凝土的强度、抗冲击和耐磨等性能均有改善,对沥青混合料的低温抗裂性有明显提高,对高温稳定性亦有适当改善。

9)氯丁橡胶

氯丁橡胶(简称 CR)是以 2-氯-1,3-丁二烯为主要原料通过均聚或共聚制得的一种弹性体。氯丁橡胶呈米黄色或浅棕色,具有较高的抗拉强度和相对伸长率,耐磨性好,且耐热、耐寒,硫化后不易老化。它的性能较为全面,是一种常用胶种,在水利工程中常用于止水材料。

氯丁橡胶用溶剂法可掺入沥青或氯丁胶乳与乳化沥青共混,均可用于制备路面用沥青混合料,亦可作为桥面或高架路面防水层涂料。

模块 2　合成高分子材料的工程应用

合成高分子材料的应用非常广泛,在日常工作中无处不在。本模块只介绍针对水利工程中常用的合成高分子材料及其制品在工程中的应用。

1. 合成高分子材料在灌浆工程中的应用

灌浆是把灌浆材料灌入地层或缝隙内,使其渗透、扩散、胶凝或固化,以增加地层强度、降低地层渗透性、防止地层变形和进行混凝土建筑物裂缝修补的一项加固基础,防水堵漏和混凝土缺陷补强技术。而其灌浆材料一般为水泥和化学灌浆材料两类。

1)化学灌浆材料试验主要依据的标准和规程规范

(1)《胶粘剂粘度的测定》(GB/T 2794—1995)。

(2)《树脂浇铸体性能试验方法》(GB/T 2567—2008)。

2)化学灌浆材料的种类

目前最常用的化学灌浆材料可分为两大类,六个系列,上百个品牌:一是防渗止水类,有水玻璃、丙烯酸盐、水溶性聚氨酯、弹性聚氨酯和木质素浆等;二是加固补强类,有环氧树脂、甲基丙烯酸甲酯、非水溶性聚氨酯浆等。近年来应用最多的是水玻璃、聚氨酯和环氧树脂浆材。

3)化学灌浆材料的特点

化学灌浆材料品种较多,性能各异。理想的化学灌浆材料的一般性能特点如下。

(1)浆液稳定性好,在常温、常压下存放一定时间其基本性质不变。

(2)浆液是真溶液,黏度小,流动性、可灌性好。

(3)浆液的凝胶或固化时间可在一定范围内按需要进行调节和控制,凝胶过程可瞬间完成。

(4)凝胶体或固结体的耐久性好,不受气温、湿度变化和酸、碱或某些微生物侵蚀的影响。

(5)浆液在凝胶或固化时收缩率小或不收缩。

(6)凝胶体或固结体有良好的抗渗性能。

(7)固结体的抗压、抗拉强度高,不会龟裂,特别是与被灌体有较好的黏结强度。

(8)浆液对灌浆设备、管路无腐蚀,易于清洗。

(9)浆液无毒(或微毒)、无臭,不易燃、易爆,对环境不造成污染,对人体无害。

（10）浆液配制方便，灌浆工艺操作简便。

（11）针对其他灌浆材料来说价格偏高。

4）应用范围

（1）大坝、水库、涵闸等基础防渗帷幕和地基或地基断层破碎带泥化夹层加固。

（2）大堤、渠道、渡槽等的防渗堵漏及加固。

（3）核电站等的地基加固和封闭止水防渗。

（4）地上混凝土建筑物、构筑物（如混凝土坝、城市大厦、工厂、油、气和粮库等）的地基加固和裂缝补强加固。

（5）地下建筑物（如地铁、人防、隧道等）的防渗、堵漏止水、地基加固和裂缝的补强加固。

（6）矿山、工厂有毒废渣、废水和城市垃圾场等截渗工程的防渗帷幕。

（7）矿井建设中的涌水堵漏、流沙治理及对软弱地层加固、稳定的预灌浆。

（8）石油钻井开采中的堵漏止水、钻孔护壁加固和驱油。

（9）桥基加固及桥体裂缝补强。

（10）机场跑道和停机坪、公路和铁路特殊路段的软弱地层加固、防渗和混凝土裂缝补强加固。

（11）江河海港港工建筑物（如码头、船闸、防波堤等）的基础防渗和加固。

（12）文物和古建筑物的裂缝修补和保护等。

5）常用的化学灌浆材料

（1）甲凝。

甲凝是以甲基丙烯酸甲酯为主要成分配制的一种低黏度液体，可灌性好，能灌入 0.05 mm 的细微裂缝，在 0.2～0.3 MPa 压力下，浆液可渗入混凝土内 4～6 cm，起到浸渍作用，其黏结强度较高，但灌浆时不能与水直接接触。其基本性能如表 4-6-3 所示。

表 4-6-3　甲凝灌浆黏结材料的基本性能

项　　目		单　　位	指　　标
压缩强度		MPa	56～85
拉伸强度		MPa	13.5～17.5
弹性模量		MPa	$2.75 \times 10^3 \sim 3.30 \times 10^3$
灌注混凝土裂缝的黏结拉伸强度		MPa	
室内实验	干缝	MPa	2.0～2.8
	湿缝	MPa	1.76～2.55
现场实验	干缝	MPa	0.64～1.68
	湿缝	MPa	平均 2.19
黏结抗剪强度		MPa	
砼试件（干缝）		MPa	2.4～3.6
花岗岩人工缝		MPa	4.1～8.0
强度增长速度			7～14 d 可达 28 d 的 80% 以上

（2）环氧树脂。

环氧树脂具有黏结力强、收缩率小及常温固化等特点，但自身黏度较大，作为灌浆材料必须降低其黏度。按加入稀释剂的种类来分,环氧树脂灌浆材料可分为三类。

① 非活性稀释剂体系。

采用丙酮、二甲苯等活性剂稀释环氧树脂。这类浆液配制简单,施工方便,固化过程中放热反应也小。但是,由于掺入大量稀释剂,造成固化物收缩大,物理力学性能下降,黏结力低。

② 活性稀释剂体系。

这类浆液可以克服溶剂挥发的缺点,但稀释效果不佳,浆液可灌性受到一定限制。

③ 糠醛-丙酮稀释体系。

目前用糠醛-丙酮作为混合稀释剂的环氧树脂浆液应用较多,由于糠醛和丙酮在一定条件下能进一步树脂化,从而改善了固化物的结构,使其具有更强的密实性。

环氧树脂虽然性能优越,但在保持原有优良性能的前提下,进一步降低浆液黏度是有困难的。虽然采用糠醛-丙酮体系可以稀释,但浆液黏度增长快,适用期较短,扩散范围小,因而限制了环氧树脂的应用。

(3) 氰凝。

氰凝属聚氨酯类灌浆材料,此类灌浆材料发展较快,品种较多,但只有非水溶性聚氨酯才适合作补强加固材料使用。通常先将多异氰酸酯和多羟基化合物预聚成低聚物,再配以稀释剂、表面活性剂、催化剂等成分组成。

聚氨酯类灌浆材料遇水后立即反应,黏度逐渐增加,生成不溶于水的凝固体。在固化时不仅会发生体积膨胀,提高浆体在裂缝中的充填率,而且产生其他化学浆液所没有的次渗透现象,具有较大的渗透半径,因此,可用于湿缝甚至渗水缝的堵漏灌浆,但由于稀释剂的逸出而造成后期体积收缩,经过一段时间还会出现渗漏现象,作为补强加固灌浆使用,效果不甚理想。

氰凝多用于混凝土缝及岩石裂缝的漏水处理、地基加固及水管堵漏等。

几种聚氨酯类和环氧树脂灌材料的物理力学性能如表 4-6-4 所示。

表 4-6-4　几种聚氨酯类和环氧树脂灌材料的物理力学性能

性　能	材　料		
	LW 水溶性聚氨酯	HW 水溶性聚氨酯	HK 低黏度环氧
黏度/(MPa·s)	190±30(25 ℃)	75±20(25 ℃)	10～15
比重	1.08	1.10	—
凝胶时间	几分钟至几十分钟内可调	几分钟至几十分钟内可调	几分钟至几十小时内可调
黏结强度/MPa	0.8	2.4	2.4～6.0
抗拉强度/MPa	2.1	7.8	5.4～10.0
抗压强度/MPa	—	19.8	40～80
遇水膨胀率/(%)	100～150	—	—

(4) 丙凝。

丙凝是丙烯酰胺浆液,它是以丙烯酰胺为主剂,辅以其他药剂配制成的浆液。其浆液黏度低,与水接近。在凝结前黏度一直不变,由液体变成胶体是瞬间发生的,其凝结时间可以调整,由几秒到几小时。其强度不高,但稳定性好,常用于岩基及大坝的堵漏防渗,可灌入宽度在0.1 mm 以下的裂缝中。

丙凝主要成分有丙烯酰胺、二甲基双丙烯酰胺、β-二甲氨基丙腈、水及过硫酸铵等。丙凝灌浆材料性能及特征如表 4-6-5 所示。

表 4-6-5 丙凝灌浆材料性能及特征

液别	名称	作用	密度/(g/cm³)	外观	性质	备注
甲液材料	丙烯酰胺	主剂	0.6	水溶性白色鳞状结晶	易吸潮,易聚合于 30 ℃以下	干燥、阴凉地方可长期贮存
	二甲基双丙烯酰胺	交联剂	0.6	水溶性白色粉末	与单体交联	干燥、阴凉地方可长期贮存
	β-二甲氨基丙腈	还原剂	0.8	无色透明液体	稍有腐蚀	干燥、阴凉地方可长期贮存
乙液材料	过硫酸铵	氧化剂	1.2	水溶性白色粉末	易吸潮,易分解	干燥、阴凉地方贮存

(5)丙强。

丙强是丙烯酰胺类化学灌浆材料,它是以脲醛树脂、丙烯酰胺及亚甲基双丙烯酰胺为主要材料,辅以硫酸及过硫酸铵配制成的浆液。它是在丙凝灌浆的基础上发展起来的补强加固灌浆材料,其强度比丙凝的高,其黏度比丙凝的大,主要用于防渗帷幕灌浆及固结灌浆。

2. 合成高分子材料在高速水流部位及混凝土缺陷修补中的应用

水工建筑物中过水隧洞、泄水建筑物的溢流面等部分要承受带有大量泥沙杂质的高速水流冲刷,非常容易造成建筑物空蚀破坏或冲刷破坏,而且一些部位的混凝土表面缺陷的修补问题也是水利工程施工的一个难点。目前采用聚合物砂浆、混凝土提高其抗冲耐磨性是其主要方法之一。

聚合物混凝土通常分为聚合物胶结混凝土、聚合物混凝土及聚合物浸渍混凝土等 3 类。

1)聚合物胶结混凝土

聚合物胶结混凝土(简称 PC)是以聚合物(或单体)全部代替水泥,作为胶结材料的聚合物混凝土,常用一种或几种有机物及其固化剂、天然或人工集料(石英砂、花岗岩、河砂、玄武石、粉煤灰、碳酸钙和石英粉等)混合、成形、固化而成。常用的有机物有不饱和聚酯树脂、环氧树脂、呋喃树脂、酚醛树脂等,或用甲基丙烯酸甲酯、苯乙烯等单体。聚合物在此种混凝土中的含量为重量的 8%～25%。与水泥混凝土相比,它具有快硬、高强和显著改善抗渗、耐蚀、耐磨、抗冻融及黏结性等性能,可现场应用于混凝土工程快速修补、地下管线工程快速修建、隧道衬里等,也可在工厂预制。

环氧树脂硬化时放出大量热量,一般固化速度较快,施工时边配制边使用。环氧树脂混凝土价格高,一般只用于表层护面。

聚合物胶结混凝土的技术性能主要有以下几个方面。

(1)表观密度小。

由于聚合物的密度较水泥的密度小,所以聚合物混凝土的表观密度亦较小,通常为2000～2200 kg/cm³,如采用轻集料配制混凝土,更能减少结构断面和增大跨度,达到轻质高强的要求。

(2)强度高。

聚合物混凝土与水泥混凝土相比较,不论抗压强度、抗拉强度还是抗折强度都有显著的提高,特别是抗拉强度和抗折强度尤为突出。

(3) 与集料的黏附性强。

由于聚合物与集料的黏附性强,可采用硬质石料做成混凝土路面抗滑层,提高路面抗滑性。

(4) 结构密实。

由于聚合物不仅可填充集料间的空隙,而且可浸填集料的孔隙,使混凝土的结构密度增大,提高了混凝土的抗渗性、抗冻性和耐久性。

2) 聚合物混凝土

聚合物混凝土(简称 PCC)是在普通水泥混凝土拌和物中,再加入一种聚合物,以聚合物与水泥共同作胶结料黏结骨料配制而成的。由于聚合物混凝土配制工艺比较简单,利用现有普通混凝土的生产设备即能生产,因而成本较低,实际应用较广。

将聚合物搅拌在混凝土中,聚合物在混凝土内形成膜状体,填充水泥水化产物和骨料之间的空隙,与水泥水化产物结成一体,起到增强同骨料黏结的作用。聚合物混凝土与普通混凝土相比具有一些特点:不但提高了普通混凝土的密实度和强度,而且显著地增加抗拉强度、抗弯强度,不同程度地改善了耐化学腐蚀性能和减少收缩变形等。

(1) 聚合物水泥混凝土的材料要求。

用于水泥材料的聚合物分为如下三类。

① 水溶性聚合物分散体,包括橡胶胶乳-天然橡胶胶乳、合成橡胶胶乳;树脂乳液-热塑性及热固性树脂乳液、沥青质乳液;混合分散体-混合橡胶、混合乳胶。

② 水溶性聚合物,包括纤维素衍生物-甲基纤维素、聚乙烯醇、聚丙烯酸盐-聚丙烯酸钙、糠醇。

③ 液体聚合物,包括不饱和聚酯、环氧树脂。

此外,还要加入某些辅助外加剂,如稳定剂、抗水剂、促凝剂和消泡剂等。

对聚合物的质量要求:一是掺入水泥混凝土或砂浆中的聚合物不应影响水泥水化过程或对水泥水化产物有不良作用,且聚合物本身不会被水解或破坏;二是聚合物应对钢筋无锈蚀作用。

(2) 聚合物水泥砂浆、混凝土的性能。

① 聚合物水泥砂浆、混凝土拌和物的性能:具有减水性能;提高了终凝时间;改善了混凝土泌水性及离析现象。

② 聚合物水泥砂浆、混凝土的力学、物理性能如下。

a. 强度。

一般聚合物水泥砂浆、混凝土的抗拉强度与抗折强度比普通水泥砂浆、混凝土的有较显著的增加,但其抗压强度改善不大,甚至有时还会降低。其强度受聚合物品种、掺入量、砂子细度模数、集料种类、含气量、养护条件等因素的影响较大。一般抗折强度与黏结强度都随聚合物掺量增加而增加。标准养护 28 d 后一直处于干燥状态的聚合物水泥砂浆强度随时间增加而增加,如果一直处于水中,则强度有所下降,但降低幅度不大。

b. 弹性模量与变形。

聚合物水泥砂浆的弹性模量随聚合物的掺量增加而降低,但聚合物混凝土的弹性模量随聚合物品种、掺量的不同,有增有减。聚合物水泥砂浆、混凝土的刚性有所降低,但其抗裂性能得到有效改善。聚合物水泥砂浆的干缩变形随聚合物掺量的增加而明显减小。

因此,聚合物水泥砂浆、混凝土的抗裂性较好,聚合物水泥砂浆的抗裂性能可比普通砂浆提高10倍以上,大于聚合物混凝土的提高倍数。

c. 聚合物水泥砂浆、混凝土的黏结性。

水泥中掺入聚合物可显著提高与其他材料的黏结强度,其提高幅度与聚合物种类、掺量和被黏结材料表面性质等因素有关。一般来说,聚合物水泥砂浆对混凝土、砂浆、钢材、木材等各种材料有着良好的黏结性能,并且是一种常温水硬性黏结剂,无论被黏结体潮湿或在潮湿空气中,均可呈现良好的黏结性能。

d. 聚合物水泥砂浆、混凝土的密实性。

聚合物水泥砂浆、混凝土在密实性方面远远优于同灰砂比的普通水泥砂浆、混凝土。研究表明,丙乳砂浆的抗水渗透性比普通水泥砂浆的提高3倍以上,吸水率显著降低,抗氯离子渗透能力也明显增强。

e. 聚合物水泥砂浆、混凝土的抗冻性和耐老化性。

聚合物水泥砂浆具有较好的抗冻性和耐自然环境老化的性能。

f. 聚合物水泥砂浆、混凝土的冲击韧性。

由于掺加聚合物后,混凝土的脆性降低,柔韧性增加,因而抗冲击能力也有明显提升。

（3）聚合物水泥砂浆、混凝土在工程中的应用。

① 一般建筑物混凝土修补。一般建筑物少量混凝土修补可使用高性能砂浆。不需浇水润湿混凝土基面,砂浆可直接用于干净的光滑混凝土或破损混凝土基面,并能够和基层牢固黏结为一体,表面形成的一层致密坚固的砂浆层能够隔断水分的透过,有效保护破损混凝土面。

② 大体积混凝土修补。

大体积混凝土破损一般发生在水工建筑物过水部分,如溢流坝、泄洪道等。过水部分混凝土由于长期受水流、泥沙冲刷及气蚀作用,普通混凝土在此条件下极易被破坏。因此,要求修补材料具有黏结牢固、密实抗裂、耐冲刷等性能,针对这一特性组成修补材料配方。试验数据表明:新型修补材料黏结强度高、与基层混凝土变形协调能力好、抗冻融抗冲刷性能优良,且价格便宜,是目前较好的一种高性能混凝土修补材料。

此外,我国还将聚合物水泥砂浆用于各种钢筋混凝土建筑物防渗处理、已碳化钢筋混凝土中钢筋的防锈蚀处理、钢筋的防氯盐腐蚀、工业建筑防腐蚀、铺面修补等。

3）聚合物浸渍混凝土

将已硬化的混凝土干燥后浸入有机单体中,用加热或辐射等方法使混凝土孔隙内的单体聚合,从而使混凝土与聚合物形成整体,称为聚合物浸渍混凝土(简称PIC)。由于聚合物填充了混凝土内部的孔隙和微裂缝,增加了混凝土的密实度,提高了水泥与骨料之间的黏结强度,减少了应力集中,因此具有高强、耐蚀、抗冲击等优良性能。与水泥混凝土相比,抗压强度可提高2~4倍,一般可达150 MPa。浸渍所用的聚合物有甲基丙烯酸甲酯、苯乙烯、丙烯腈、聚酯-苯乙烯等。对于完全浸渍的混凝土应选用黏度尽可能低的聚合物,如基丙烯酸甲酯、苯乙烯等,对于局部浸渍的混凝土,可选用黏度较大的聚合物,如聚酯-苯乙烯等。

聚合物浸渍混凝土适用于要求高强度、高耐久性的特殊构件,但是造价高,主要用于管道内衬、隧道衬砌、铁路轨枕、混凝土船及海上采油平台等,以及水利工程中对抗冲、耐磨、抗冻要求高的部位。也可应用于现场修补构筑物的表面和缺陷,以提高其使用性能。

浸渍用的聚合物是液态的,称为浸渍液,它是由有机单体和化学引发剂组成的。对浸渍液的要求是,黏度低、流动性好、毒性低、挥发性小、易渗入硬化体内,并在硬化体内聚合。所形成的聚合物有较高的强度,较好的耐水、耐碱、耐热和耐老化性能。所选聚合物的种类、性能对浸渍后材料硬化体的物理、力学性能及用途、成本等均有较大影响。

思　考　题

1. 什么是高分子聚合物? 高分子聚合物有几种分类的方法? 各分为哪几类?
2. 环氧树脂在水利工程中常用于什么项目?
3. 常用的化学灌浆材料有哪些? 各适用什么条件?
4. 混凝土缺陷修补一般采用哪些材料? 为什么?

【知识拓展】　新型高分子材料

1. 高分子分离膜

高分子分离膜是用高分子材料制成的具有选择性透过功能的半透性薄膜。采用这样的半透性薄膜,以压力差、温度梯度、浓度梯度或电位差为动力,具有省能、高效和洁净等特点,因而被认为是支撑新技术革命的重大技术。膜分离过程主要有反渗透、超滤、微滤、电渗析、压渗析、气体分离、渗透汽化和液膜分离等。用来制备分离膜的高分子材料有许多种类。现在用得较多的是聚烯烃、纤维素脂类和有机硅等。膜的形式也有多种,一般用的是平膜和空中纤维。推广应用高分子分离膜能获得巨大的经济效益和社会效益。例如,利用离子交换膜电解食盐可减少污染、节约能源,利用反渗透进行海水淡化和脱盐要比其他方法消耗的能量都小;利用气体分离膜从空气中富集氧可大大提高氧气回收率等。

2. 高分子磁性材料

高分子磁性材料是人类在不断开拓磁与高分子聚合物(合成树脂、橡胶)的新应用领域的同时,而赋予磁与高分子的传统应用以新的含义和内容的材料之一。早期磁性材料源于天然磁石,以后才利用磁铁矿(铁氧体)烧结或铸造成磁性体,现在工业常用的磁性材料有三种,即铁氧体磁铁、稀土类磁铁和铝镍钴合金磁铁等。它们的缺点是既硬且脆,可加工性差。为了克服这些缺陷,将磁粉混炼于塑料或橡胶中制成的高分子磁性材料便应运而生了。这样制成的复合型高分子磁性材料,因具有比重轻,容易加工成尺寸精度高和复杂形状的制品,能与其他元件一体成形等,而越来越受到人们的关注。高分子磁性材料主要可分为两大类,即结构型和复合型。所谓结构型是指并不添加无机类磁粉,而高分子中本身具有强磁性的材料类型。目前具有实用价值的主要是复合型的。

3. 光功能高分子材料

所谓光功能高分子材料,是指能够对光进行透射、吸收、存储、转换的一类高分子材料。目前,这一类材料已有很多,主要包括光导材料、光记录材料、光加工材料、光学用塑料(如塑料透镜、接触眼镜等)、光转换系统材料、光显示用材料、光导电用材料、光合作用材料等。光功能高分子材料具有对光的透射这一特性,可以制成品种繁多的线性光学材料,像普通的安全玻璃、各种透镜、棱镜等；利用高分子材料曲线传播特性，又可以开发出非线性光学元件，如塑料光导纤维、塑料石英复合光导纤维等；而先进的信息存储元件光盘的基本材料就是高性能的有机玻璃和聚碳酸酯。此外，利用高分子材料的光化学反应，可以开发出在电子工业和印刷工业上得到广泛使用的感光树脂、光固化涂料及黏合剂；利用高分子材料的能量转换特性，可制成光导电材料和光致变色材料；利用某些高分子材料的折光率随应力变化而变化的特性，可开发出光弹材料，用于研究力结构材料内部的应力分布等。

参 考 文 献

[1] 丁凯,曹征齐.水利水电工程质量检测人员从业资格考核培训教材(混凝土工程类)[M]. 郑州:黄河水利出版社,2008.
[2] 崔长江.建筑材料[M].郑州:黄河水利出版社,2009.
[3] 董亚军.建筑材料与检测[M].北京:中国水利水电出版社,2010.
[4] 林祖宏.建筑材料[M].北京:北京大学出版社,2008.
[5] 张宪江.建筑材料与检测[M].杭州:浙江大学出版社,2010.
[6] 武桂芝.建筑材料[M].郑州:黄河水利出版社,2009.
[7] 孟祥礼.建筑材料实训指导[M].郑州:黄河水利出版社,2009.